国家自然科学基金重点项目：网络大数据中的跨媒体并发隐信道的检测与对抗方法（项目号：U1536207）

普通高等教育信息安全类特色专业系列教材

可证明安全理论及方法
——密码算法

袁 征 主编

袁 征 周琳娜 刘晨祎 编著

科学出版社

北 京

内 容 简 介

本书比较系统全面地介绍了密码加密方案的可证明安全理论及证明技术。主要内容包括绪论、伪随机函数和伪随机置换、混合论证技术与陷门单向置换、密码学的计算问题与困难性假设、多项式安全和语义安全、抗非适应性选择密文攻击安全性、抗适应性选择密文攻击安全性、选择性开放攻击安全性、密钥关联消息安全性、博弈证明基础和博弈证明技术的应用。

本书可供从事信息安全、密码学、应用数学等相关专业的高年级本科生和研究生使用，也可供从事信息安全等相关领域的研究人员和工程师使用。

图书在版编目（CIP）数据

可证明安全理论及方法：密码算法/袁征主编；袁征，周琳娜，刘晨祎编著. —北京：科学出版社，2017.11

普通高等教育信息安全类特色专业系列教材

ISBN 978-7-03-055160-3

Ⅰ. ①可… Ⅱ. ①袁… ②周… ③刘… Ⅲ. ①密码算法–高等学校–教材 Ⅳ. ①TN918.1

中国版本图书馆 CIP 数据核字（2017）第 269031 号

责任编辑：潘斯斯/责任校对：郭瑞芝

责任印制：张 伟/封面设计：迷底书装

科学出版社出版

北京东黄城根北街 16 号

邮政编码：100717

http://www.sciencep.com

北京厚诚则铭印刷科技有限公司 印刷

科学出版社发行 各地新华书店经销

*

2017 年 11 月第 一 版 开本：787×1092 1/16

2022 年 12 月第五次印刷 印张：15 1/4

字数：345 000

定价：88.00 元

（如有印装质量问题，我社负责调换）

前　言

计算机、通信网技术的发展和广泛应用，推动了信息化社会的进程，也推动了密码学的发展。近二十几年密码学的研究突飞猛进，其研究领域非常广泛和深入，涌现出许多种密码方案和密码协议，产生了可证明安全理论及证明技术。密码学的应用前景广阔，其保证了网络空间安全性和信息数据的安全性，不仅应用于保护国家安全的政治、军事、外交领域和保护国家经济命脉的石油、电力、银行等系统，而且广泛应用于电子政务、电子商务、云平台、大数据，甚至用密码学产生了密码货币。目前，国内近百所高校从事信息安全本科生的培养，有很多高校和研究机构从事密码学专业硕士生和博士生的培养。

密码方案和密码协议是密码学的两个主要研究对象。可证明安全理论是证明密码方案安全性和密码协议安全性的理论基础。"可证明安全理论及证明技术"课程作为密码学专业的基础理论课，一方面可以指导学生学习研究安全密码方案和安全密码协议的科学公理化方法，另一方面可以指导学生和密码设计人员学会一种科学高效的模块化密码设计方法。为此，我们编写了这本教材，它不仅系统全面地介绍了密码学中加密方案的可证明安全理论知识和证明技术，更在实际应用层面详细介绍了私钥加密方案和公钥加密方案分别满足的各种安全性概念的构造方法，以及它们的证明过程。同时，为了更好地开展教学，每章中设计了包括基本概念、基本构造和基本证明方法的习题。

本教材的特色和创新如下。

(1) 系统全面、循序渐进。从密码学专业大学高年级学生的实际情况出发，以他们更容易接受的方式，对教材内容进行全面而系统的设计、整合和优化。密码加密方案分为私钥加密方案和公钥加密方案，先分别介绍构造这两类加密方案的理论基础、构造工具，然后按照敌手的攻击能力，从弱到强的顺序逐渐引入相应的安全性概念，再给出满足这种安全性概念的构造，最后给出安全性证明。内容组织条理清晰，便于阅读和理解。

(2) 夯实基础、兼顾前沿。系统介绍了两类加密方案的各种安全性概念及其构造所涉及的基础理论知识，包括复杂性理论、随机性理论等知识。详细介绍了目前已有的敌手攻击模型下的安全性概念，还介绍了近几年新的安全性概念及其构造。

(3) 图示图表、浅显易懂。书中概念较多，为了帮助读者更好地理解一些晦涩难懂的概念，我们构思了概念示意图；尤其是各种安全性概念容易混淆，本书都用示意图帮助读者理解和区分各种安全性概念。本书共有 91 个图，其中概论类示意图有 54 个。同时，为了帮助读者系统学习和掌握各种安全密码方案的构造方案，在相应的章节后附加了加密方案简表。

全书分为五部分。

第一部分：全书的概述和基本概念的引入。第 1 章介绍了可证明安全理论的产生发展历史；详细阐述了可证明安全性的概念并引入了密码加密方案的安全性概念；简单介绍了方法论和三种证明技术。

第二部分：随机性理论和单向函数是现代密码学的主要理论基础，这部分介绍了伪随机函数、伪随机置换和单向函数。第 2 章详细介绍了构造私钥加密方案的伪随机函数和伪随机置换的概念、转换引理、构造方法及其应用；简单介绍了计算复杂性理论中的单向函数和硬核谓词概念。

第三部分：陷门单向置换和困难性假设是公钥加密方案的设计和安全性证明基础，这部分介绍了陷门单向置换和困难性问题。第 3 章详细介绍了混合论证技术；详细介绍了各种陷门单向置换的概念及其应用。第 4 章详细介绍了密码学中常用的几种计算问题、困难性假设及其应用。

第四部分：这部分介绍了密码加密方案的各种安全性概念和构造，并给出了许多经典的证明范例，包括第 5~9 章。目前，敌手攻击密码方案的难易程度的度量有两种形式，两种度量形式就会有两种安全性概念的表达体系。第 5 章介绍了第一种安全性概念的表达体系，详细介绍了多项式安全性、语义安全性的定义、构造及有关定理。第 6~9 章介绍了第二种安全性概念的表达体系，详细介绍了抗非适应性选择密文攻击安全性、抗适应性选择密文攻击安全性、选择性开放攻击安全性和密钥关联消息安全性的定义、构造及其证明方法。第 9 章中还详细介绍了三模型证明系统。

第五部分：这部分介绍了博弈证明理论及其在密码加密方案中的应用，包括第 10 章和 11 章。第 10 章详细介绍了博弈证明理论，包括博弈证明技术、博弈证明的基本引理和博弈重写技术。第 11 章介绍了博弈证明理论在密码加密方案安全性证明中的应用。

本书作者首次给出了由安全目标和攻击模型决定的安全性概念的三维图（见图 1.5），由于篇幅有限，本书没有介绍其他功能的加密方案，留给有兴趣的读者进一步完善。

本书介绍的混合论证技术和博弈证明理论同样适合于任何密码方案和密码协议的安全性证明。

本书有很多示意图，大多是作者自行设计的，有的可能不能完全覆盖所指概念的全部内涵，敬请读者谅解。

本书针对的读者对象如下。

(1) 信息安全、应用数学专业的高年级本科生。对他们来说，本书可以作为密码设计和密码分析的高级教程，或者作为课程设计和毕业设计的参考书。

(2) 在高科技公司从事信息安全系统设计和开发的安全工程师，在金融投资公司从事区块链开发和技术支持的工程师。对他们来说，本书可以作为设计、测评、使用密码方案安全性的指导书；也可以作为分析密码协议的参考书。

(3) 密码学、信息隐藏、网络空间安全等专业的在读硕士生和博士生。本书将能帮助他们快速深入地进入这一浩瀚的研究领域，引导他们找到适合的研究课题，并帮助他们选择适当的证明技术来证明他们研究设计的密码方案。

(4) 从事密码学、信息隐藏的研究人员。目前国内可证明安全理论方面的书籍较少，而系统介绍密码方案安全性的概念和证明技术的书籍几乎是空白。本书可以作为这些研究人员随手翻阅的一本参考书。

本书由北京电子科技学院袁征教授主持编写，其中第 1 章、第 3 章、第 5~11 章由袁征编写，第 2 章和第 4 章由加拿大 Waterloo 大学数学学院刘晨祎编写，书中参阅的许多英文文献由周琳娜和刘晨祎整理。

本书得到了北京市共建项目："密码科学技术国家重点实验室"开放课题主任基金、国家自然科学基金重点项目：网络大数据中的跨媒体并发隐信道的检测与对抗方法（项目号：U1536207）的支持。

非常感谢国际关系学院周琳娜教授为本书的出版提供了经费支持。感谢中科院信工所王明生研究员和北京邮电大学张华教授校对全书。感谢清华大学高等研究院毕经国博士和喻杨博士修改第 4 章 4.5 节的内容。感谢张艳硕校对前 4 章，感谢金浩、翟建雯、段晓庆、王一帆、赵文昊、魏鹂欧七名学生校对有关章节的文字和语法，使得本书更加完善。

在本书编写过程中，参考了许多专家和学者的著作和研究成果，在此向相关文献的作者致以诚挚的敬意和感谢！

由于编者能力和精力有限，书中难免有疏漏和不妥之处，敬请读者批评指正、不吝赐教。

编　者

2017 年 9 月

目　录

第 1 章　绪　　论

本章主要内容

(1) 可证明安全理论的概述：可证明安全性理论的产生、可证明安全性概念、可证明安全的方法论。

(2) 基本攻击类型：密码加密系统、敌手对密码加密方案的基本攻击模型。

(3) 安全性概念：精确形式化有关概念、加密方案的安全性概念。

(4) 密码加密方案的安全性证明：密码加密方案的安全性证明概述、私钥加密方案的安全性设计、私钥加密方案的可证明安全性、公钥加密方案的可证明安全性。

(5) 证明技术：混合论证概述、三模型证明系统、基于编码的博弈技术概述。

1.1　可证明安全理论的概述

1.1.1　可证明安全理论的产生

随着全球信息化程度的日益提高，信息已经成为一种战略资源，空间网络的信息安全问题，已经由国家、团体、个人机密保护问题上升为国家的战略性问题。美国、德国等很多国家相继制定了本国空间网络安全的战略。密码方案和密码协议是解决空间网络安全最直接、最有效的手段之一，是构建安全信息系统的基本要素。

怎样分析和判断一个密码方案或密码协议的安全性？从历史来看，密码方案或密码协议的分析方法主要经历了几个发展阶段：

(1) 早在 1949 年，Shannon 在《保密通信的信息理论》中，首先提出了密码系统“安全性”分析的理念和方法，开创了密码学领域的新篇章。在《保密通信的信息理论》一文中，Shannon 给出了“完善保密性”思想，提出用密文中所含明文的信息熵来分析密码加密方案安全性，并利用“完善保密性”概念，证明了“一次一密”是无条件安全的，即攻击者即使拥有无限计算能力和无限存储资源，也无法破译该密码体制。

但是，随着信息技术的不断发展和广泛应用，信息安全性的内容不断扩展和完善。从最初的保密性，逐渐发展产生了完整性、可用性、可控性和不可否认性等，于是作为信息安全核心理论和技术的密码学也不断发展，产生了序列密码、分组密码、公钥密码、Hash 函数、消息认证码、同态加密等各种密码方案，以及数字签名、零知识证明、比特委托、不经意传输、多方计算、密钥协商、秘密共享、混淆等各种密码协议，而 Shannon 理论已经远远不能满足这些密码方案和密码协议的安全性分析与证明。

(2) 曾经一段时间，密码方案和密码协议的设计及其安全性分析情况如图 1.1 所示。设计者首先提出一个密码方案或密码协议，然后在实践中攻击者试图破译，一旦发现安全问题再进行修补，进而周而复始地不断被破译和修补。这样，设计的密码方案和密码协议存在以下问题。

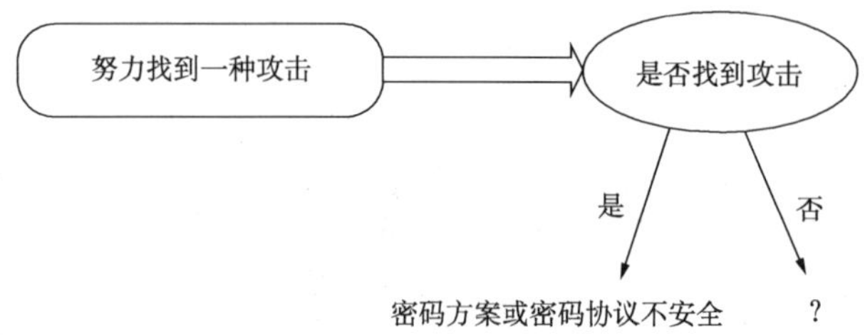

图 1.1　早期证明密码方案或密码协议安全性的思路

①设计的密码加密方案和密码协议容易有比较微妙的弱点，而且不易在正常操作中检测到。

②新的分析方法和分析技术的提出时间是不确定的，在任何时候都有可能提出新的分析方法和分析技术。

③很难确信密码方案和密码协议的安全性，反反复复地修补，更增加了人们对安全性的担心，也增加了实现和使用的成本。

怎么解决密码方案和密码协议的设计过程中周而复始不断修补的问题呢？人们开始探讨可以证明密码方案和密码协议安全性的设计方法，在这个过程中，有人提出了形式化的逻辑方法，该方法在寻找某类型密码方案和很多密码协议漏洞方面很有成效，而且可以实现自动化。然而，一旦抽象的密码运算实例化，逻辑正确的证明并不意味着密码方案或密码协议本身必然是正确的，也就是说缺乏严格的安全性证明。

(3)于是，人们开始采用一种崭新的思路来设计和分析密码方案与密码协议，就是用可证明安全理论与技术。20 世纪 80 年代初，Goldwasser 等首先比较系统地阐述了可证明安全性这一思想，并给出了具体可证明安全的加密方案和签名方案，如图 1.2 所示，这种方法就是在某个假设下，证明设计的密码方案和密码协议没有攻击方法，因此是安全的。

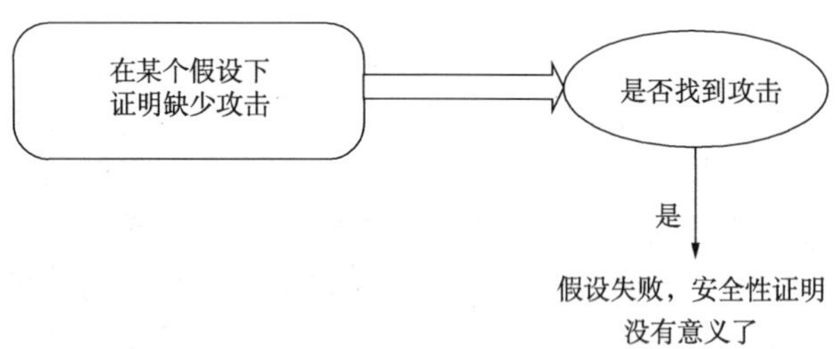

图 1.2　可证明安全理论证明的思路

然而，Goldwasser 等介绍的可证明安全的加密方案和签名方案以严重牺牲效率为代价，极大地制约了可证明安全理论的发展。直到 20 世纪 90 年代中期，出现了“面向实际的可证明安全性(Practice-Oriented Provable-Security)”概念，使得可证明安全理论迅速在实际应用领域取得重大进展，特别是 Bellare 等提出了著名的随机预言机(Random Oracle，RO)模型方法论，使得仅作为纯理论的可证明安全理论，迅速在实际应用领域取得了重大突破，一大批快捷有效的安全方案和安全协议相继提出，还产生了另一个重要概念“具体安全性(Concrete Security or Exact Security)”。其意义在于，我们不再仅仅满足于安全性的渐近度量，而是可以确切地得到较准确的安全度量。这方面的研究在证明密码方案和密码协议的基本安全目标方面已取得了巨大的成功，被国际学术界和产业界广泛接受。例如，Bleichenbacher 给出了著名的公钥密码标准 PKCS#1 中存在的一个安全漏洞。为此，RSA 公司吸收了最优非对称加密填充(OAEP)的思想，把该标准更新为 PKCS#2，新旧标准之间的差别就在于新的公钥密码标准是可证明安全的。另外，符合可证明安全的 OAEP 还被应用到著名的电子协议标准 SET 中。同时，OAEP 还被提名为公钥加密方案标准 IEEE 1363 中的候选算法之一。

可证明安全理论是一种研究安全密码方案和安全密码协议的科学公理化方法。一方面，可证明安全理论与技术是一种安全可靠的分析方法，它在适当的模型下，把高层的密码方案和密码协议的复杂安全性归约为底层的“极微本原(Atomic Primitives)”的简单安全性；另一方面，可证明安全理论与技术又是一种科学高效的密码设计方法，其模块化的设计思路使得密码设计人员不再拘泥于极为困难的“极微本原”的设计，而是直接以“极微本原”为工具，以形式化的安全性定义为参照，再结合具体的模型来设计高层的密码方案和密码协议，从而大大提高了设计效率。

1.1.2　可证明安全性概念

可证明安全性实质上是一种归约证明方法，具体定义如下。

定义 1.1　可证明安全性(Provable Security)。可证明安全性是如下这样一种“归约”方法。

(1)确定一个密码方案或密码协议的安全目标，例如，CCA 安全加密方案的安全目标是有两个不同消息加密后密文的不可区分性，数字签名协议的安全目标是签名的不可伪造性。

(2)根据敌手的能力，构建一个形式化的安全模型，并且定义它对安全方案或安全协议的安全性“意味”着什么。对某个基于“极微本原”(或者称“极微原语”)的特定密码方案或密码协议，再基于以上形式化的安全模型去分析，其中“归约”论断是其基本工具。这个极微本原，是指安全方案或安全协议的最基本组成构件或模块。

(3)指出如果敌手能成功攻破该密码方案或密码协议，则存在一种算法在多项式时间内破译或解决“极微本原”。

概括成一句话，可证明安全性是指通过归约方法，分析密码方案或密码协议，在一定的敌手模型下，能够达到特定的安全目标。 □

显然，定义 1.1 说明可证明安全性的概念有三个基本元素。

(1)安全性定义(或概念)：安全目标和敌手攻击模型决定了安全性定义。因此，定义合适的安全目标、建立适当的敌手模型是讨论可证明安全性的前提条件。

另外，“安全性”的精确形式化有多种形式，一般在计算复杂性理论框架下加以讨论，如主要考虑：①概率多项式时间(Probabilistic Polynomial Time，PPT)的敌手 A；②转换算法；③“可忽略不计”的成功概率。这种精确形式化是一种“渐近”观点，有着广泛的适用范围。

(2)“基础假设”或“公理”：往往选取的是存在“好”的“极微本原”，或者说是在多项式时间内难以破译或解决的问题。

选取“基础假设”或“公理”的原则是“越弱越好”，通常称弱假设为标准假设。

(3)归约：是一种方法论，是研究可证明安全性的工具。如图 1.3 所示，就是敌手的攻击模型与“密码方案或密码协议”(统称密码系统)安全性之间的归约关系。

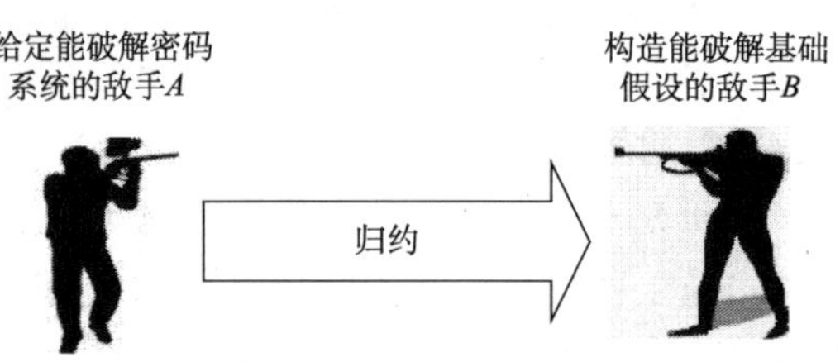

图 1.3　归约方法

可证明安全理论是一种研究安全密码方案和安全密码协议的科学公理化方法，可证明安全理论在密码方案和密码协议的设计与分析应用中，需要注意几点。

(1)用可证明安全理论分析密码方案和密码协议是以某一“基础假设”或“公理”为基础的，一旦该“基础假设”或“公理”靠不住了，安全性证明就没有意义了(图 1.2)。

(2)用可证明安全理论设计密码方案和密码协议时，有几点需要注意。

①往往忽略设计的方案和协议的效率，这是可证明安全性自身的一个弱点。

②用可证明安全理论设计密码方案和密码协议时采用模块化的设计思路，使得设计人员不再拘泥于极为困难的“极微本原”的设计，而是直接以“极微本原”为工具，这样，“极微本原”不可靠造成密码方案或密码协议不安全。另外，即使“极微本原”可靠，设计的密码方案或密码协议本身也不一定安全。

③要想设计好的密码方案和密码协议，必须注意安全模型规划，注意所建立的安全模型都涵盖了哪些攻击。

(3)可证明安全理论不是万能的，有些情况可证明安全理论是没有办法证明、发现或者解决的，例如：①无法证明或发现“实现不正确的密码系统”或“被误用的密码系统”；②无法证明或发现密码系统的密钥被折中；③不能发现在安全模型中没有涵盖而真实存在的攻击；④不能发现或纠正错误的证明。

值得一提的是：本书主要讨论可证明安全理论在密码加密方案的设计和分析中的应用，不再考虑其他密码方案和密码协议的情况。

1.1.3　可证明安全理论的方法论

目前在可证明安全理论研究领域内，主要采用标准模型和随机预言机(RO)模型的方法论。

1. 标准模型方法

标准模型方法是严格依据复杂性理论的证明方法，其证明过程通常是根据敌手可能具有的能力，把敌手形式化为某概率多项式时间算法，利用归约论断，证明敌手攻击某个密码方案或密码协议的成功概率是安全参数的可忽略不计函数，从而证明了密码方案或密码协议的安全性。这是一种“渐近”分析观点，具有广泛的适用范围。

自从 Cramer 和 Shoup 提出了第一个比较实际的标准模型下可证明安全的公钥加密方案后，出现了一系列标准模型下可证明安全的密码方案和密码协议，从而大大推进了标准模型方法论。Cramer 和 Shoup 提出的第一个标准模型下可证明安全公钥加密方案的困难假设是判定性 Diffie-Hellman 问题，其安全性归约是在标准的(抗碰撞)Hash 函数假设下得到的，不依赖于 RO 模型。该方法就是把 Hash 函数视为具有某些特定性质的随机函数，既充分利用了 RO 安全论断的优点，又不依赖于 RO 模型。遗憾的是，标准模型中可证明安全的密码方案或密码协议往往以大量丧失效率和简洁性为代价，使得这类密码方案或密码协议在现实世界中缺乏竞争力。近几年，基于双线性对、多线性映射等技术的标准模型下可证明安全的公钥加密方案，得到更深入的研究和探索，取得一系列成果。

2. 随机预言机模型方法

随机预言机(RO)模型方法论是 Bellare 和 Rogaway 在 1993 年基于 Fiat 和 Shamir 建议的基础上提出的，它是一种非标准化的计算模型。

定义 1.2　预言机(Oracle)。预言机 M 是能够向外界询问的一种机器，它的询问始终由一些称为预言的函数 $f:\{0,1\}^n \to \{0,1\}^n$ 来回答。如果预言机的询问为 x，它得到的回答为 $f(x)$，就说预言机得到了预言 f。通常一个确定性预言机是带有一个附加带(称为预言带)和两个特殊状态的图灵机。两个特殊状态分别是预言求解状态和预言呈现状态。当输入为 x，预言为 f 时，预言求解状态的计算是某个形式的有限或无限序列 $(s_0,t_0,i_0),\cdots,(s_j,t_j,i_j),\cdots$，该计算是根据连续配置关系确定的，配置关系指读写头所处的状态转移函数和动作指令函数。在非预言求解状态的配置和平常一样。若 γ 是预言求解状态下的一个配置且预言带上的内容是 δ，那么紧接着 γ 的下一个配置也必是 γ，除非状态变成预言呈现状态，且预言带的内容成了 $f(\delta)$，称 δ 为预言机 M 的询问，$f(\delta)$ 为预言回答。

一个概率预言机的计算可类比进行定义，只是它比确定性图灵机多一个随机数生成器，即一个概率预言机是带有一个附加带、两个特殊状态和一个随机数生成器的图灵机。其随机生成器又称为内部掷币程序。掷币程序每次掷币得到相互独立的随机变量(数)，作为相应的状态转移函数和动作指令函数输入变量的一部分。

预言机模型就是模拟敌手，试图攻破系统所采用的密码体制。预言机模型通过将不同的函数作为预言，比较预言机输出结果的差异，从而达到区分函数功能的目的。预言机模型的引入，使得一些理论上证明安全性不现实的密码体制变得具有现实意义。

在随机预言机(RO)模型方法中，Hash 函数作为随机函数，每一个新的询问，将得到一个均匀随机的应答。在 RO 模型下设计可证明安全密码方案或密码协议时，系统中的各个角色共享随机预言机来完成操作。当密码方案或密码协议设计完成之后，再用实际的 Hash 函数将此随机预言机替换。具体说，就是设计一个密码方案或密码协议时，先在 RO 模型(可看成一个理想模拟环境)中证明该密码方案或密码协议的正确性，然后在实际方案中用“适当选择”的函数取代该预言机。RO 模型方法论的潜在论断是：从敌手的角度看，理想模拟环境和现实环境是计算不可区分的。也就是说，对于任何多项式界的敌手，Hash 函数几乎就是随机函数。

RO 模型方法本质上是一种“近似”证明，在某些情况下和标准模型方法是等价的。一般来说，用 RO 模型方法设计的密码方案或密码协议和当前密码方案或密码协议的实现效率相当。

RO 模型方法论是可证明安全理论最成功的实际应用，RO 模型方法论的提出使过去仅作为纯粹理论研究的可证明安全理论，迅速在实际应用领域取得重大进展，一大批快捷有效的安全方案和安全协议相继提出；同时还产生了另一个重要概念：具体安全性。目前几乎所有国际安全标准体系都要求提供的设计至少在 RO 模型中是可证明安全的。

虽然在 RO 模型下的安全性证明非常有效，并不是说在 RO 模型下证明是“安全”的密码方案或密码协议就一定会达到安全性要求。因为存在这样一些实际密码方案或密码协议，它们在 RO 模型中是安全的，但任何具体实现都是不安全的。例如，1998 年 Canetti 和 Goldreich 等给出了一个在 RO 模型下证明是安全的数字签名方案，但在随机预言机的实例中却并不安全。RO 模型方法论并不能作为实际方案或协议安全的绝对证据，但该方法论仍是有意义的，至少可以排除很多不安全的设计，虽然并非完备的。例如 RO 模型方法可以作为一种基本测试——任何实际方案有必要通过这种安全测试。

RO 模型方法论还可用于设计简单而有效的密码方案和密码协议，可以抵抗许多未知攻击。更重要的是，其基本思想可以用来设计某些安全的理想系统。

所以，当前的可证明安全理论的研究，一方面继续基于 RO 模型进行证明，另一方面也追求在基于无 RO 条件下的证明。

1.2　基本攻击类型

要讨论在一个密码加密方案系统中，敌手的攻击模型，首先要看看在一个密码系统中，敌手是如何进行攻击的。

1.2.1　密码加密系统

密码加密系统是密码加密方案在真实环境中的运行使用系统。密码加密方案也称密码加密体制，它是密码体制中的一类，通常把一个加密方案看作一个密码体制。现代密码加密方案分为私钥加密方案[或称单钥(对称)加密方案]和公钥加密方案[或称双钥(非对称)加密方案]两大类。私钥加密方案包括序列密码和分组密码。

图 1.4 是私钥加密方案、信息传输信道和敌手等共同组成的一个私钥加密系统。公

钥加密系统中密码加密体制的实现与私钥不同，但是敌手的攻击基本相似，本节以图 1.4 为例，讨论敌手在一个密码系统中的攻击情况。

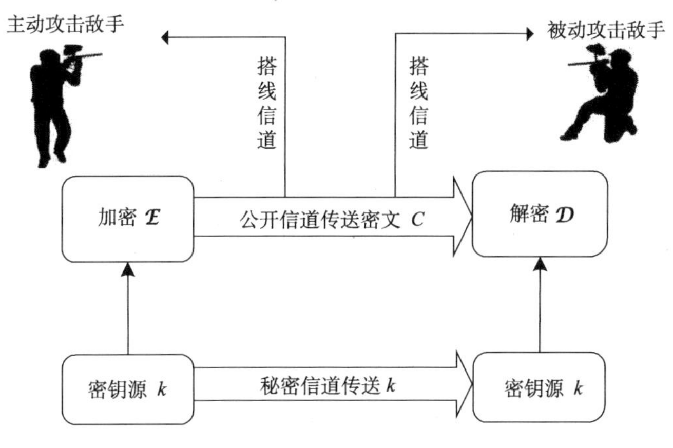

图 1.4　私钥加密系统

在一个密码加密系统中，敌手的攻击有被动攻击和主动攻击两大类。

1) 被动攻击

在一个密码加密系统中，被动攻击就是采取窃听等形式，截获密文进行分析的攻击。被动攻击是一种比较弱的攻击模型。被动攻击主要考虑两种情形。

(1) 密钥无记忆：是指明文的选取和密钥无关。

(2) 密钥关联消息：是指明文消息的选取依赖于密钥。

2) 主动攻击

在一个密码加密系统中，非法入侵者、敌手或黑客主动向系统窜扰，采用删除、更改、插入、重放、伪造等手段向系统注入虚假信息，达到利己害人的目的，这类攻击称作主动攻击。对于加密方案的主动攻击，在各种应用中有不同的主动攻击类型，例如，在一些场合中，攻击者(也称作敌手)可以选择消息传给发送者，让发送者给自己发送攻击者选择的该消息的密文；在另外一些场合，攻击者甚至可以选择密文传给接收者，让接收者对攻击者选择的密文进行解密。这两种场合分别对应的是选择明文攻击和选择密文攻击(具体定义见第 5～7 章)。

1.2.2　敌手对密码加密方案的基本攻击模型

密码加密方案主要是保证消息的机密性。敌手对密码加密方案的攻击目的就是要获得机密消息，然后讨论如何获得机密消息。这取决于敌手的攻击目标，以及他根据所掌握的信息进行攻击方式的选择。

敌手的攻击目标和攻击方式形成了敌手的攻击模型。在密码加密方案的攻击模型中，敌手根据实际应用的场合，主要考虑两种攻击目标：一是求出密文对应的明文。二是求出密钥或等效密钥，进而求出密文对应的明文。

在加密方案的攻击模型中，对于一个敌手来讲，他可以利用尽可能多的信息资源进行攻击，以便获得密文对应的明文或者直接求出密钥。因此，根据敌手所掌握的信息不同，敌手的攻击方式有以下几种。

(1) 唯密文攻击。唯密文攻击中，除了知道加密算法、明文的概率分布和密钥的概率分布，敌手还知道很多由同一个密钥加密的密文。

(2) 已知明文攻击。在已知明文攻击中，除了具备唯密文攻击的条件，敌手还知道许多密文对应的明文。

(3) 选择明文攻击（Chosen Plaintext Attack，CPA）。在选择明文攻击中，除了具备已知明文攻击的条件，敌手还可任意选择对他有利的明文，并被告知相应的密文。也就是说，敌手可以访问一个黑盒，这个黑盒只能执行加密，不能进行解密。

公钥加密方案中任何人都可以访问加密函数，而敌手又能访问指定的公钥，他可以加密他想要的任何消息，这种情景就是选择明文攻击。选择明文攻击是一种非常弱的主动攻击模型。

(4) 选择密文攻击（Chosen Ciphertext Attack，CCA）。选择密文攻击是一种比选择明文攻击稍强的攻击模型。在选择密文攻击中，除了具备已知明文攻击的条件，敌手还可以任意选择对他有利的密文，并能得到相应的明文。也就是说，敌手可以访问一个黑盒，这个黑盒能进行解密。

选择密文攻击可分为非适应性选择密文攻击（Non-Adaptive Chosen-Ciphertext Attack，CCA1）与适应性选择密文攻击（Adaptive Chosen-Ciphertext Attack，CCA2）。

①非适应性选择密文攻击（CCA1）也称为午餐攻击：在午餐时间，也称为寻找阶段，敌手可以选择多项式个密文来询问解密盒，解密盒把解密后的明文发送给敌手；在下午时间，也称为猜测阶段，敌手被告知一个目标密文，要求敌手在没有解密盒帮助的情况下解密目标密文，或者找到关于明文的有用信息。

在上面给出的多项式安全性的攻击博弈中，非适应性选择密文攻击允许敌手在寻找阶段询问解密盒，但是在猜测阶段不能询问解密盒。

②适应性选择密文攻击（CCA2）是一种非常强的攻击模型。除了目标密文，敌手可以选择任何密文对解密盒进行询问。

目前普遍认为，任何新提出的公钥加密算法都应该达到在抗适应性选择密文攻击下的安全性。

(5) 相关密钥攻击（Related-Key Attack，RKA）：它主要指敌手利用密钥扩展方案的一些性质，通过研究不同密钥之间的关系对加密的影响来得到密钥信息。在具体攻击过程中，敌手可以针对若干个有一定关联的密钥，结合其他攻击手段以降低某一特殊攻击的复杂度。

另外，在加密方案的攻击模型中，根据敌手获得的随机预言机的数量和种类不同，敌手的攻击方式还有有效性检验攻击、明文检验攻击等，这些攻击方法都可以归结到前面的方法中，这里就不再叙述了。

1.3 安全性概念

可证明安全的安全性概念由安全目标和敌手攻击模型决定。因此，定义合适的安全目标与建立适当的敌手攻击模型一样，都是讨论可证明安全性的前提条件。另外，密码方案的一些最基本的安全性概念，给予精确的形式化定义，是可证明安全性理论的基础组成部分，有助于消除自然语言的语义二义性。

1.3.1 精确形式化有关概念

为了精确形式化定义，需要明确如下概念：

安全参数n，是把n作为输入，提供给所有的算法。由于技术上的原因，往往给的安全参数是一元数，表示为1^n。在某种意义上，安全参数的值越大，会导致“更安全的”密码方案。

定义 1.3　概率多项式时间(Probabilistic Polynomial Time，PPT)。执行的算法可能是随机选择的运算，但总是执行多项式步数后停止。这里的多项式是指关于安全参数n的多项式。

多项式时间算法就是，仅仅是运行时间在所输入的安全参数n长度范围内，应该是多项式的。我们说一个算法是有效的，是指在它的第一次输入中，它是在多项式时间运行的算法。如果算法是随机的，则是在概率多项式时间运行的算法。

定义 1.4　优势(Advantage，Adv)。一个算法(或敌手)的优势就是它成功完成某个任务的概率的绝对值。

定义 1.5　可忽略不计函数(Negligible Function)。设$\mathbb{N}$为自然数集合，如果增长慢于任意多项式的倒数，则一个函数$\varepsilon(\cdot):\mathbb{N}\to\mathbb{N}$被称为是可忽略不计的。也就是说，对于任意正多项式$p(\cdot)>0$，存在$N\in\mathbb{N}$，满足：对于一切充分大的$n>\mathbb{N}$，有

$$\varepsilon(n)<\frac{1}{p(n)} \tag{1.1}$$

就说函数$\varepsilon(n)$是可忽略不计的。

换句话说，如果一个函数$\varepsilon\in o\left(n^{-\omega(1)}\right)$，则函数$\varepsilon(n)$是可忽略不计的。经常用$\mathrm{neg}(\cdot)$表示任意可忽略不计函数。

用$p(n)=\mathrm{poly}(n)$表示存在某个多项式q，使得对于充分大的n，有$p(n)\leqslant q(n)$。

1.3.2 加密方案的安全性概念

加密方案最基本的功能是提供数据的保密性，使得敌手从密文中难以获得相应的明文，或者难以求出密钥或等效密钥。针对不同的应用环境和敌手的不同计算能力，敌手攻击的难易程度有多种形式来度量。目前常见的有两种形式：一种形式是给定敌手密文，以敌手的计算能力以及敌手可能寻找到明文消息的能力，用精确形式化概念来度量。另一种形式是以某个安全目标为依据，用精确形式化概念来度量。这两种度量形式就会有

两种安全性概念的表达体系。对于第一种形式，包含完美安全性、语义安全性和多项式安全性。对于第二种形式，首先要考虑安全目标，目前普遍认可的安全目标是不可区分性，还有一些安全目标学术界用得比较少或者说大家意见还没有完全统一，如完美安全性、不可延展性、选择开放性等，为了保证内容的完整性，本书把这些都列入了安全性目标。第二种形式，根据 1.2.2 节介绍的敌手对密码加密方案的基本攻击模型以及确定的安全目标，得到相应的安全性概念，本书首次给出如图 1.5 所示安全性概念三维图。这两种形式的安全性概念内容有所不同，但是相互没有矛盾，有的概念可以等价。

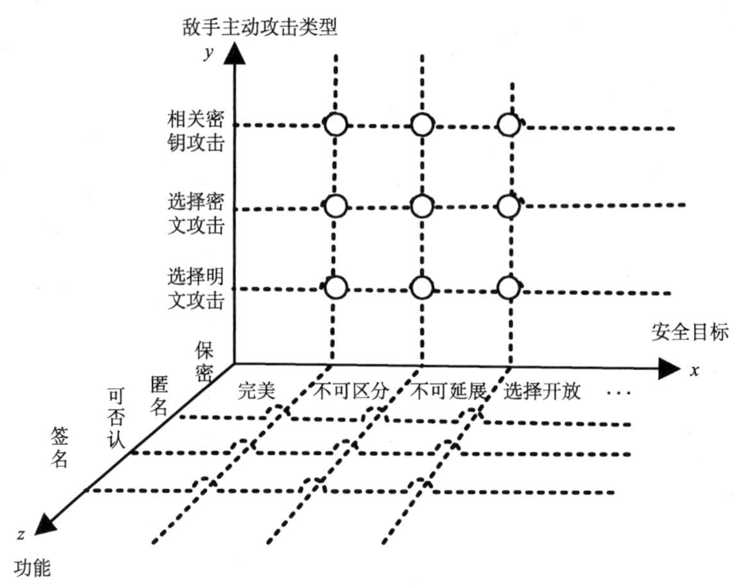

图 1.5　安全目标和敌手主动攻击模型决定的安全性概念

图 1.5 是用安全目标和敌手攻击模型（密钥无记忆）决定的安全性概念，x 轴坐标表示目前常见的加密方案的安全目标，如完美安全性（Perfect Security）、不可区分安全性（Indistinguishingability Security，IND）、不可延展安全性（Non-Malleability Security，NM）、选择开放性攻击安全性（Selective-Opening Attack Security，SOA）。y 轴坐标表示敌手的攻击类型（密钥无记忆），主要表示了 1.2.2 节介绍的三种攻击：选择明文攻击、选择密文攻击和相关密钥攻击。z 轴坐标表示该方案具有的功能，加密方案最基本的功能是保密性，即保证数据的机密性，另外在保密性基础上加密方案增加了认证、匿名、可否认等功能。

敌手的攻击类型和这些安全目标决定了加密方案基本的安全性概念，如图 1.5 所示，y 轴的敌手攻击模型（密钥无记忆）和 x 轴的安全目标结合起来，可能会有 9 个基本安全性概念：完美安全性、IND-CPA、IND-CCA、IND-RKA、NM-CPA、NM-CCA、NM-RKA、SOA-CPA、SOA-CCA、SOA-RKA。近几年密钥依赖消息（Key Dependent Message，KDM）攻击也取得突出成果，KDM 攻击和安全目标结合起来，可能得到 3 个安全性概念：IND-KDM、NM-KDM、SOA-KDM；KDM 也可以与其他攻击方法结合起来得到安全性概念，如 KDM-CPA、KDM-CCA。本书只介绍已经被密码学界认可的常见的安全性概念，其余的安全性概念和可能有但目前密码学界没有提到的安全性概念本书就不介绍了。

随着密码学及其应用的发展，加密方案从单一提供数据的保密性增加为提供多种功能，如图 1.5 所示，有匿名加密方案、签名加密方案、可否认加密方案等。这些多功能加密方案的安全性在原来单一加密的安全性基础上增加了其他功能的安全性。本书只介绍提供数据保密性的加密方案，不讨论提供多种功能的加密方案，也不讨论这些方案的安全性概念。

下面简单介绍第一种形式包含的完美安全性、语义安全性和多项式安全性。对于第二种形式涉及的安全性目标定义和安全性概念，在 1.2.2 节中介绍过的本节就不再重复了，只介绍前面没有介绍的不可延展安全性和多消息的安全性。

1. 完美安全性(Perfect Security)

如果一个具有无限计算能力的敌手从给定的密文中不能获取明文的任何有用信息，则这个加密方案具有完美安全性或信息论安全性。

根据 Shannon 理论知道，要达到完美安全性，密钥必须和明文一样长并且相同的密钥不能使用两次。然而，在公钥加密方案中，假设加密密钥可以用来加密很多消息，并且通常与所需要加密的消息相比较，加密密钥是很短的。因此，完美安全性对于公钥加密方案来说是不现实的。

2. 语义安全性(Semantically Security)(等价于 IND-CPA 安全性)

语义安全性与完美安全性类似，只是语义安全性只允许敌手具有多项式有界的计算能力。从形式上说，无论敌手在多项式时间内能从密文中计算出关于明文的什么信息，他也可以在没有密文的条件下计算出这些信息。换句话说，拥有密文并不能帮助敌手找到关于明文的任何有用信息。

语义安全性又称为不可区分选择明文攻击的安全性(IND-CPA 安全性)。

在 IND-CPA 模型下，形式化处理如下场景：设安全参数为 n，假定任意的 PPT 敌手 A 在明文空间里挑选出长度相等的两个消息 m_0 和 m_1，然后 A 将这两个消息发送给预言机。若这两个消息长度不相等，预言机扩充短的消息使两个消息等长，之后通过随机抛币得到比特 $b\in\{0,1\}$，加密其中的消息 m_b，并将加密的询问密文 c^* 发送给敌手 A。敌手 A 猜测 c^* 所对应的明文消息，并返回比特 b 的猜测结果 b'。如果敌手 A 猜测的结果 $b'\neq b$，则该加密方案是 IND-CPA 安全性的。这意味着密文不会给任何计算能力为多项式时间内的敌手泄露相应明文的任何有用信息。

一个达到语义安全的加密方案仅仅对被动的敌手是安全的。事实上，IND-CPA 模型下的安全性定义太弱。因为在密码系统的应用中，用户可能随时被欺骗而提供解密服务，所以对加密方案提出一个更强的安全概念。

3. 多项式安全性(Polynomial Security)(等价于 IND-CCA 安全性)

给定一个博弈：敌手 A 被告知某个公钥 pk 及其相应的加密函数 f_{pk}。敌手 A 进行以下两个阶段。

(1) 寻找阶段：敌手 A 选择两个明文 m_0 和 m_1。

(2) 猜测阶段：敌手 A 被告知其中一个明文 m_b 的加密结果 C_b，这里的 $b\in\{0,1\}$ 是保密的。敌手 A 的目标是以大于 1/2 的概率猜对 b 的值。如果没有一个敌手能以大于 1/2 的概率猜对 b 的值，就称这个加密方案具有多项式安全性，也称为密文不可区分性。

不可区分选择密文攻击的安全性可分为非适应性不可区分选择密文攻击的安全性(IND-CCA1 安全性)与适应性不可区分选择密文攻击的安全性(IND-CCA2 安全性)两类(IND-CCA1 和 IND-CCA2 的定义分别见第 6 章定义 6.4 和第 7 章定义 7.1)。

在 IND-CCA1 攻击模型中，敌手将准备的(询问前选择)密文发给预言机，预言机解密并返回解密结果，这种解密询问可以进行有限多次。之后敌手与预言机进行 IND-CPA 模型的操作。

在 IND-CCA2 攻击模型中，敌手与预言机执行与 IND-CCA1 模型下相同的操作，区别是：挑战者发给敌手询问密文 c_b 以后，敌手仍可以适应性选择密文(称为询问后密文)，并进行解密询问(这种解密询问可以进行足够多次)，但要求敌手不能询问 c_b 的解密服务。

4. 不可延展安全性(Non-Malleability Secunity)

1991 年 Dolev 等提出另外一个安全性目标——不可延展安全性。不可延展安全性使得敌手很难以一种有意义的可控方式通过修改密文而修改相应的明文，即当给定一个密文 c 时，敌手难以试图构造出一个新的密文 c'，使得密文 c 和 c' 所对应的明文 m 和 m' 是有意义的相关。

不可延展安全性无疑是重要的。然而，由于不可延展性问题的计算本质，对它们进行形式化处理非常困难。因此，设计一个加密方案并证实它具有不可延展安全性会非常困难。

但幸运的是，不可延展安全性与不可区分安全性之间有关系，即在 CCA2 模型下，不可延展性与不可区分性等价，而人们已经建立了对 IND-CCA2 的形式化处理，因此可以通过证明 IND-CCA2 下的安全性获得在 NM-CCA2 攻击模型下的可证明安全性。

引理 1.1　一个可延展的加密方案在适应性选择密文攻击下不一定是安全的。

证明：反证法，假设一个可延展的加密方案在适应性选择密文攻击下是安全的。

对于一个可延展的加密方案，当给定一个目标密文 c_b 时，可以把它修改成一个相关的密文 c_b^*。这种相关的关系也应该存在于 m_b 和 m_b^* 中。

由于假设该可延展的加密方案在适应性选择密文攻击下是安全的，也就是说，预言机发给敌手询问密文 c_b 以后，敌手仍可以适应性选择密文，并向解密预言机(解密盒)进行足够多次解密询问，最后，正确地猜测 b 值的优势可忽略不计。

尽管敌手不能询问 c_b 的解密服务，但是敌手可利用解密预言机来获得 c_b^* 的明文。最后，敌手根据存在于 m_b 和 m_b^* 之间的相关的关系，用 m_b^* 来恢复 m_b，从而正确地猜测 b 值，这与适应性选择密文攻击安全性的定义矛盾。　□

5. 多组消息的安全性

前面介绍的是仅加密单个消息的安全性，然而在许多情形下，需要考虑用同样的密钥来加密许多明文的安全性，即用同一个密钥对多项式个明文同时加密时，相应的安全性定义也成立，就称为在多组消息下是安全的。

目前，选择性开放攻击(Selective-Opening Attack，SOA)是多消息攻击的一种类型，针对选择性开放攻击下的安全性，有如下两种设置情况(具体见第 8 章)。

(1) 假设一个有公钥 pk 的接收方接收到 ω 个发送方的密文，其中发送方 i 产生的密文 $c[i]=\mathcal{E}(\mathrm{pk},m[i];r[i])$ 是在公钥 pk 和硬币 $r[i]$ $(1\leqslant i\leqslant\omega)$ 下，加密消息 $m[i]$ 得到的。给定敌手密文 $c=(c[1],\cdots,c[\omega])$，允许敌手腐化某些发送方，获得它们的消息和它们的硬币，这种攻击就是(发送方腐化下)选择性开放攻击。SOA 的安全性要求敌手除了知道预先给定的开放信息和信息分布知识，不知道未开放信息的任何内容。

(2) 有 ω 个接收方和一个发送方，发送方 i 有加密的公钥 $\mathrm{pk}[i]$ 和解密的私钥 $\mathrm{sk}[i]$。对于每个接收者 i，发送方随机取硬币 $r[i]$，通过 $c[i]\leftarrow\mathcal{E}(\mathrm{pk}[i],m[i];r[i])$ 加密消息 $m[i]$，并把密文 $c[i]$ 发送给接收者 i。敌手选择腐化某些接收方，不仅获得被腐化接收方的消息，还能获得其解密密钥。SOA 的安全性要求敌手不知道未公开的消息。

1.4　密码加密方案的安全性证明

1.4.1　密码加密方案的安全性证明概述

现代密码加密方案分为私钥加密方案和公钥加密方案两大类，其中私钥加密方案包括序列密码和分组密码。本节讨论私钥加密方案和公钥加密方案的安全性证明。

密码加密方案的安全性证明主要包括设计加密方案的“原语”的可证明安全性和密码加密方案抗各种密码攻击的可证明安全性两大类。

(1) 设计加密方案的“原语”的可证明安全性。通常是证明所设计的密码加密方案与相应的“原语”是不可区分的。对于序列密码，就是证明序列密码输出的序列是伪随机序列；对于分组密码，就是证明分组加密的密文是伪随机置换；对于公钥加密方案，就是证明密码方案的安全性归约为各种困难性问题或假设，如二次剩余问题、离散对数问题等。

(2) 密码加密方案抗各种密码攻击的可证明安全性。通常是证明所设计的密码加密方案可以抵抗各种密码攻击(也称密码分析)，如证明抵抗差分分析、线性分析、相关密钥分析等安全的密码加密方案。

另外，有些密码加密方案还有特定的可证明安全性，例如，证明分组密码工作模式的安全性，或者证明基于分组密码的消息认证码(Message Authentication Code，MAC)的安全性。

1.4.2　私钥加密方案的安全性设计

定义 1.6　私钥加密方案。对于某些 $s \geqslant 1$，令 $\text{Coins} = \{0,1\}^s$。对于某些 $t \geqslant 1$，令 $\text{Key} = \{0,1\}^t$。令 $\text{String} = \{0,1\}^*$ 为所有(有限)串的集合。设 Plaintext 和 Ciphertext 分别为非空串的集合。$|t|$ 为密钥的长度，$|s|$ 为随机抛币长度，也就是加密使用随机比特的数目。

一个私钥加密方案(A Private-Key Encryption Scheme)包括 3 个 PPT 算法 $\Pi = (\text{Gen}, \mathcal{E}, \mathcal{D})$。

(1) 密钥产生算法 Gen： $\text{Coins} \to \text{Key}$，用长度为 $|s|$ 的随机抛币 r 产生长度为 t 的密钥 k。

(2) 加密算法 $\mathcal{E}$： $\text{Key} \times \text{String} \times \text{Coins} \to \text{Ciphertext} \cup \{*\}$，具体就是 $c \leftarrow \mathcal{E}_k(m,r)$，即在密钥 k 和抛币 r 下，加密明文 m 得到密文 c 的算法。

(3) 解密算法 $\mathcal{D}$： $\text{Key} \times \text{String} \to \text{Plaintext} \cup \{*\}$，具体就是 $m \leftarrow \mathcal{D}_k(c)$。

(4) 正确性：要求对于所有 $k \in \text{Key}$ 和 $r \in \text{Coin}$，如果 $m \notin \text{Plaintext}$，则 $\mathcal{E}_k(m,r) = *$，如果 $m \in \text{Plaintext}$，则 $\mathcal{E}_k(m,r) \in \text{Ciphertext}$，并且有 $\mathcal{D}_k(\mathcal{E}_k(m,r)) = m$。 □

为了简洁，通常设 $\mathcal{K} = \text{Key}$， $\mathcal{M} = \text{Plaintext}$， $\mathcal{C} = \text{Ciphertext}$。

以上是标准模型(Standard Model)下私钥加密方案的定义，在随机预言机模型下，$\mathcal{K}$、$\mathcal{E}$ 和 $\mathcal{D}$ 都给定一个预言机 $H \in \Omega$，其中 Ω 是所有从 $\{0,1\}^*$ 到 $\{0,1\}^\infty$ 的函数的集合。

私钥加密方案有不可区分(Indistinguishability)安全性概念，如 IND-CPA、IND-KDM 等。

私钥加密方案的安全性要求，设计私钥加密方案时主要遵循 Shannon 提出的混淆原则和扩散原则。混淆原则是指设计的密码加密方案使得明文、密文和密钥三者之间的依赖关系非常复杂，以至于敌手无法找到它们之间的相互关系，从而无法利用这种依赖关系进行密码分析。扩散原则是指设计的密码加密方案使得明文和密钥的每一比特能够最大限度地影响很多密文比特，从而便于隐蔽明文的统计特性，该准则强调即使输入位的微小改变，也将导致输出位的很多变化。下面分别介绍序列密码设计和分组密码设计的基本要求。

1) 序列密码的安全性设计

序列密码的加密和解密思想非常简单：用一个密钥序列与明文序列按比特(或字符)进行异或(或叠加)产生密文；用同一个密钥序列与密文序列按比特(或字符)进行异或(或叠加)来恢复明文。当用来加密的密钥序列是由满足均匀分布的离散无记忆信源产生的随机序列、并且密钥序列不少于明文序列时，相应的序列密码就是"一次一密"密码加密方案。Shannon 已经证明了"一次一密"是无条件安全的密码加密方案，无可置疑，序列密码的安全强度取决于密钥流序列随机性的好坏。但是"一次一密"要求的随机序列密钥的产生、存储和使用有很大困难，尤其是作为解密密钥难以实现。在实际应用中，常常采用伪随机序列，所以在"伪随机"意义下密钥码生成器的设计，成为众多序列密码设计者遵循的基本准则之一。

早期 Golomb 对于"伪随机"序列给出了三条随机性假设，随着 Massey 提出对移位寄存器的综合方法，人们发现 Golomb 的三条随机性假设不能满足序列密码的安全性要求，最典型的例子就是 *m*-序列满足 Golomb 的随机性假设却具有很差的线性复杂度。所以本书所说的“伪随机”序列不是 Golomb 的“伪随机”序列，而是指具有不可预测性的序列，不可预测性使得伪随机序列在密码学中的应用合理化。

2) 分组密码的安全性设计

一个典型的分组密码通常由加密算法、解密算法和密钥扩展算法组成。分组密码大多是二元域上的运算。假设明文 $m\in\mathcal{M}$ 和密文 $c\in\mathcal{C}$ 的长度都为 n 比特，密钥 $k\in\mathcal{K}$ 的长度为 t 比特，即 $\mathcal{M}=\mathcal{C}=F_2^n,\mathcal{K}=F_2^t$，那么分组密码的加解密算法分别表示为如下两个映射：

加密算法 $\mathcal{E}:F_2^n\times F_2^t\to F_2^n$；解密算法 $\mathcal{D}:F_2^n\times F_2^t\to F_2^n$

以上映射满足对于任意 $k\in F_2^t$，加密算法 $\mathcal{E}(\cdot,k)$ 和解密算法 $\mathcal{D}(\cdot,k)$ 都是 F_2^n 上的置换并且互逆。以明文 m 和密钥 k 作为输入，输出密文 c 的加密算法也称为加密函数。同样解密算法也称为解密函数。

分组密码的加密函数 $\mathcal{E}(\cdot,k)$ 和解密函数 $\mathcal{D}(\cdot,k)$ 通常采用迭代结构，将轮密钥控制下的变换进行若干轮迭代，以提供足够的安全性。假设迭代 r 轮，则对于明文空间的任意明文 $m\in\mathcal{M}$，密钥空间的任意密钥 $k\in\mathcal{K}$，用分组密码进行加密，得到密文：

$$c=\mathcal{E}(m,k)=\mathcal{F}_{k_r}\circ\mathcal{F}_{k_{r-1}}\circ\cdots\circ\mathcal{F}_{k_1}(m)$$

对密文空间的密文 $c\in\mathcal{C}$ 进行解密，可以恢复明文：

$$m=\mathcal{D}(c,k)=\mathcal{F}_{k_1}^{-1}\circ\mathcal{F}_{k_2}^{-1}\circ\cdots\circ\mathcal{F}_{k_r}^{-1}(c)$$

其中，$\mathcal{F}_{k_i}(\cdot)(1\leqslant i\leqslant r)$ 为轮变换（也称为轮函数），$\mathcal{F}_{k_i}^{-1}$ 为轮变换的逆变换，$k_1,k_2,\cdots,k_r$ 为用初始密钥 $k\in\mathcal{K}$ 通过密钥扩展算法生成的轮密钥。

F_2^n 上的置换数目为 $2^n!$，而密钥长度为 t 时所有可能加密变换的数目为 2^t。通常情况下 $2^t\ll 2^n!$。因此分组密码加密算法和解密算法的设计就是要找到一种算法，能够在密钥的控制下从一个足够大且足够好的置换子集合中选出一个简单快速的置换，对明文进行加密变换以及对密文进行解密变换，使得计算加密函数 $\mathcal{E}(\cdot,k)$ 和解密函数 $\mathcal{D}(\cdot,k)$ 很容易，但从方程 $c=\mathcal{E}(m,k)$ 和 $m=\mathcal{D}(c,k)$ 中解出 k 是一个困难问题。为了达到良好的安全性，分组密码的设计仍然主要遵循 Shannon 的混淆原则和扩散原则，要求分组密码加密函数 $\mathcal{E}(\cdot,k)$ 和解密函数 $\mathcal{D}(\cdot,k)$ 的设计是 F_2^n 上互逆的随机置换。但是在实际应用中，根据 1.4.3 节中将提到的 Luby 和 Rackoff 理论，往往把 $\mathcal{E}(\cdot,k)$ 和 $\mathcal{D}(\cdot,k)$ 设计为 F_2^n 上互逆的伪随机置换。互逆的伪随机置换 $\mathcal{E}(\cdot,k)$ 和 $\mathcal{D}(\cdot,k)$ 通常采用若干轮迭代结构，而每一轮轮变换 $\mathcal{F}_{k_i}(\cdot)(1\leqslant i\leqslant r)$ 和其逆变换 $\mathcal{F}_{k_i}^{-1}$ 通常要求设计为伪随机函数（或超伪随机函数）。

1.4.3　私钥加密方案的可证明安全性

私钥加密方案的安全性证明最早可追溯到 Shannon 提出的“完善保密性”概念，利用这个概念 Shannon 证明了“一次一密”是无条件安全的加密方案。

根据 Shannon 理论，设计序列密码的主要安全性依据是序列密码产生的密钥流是伪随机序列。目前，对序列密码的可证明安全性主要是针对序列密码抗各种密码分析（攻击）

方法的可证明安全性。

与序列密码相比，分组密码的可证明安全理论和方法的内容比较丰富。1978 年，Luby 和 Rackoff 对 Feistel 结构的伪随机性和超伪随机性的证明，激发了人们对分组密码结构的可证明安全理论的研究。

Luby 和 Rackoff 给出对分组密码结构的可证明安全的模型是：δ 假设敌手拥有无尽的计算资源和存储资源，唯一受限的是敌手能够获取的明密文数目 q，即数据资源。在这个安全模型下，他们的研究指出：如果轮函数是相互独立的伪随机函数，则当 $\delta \ll 2^{n/2}$ 时，3(4) 轮 Feistel 结构密码是(超)伪随机置换，从而可以抵抗各种选择明文攻击和选择密文攻击的方法，这是对 Feistel 结构的第一个可证明安全的模型和结果。Luby 和 Rackoff 给出的安全模型和结论成为分组密码安全性证明的重要方法与理论支撑之一。

20 世纪 90 年代，随着差分分析方法和线性分析方法的提出，人们对分组密码抵抗差分和线性分析的需求越来越强烈。当设计者给出一个新的分组密码方案时，一般都要提供抗差分和线性密码分析的可证明安全性。此时，分组密码的可证明安全理论有别于以前的可证明安全理论，它主要针对差分和线性密码分析，需要设计者证明算法的 r 轮差分概率和线性概率足够小，即要低于某个安全阈值(一般为 2^{-n}，其中 n 为分组长度)。此时，为探测到统计优势，差分和线性密码分析所需要的明文量将超过 2^n，从而使这两种攻击变得不可行。

分组密码针对差分密码分析的可证明安全理论最早由 Nyberg 和 Knudsen 对 Feistel 结构提出，他们给出的模型是：假设轮密钥独立且均匀分布，当轮函数的差分概率的上界为 ρ 时，4 轮迭代后的 Feistel 结构加密算法差分概率的上界为 $2\rho^2$。因此，当 ρ 满足一定的条件时，就可提供整个算法抵抗差分密码分析的可证明安全。分组密码针对线性密码分析的可证明安全由 Nyberg 给出。需要指出的是，Nyberg 和 Knudsen 提出的安全证明模型是基于差分(Differential)和线性壳(Linear Hull)这两个概念的，而差分和线性壳是精确评估差分密码分析和线性密码分析数据复杂度的理论指标。因此上述安全性模型的证明称为“理论可证明安全(Provable Security)”。

实际对分组加密方案进行差分和线性密码分析时，由于差分对应的概率和线性壳对应的概率难以精确计算，敌手更倾向于寻找概率较大的差分特征(Differential Characteristic)和线性特征(Linear Characteristic)。提出抗差分和线性密码分析的另外一个模型，即提供差分特征概率和线性特征概率的上界，称为实际可证明安全(Practical Security)。实际可证明安全模型近些年受到广泛的关注，因为在该模型下，差分特征(线性特征)概率的上界通常可以转换为差分(线性)活跃轮函数目的下界，或者当轮函数为 SPN 型时还可以转换为活跃 S 盒数目的下界，如针对 SPN 型密码方案，活跃 S 盒的数目就可以直接通过线性变换分支数的大小来给出度量，因此，设计者只需要设计差分均匀度较小和非线性度较大的 S 盒，同时设计分支数较大的线性变换，就可以使迭代若干轮后的活跃 S 盒数目迅速增加，从而使算法可以抵抗差分和线性密码分析，这就是 SPN 结构设计中的宽轨迹策略。

总之，目前对分组密码可证明安全分析方法大概有三种情况，针对这三种情况提出不同的可证明安全模型。

(1) 如果轮函数是相互独立的伪随机函数，证明经过若干轮迭代后的分组密码是一个伪随机置换，与随机置换是不可区分的，从而可以抵抗各种选择明文攻击和选择密文攻击。

(2) 证明分组密码抗各种密码分析是可证明安全的，尤其是抗差分和线性密码分析是安全的，近几年分组密码抗相关密钥攻击的可证明安全性也受到关注。抗差分和线性密码分析的可证明安全又有理论可证明安全和实际可证明安全两种模型。

(3) 以分组密码作为"原语"，证明分组密码工作模式的安全性，或者证明基于分组密码的序列密码、Hash 函数、MAC、签名方案等密码方案的安全性。

1.4.4　公钥加密方案的可证明安全性

1976 年 Diffie 和 Hellman 发表的论文《密码学新方向》奠定了公钥密码体制的基础。区别于传统的私钥加密方案，公钥加密方案有两个密钥：一个是可以公开的公钥，另一个是需要保密的私钥。公钥作为加密密钥，可以公开，即任何人都可以用公钥进行加密；而相应的解密密钥是秘密的私钥，只有掌握相应私钥的人才可以解密密文获得明文，任何第三方想利用已知的公钥求解秘密的私钥在计算上是困难的。由于加密密钥和解密密钥可以分开，公钥密码体制在密钥的分配、身份认证以及数字签名等方面显示出巨大的应用优势。

Diffie 和 Hellman 首先介绍的公钥密码系统如图 1.6 所示，设 $\mathcal{M}$ 为有限的消息空间，$\{\text{Alice}, \text{Bob}, \cdots\}$ 为用户，并设 $m \in \mathcal{M}$ 表示一个消息。设 $\mathcal{E}_{\mathrm{pk}_B}: \mathcal{M} \to \mathcal{C}$ 为用 Bob 的公钥 pk_B 进行加密的函数，该函数为理想的双射；$\mathcal{D}_{\mathrm{sk}_B}$ 为解密函数，使得对所有的 $m \in \mathcal{M}$ 有 $\mathcal{D}_{\mathrm{sk}_B}(\mathcal{E}_{\mathrm{pk}_B}(m)) = m$。在公钥系统中，$\mathrm{pk}_B$ 存储于公共文件中，Bob 保持自己的私钥 sk_B 的秘密性。只知道 pk_B 很难计算出 sk_B。Alice 从公共文件中取出 pk_B，计算 $\mathcal{E}_{\mathrm{pk}_B}(m)$ 并将这个信息发送给 Bob。Bob 容易计算 $\mathcal{D}_{\mathrm{sk}_B}(\mathcal{E}_{\mathrm{pk}_B}(m))$ 来获得 m。图 1.6 中的硬币在有的算法中是没有用的，具体在后面章节中可以看到，就不再介绍了。

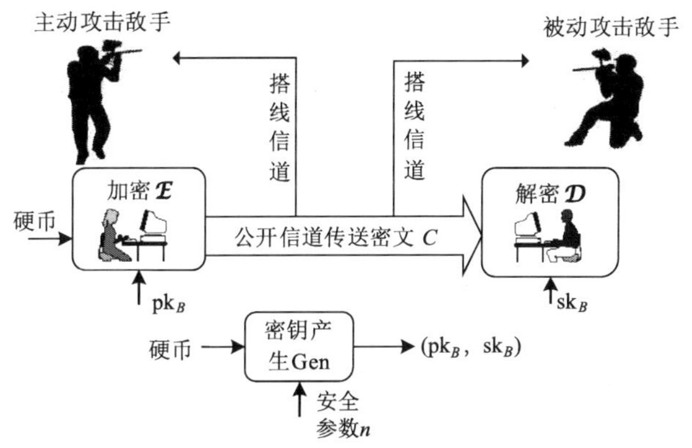

图 1.6　公钥密码加密系统

公钥加密方案是密码体制中的一类密码体制，正式的概念见定义 1.7。

定义 1.7　公钥加密方案。令 $\text{String} = \{0,1\}^*$ 为所有(有限)串的集合，Plaintext 和

Ciphertext 分别为非空串的集合。令 $\text{Parameter}=1^*$， $\text{Coins}=\{0,1\}^{\infty}$，并设 $\text{PublicKey}\subseteq\text{String}$， $\text{SecretKey}\subseteq\text{String}$。

设 $\mathcal{M}$=$\text{Plaintext}=\{m=(m_1,\cdots,m_n)\}$ 表示明文空间，即所有可能的明文 m 组成的有限集，设 $\mathcal{C}$=$\text{Ciphertext}=\{c=(c_1,\cdots,c_n)\}$ 表示密文空间，即所有可能的密文 c 组成的有限集，并设一对密钥 (pk,sk)，其中 $\text{pk}\in\text{PublicKey}$ 为公开密钥， $\text{sk}\in\text{SecretKey}$ 为秘密密钥。

令 n 为安全参数，一个公钥加密方案(A Public Key Encryption Scheme)包括 3 个 PPT 算法(Gen，$\mathcal{E}$，$\mathcal{D}$)。

(1) Gen 是密钥产生算法： $\text{Parameter}\times\text{Coins}\rightarrow\text{PublicKey}\times\text{SecretKey}$。具体就是：$\text{Gen}(1^n)$ 输出 (pk,sk) 对。假设简单情况，取 $|\text{pk}|=n$。

(2) 加密算法 $\mathcal{E}$ ： $\text{PublicKey}\times\text{String}\times\text{Coins}\rightarrow\text{Ciphertext}\cup\{*\}$。具体就是 $c\leftarrow\mathcal{E}_{\text{pk}}(m')$，即任取一个消息 $m'\in\text{String}$，算法 $\mathcal{E}_{\text{pk}}(m')$ 返回一个多项式长度 $p(n)$ 的密文 $c\in\mathcal{C}$ 或者返回 $\{*\}$。

(3) 解密算法 $\mathcal{D}$： $\text{SecretKey}\times\text{String}\rightarrow\text{Plaintext}\cup\{*\}$。具体就是 $m\leftarrow\mathcal{D}_{\text{sk}}(c)$。任意给定一个消息 $c'\in\text{String}$，算法 $\mathcal{D}_{\text{sk}}(c')$ 返回一个明文 $m\in\mathcal{M}$ 或者返回一个表示错误解密的符号 $\perp\in\{*\}$。

如果 $c\notin\mathcal{C}$ 不是一个有效的密文，错误的解密可能发生。

简单地，除非特别声明，本书假设解密算法是确定的，而加密算法可能是确定的，也可能是概率的。

(4) 正确性：对每对 $(\text{pk},\text{sk})\in(\text{PublicKey},\text{SecretKey})$，都对应一个加密算法 $\mathcal{E}_{\text{pk}}$ 和解密算法 $\mathcal{D}_{\text{sk}}$，满足对于任意的 $m\in\text{Plaintext}$，都有 $c=\mathcal{E}_{\text{pk}}(m)$， $m=\mathcal{D}_{\text{sk}}(c)=\mathcal{D}_{\text{sk}}(\mathcal{E}_{\text{pk}}(m))=m$。

(5) 对于所有的 $k=(\text{pk},\text{sk})$，在已知 pk、$\mathcal{E}_{\text{pk}}$ 和 $\mathcal{D}_{\text{sk}}$ 的情况下，推出 sk 在计算上不可行的。

对每对 $(\text{pk},\text{sk})\in(\text{PublicKey},\text{SecretKey})$，函数 $\mathcal{E}_{\text{pk}}$ 和 $\mathcal{D}_{\text{sk}}$ 都是多项式时间可计算的函数。在公钥系统中， pk 称作公钥，存储于公共文件中； sk 称作私钥，由用户秘密地保存。 □

由于敌手能访问指定的公钥 pk，他可以加密他想要的任何消息，这种情景有时候称作选择明文攻击。

本书假设公钥的认证是可能的。这样，我们主要关注的安全问题是：一个敌手从公共文件中访问公钥 pk 后，是否能够成功地从密文 c 中获得明文 m 的信息，或者获得私钥 sk。为了防止敌手的这种行为，公钥加密方案安全性设计的核心问题是(pk, sk)、$\mathcal{E}_{\text{pk}}$ 和 $\mathcal{D}_{\text{sk}}$ 必须满足条件(4)和(5)，而条件(5)正是从计算复杂性理论的角度去考虑的，它要求敌手从已知公钥 pk 情况下，推出私钥 sk 是计算不可行的。由于条件(4)和(5)基本符合单向函数的不严格定义，可以用一个陷门单向函数来构造一个公钥加密方案。

可以从一些计算复杂性理论上的 NPC 问题(参阅 4.1.1 节)或者数学理论方面的困难性问题(尽管我们不能确切地知道它们的复杂性，但是研究者研究了这么多年仍未找出有效的算法)来构造陷门单向函数，从而设计公钥加密方案。例如，本书后面章节中详细介绍了用二次剩余、离散对数等问题来构造公钥加密方案。但是并不是所有数学理论方面的困难性问题都可以用来设计公钥加密方案。

安全公钥加密方案存在的一个必要条件是 $P \neq \mathrm{NP}$，而 $P \neq \mathrm{NP}$ 是否成立仍然是计算理论界的一个悬而未解的难题。所以，建立在计算复杂性理论的基础上的公钥加密方案的安全性证明往往需要一些假设，不能真正证明。尽管 $P \neq \mathrm{NP}$ 是安全公钥加密方案存在的一个必要条件，却不是一个充分条件。假设一个公钥加密方案是 NP 完全的，那么 $P \neq \mathrm{NP}$ 意味着这个加密方案在最坏的情况下是难以破解的，但仍然不能排除该加密方案在多数情况下很易被破解的可能性。因此，最坏情况下难以破解不是构造公钥加密方案的一个好的指标，而构造一个安全的公钥加密方案要求在绝大多数情况下难以破解，或至少“在通常情况下是难以破解的”。

为了能用“在通常情况下难以计算的困难性问题”，必须有能很快解决这些困难性问题的辅助信息(陷门)。否则，他们对合法用户也是难处理的。因此建立在单向函数的基础上的陷门单向函数是构造公钥加密方案的基础。

另外，公钥加密方案的安全性设计还要考虑敌手的攻击能力。随着敌手攻击能力的增强，用单一某个困难性问题设计陷门单向函数构造的公钥加密方案往往难以抵抗敌手的攻击，具体设计还需要与其他密码原语结合起来，关于这点本书也有一些介绍。

1.5 证明技术

可证明安全理论应用了很多证明技术，如数学推理证明、形式化证明、混合论证、博弈证明技术、三模型证明系统等，贯穿本书会看到很多种证明方法，但是本书只介绍混合论证、博弈证明技术和三模型证明系统。这里先作简单介绍，在第 3 章详细介绍混合论证，在第 9 章详细介绍三模型证明系统，在第 10 章和第 11 章详细介绍博弈技术及其应用。

可证明安全理论的各种证明技术不是完全独立的，而是相互应用、相互借鉴的。例如，大多数证明方法都用到了数学推理证明。再如，本书介绍的三模型证明系统用到了混合论证的思想，也用到了博弈证明技术。

1.5.1 混合论证概述

混合论证(Hybrid Argument)是一种应用任意不可区分分布的证明技术，它的核心思想是用两个分布是计算不可区分的来证明另外两个分布也是计算不可区分的。

令 $\mathcal{X} = \{X_n\}$ 和 $\mathcal{Y} = \{Y_n\}$ 是两个分布集，则设 $(\mathcal{X}, \mathcal{Y})$ 指的是分布集合 $\{(X_n, Y_n)\}$，其中分布 (X_n, Y_n) 定义为 $\{x \leftarrow X_n; y \leftarrow Y_n : (X_n, Y_n)\}$。如果在 n 上的多项式时间内，能根据分布 X_n 产生一个元素，就说分布集 $\mathcal{X} = \{X_n\}$ 是可有效取样的。

假设 $\mathcal{X}^1$、$\mathcal{X}^2$、$\mathcal{Y}^1$ 和 $\mathcal{Y}^2$ 都是可有效取样的分布集，并且 $\mathcal{X}^1$ 和 $\mathcal{Y}^1$ 是计算不可区分的、$\mathcal{X}^2$ 和 $\mathcal{Y}^2$ 也是计算不可区分的，混合论证就是说明分布集合 $(\mathcal{X}^1, \mathcal{X}^2)$ 和分布集合 $(\mathcal{Y}^1, \mathcal{Y}^2)$ 也是计算不可区分的。

1.5.2 三模型证明系统

在密钥关联消息加密方案的安全性证明中，通常使用三模型证明系统。三模型证明系统包括标准模型(Standard Model)、伪造模型(Fake Model)和隐藏模型(Hiding Model)三个模型。通过三个模型的博弈，并且使用两个模拟器进行作为安全性证明，其中第一个模拟器知道私钥，而第二个模拟器不知道私钥。第一个博弈与密钥关联消息加密有关，最后一个博弈与随机加密有关。

具体证明思路是：定义标准模型与密钥关联消息加密方案安全性的初始博弈相同。在伪造模型中，允许我们用敌手的询问来计算与标准模型的密文不可区分的伪造密文，而没有使用私钥计算密文。隐藏模型允许我们既不用敌手的询问也不用私钥来计算隐藏密文，假设一个模拟器不知道私钥的前提下，这个隐藏密文与伪造模型的伪造密文是不可区分的。通过这三个模型，证明了标准模型的密文与隐藏模型的密文的不可区分性，从而证明了密钥关联消息加密方案的安全性。

1.5.3 基于编码的博弈技术概述

基于编码的博弈技术(Game Playing Technique)也是密码系统安全性证明的一种证明体系，它与可证明安全理论有很多相似之处，但是也有它自身的特点。现在很多密码方案或密码协议用可证明安全理论证明其安全性时，也采纳了博弈技术，如构造一个博弈链，用博弈链来定界区分概率。因此，本书把基于编码的博弈技术作为可证明安全性理论的补充，在第 10 章和第 11 章中详细介绍这个有趣的证明方法。

1996 年，Kilian 和 Rogaway 首先使用博弈方法，之后该方法在密码学中得到应用，直到 2004 年，Bellare 才把这种博弈方法系统化，正式把博弈技术作为密码系统结构安全性的一种证明体系。博弈技术，就是写一个伪代码，人们称作博弈(Game)，使得一个敌手在攻击某些密码系统结构中的优势，用在这个博弈中设置一个标志(Flag) bad 的概率来界定。在博弈技术中，先写好一个伪代码，然后逐步依照句法来修改这个伪随机代码，从而形成博弈链(A Chain of Game)，用博弈链来界定博弈设置一个标志 bad 的概率的上界。

使用基于代码的博弈技术，不仅可以证明新设计的密码方案和密码协议，还可以对一些密码方案的典型的、已有的结果给出简单的、更有效的证明。

习题与思考

1.1　举例说明为什么说可证明安全理论既是密码方案和密码协议的设计方法，又是它们的分析方法。

1.2　试分析“可证明安全性”的概念并讨论可证明安全性的前提条件是什么？可证明安全性的概念三个基本元素是什么？用可证明安全性理论和方法需要注意什么？

1.3　标准模型方法与 RO 模型方法的区别以及它们各自的优点和缺点是什么？RO 模型方法论的潜在论断是什么？

1.4　在 RO 模型下证明安全的密码方案或密码协议在具体实现时一定安全吗？试举例说明。

1.5 安全目标和敌手攻击模型决定的安全性概念，根据所掌握的信息不同，敌手的攻击方式有哪些？目前常见的安全目标有哪些？

1.6 完美安全性、语义安全性与多项式安全性的主要区别是什么？试比较 IND-CPA 攻击模型、IND-CCA1 攻击模型、IND-CCA2 攻击模型、NM-CCA2 攻击模型和 SOA-CCA 攻击模型的安全概念，以及它们之间的区别。

1.7 试证明：一个确定性公钥加密方案不是多项式安全的。

1.8 密码加密方案的安全性证明主要包括哪些方面？

1.9 “伪随机”序列的什么性质使得伪随机序列在密码学中的应用合理化？

1.10 根据 Shannon 的混淆原则和扩散原则，分组的加解密算法通常需要设计成什么置换？它的轮变换常常需要设计成什么函数？

1.11 针对私钥加密方案的“理论可证明安全”和“实际可证明安全”的含义是什么？二者之间有何关系？

1.12 目前设计序列密码、分组密码和公钥加密方案的安全性分别“归约”到哪个原语(本原)？

1.13 试用公钥加密方案的定义说明可以用陷门单向函数来构造一个公钥加密方案。用陷门单向函数来构造一个公钥加密方案的具体方式是什么？

1.14 在计算复杂性理论的基础上是否可以真正保证公钥加密方案的安全性？为什么？为什么 $P \neq NP$ 是安全公钥加密方案存在的一个必要条件而不是充分条件？试举例说明。

1.15 三模型证明系统中的三个模型各有什么特点和作用？

1.16 在博弈技术中如何确定一个敌手在攻击某些密码系统结构中的优势？

参 考 文 献

冯登国, 2005. 可证明安全性理论与方法研究. 软件学报, 16(10): 1743-1756.

李瑞林, 2011. 分组密码的分析与设计. 长沙: 国防科技大学博士学位论文.

BELLARE M, 1999. Practice-oriented provable-security. Modern Cryptology in Theory and Practice. LNCS 1561, Heidelberg: Springer-Verlag: 1-15.

DIFFIE W, HELLMAN M, 1976. New directions in cryptography. IEEE Transactions on Information Theory, 22(6): 644-654.

GOLDREICH O, 2001. Foundations of Cryptography. Cambridge: Cambridge University Press.

GOLDWASSER S, MICALI S, 1984. Probabilistic encryption. Journal of Computer and System Science, 28: 270-299.

GOLOMB S W, 1967. Shift Register Sequences. San Francisco: Holden-Day.

MASSEY J L, 1966. Shift register synthesis and BCD decoding. IEEE Transactions on Information Theory, 15(1): 122-127.

NYBERG K, 1994. Linear approximation of block ciphers// Workshop on the Theory and Application of Cryptographic Techniques. Heidelberg: Springer-Verlag: 439-444.

NYBERG K, KNUDSEN L, 1995. Provable security against a differential attack. Journal of cryptology, S(1): 27-38.

第 2 章　伪随机函数和伪随机置换

本章主要内容

(1) 伪随机函数与伪随机置换基础：计算不可区分性、伪随机函数(PRF)的有关概念、伪随机置换(PRP)的有关概念、伪随机性与不可预测性、伪随机发生器(PRG)的有关概念。

(2) 计算复杂性：单向函数的定义、两个有用长度的规定、单向函数的多样性、硬核谓词。

(3) 伪随机发生器的构造：伪随机发生器与单向函数、用单向函数构造伪随机发生器。

(4) 伪随机函数与伪随机置换转换引理：伪随机函数与伪随机置换的概率关系、PRP/PRF 转换引理。

(5) 抗相关密钥攻击的可证明安全的 PRF 和 PRP：伪随机函数的安全性概述、密钥延展性、密钥指纹有关概念、构造 RKA-PRF、从 RKA-PRF 构造 RKA-PRP。

(6) 利用 PRF 和 PRP 构造私钥加密体制：利用有效可计算的伪随机函数构造一个分组密码、利用有效可计算的伪随机函数构造私钥加密体制。

2.1　伪随机函数与伪随机置换基础

随机性理论是现代密码学的主要理论基础之一，几乎所有密码体制的实现都需要高质量的随机性。以较低代价生成、交换和共享大量高质量的随机比特是现代密码学的重要研究内容。尤其对于私钥加密方案，其安全性几乎完全依赖于随机性理论。

Shannon 已经证明了“一次一密”的随机序列密钥是无条件安全的加密方案，所以，序列密码的安全性强度取决于密钥流序列随机性的好坏。实际应用中，是用伪随机发生器产生的伪随机序列作为序列密码的密钥。

分组密码加(解)密算法的设计是要找到一种算法，能够在密钥的控制下从一个足够大且足够好的置换子集合中选出一个简单快速的置换作为加密函数 $\mathcal{E}(\cdot,k)$ 和解密函数 $\mathcal{D}(\cdot,k)$，使得计算 $\mathcal{E}(\cdot,k)$ 和 $\mathcal{D}(\cdot,k)$ 很容易，但从方程 $c=\mathcal{E}(m,k)$ 和 $m=\mathcal{D}(c,k)$ 中解出 k 是一个困难问题。假设明文和密文的长度为 n 比特，分组密码加密函数 $\mathcal{E}(\cdot,k)$ 和解密函数 $\mathcal{D}(\cdot,k)$ 的设计要求是 F_2^n 上互逆的随机置换，互逆的随机置换 $\mathcal{E}(\cdot,k)$ 和 $\mathcal{D}(\cdot,k)$ 通常采用轮迭代结构，每一轮轮变换和其逆变换通常要求设计为随机函数。由于随机函数和随机置换难以求逆，无法用于加解密，所以在实际应用中，真正使用的是伪随机函数和伪随机置换。

公钥加密方案的设计往往需要陷门单向函数，单向函数存在的充要条件是伪随机发生器的存在，所以公钥加密方案的设计也与伪随机函数息息相关。

事实上，伪随机序列、伪随机函数、伪随机置换等概念及其应用，是随机性理论在密码学中真正研究和讨论的内容。

另外，随着随机理论在密码学中的深入研究，有限独立性的概念也得到发展。一个函数簇 F 具有某种程度的(有限)独立性，意味着任意一个在 F 上均匀选择的函数 f 在每一个作为随机变量(由选择的 f 确定的概率空间上)的点的函数值 $f(x)$ 具有约定的独立性。因此，有限独立性函数是密码加密方案设计中也要考虑的一个因素。

2.1.1　计算不可区分性

计算不可区分概念是定义伪随机性的基础，也是定义很多密码原语的基础。在计算复杂性领域，通过把对象作为串的无限序列的标准方式，来正式定义计算不可区分性概念，即如果没有有效的算法把序列 $\{X_n\}_{n\in\mathbb{N}}$ 和 $\{Y_n\}_{n\in\mathbb{N}}$ 区分开，就说这两个序列是计算不可区分的。换句话说，就是对每个有效的算法 D 和所有足够大的 n，当且仅当 D 接受 Y_n，D 才接受 X_n。因为实际应用都是由有效算法决定，所以在任何实际应用中，计算不可区分的对象都可以认为是等价的。

上述讨论自然可以推广到概率的设置中，会产生这样一个非常有用的结果，即如果没有有效的算法能区分两个分布，就说这两个分布是计算不可区分的。这里讨论的是两个分布的无限序列，而不是两个固定分布。这样的序列称为概率总体。

设 I 是一个可数的指标集，一个由 I 标记的随机变量序列 $\mathcal{X}=\{X_i\}_{i\in I}$ 被定义为由 I 标记的总体(Ensemble Indexed by I)，即任意 $\mathbf{X}=\{X_i\}_{i\in I}$ 是一个由 I 标记的总体，也称为概率总体(Probability Ensemble)，其中 X_i 是一个随机变量。

一般用 $\mathbb{N}$ 或 $\{0,1\}^*$ 的子集作为指标集。由 $\mathbb{N}$ 标记的总体，例如 $\mathbf{X}=\{X_n\}_{n\in\mathbb{N}}$，其中每个 X_n 都是长度为 $\text{poly}(n)$（n 的多项式）的串；由 $\{0,1\}^*$ 的子集标记的总体，例如 $\mathbf{X}=\{X_w\}_{w\in\{0,1\}^*}$，其中每个 X_w 都是长度为 $\text{poly}(|w|)$ 的串。如果把自然数与它们的一元表示结合起来(即把 $\mathbb{N}$ 和 $\{1^n : n\in\mathbb{N}\}$ 结合起来)，这两种情况就可以统一起来。

定义 2.1　计算不可区分性(Computationally Indistinguishable)。设两个总体 $\mathbf{X}\overset{\text{def}}{=}\{X_n\}_{n\in\mathbb{N}}$ 和 $\mathbf{Y}\overset{\text{def}}{=}\{Y_n\}_{n\in\mathbb{N}}$，如果对每个概率多项式时间算法 D，对于每一个正多项式 $P(\cdot)$ 和所有足够大的 n，都有

$$\left|\Pr\left[D\left(X_n,1^n\right)=1\right]-\Pr\left[D\left(Y_n,1^n\right)=1\right]\right|<\frac{1}{p(n)}$$

则称这两个总体是多项式时间不可区分的，通常将多项式时间不可区分性(Polynomial Time Indistinguishability)简称为计算不可区分性。 □

定义 2.1 中，算法 D 的辅助输入串 1^n 是为了使第一个变量与第二个变量一致。

计算不可区分性是概率论中一个传统概念的推广，这个传统概念就是统计距离。

定义 2.2　统计距离。设两个总体 $\mathbf{X}\overset{\text{def}}{=}\{X_n\}_{n\in\mathbb{N}}$ 和 $\mathbf{Y}\overset{\text{def}}{=}\{Y_n\}_{n\in\mathbb{N}}$，用 $\Delta(n)$ 表示两个总体 $\mathbf{X}$ 和 $\mathbf{Y}$ 的统计距离，则定义

$$\Delta(n) \overset{\text{def}}{=} \frac{1}{2}\sum_a \left|\Pr[X_n = a] - \Pr[Y_n = a]\right|$$ □

如果$\Delta(n)$是可忽略不计的，就说**X**和**Y**是统计接近的。显然，如果**X**和**Y**是统计接近的，那么它们也是计算不可区分的；反过来是不成立的。

2.1.2　伪随机函数的有关概念

伪随机函数(Pseudorandom Functions，PRF)是密码学的一个原语。它在私钥加密方案的设计和安全性证明中起决定性作用，而且应用在大多数密码方案和密码协议的安全系统中，如密钥管理协议、数字签名和认证、混淆、零知识证明、不经意传输等。

一般地，伪随机函数就是可以任意选择自变量值、任何有效计算函数值的算法都不能将其与随机函数区分开来的函数。以下讨论用$\mathbb{N}$作为指标集时，伪随机函数的正式化概念。为了简化讨论，令$\ell(n)=n$。

定义 2.3　函数总体(Function Ensembles)。设$\ell:\mathbb{N}\to\mathbb{N}$(如$\ell(n)=n$)，一个$\ell$比特函数总体是一个随机变量序列$\mathbf{F}=\{F_n\}_{n\in\mathbb{N}}$，该随机变量$F_n$在一个$\ell(n)$比特串到$\ell(n)$比特串映射的函数集上取值。

记**均匀ℓ比特函数总体**(Uniform ℓ-bit Function Ensemble)为$\mathbf{R}=\{R_n\}_{n\in\mathbb{N}}$，其中$R_n$在$\ell(n)$比特串到$\ell(n)$比特串的映射的所有函数集上服从均匀分布。均匀函数总体又称为随机函数序列。 □

定义 2.3 中每个随机变量F_n遍及$\{0,1\}^{\ell(n)}$，$\ell(n)$是n上的多项式。为了简化，本书在有的地方滥用符号，用F代替F_n。

用$\mathcal{O}^f$表示预言机$\mathcal{O}$访问预言为f时的运行过程。一个预言机比一个图灵机能力更强，因为它在运行时能从外部得到一些建议。一个预言机可以进行至多$\text{Poly}(n)$次询问，且每一步至多询问一次。

定义 2.4　伪随机函数总体(Pseudo Random Function Ensembles)。设$\mathbf{F}=\{F_n\}_{n\in\mathbb{N}}$为一个$\ell$比特函数总体、$\mathbf{R}=\{R_n\}_{n\in\mathbb{N}}$为一个均匀$\ell$比特函数总体。如果对任意概率多项式时间预言机$\mathcal{O}$、对于每一个正多项式$p(\cdot)$和所有足够大的$n$，有

$$\left|\Pr\left[\mathcal{O}^{F_n}(1^n)=1\right]-\Pr\left[\mathcal{O}^{R_n}(1^n)=1\right]\right|<\frac{1}{p(n)}$$

就称该函数总体$\mathbf{F}=\{F_n\}_{n\in\mathbb{N}}$为伪随机函数总体。 □

定义 2.5　可有效计算的函数总体(Efficiently Computable Function Ensembles)。一个ℓ比特函数总体$\mathbf{F}=\{F_n\}_{n\in\mathbb{N}}$是可有效计算的，如果满足以下条件：

(1) 有效取样：存在一个概率多项式时间算法I和一个由串到函数的映射ϕ，使得$\phi\left[I(1^n)\right]$和F_n服从相同的分布。记串i对应的函数为f_i，即$f_i \overset{\text{def}}{=} \phi(i)$。

(2) 有效计算：存在一个概率多项式时间算法V，使得对于$I(1^n)$范围内的任意i和$x\in\{0,1\}^{l(n)}$，都有$V(i,x)=f_i(x)$。 □

2.1.3 伪随机置换的有关概念

置换理论是设计密码加密方案的一个重要工具，它在现代密码学中有着广泛而重要的应用。在序列密码中，由于密钥是有固定周期的伪随机序列而非完全序列，加解密变换实际上相当于进行了某一特定类型的置换。没有信息扩展的分组密码就是在特定密钥控制下的伪随机置换。在公钥密码中，密钥通常是固定不变的，从而没有信息扩展的公钥密码就是一种特殊的置换。可见，置换本身就是一种特殊的密码函数。

差分分析、线性分析和相关密钥分析等各种密码分析算法的提出和对各类加密方案的成功破解，要求人们设计加密方案时寻找满足密码特性的更好的置换源，如几乎完全非线性置换、正形置换、全距置换等。

Luby 和 Rackoff 通过类比分组密码的攻击方法，给出了伪随机置换的安全性概念，伪随机置换可以看作能抵抗选择明文攻击的分组密码。不严格地说，这意味着一个敌手可以获得他选取的明文所对应的密文，却无法把这些密文与来自于随机置换的密文区分开来。

为了把伪随机置换的概念正式化，需要考虑置换总体。

定义 2.6　置换总体(Permutation Ensembles)。一个置换总体是一个随机变量序列 $\mathbf{P}=\{P_n\}_{n\in\mathbf{N}}$，其中 P_n 是 n 比特串到 n 比特串映射的置换集上的随机变量。

记均匀置换总体(Uniform Permutation Ensemble)为 $\mathbf{K}=\{K_n\}_{n\in\mathbf{N}}$，其中 K_n 在 n 比特串到 n 比特串的映射的所有置换集上服从均匀分布，本书首次给出如图 2.1 所示示意图。 □

每个置换总体都是函数总体。

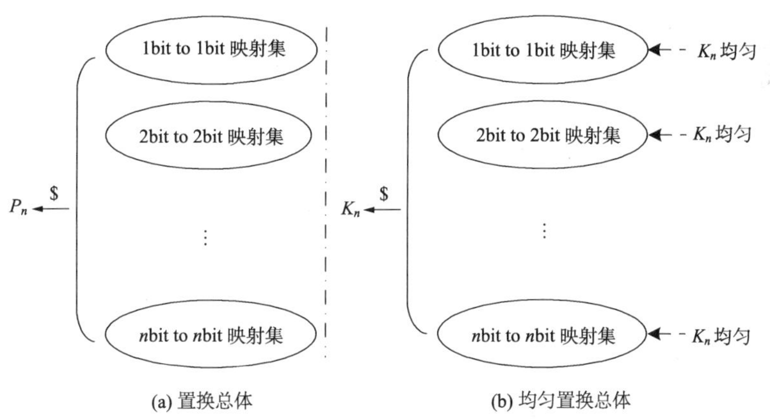

图 2.1　置换总体和均匀置换总体示意图

定义 2.7　可有效计算(和求逆)的置换总体(Efficiently Computable (and Invertible) Permutation Ensembles)。一个置换总体 $\mathbf{P}=\{P_n\}_{n\in\mathbf{N}}$ 是可有效计算(和求逆)的，如果满足以下条件：

(1) 有效取样：存在一个概率多项式时间算法 I 和一个由串到置换的映射 ϕ，使得

$\phi\left[I\left(1^n\right)\right]$和 P_n 服从相同的分布。记串 i 对应的函数为 f_i，即 $f_i \overset{\text{def}}{=} \phi(i)$。

(2)有效计算：存在一个概率多项式时间算法 V，使得对于 $I\left(1^n\right)$范围内的任意 i 和 $x \in \{0,1\}^{l(n)}$，都有 $V(i,x) = f_i(x)$。

(3)有效求逆：存在一个概率多项式时间算法 N，使得 $N(i,x) = f_i^{-1}(x)$，即 $f_i\left[N(i,x)\right] = x$。

满足条件(1)和(2)，就是可有效计算的置换总体的概念。 □

定义 2.8 伪随机置换总体(Pseudo Random Permutation Ensembles)。设 $\mathbf{P} = \{P_n\}_{n\in\mathbf{N}}$ 为一个置换总体、$\mathbf{K} = \{K_n\}_{n\in\mathbf{N}}$ 为均匀置换总体。如果对于每个概率多项式时间预言机 $\mathcal{O}$ 、对于每一个正多项式 $p(\cdot)$和所有足够大的 n，有

$$\left|\Pr\left[\mathcal{O}^{P_n}\left(1^n\right)=1\right]-\Pr\left[\mathcal{O}^{K_n}\left(1^n\right)=1\right]\right|<\frac{1}{p(n)}$$

则称该置换总体 $\mathbf{P} = \{P_n\}_{n\in\mathbf{N}}$ 是伪随机置换总体。 □

显然，(在极大域上的)伪随机置换在任何有效的应用中都可以代替伪随机函数，并且伪随机置换具有包含唯一原像的优点。

定义 2.9 超伪随机置换总体(Strong Pseudo Random Permutation Ensembles)。设 $\mathbf{P} = \{P_n\}_{n\in\mathbf{N}}$ 为一个置换总体、$\mathbf{K} = \{K_n\}_{n\in\mathbf{N}}$ 为均匀置换总体。如果对于每个概率多项式时间预言机 $\mathcal{O}$ ，对于每一个正多项式 $p(\cdot)$和所有足够大的 n，有

$$\left|\Pr\left[\mathcal{O}^{P_n,P_n^{-1}}\left(1^n\right)=1\right]-\Pr\left[\mathcal{O}^{K_n,K_n^{-1}}\left(1^n\right)=1\right]\right|<\frac{1}{p(n)}$$

则称该置换总体 $\mathbf{P} = \{P_n\}_{n\in\mathbf{N}}$ 是超伪随机置换总体。 □

Luby 和 Rackoff 也给出了超伪随机置换的安全性概念：超伪随机置换可以看作能抵抗选择密文攻击的分组密码。这意味着一个敌手可以获得他选取的明、密文对，却无法把这些明、密文对与来自于随机置换的明、密文对区分开来。

Luby 和 Rackoff 给出了一个超伪随机置换的构造——LR 构造，该构造是 4 轮 DES 型置换的复合，其基本结构单元是 DES 型置换，每个单元都涉及一个(不同的由密钥控制的)伪随机函数的应用。

Goldreich 等给出一个由伪随机发生器构造伪随机函数的方法。这样，伪随机置换的构造可以归结为伪随机发生器的构造。另外，Naor 等给出一个新的伪随机函数的构造，该构造是基于伪随机合成器的并行构造，这也意味着伪随机置换的并行构造。然而，所有已知的伪随机函数的构造都涉及非平凡运算(多项式时间)，因此，伪随机置换的构造需要考虑最小化构造所涉及的伪随机函数。

2.1.4 伪随机性与不可预测性

令 $\text{next}_A(x)$ 表示输入$\left(1^{|x|},x\right)$，算法 A 只读 x 的 $i<|x|$ 比特，返回 x 的 i+1 比特；反之

随机返回$\{0,1\}$中 1 比特(即算法 A 读整个串 x 时)。输入$1^{|x|}$的作用是允许算法 A 在读 x 前预测 x 的长度，且能在那个长度的多项式时间完成。

定义 2.10　不可预测性(Unpredictability)。设总体$\mathbf{X}=\{X_n\}_{n\in\mathbb{N}}$，如果对于任意概率多项式时间算法 A、对于每一个正多项式$p(\cdot)$和所有足够大的 n，有

$$\left|\Pr\left[A\left(1^{|X_n|},X^n\right)=\text{next}_A\left(X^n\right)\right]-\frac{1}{2}\right|<\frac{1}{p(n)}$$

则称$\mathbf{X}=\{X_n\}_{n\in\mathbb{N}}$是多项式时间不可预测的。　□

对于均匀总体，由于$\Pr\left[A\left(1^{|X_n|},X^n\right)=\text{next}_A\left(X^n\right)\right]=\frac{1}{2}$，所以均匀总体是多项式时间完全不可预测的；反之也成立。

定理 2.1　伪随机性与不可预测性。一个总体$\mathbf{X}=\{X_n\}_{n\in\mathbb{N}}$是伪随机的(Pseudo Random，PR)当且仅当它是 PPT 不可预测的，即$\mathbf{X}=\{X_n\}_{n\in\mathbb{N}}$是 PR$\Leftrightarrow\mathbf{X}=\{X_n\}_{n\in\mathbb{N}}$是不可预测的。

证明：(略)。

2.1.5　伪随机发生器的有关概念

伪随机总体在有效的应用中可用来代替均匀总体，且性能的降低是可忽略不计的，否则该有效应用就变成区分伪随机总体和均匀总体的识别器。这种替换的价值在于生成伪随机总体的费用低于生成相应的均匀总体的费用。生成一个总体的费用包含时间复杂度、空间复杂度等。然而，在随机化算法中，尤其在概率总体生成中，主要考虑的是算法中使用的随机资源的质量和数量，特别是在许多应用中，期望利用尽可能少的随机性来产生伪随机总体，这就导致了伪随机发生器的出现。

一个伪随机发生器(Pseudo Random Generator，PRG)是一个有效的算法，该算法把一个短的随机串(种子)扩展成长的伪随机序列。

定义 2.11　伪随机发生器。伪随机发生器是满足下列两个条件的确定多项式时间算法$G:\{0,1\}^*\to\{0,1\}^*$。

(1) 扩展性：对于$\forall n\in\mathbb{N}$，存在满足$l(n)>n$的一个函数$l:\mathbb{N}\to\mathbb{N}$，并且对于$\forall s\in\{0,1\}^*$有$|G(s)|=l(|s|)>|s|$。

(2) 伪随机性：总体$\{G(U_n)\}$和$\{U_{l(n)}\}$是计算不可区分的，这里U_m表示$\{0,1\}^m$上的均匀分布。

函数$l:\mathbb{N}\to\mathbb{N}$称为 G 的扩展因子。发生器 G 的输入 s 是它的种子。　□

以上定义是关于扩展长度的最低要求。一个把 n 比特扩展为 n+1 比特的生成器看起来用途不大。然而，这种最小扩展长度发生器能够用来构造任意扩展长度的发生器。

把伪随机发生器的输入与输出长度之差称为伪随机发生器的延展度。

构造 2.1　通过扩展函数 $l(n)$ 用 G_1 构造一个伪随机发生器。设 G_1 是一个 PPT 算法，其扩展函数$l(n)=n+1$，试通过扩展函数$l(n)$用 G_1 构造一个伪随机发生器。

设多项式 $p(\cdot)$，取输入种子 s（$|s|=n$）。定义用 G_1 构造的伪随机发生器为 G，G 的构造如图 2.2 所示。

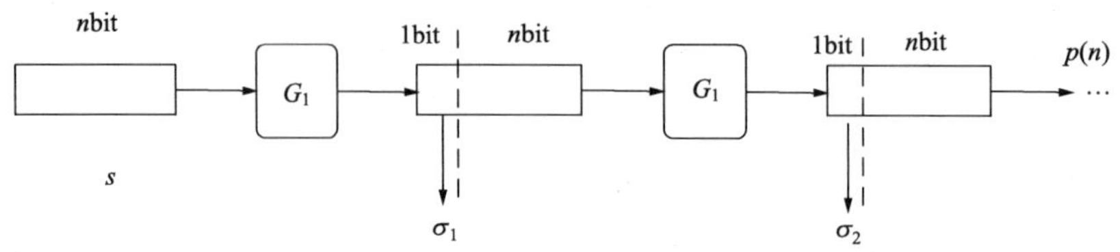

图 2.2　扩展构造伪随机发生器示意图

具体构造：定义 $s_0 \overset{\text{def}}{=} s$，把 $s_0=s$ 输入给算法 G_1，保留 G_1 输出的第 1 比特，记为 σ_1，并把剩余 n 比特后缀（记为 s_1）作为下一次调用 G_1 时的输入，以此类推，在第 $i\left(0<i\leqslant p\left(|s|\right)\right)$ 次调用 G_1 时，给 G_1 输入 s_{i-1}，保留 G_1 输出的第 1 比特 σ_i，并把剩余 n 比特作为第 i+1 次调用 G_1 时的输入。重复这个操作 $p(n)$ 次，得到 G 的输出 $G(s)=\sigma_1,\cdots,\sigma_{p(|s|)}$。显然，$\sigma_i$ 是 $G_1(s_{i-1})$ 的第 1 比特，s_i 是 $G_1(s_{i-1})$ 的 $|s|$ 比特长的后缀。记 $\sigma_i=\text{pref}_i\left(G_1(s_{i-1})\right)$，$s_i=\text{suff}_{|s|}\left(G_1(s_{i-1})\right)$，其中 $l(n)\leqslant p(n)$。

定理 2.2　在构造 2.1 中，设 $p(n)=l(n)>n$，如果 G_1 是一个伪随机发生器，那么 G 也是一个伪随机发生器。

证明思路：反证法。假设 G 不是一个伪随机发生器，则存在区分器 $D:\{0,1\}^{l(n)}\to\{0,1\}^*$ 和多项式 $q(\cdot)$，对无限大的 n，有

$$\left|\Pr\left[D\left(G(U_n),1^{p(n)}\right)=1\right]-\Pr\left[D\left(G\left(U_{l(n)}\right),1^{p(n)}\right)=1\right]\right|>\frac{1}{q(n)}$$

对于 $\forall k\left(0\leqslant k\leqslant p(n)\right)$，定义混合变量 H_n^k 为 $\{0,1\}^k$ 上均匀选择的 k 比特长的随机字符串 $U_k^{(1)}=\sigma_1,\sigma_2,\cdots,\sigma_k$ 与 $G(U_n)$ 的 $p(n)-k$ 比特长的前缀 $\text{pref}_{p(n)-k}\left(G_1\left(U_n^{(2)}\right)\right)$ 的串联，即

$$H_n^k \overset{\text{def}}{=} U_k^{(1)} \mid \text{pref}_{p(n)-k}\left(G\left(U_n^{(2)}\right)\right)$$

其中，$\text{pref}_{p(n)-k}\left(G\left(U_n^{(2)}\right)\right) \overset{\text{def}}{=} \sigma_{k+1},\cdots,\sigma_{p(n)}$，$U_n^{(2)}\in_R\{0,1\}^n$，“|”标准串联。特殊情况下 $H_n^0=G(U_n)$，$H_n^{p(n)}=U_{p(n)}$。

对于 $\forall k\left(0\leqslant k\leqslant p(n)-1\right)$，$x\in\{0,1\}^{n+1}$，定义算法：

$$f_{p(n)-k}(x) \overset{\text{def}}{=} \text{pref}_1(x) \mid \text{pref}_{p(n)-k-1}\left(G\left(\text{suff}_n(x)\right)\right)\in\{0,1\}^{p(n)-k}$$

则

$$H_n^k \stackrel{\text{def}}{=} U_k^{(1)} \mid \text{pref}_{p(n)-k}\left(G\left(U_n^{(2)}\right)\right) = U_k^{(1)} \mid \text{pref}_{(p(n)-k-1)+1}\left(G\left(U_n^{(2)}\right)\right)$$

$$= U_k^{(1)} \mid \text{pref}_1\left(G_1\left(U_n^{(2)}\right)\right) \mid \text{pref}_{p(n)-k-1}\left(G\left(\text{suff}_n\left(G_1\left(U_n^{(2)}\right)\right)\right)\right) = U_k^{(1)} \mid f_{p(n)-k}\left(G_1\left(U_n^{(2)}\right)\right)$$

$$H_n^{k+1} \stackrel{\text{def}}{=} U_{k+1}^{(1)} \mid \text{pref}_{p(n)-(k+1)}\left(G\left(U_n^{(2)}\right)\right) = U_k^{(1^*)} \mid U_1^{(1^*)} \mid \text{pref}_{p(n)-k-1}\left(G\left(\text{suff}_n\left(U_{n+1}^{(2^*)}\right)\right)\right)$$

$$= U_k^{(1^*)} \mid \text{pref}_1\left(U_{n+1}^{(2^*)}\right) \mid \text{pref}_{p(n)-k-1}\left(G\left(\text{suff}_n\left(U_{n+1}^{(2^*)}\right)\right)\right) = U_k^{(1^*)} \mid f_{p(n)-k}\left(U_{n+1}^{(2^*)}\right)$$

构造如下区分 $G_1\left(U_n\right)$ 和 U_{n+1} 的 PPT 算法 D'。

(1) 给 D' 输入 $x \in \{0,1\}^{n+1}$， $x \in G_1\left(U_n\right)$ 或者 $x \in U_{n+1}$。

(2) D' 随机选择 $k \in_R \{0,1,\cdots,p(n)-1\}$， $y \in_R \{0,1\}^k$，然后输出 $D\left(y \mid f_{p(n)-k}(x)\right)$。

把用 D' 区分 $G_1\left(U_n\right)$ 和 U_{n+1} 的概率分别转化为用 D' 区分 H_n^k 和 H_n^{k+1} 的概率：

$$\Pr\left[D'\left(G_1\left(U_n\right)\right)=1\right] = \frac{1}{p(n)} \sum_{k=0}^{p(n)-1} \Pr\left[D\left(H_n^k\right)=1\right]$$

$$\Pr\left[D'\left(U_{n+1}\right)=1\right] = \frac{1}{p(n)} \sum_{k=0}^{p(n)-1} \Pr\left[D\left(H_n^{k+1}\right)=1\right]$$

因此，有

$$\left|\Pr\left[D'\left(G_1\left(U_n\right)\right)=1\right] - \Pr\left[D'\left(U_{n+1}\right)=1\right]\right|$$
$$= \frac{1}{p(n)}\left|\Pr\left[D\left(H_n^0\right)=1\right] - \Pr\left[D\left(H_n^{p(n)}\right)=1\right]\right| > \frac{1}{p(n)\cdot q(n)}$$

说明 $G_1\left(U_n\right)$ 和 U_{n+1} 是可区分的，则与 $G_1\left(U_n\right)$ 是一个伪随机发生器矛盾。 □

伪随机发生器在理论和实践中都有重要的意义。在理论中，可以用伪随机发生器构造伪随机函数和伪随机置换；在实践中，由于伪随机发生器能以生成 n 个随机比特的代价得到 poly(n)个伪随机比特，所以可用于任何需要随机序列的应用环境中。

2.2　计算复杂性

与随机性理论一样，单向函数也是现代密码学的主要理论基础之一。单向函数的存在性是密码学的最基本假设，也是绝大多数密码加密方案的充分必要条件。作为一个计算复杂度问题，单向函数可用于构造伪随机发生器、公钥密码体制。单向哈希(或杂凑，或 Hash)函数用于数字签名和消息完整性检验。

计算复杂度中单向函数有关的概念和知识比较多，具体参阅 Goldreich 著、温巧燕等译的《密码学基础》。本书只是介绍了常见的单向函数有关概念和知识。

简单地说，单向函数是一个容易计算函数值而不容易求逆的函数。本节特别介绍强的和弱的单向函数，并说明弱单向函数的存在蕴含着强单向函数的存在。此外，还给出了硬核谓词的定义，并说明每个单向函数都有一个硬核谓词。

2.2.1 单向函数

用 $A^M(x)$ 表示当输入一个字符串 x，预言机访问运算 M 时，执行算法 A 的输出。

如果 A 是一个概率图灵机，当输入 x 和随机带 r 后，运行 A 的结果记为 $A(x,r)$。当均匀选择 r 时，运行 $A(x,r)$ 得到的分布简写为 $A(x)$。

U_n 是服从 $(0,1)^n$ 上均匀分布的随机变量，$x\in U_n$ 也可写成 $x\overset{\$}{\leftarrow}U_n$，表示在 U_n 中随机选择 x。

定义 2.12 强单向函数(Strong One-Way Functions)。对于运行时间为 $t(n)$ 的概率多项式时间算法 A，如果一个函数 $f:\{0,1\}^*\to\{0,1\}^*$ 是多项式时间可有效计算的，并且有

$$\Pr_{x\in U_n}\left[A\left(f(x)\right)\in f^{-1}\left(f(x)\right)\right]<\varepsilon(n)$$

则称函数 $f:\{0,1\}^*\to\{0,1\}^*$ 是 (t,ε)-单向的，这里设 U_n 表示在 $(0,1)^n$ 上的均匀分布，其中 $x\in U_n$ 是 U_n 的随机变量。$f^{-1}\left(f(x)\right)$ 表示 $f(x)$ 的原像集。

如果 $\varepsilon(n)=\dfrac{1}{t(n)}$，则称 f 是 $\varepsilon(n)$ 困难的。

如果对于每一个 PPT 算法 A、每个正多项式 $p(\cdot)$ 和所有足够大的 n，都有

$$\Pr_{x\in U_n}\left[A\left(f(x)\right)\in f^{-1}\left(f(x)\right)\right]<\frac{1}{p(n)}$$

则称 f 是一个强单向函数。 □

说明：根据定义 2.12，单向函数 f 实际上是 $f:\{0,1\}^n\to\{0,1\}^*$。

例 2.1 试说明对于所有运行时间为 $t(n)$ 的概率多项式时间算法 A，函数 f 是 $\varepsilon(n)$ 困难的，则 f 是一个强单向函数。

证明：对于所有运行时间为 $t(n)$ 的概率多项式时间算法 A，意味着对于一切充分大的 n，有 $\dfrac{1}{t(n)}$ 是可忽略不计的。如果函数 f 是 $\varepsilon(n)$ 困难的，则 $\varepsilon(n)=\dfrac{1}{t(n)}$，即 $\varepsilon(n)$ 也是可忽略不计的，故 f 是一个强单向函数。

定义 2.13 弱单向函数(Weak One-Way Functions)。如果一个函数 $f:\{0,1\}^*\to\{0,1\}^*$ 是多项式时间可有效计算的，并且满足：存在一个多项式 $p(\cdot)$，对于每一个 PPT 算法 A 和所有足够大的 n，都有

$$\Pr_{x\in U_n}\left[A\left(f(x)\right)\notin f^{-1}\left(f(x)\right)\right]>\frac{1}{p(n)}$$

也可以写成

$$\Pr\left[A\left(f\left(U_n\right),1^n\right)\notin f^{-1}\left(f\left(U_n\right)\right)\right]>\frac{1}{p(n)}$$

则称 f 是一个弱单向函数。 □

说明一下定义 2.13 中的第二个等价的式子：由于 U_n 是服从 $(0,1)^n$ 上均匀分布的一个随机变量，因此概率 $\Pr_{x\in U_n}\left[A\left(f\left(x\right)\right)\in f^{-1}\left(f\left(x\right)\right)\right]$ 的输入是均匀分布 U_n 的所有可能取值和 A 的所有可能的内部抛币，这样 $\Pr_{x\in U_n}\left[A\left(f\left(x\right)\right)\in f^{-1}\left(f\left(x\right)\right)\right]$ 也可以用第二个式子的概率表达式。另外，对于求逆算法 A，不仅要给出函数 f 的值域的一个取值，还要给出要求输出的长度，于是第二个式子中就有了辅助输入 1^n。而对于特定的等长度的函数 f（即 $\forall x\in U_n$，$\left|f\left(x\right)\right|=\left|x\right|$），辅助输入是多余的。更一般地，如果只给出 $f\left(x\right)$，可以在 $|x|$ 的多项式时间内得到 $1^{|x|}$，则辅助输入就是多余的。本书主要讨论没有辅助输入 1^n 的情况。本书经常混用这两种形式的表达式，大多数就不再重复叙述了。

弱单向函数并没有提供难度类型，但是弱单向函数能够转化为强单向函数，而强单向函数可以提供难度类型。

2.2.2　两个有用长度的规定

下面介绍关于单向函数原像和像的长度的两种规定：一种是定义仅为某个长度的函数，另一种是正则长度函数和恒等长度函数。

1. 定义仅为某个长度的函数

令 $I\subseteq\mathbb{N}$，令 $s_I\left(n\right)$ 为关于 I 的 n 的后继，换句话说，$s_I\left(n\right)$ 是在集合 I 中大于 n 的整数，即 $s_I\left(n\right)\overset{\text{def}}{=}\min\left\{i\in I:i>n\right\}$。如果存在一个算法，当输入为 n 时，在 $\text{poly}\left(n\right)$ 步内终止，并且输出 $1^{s_I(n)}$，就称集合 $I\subseteq\mathbb{N}$ 是多项式时间可穷举的(Polynomial-Time-Enumerable)，且有 $s_I\left(n\right)\leqslant\text{poly}\left(n\right)$。

设 I 是多项式时间可穷举的集合，f 是定义在域 $U_{n\in I}\left\{0,1\right\}^n$ 上的一个函数，如果 f 是多项式时间可有效计算的，并且 f 在 I 中的 n 上难以求逆，就说函数 f 是长度在 I 中的强(弱)单向函数。下面给出长度在 Z 中心强单向函数的定义，长度在 I 中的弱单向函数的定义以此类推。

定义 2.14　长度在 I 中的强单向函数(Strong One-Way Functions on Lengths in I)。设 $f:\left\{0,1\right\}^*\to\left\{0,1\right\}^*$ 是定义在域 $\mathrm{U}_{n\in I}\left\{0,1\right\}^n$ 上的一个函数，如果 f 是多项式时间可有效计算的，并且满足：对于每一个 PPT 算法 A、每个正多项式 $p(\cdot)$ 以及 I 内的所有足够大的 n，都有 $\Pr_{x\in U_n}\left[A\left(f\left(x\right)\right)\in f^{-1}\left(f\left(x\right)\right)\right]<\dfrac{1}{p(n)}$，则称 f 是一个长度在 I 中的强单向函数。 □

设 I 是多项式时间可穷举的集合，且 f 是定义在域 $\mathrm{U}_{n\in I}\left\{0,1\right\}^n$ 上的一个函数，可以构造函数 $g:\left\{0,1\right\}^*\to\left\{0,1\right\}^*$ 如下：

$$g(x) \overset{\text{def}}{=} f(x') \tag{2.1}$$

其中，x'是长度在I中x的最长前缀。当函数f是恒等长度函数(见定义 2.17)的情况下，可以构造一个恒等长度的函数$g':\{0,1\}^* \to \{0,1\}^*$，即：

$$g'(x) \overset{\text{def}}{=} f(x')x'' \tag{2.2}$$

其中，$x = x'x''$，并且x'是长度在I中x的最长前缀。

命题 2.1　设I是多项式时间可穷举的集合，且f是一个长度在I中的强(弱)单向函数，则式(2.1)和式(2.2)分别定义的)函数$g(x)$和$g'(x)$在通常意义上是强(弱)单向函数。

证明：(略)。

2. 正则长度函数和恒等长度函数

定义 2.15　正则函数(Regular Functions)。对于一个函数f，如果存在一个整数函数α(称为正则度函数)，使得对于每个$n \in \mathbb{N}$和$x \in \{0,1\}^n$，总有

$$\left|f^{-1}(f(x))\right| = \alpha(n)$$

则称该函数f是α正则的。

特别地，如果α是多项式时间可计算的，则称f是已知正则的；反之，则称f是未知正则的。□

如果f是具有已知正则度(未知正则度)的单向函数，则称f是已知正则(未知正则)单向函数。

定义 2.16　弱正则(Weakly-Regular)**单向函数**。考虑任意单向函数$f:\{0,1\}^n \to \{0,1\}^t$，其值域分成$n$个集合$Y_1, Y_2, \cdots, Y_n$，其中每个$Y_i$定义为

$$Y_i \overset{\text{def}}{=} \left\{y : 2^{i-1} \leqslant \left|f^{-1}(y)\right| < 2^i\right\}$$

其中，$\left|f^{-1}(y)\right|$表示y的原像个数。如果存在一个整数函数$\max=\max(n)$使得$Y_{\max}$是一个显著部分(Noticeable Portion) n^{-c}，其中c为一个常量，且$Y_{\max+1}, \cdots, Y_n$之和所占比例是可忽略的，则称单向函数f是弱正则的。□

注意到正则单向函数是弱正则单向函数的一个特例：$c=0$，$\mathrm{neg}(n)=0$，$\max(\cdot)$为任意函数(不一定是可有效计算的)。

设$f:\{0,1\}^* \to \{0,1\}^*$是一个单向函数，对于任意$x, y \in \{0,1\}^*$，如果$|x|=|y|$，$|f(x)|=|f(y)|$，则$f$是长度正则的(Length-Regular)。

定义 2.17　恒等长度函数(Length-Preserving Function)。对于$\forall x \in \{0,1\}^*$，有$|f(x)|=|x|$)，就称函数f是恒等长度函数。□

给定一个强(弱)单向函数f，可以构造一个恒等长度的强(弱)单向函数f''，具体步骤如下。

(1) 设 p 是一个以 f 的长度扩展为界的多项式，即 $|f(x)| \leqslant p(|x|)$，因为 f 是多项式时间可计算的，所以 p 一定存在。首先构造一个恒等长度的函数 f'：

$$f'(x) \stackrel{\text{def}}{=} f(x)10^{p(|x|)-|f(x)|} \tag{2.3}$$

这里10^*的形式是方便表达把 $f'(x)$ 分成 $f(x)$ 和“左半部分”的串联。

(2) 对于 $n \in \mathbb{N}$，定义长度只为 $p(n)+1$ 的函数 $f''(x)$：

$$f''(x'x'') \stackrel{\text{def}}{=} f'(x') \tag{2.4}$$

其中，$|x'x''| = p(|x'|)+1$。显然，$f''(x)$ 是恒定长度的函数。

命题 2.2　如果 f 是一个强(弱)单向函数，则式(2.3)和式(2.4)分别定义的)函数 $f'(x)$ 和 $f''(x)$ 也是一个强(弱)单向函数。

证明：（略）。

2.2.3　单向函数的多样性

定义 2.18　函数类(Collection of Functions)。一个函数类是由指标组成的无限集(记为 $\bar{I}$)和各指标 $i \in \bar{I}$ 所对应的有限函数集 $\left\{f_i : D_i \to \{0,1\}^*\right\}_{i \in \bar{I}}$ 组成的。其中 D_i 是 $\{0,1\}^*$ 的一个有限集,本书首次给出如图2.3 函数类示意图。 □

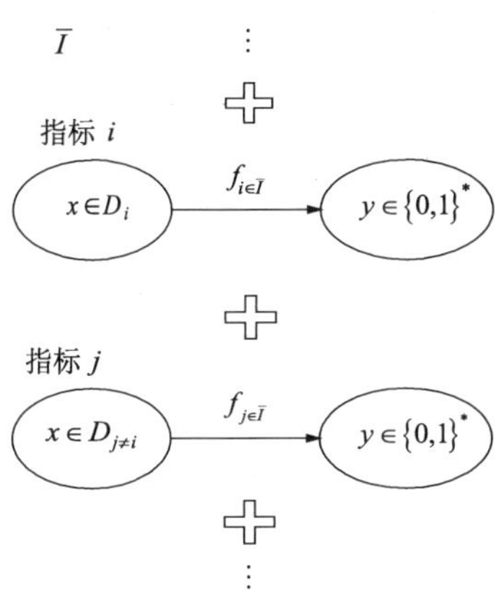

图 2.3　函数类示意图

定义 2.19　强单向函数类(Collection of One-Way Functions)。一个函数类 $\left\{f_i : D_i \to \{0,1\}^*\right\}_{i \in \bar{I}}$ 称为强单向函数类，如果存在三个 PPT 算法 I、D、F 满足下列两个条件。

(1) 易于取样和计算：当输入为1^n时，算法 I 的输出分布是集合 $\bar{I} \cap \{0,1\}^n$ 上的一个随机变量 I_n；若算法 D 的输入为 $i \in \bar{I}$，则其输出分布为 D_i 上的一个随机变量 X_n；若算法 F 的输入为 $i \in \bar{I}$ 和 $x \in D_i$，则其输出总是为 $f_i(x)$，$f_i(x)$ 是多项式时间可计算的。

(2) 难以求逆：计算 $f_i : D_i \to \{0,1\}^*$ 的逆是困难的，即对于任意 PPT 算法 A，对于每

个正多项式 $p(\cdot)$ 和所有足够大的 n，有

$$\Pr\left[A\left(I_n, f_{I_n}\left(X_n\right)\right) \in f_{I_n}^{-1}\left(f\left(X_n\right)\right)\right] < \frac{1}{p(n)}$$

其中，I_n 和 X_n 由条件(1)给出，本书首次给出如图 2.4 所示强单向函数类示意图。 □

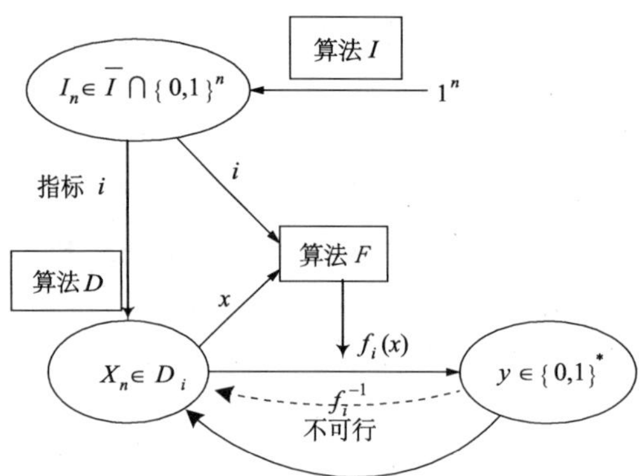

图 2.4　强单向函数类示意图

类似地，可以给出弱单向函数类的定义，这里不介绍了。

2.2.4　硬核谓词

简单地说，一个函数 f 是单向函数就意味着给定一个函数值 $y = f(x)$，求 y 在 f 作用下的原像 x 是不可行的，但是这并不意味着求 y 在 f 作用下原像 x 的部分信息也是不可行的。单向函数不必隐藏部分信息的事实限制了它在很多密码系统中的“直接应用”。值得庆幸的是，如果单向函数存在，就可以构造隐藏原像重要部分信息的单向函数，原像重要部分信息可以从原像计算得到，并且被认为是函数 f 求逆困难的“硬核”。

定义 2.20　硬核谓词(Hard-Core Predicates)。设 $h_c:\{0,1\}^* \to \{0,1\}$ 是一个多项式时间可计算谓词。如果对于每个概率多项式时间算法 A、每个正多项式 $p(\cdot)$ 和所有足够大的 n，下式成立就称 h_c 是函数 f 的一个“硬核”：

$$\left|\Pr\left[A\left(f\left(U_n\right)\right) = h_c\left(U_n\right)\right] - \frac{1}{2}\right| < \frac{1}{p(n)}$$

类似地，可以定义单向函数类的“硬核”：设 $H_c:\{0,1\}^* \times \{0,1\}^* \to \{0,1\}$ 是一个多项式时间算法。如果对于每个概率多项式时间算法 A、每个正多项式 $p(\cdot)$ 和所有足够大的 n，下式成立就称 H_c 是单向函数类 (I, D, F) 的一个“硬核”：

$$\left|\Pr\left[A\left(I_n, f_{I_n}\left(X_n\right)\right) = H_c\left(I_n, X_n\right)\right] - \frac{1}{2}\right| < \frac{1}{p(n)}$$

其中，$I_n \overset{\text{def}}{=} I\left(1^n\right)$；$X_n \overset{\text{def}}{=} D\left(I_n\right)$。

定理 2.3　设 f 是一个任意强单向函数，定义 $g(x,r) \overset{\text{def}}{=} \left(f(x), r\right)$，其中 $|x| = |r|$，设

$h_c(x,r)$ 表示二元向量 x 和 r 模 2 的内积，则 h_c 是函数 g 的一个硬核谓词。

证明：（略）。

2.3　伪随机发生器的构造

作为一个计算复杂度问题，单向函数可用于构造伪随机发生器。利用任何一个伪随机发生器，可以构造可有效计算的伪随机总体，所以在伪随机发生器的基础上，可以构造伪随机函数和伪随机置换，进而构成序列密码方案或者用作分组密码。

2.3.1　伪随机发生器与单向函数

早在 20 世纪 80 年代，Blum 等和 Yao 分别独立提出单向函数蕴含伪随机发生器的结论，并各自用单向置换高效地构造了伪随机发生器。事实上，伪随机发生器也隐含单向函数存在，具体见定理 2.4。

定理 2.4　如果 G 是扩展因子为 $\ell(n)=2n$ 的伪随机发生器，那么如下定义的函数 $f:\{0,1\}^*\to\{0,1\}^*$，$f(x,y)\overset{\text{def}}{=}G(x)$（$|x|=|y|$）是强单向函数。

证明：反证法。假设 f 不是一个强单向函数，即存在一个 PPT 算法 A，对于正多项式 $p(\cdot)$ 和无穷大的 n，有

$$\Pr\left[A\left(f(U_{2n}),1^{2n}\right)\in f^{-1}\left(f(U_{2n})\right)\right]>\frac{1}{p(n)}$$

再基于 A 构造一个区分 U_{2n} 和 $G(U_n)$ 的区分器 D。

(1) 输入 $\alpha\in\{0,1\}^*$。

(2) 利用 A 获得 $\alpha\in\{0,1\}^*$ 在 f 下的原像 $\beta=A\left(\alpha,1^{|\alpha|}\right)$。

(3) D 检查 β 是否确是 α 的原像，若 $f(\beta)=\alpha$，则输出 1，否则输出 0。最后得

$$\begin{aligned}\Pr\left[D\left(G(U_n)\right)=1\right]&=\Pr\left[f\left(A\left(G(U_n),1^{2n}\right)\right)=G(U_n)\right]\\&=\Pr\left[f\left(A\left(f(U_{2n}),1^{2n}\right)\right)=f(U_{2n})\right]\geqslant\frac{1}{p(n)}\end{aligned}$$

另外，根据 f 的定义，在 $2n$ 比特串中至多有 2^n 个不同的串是 f 作用下的原像，因此，有

$$\Pr\left[D(U_{2n})=1\right]=\Pr\left[f\left(A\left(U_{2n},1^{2n}\right)\right)=U_{2n}\right]\leqslant\frac{2^n}{2^{2n}}=2^{-n}$$

综上可得

$$\Pr\left[D\left(G(U_n)\right)=1\right]-\Pr\left[D(U_{2n})=1\right]\geqslant\frac{1}{p(n)}-\frac{1}{2^n}>\frac{1}{2p(n)}$$

即 G 不是一个伪随机发生器，与前提矛盾。 □

定理 2.5　伪随机发生器存在的充分必要条件是单向函数存在。

证明：(略)。

2.3.2 用单向函数构造伪随机发生器

单向函数蕴含伪随机发生器的问题是密码学的核心问题之一，它说明用单向函数可以构造伪随机发生器。经过几十年的研究，人们找到很多用单向函数构造伪随机发生器的方法，在用单向函数构造伪随机发生器时常常还用到一些 Hash 函数簇。Hash 函数最基本的特性是抗碰撞性。下面简单介绍相关概念。

定义 2.21 统计抗碰撞函数(Collision-Resistance Functions)。一个概率函数 $h:\{0,1\}^n \to \{0,1\}^*$ 是统计抗碰撞的，如果对每个正多项式 $p(\cdot)$ 和所有足够大的 n，有

$$\Pr_{r\in U_{\ell(n)}}\left[\exists x_1 \neq x_2 \in \{0,1\}^n : H(x_1;r) = H(x_2;r)\right] < \frac{1}{p(n)}$$

其中，$U_{\ell(n)}$ 是 $(0,1)^n$ 上的均匀分布，$r \in U_{\ell(n)}$ 也可写成 $r \overset{\$}{\leftarrow} U_{\ell(n)}$。 □

定义 2.22 通用 Hash 函数簇(Universal Hash Family)。一个函数簇 $\boldsymbol{H} \overset{\text{def}}{=} \left\{H:\{0,1\}^n \to \{0,1\}^t\right\}$ 称为一个通用 Hash 簇，如果对于任意 $x_1 \neq x_2 \in \{0,1\}^n$，总有

$$\Pr_{h\leftarrow \mathsf{H}}\left[H(x_1) = H(x_2)\right] \leqslant \frac{1}{2^t}$$ □

定义 2.23 两两独立(Pairwise Independent) Hash 簇)。一个函数簇 $\boldsymbol{H} \overset{\text{def}}{=} \left\{H:\{0,1\}^n \to \{0,1\}^m\right\}$ 称为两两独立的，如果对于任意的 $v \in \{0,1\}^{2m}$、任意 $x_1 \neq x_2 \in \{0,1\}^n$，总有

$$\Pr_{h \overset{\$}{\leftarrow} \mathsf{H}}\left[\left(H(x_1), H(x_2)\right) = v\right] = \frac{1}{2^{2m}}$$

等价地，$\left(H(x_1), H(x_2)\right)$ 与 U_{2m} 同分布，其中 H 是 $\boldsymbol{H}$ 上的均匀分布。 □

经过几十年的研究，人们找到很多用单向函数构造 PRG 的方法，这些方法概括起来大致有基于特殊单向函数的 PRG 构造、基于任意单向函数的 PRG 构造、基于正则单向函数的 PRG 构造和基于弱正则单向函数的 PRG 构造等多种方法，具体如下。

1. 基于等长度的 1-1 单向函数(单向置换)的 PRG 构造

强单向置换就是等长度的 1-1 强单向函数，换句话说，如果一个可有效计算的置换 $\left\{\pi_n:\{0,1\}^n \to \{0,1\}^n\right\}_{n\in\mathbb{N}}$，使得对每个多项式 $p(n)$ 和每个大小为 $p(n)$ 的线路簇 $\{A_n\}$，存在一个多项式 $q(\cdot)$，满足 $\Pr_{x\in U_n}\left[A_n(\pi(x)) = x\right] \leqslant \frac{q(n)}{2^n}$，就称为强单向置换。 □

根据定理 2.3，单向置换存在就意味着具有相应硬核谓词的单向置换存在。

定理 2.6 设 f 是等长度的 1-1 强单向函数(单向置换)，h_c 是 f 的硬核谓词，定义

算法 $G(s) \overset{\text{def}}{=} f(s)\cdot h_c(s)$，则 G 是一个伪随机发生器。

证明：（略）。

2. 基于其他特殊单向函数的 PRG 构造

例如，1982 年，Blum 等和 Yao 的构造(BM 结构)：给定一个 n 比特输入的单向置换 f 和它的硬核谓词 h_c，只需要调用 f 一次就可以得到延展度为 $\Omega(\log n)$ 比特的伪随机发生器 $g(x)$：

$$g(x)=\left(f(x),h_c(x)\right)$$

设 $f^1(x)\overset{\text{def}}{=}f(x)$，$f^i(x)\overset{\text{def}}{=}f\left(f^{i-1}(x)\right)$，用混合论证和重复迭代技术推广至多项式延展度 $\ell=\ell(n)$，得到著名的 BM 结构：

$$\mathrm{BM}_{f,\ell(x)}=g^{\ell-1}(x)=\left(h_c(x),h_c\left(f(x)\right),\ \cdots\ ,h_c\left(f^{\ell-1}(x)\right)\right)\in\{0,1\}^{\ell}$$

即使给定 $f^{\ell}(x)$ 也是伪随机的，即：$g^{\ell}(x)=\left(h_c(x),h_c\left(f^1(x)\right),\cdots,h_c\left(f^{\ell}(x)\right),\cdots\right)$ 也是伪随机的。

BM 构造的特点是简单、最优种子长度、最小单向函数调用次数等；BM 构造的函数 f 不必一定是单向置换，只需要在其自身迭代意义上是单向的就足够了。然而，一个任意的单向函数并不具备这样的性质。

使用随机迭代(Randomized Iteration)方法，可以基于已知正则单向函数推广 BM 构造。首先介绍构造伪随机发生器时常用到的一个随机迭代方法：

$$x_1\xrightarrow{f}y_1\xrightarrow{h_1}x_2\xrightarrow{f}y_2\xrightarrow{h_2}\cdots x_k\xrightarrow{f}y_k\xrightarrow{h_k} \tag{2.5}$$

这个随机迭代方法主要应用于基于正则单向函数的 PRG 构造，另外，还有其他应用，包括基于任意指数困难正则单向函数(Exponentially Hard Regular)的线性种子长度 PRG 构造、基于任意指数困难正则单向函数的 $O\left(n^2\right)$ 种子长度 PRG 构造、基于任意单向函数的 $O\left(n^7\right)$ 种子长度 PRG 构造以及正则弱单向函数(Regular Weakly OWF)的困难性放大(Hardness Amplification)等。该随机迭代技术能够达到单向函数调用次数的下界 $\Omega\left(n/\log n\right)$（未知正则单向函数调用次数的下界也是 $\Omega\left(n/\log n\right)$）。

用式(2.5)的随机迭代方法推广 BM 构造：在每两次调用 f 之间使用一个随机的、两两独立的 Hash 函数 H_i，即

$$f^1(x)\overset{\text{def}}{=}f(x),\quad f^2(x;H_1)\overset{\text{def}}{=}f\left(H_1\left(f(x)\right)\right)$$

$$f^i(x;H_1,\cdots,H_{i-1})\overset{\text{def}}{=}f\left(H_{i-1}\left(f^{i-1}(x;H_1,\cdots,H_{i-2})\right)\right),\quad i\geqslant 3$$

关键是“最后一个迭代是难以求逆的”，当随机迭代到 $H_{i-1}\left(f^{i-1}(x;H_1,\cdots,H_{i-2})\right)$ 后，即使公开 $H_1,\cdots,H_{i-2},H_{i-1}$，函数 f 也是难以求逆的。

用随机迭代方法推广 BM 构造，运行该迭代 $O(n/\log n)$ 次，对每个迭代输出 $\Omega(\log n)$ 个硬核比特就可以得到一个伪随机发生器，需要的种子长度为 $O(2n/\log n)$，使用 Nisan 的有界空间发生器等去随机化技巧可以进一步将该种子长度缩短至 $O(n\log n)$。

3. 基于任意单向函数的 PRG 构造

Hastad、Impagliazzo、Levin 与 Luby 等给出的 PRG 构造(HILL 构造)证明了单向函数蕴含伪随机发生器。HILL 构造的一个主要缺陷是极其复杂且效率极低，不具有现实应用价值。之后学者一直改进 HILL 构造，Vadhan 等得到较好的结果，其把 PRG 的一致(Uniform)构造的种子长度减小到 $\tilde{O}(n^3)$。

HILL 构造及其改进构造的所有构造方法都具有并行构造这一特点，即需要足够多次地调用所使用的单向函数，并且这些调用相互之间是独立的(而不是只调用一次单向函数，然后重复性地将所得到的输出作为单向函数的输入迭代计算)。这一调用次数有一个下界的形式化证明：基于任意单向函数 f 的 PRG 黑盒构造至少需要 $\Omega(n/\log n)$ 次 f 函数调用。这一下界在具体安全意义下也是成立的，即 $\Omega(n/\log\varepsilon)$ 次关于 ε-困难的单向函数 f 的调用。

4. 基于正则单向函数的 PRG 构造

基于正则单向函数的 PRG 构造包括基于已知正则单向函数的 PRG 和基于未知正则单向函数的 PRG 两种构造。例如，郁昱等使用三次提取技术得到基于已知正则单向函数的 PRG。

(1) 基于 $f(X)$ 的随机提取。由于 $f(X)$ 的最小熵为 $n-k$，可以提取长度接近 $n-k$ 的统计随机比特串。

(2) 基于 X 的随机提取。给定任意 $y=f(X)$，随机变量 X 有最小熵 k，一次又可提取长度为 k 的统计随机比特串。

(3) 基于 X 的伪随机提取。经过第二次随机提取后，在给定 $f(X)$ 条件下随机变量 X 的不可预测伪熵最多减少 k。换言之，熵链原理(Entropy Chain Rule)保证了剩余的 $\log(1/\varepsilon)$ 比特，因此，可以使用 Goldreich-Levin 函数提取 $O(\log(1/\varepsilon))$ 比特。

5. 基于弱正则单向函数的 PRG 构造

与 HILL 方法相比，用随机迭代技术构造 PRG 具有更短甚至几乎线性的种子长度和更紧的规约等优点，随机迭代技术也能适用于基于几乎正则(Almost-Regular)单向函数的 PRG 构造。进一步，随机迭代技术被推广应用到基于弱规则单向函数的 PRG 构造，例如，郁昱等用随机迭代技术给出了基于弱正则单向函数的 PRG 构造，主要思想：如式(2.5)所示，在第 k 轮迭代中，在 $y_k\in Y_{\max}$ 条件下，针对给定 Hash 函数随机变量 y_k 的任意熵接近于理想情况，即 $f(U_n)$ 以显著的概率并独立于 Hash 函数地撞入集合 $Y_{\max}$，而这是求逆困难的。

2.4　伪随机函数与伪随机置换转换引理

2.4.1　伪随机函数与伪随机置换的概率关系

用 $\mathrm{Perm}(n)$ 表示 $\{0,1\}^n$ 上的所有置换集合，$\mathrm{Rand}(n)$ 为从 $\{0,1\}^n$ 到 $\{0,1\}^n$ 的所有函数集合。用 $A^f \Rightarrow 1$ 表示有预言机 f 的敌手 A 输出比特 1 的事件。

与一个预言机交互的一个敌手，提出不同的询问 X 和 X' 时，该预言机返回相同的答复的事件称为**碰撞事件**，简称为碰撞(Collision)，记为 Coll。碰撞事件的补事件，称为有**差异的**(Distinct)**事件**，记为 Dist。

通过观察得到：在某些条件下，在没有碰撞的集合中，任取一个随机函数，一个随机置换是不可区分这个任意的随机函数。也就是如下性质 2.1。

性质 2.1　设 π 是 $\mathrm{Perm}(n)$ 中的一个随机取样，ρ 是 $\mathrm{Rand}(n)$ 中的一个随机取样，则在某些条件下，式(2.6)为 True：

$$\Pr\left[A^{\pi} \Rightarrow 1\right] = \Pr\left[A^{\rho} \Rightarrow 1 \middle| \mathrm{Dist}\right] \tag{2.6}$$

证明：对敌手 A 的预言机询问，分三种情况进行分析：

情况 1：敌手 A 的预言机询问数目，依赖于他接收到自己前面询问的回答。

情况 1 中，式(2.6)可能不满足。可以给出一个简单的反例，说明 $\Pr\left[A^{\pi} \Rightarrow 1\right]$ 不同于 $\Pr\left[A^{\rho} \Rightarrow 1 \middle| \mathrm{Dist}\right]$。

设 $n=2$，定义 $\{0,1\}^2$ 上的四个点分别为 0(二进制为 00)、1(二进制为 01)、2(二进制为 2)和 3(二进制为 11)。

考虑有下列预言机 f 的敌手 A：

$$\begin{aligned} f: &\text{if } f(0)=0 \text{ then return } 1 \\ &\text{else if } f(1)=1 \text{ then return } 1 \\ &\text{else return } 0 \end{aligned}$$

因为对于 $\pi(0)\pi(1)$ 有 12 个可能情况，且对于这 5 种情况：01、02、03、21、31、A 返回 1，所以有

$$\Pr\left[A^{\pi} \Rightarrow 1\right] = \frac{5}{12} \approx 0.42$$

另外，因为 $\rho(0)\rho(1)$ 有 16 种可能值，且对于这 6 种情况：00、01、02、03、21、31，$A^{\rho} \Rightarrow 1 \wedge \mathrm{Dist}$ 是 True；而对于 13 种情况：00、01、02、03、10、12、13、20、21、23、30、31、32，Dist 是 True。所以，有

$$\Pr\left[A^{\rho} \Rightarrow 1 \middle| \mathrm{Dist}\right] = \frac{\Pr\left[A^{\rho} \Rightarrow 1 \wedge \mathrm{Dist}\right]}{\Pr[\mathrm{Dist}]} = \frac{6/16}{13/16} \approx 0.46$$

因此，当敌手 A 的预言机询问数目依赖于他接收到自己前面询问的回答时，式(2.6)可能不满足。

值得一提的是，举的这个反例的敌手 A，所做的预言机询问数可能是 1 或者 2，这依赖于它收到第一次询问的回答。

情况 2：敌手 A 的预言机询问数正好为 q 次。

情况 2 中，不管 A 的硬币(Coins)和对于该预言机询问的回答是什么，式(2.6)都是 True，以下证明。

假设敌手 A 从没有重复一次预言机询问。由于 A 是计算无限的，不失一般性，也可以假设 A 是确定的。

设 $V=\left(\{0,1\}^n\right)^q$，并且对于一个 q-向量 $a\in V$，令 $a[i]\in\{0,1\}^n$ 表示 a 的第 i $(1\leqslant i\leqslant q)$ 个坐标。把 A 看作一个函数 $f:V\to\{0,1\}$，该函数的输入是回答 A 的预言机询问的一个 q-向量 $a\in V$，输出是一比特 $f(a)$。

设 β 表示预言机返回 A 询问的应答值中的随机值，显然 β 是一个 q-向量，再设：

$\text{dist}=\{a\in V:a[1],\cdots,a[n]\text{是不同的}\}$，$\text{one}=\{a\in V:f(a)=1\}$。设 $\Pr_{\text{rand}}[\cdot]$ 表示实验 $\rho\stackrel{\$}{\leftarrow}\text{Rand}(n)$ 的概率，则有：

$$
\Pr\left[A^{\rho}\Rightarrow 1\middle|\text{dist}\right]=\Pr_{\text{rand}}\left[f(\beta)=1\middle|\beta\in\text{dist}\right]=\frac{\Pr_{\text{rand}}\left[f(\beta)=1\wedge\beta\in\text{dist}\right]}{\Pr_{\text{rand}}\left[\beta\in\text{dist}\right]}
$$

$$
=\frac{\sum_{a\in\text{dist}\cap\text{one}}\Pr_{\text{rand}}[\beta=a]}{\sum_{a\in\text{dist}}\Pr_{\text{rand}}[\beta=a]}=\frac{\sum_{a\in\text{dist}\cap\text{one}}2^{-nq}}{\sum_{a\in\text{dist}}2^{-nq}}=\frac{|\text{dist}\cap\text{one}|}{|\text{dist}|}
$$

另一方面，设 $\Pr_{\text{perm}}[\cdot]$ 表示实验 $\pi\stackrel{\$}{\leftarrow}\text{Perm}(n)$ 的概率，则有

$$
\Pr\left[A^{\pi}\Rightarrow 1\right]=\Pr_{\text{Perm}}\left[f(\beta)=1\right]=\sum_{a\in\text{dist}\cap\text{one}}\Pr_{\text{perm}}\left[f(\beta)=f(a)\right]
$$

$$
=\sum_{a\in\text{dist}\cap\text{one}}\prod_{i=0}^{q-1}\frac{1}{2^n-i}=\sum_{a\in\text{dist}\cap\text{one}}\frac{1}{|\text{dist}|}=\frac{|\text{dist}\cap\text{one}|}{|\text{dist}|}
$$

因此，$\Pr\left[A^{\pi}\Rightarrow 1\right]=\Pr\left[A^{\rho}\Rightarrow 1\middle|\text{Dist}\right]$。

情况 3：敌手 A 的预言机询问数最多为 q 次。

设预言机询问数最多为 q 次的任意敌手 A_1，很容易把 A_1 修改成另外一个预言机询问数正好是 q 次的敌手 A_2，且 A_2 与 A_1 有相同优势，具体做法如下：

(1) A_2 将运行 A_1，直到 A_1 终止，统计 A_1 的预言机询问数 q_1。

(2) A_2 调用 q_1，作 $q-q_1$ 次的某些预言机询问，但他忽略这些预言机回答，输出 A_1 所输出的。

这样，A_2 正好是 q 次预言机询问并且与 A_1 有相同优势。

因此，不失一般性，一个最多 q 次预言机询问的敌手可以被假设预言机询问的次数正好是 q。这意味着：如果敌手 A 的预言机询问数最多为 q 次，式(2.6)是真。 □

2.4.2　PRP/PRF 转换引理

根据式(2.6)可以得到 PRP 与 PRF 转换引理。

引理 2.1　PRP/PRF 转换引理。设整数 $n \geqslant 1$，设 A 是最多 q 次预言机询问的敌手，则

$$\left|\Pr\left[A^{\pi} \Rightarrow 1\right] - \Pr\left[A^{\rho} \Rightarrow 1\right]\right| \leqslant \frac{q(q-1)}{2^{n+1}} \tag{2.7}$$

不失一般性，假设敌手 A 没有重复一次预言机询问。

本书给出 PRP/PRF 转换引理的两种证明方法：标准证明(Standard Proof)和博弈证明。标准证明是相对于博弈证明而言的，是传统的数学推理证明。通过这个例子，可以比较这两种证明方法。

在 PRP/PRF 转换引理的标准证明中，可以看到标准证明系统中的一些精巧技术。博弈证明参阅第 11 章。

证明：(1)令 π 是 $\mathrm{Perm}(n)$ 中的一个随机取样，ρ 是 $\mathrm{Rand}(n)$ 中的一个随机取样，式(2.6)暗示着在没有碰撞的集合中，一个随机置换与一个任取的随机函数是不可区分的。Coll 是与一个预言机交互的放手 A 提出不同的询问 X 和 X' 时，预言机返回相同值的事件。设 x 是预言机返回的这个相同值的概率且 $y = \Pr\left[A^{\rho} \Rightarrow 1 \middle| \mathrm{Coll}\right]$，这里 $x, y \in [0,1]$，于是有

$$\begin{aligned}\left|\Pr\left[A^{\pi} \Rightarrow 1\right] - \Pr\left[A^{\rho} \Rightarrow 1\right]\right| &= \left|x - x\Pr[\mathrm{Dist}] - y\Pr[\mathrm{Coll}]\right| \\ &= \left|x(1 - \Pr[\mathrm{Dist}]) - y\Pr[\mathrm{Coll}]\right| \\ &= \left|x\Pr[\mathrm{Coll}] - y\Pr[\mathrm{Coll}]\right| \\ &= \left|(x-y)\Pr[\mathrm{Coll}]\right| \leqslant \Pr[\mathrm{Coll}]\end{aligned}$$

(2)证明 $\Pr[\mathrm{Coll}] \leqslant \dfrac{q(q-1)}{2^{n+1}}$。

根据式(2.6)，$\Pr\left[A^{\pi} \Rightarrow 1\right] = \Pr\left[A^{\rho} \Rightarrow 1 \middle| \mathrm{Dist}\right]$，则 $\Pr[\mathrm{Coll}] \leqslant \dfrac{C_q^2}{2^n} = \dfrac{q(q-1)}{2^{n+1}}$，进而可证明 RP/PRF 转换引理。 □

引理 2.1 的结论一直广泛应用在可证明安全理论中，例如，分析一个基于 n 比特分组密码的结构 C 的安全性时，对于一个 n 比特的随机置换 π，需要定界敌手 A 在破解 $C[\pi]$ 中做得多好。但是，技术上往往容易给出上界的是，对于一个从 n 比特到 n 比特的随机函数 ρ，定界一个敌手 A 在攻击 $C[\rho]$ 中能做得多好。所以实际应用中，定界敌手 A 在攻击 $C[\rho]$ 时能做得多好就足够了，引理 2.1 证明了它们的差别是很小的。

2.5　抗相关密钥攻击可证明安全的 PRF 和 PRP

本节介绍一个抗相关密钥攻击可证明安全的伪随机函数(Pseudo Random Functions

Provably Secure against Related-Key Attacks，RKA-PRF）的结构，并提出构造一种抗相关密钥攻击可证明安全的伪随机置换的结构思路，这在密码学尤其是分组密码的构造中具有重要的意义。

2.5.1 伪随机函数的安全性概述

一个函数簇 $\mathcal{F}:\mathcal{K}\times\mathcal{D}\to\mathcal{R}$ 选取密钥 $k\in\mathcal{K}$ 和 $x\in\mathcal{D}$ 作为输入，输出 $F_k(x)\to F(k,x)\in \mathrm{R}$。如果 $\boldsymbol{x}\in\mathcal{D}$ 是 $\mathcal{D}$ 上的向量，则 $F_k(\boldsymbol{x})$ 表示向量 $\left(F(k,\boldsymbol{x}[1]),\ldots,F\left(k,\boldsymbol{x}\left[|\boldsymbol{x}|\right]\right)\right)$，其中 $|\boldsymbol{x}|$ 是向量 $\boldsymbol{x}$ 的长度。记 $\mathrm{FF}(\mathcal{K},\mathcal{D},\mathcal{R})$ 是所有函数簇 $\mathsf{F}:\mathcal{K}\times\mathcal{D}\to\mathcal{R}$ 的集合。

对于集合 X、Y，记 $\mathrm{Fun}(X,Y)$ 是从 X 到 Y 的所有函数映射的集合。下面讨论伪随机函数安全性相关的几个优势。

1）伪随机函数

敌手 A 攻击一个函数簇 $\mathbf{F}:\mathcal{K}\times\mathcal{D}\to\mathcal{R}$ 的（标准的）**伪随机函数安全性的优势**定义为

$$\mathrm{Adv}_{\mathrm{F}}^{\mathrm{prf}}(A)=\Pr\left[\mathrm{PRFReal}_{\mathrm{F}}^{A}\Rightarrow 1\right]-\Pr\left[\mathrm{PRFRand}_{\mathrm{F}}^{A}\Rightarrow 1\right] \tag{2.8}$$

其中，实验 $\mathrm{PRFReal}_{\mathrm{F}}$ 先随机选取 $k\overset{\$}{\leftarrow}\mathcal{K}$，再用 $F(k,x)$ 应答预言机询问 $F_N(x)$；实验 $\mathrm{PRFRand}_{\mathrm{F}}$ 先随机选取 $f\overset{\$}{\leftarrow}\mathrm{Fun}(\mathcal{D},\mathcal{R})$，再用 $f(x)$ 应答预言机询问 $F_N(x)$。 □

2）抗相关密钥攻击的伪随机函数

设函数簇 $\mathbf{F}:\mathcal{K}\times\mathcal{D}\to\mathcal{R}$ 且 $\varPhi\subseteq\mathrm{Fun}(\mathcal{K},\mathcal{K})$，$\varPhi$ 的成员称为**相关密钥推导**（Related-Key Deriving，RKD）**函数**。如果一个敌手 A 的预言机询问 (ϕ,x) 满足 $\phi\in\varPhi$，就说敌手 A 是 **$\varPhi$-约束的**（$\varPhi$-Restricted）。

一个 $\varPhi$-约束的敌手 A 攻击函数簇 $\mathrm{F}:\mathcal{K}\times\mathcal{D}\to\mathcal{R}$ 的**伪随机函数抗相关密钥攻击的安全性**的优势定义为

$$\mathrm{Adv}_{\varPhi,\mathrm{F}}^{\mathrm{prf\text{-}rka}}(A)=\Pr\left[\mathrm{RKPRFReal}_{\mathrm{F}}^{A}\Rightarrow 1\right]-\Pr\left[\mathrm{RKPRFRand}_{\mathrm{F}}^{A}\Rightarrow 1\right] \tag{2.9}$$

其中，实验 $\mathrm{RKPRFReal}_{\mathrm{F}}$ 先随机选取 $k\overset{\$}{\leftarrow}\mathcal{K}$，再用 $F(\phi(k),x)$ 应答预言机询问 $\mathrm{RKF}_{\mathrm{N}}(\phi,x)$；实验 $\mathrm{RKPRFRand}_{\mathrm{F}}$ 先随机选取 $k\overset{\$}{\leftarrow}\mathcal{K}$ 和 $G\overset{\$}{\leftarrow}\mathrm{FF}(\mathcal{K},\mathcal{D},\mathcal{R})$，再用 $G(\phi(k),x)$ 应答预言机询问 $\mathrm{RKF}_N(\phi,x)$。

这个优势就是抗相关密钥攻击可证明安全的伪随机函数的安全性优势。

3）抗碰撞 Hash 函数

敌手 C 在攻击函数簇 $\boldsymbol{H}:\mathcal{D}\to\mathcal{R}$ 的**抗碰撞**（Collision-Resistance，CR）**安全性**的优势定义为

$$\mathrm{Adv}_{\mathrm{H}}^{\mathrm{cr}}(C)=\Pr\left[x\neq x' \text{ 且 } H(x)=H(x')\right]$$

这是在 $(x,x')\overset{\$}{\leftarrow}C$ 上的概率。

在实际应用中，可以把攻击函数簇 $\boldsymbol{H}:\mathcal{D}\to\mathcal{R}$ 的 CR 安全性优势的定义简化为攻击函数的 CR 安全性优势的定义。进一步简化 H 为无密钥 Hash 函数。这意味着总是存在

一个 CR-优势是 1 的有效的 C，但并不意味着我们可以找到它。这个结论很有意义，它是从其他敌手得到 CR-敌手的简单构造的证据。

2.5.2 密钥延展性

设 $\mathbf{M}:\mathcal{K}\times\mathcal{D}\to\mathcal{R}$ 是一个函数簇，并设 $\Phi\subseteq \mathrm{Fun}(\mathcal{K},\mathcal{K})$ 是一个相关密钥推导(RKD)函数的集合。

定义 2.24　密钥转换器(Key Transformer)。设 T 为一个确定性算法，给它一个预言机 $f:\mathcal{D}\to\mathcal{R}$，并输入 $(\phi,x)\in\Phi\times\mathcal{D}$，$T$ 输出一个点 $T^f(\phi,x)\in\mathcal{R}$。如果满足以下两个条件，就称 T 是一个关于 (M,Φ) 的**密钥转换器**，如图 2.5 所示。

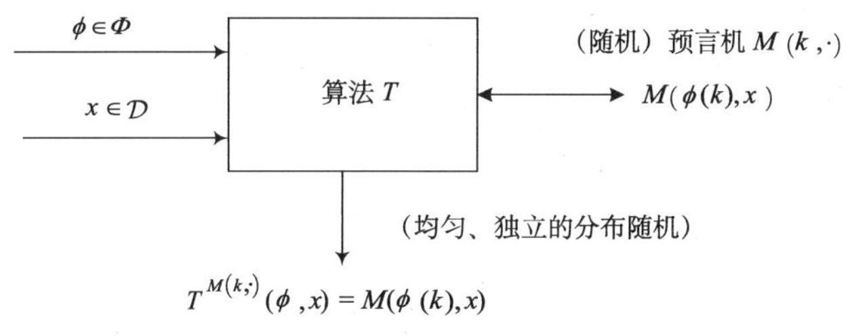

图 2.5　密钥转换器示意图

(1) 正确性(Correctness)：对于每一个 $(\phi,k,x)\in\Phi\times\mathcal{K}\times\mathcal{D}$，都有 $M(\phi(k),x)=T^{M(k,\cdot)}(\phi,x)$。

正确性是一个相对直接的条件，也就是说如果有关于 $M(k,\cdot)$ 的一个预言机，就能用 ϕ,x 来计算 $M(\phi(k),x)$。

(2) 均匀性(Uniformity)：大概讲就是这如果提供给 T 的预言机是随机的，那么只要 $x_1,\cdots,x_q$ 不同，T 关于任何输入序列 $(\phi_1,x_1),\cdots,(\phi_q,x_q)$ 的输出都是均匀、独立的分布。

正式地，给定两个实验：实验 KTReal_T 先随机选取 $f\overset{\$}{\leftarrow}\mathrm{Fun}(\mathcal{D},\mathcal{R})$，再用 $T^f(\phi,x)$ 来应答预言机询问 $\mathrm{KTF}_N(\phi,x)$；而实验 KTRand_T 没有初始化，用从 $\mathcal{R}$ 中选取一个随机点来应答预言机询问 $\mathrm{KTF}_N(\phi,x)$。

如果一个 Φ -约束的敌手，在它的预言机询问 $(\phi_1,x_1),\cdots,(\phi_q,x_q)$ 中，点 $x_1,\cdots,x_q$ "总是"不同，就说该 Φ -约束的敌手是**唯一输入**(Unique Input)。这里"总是"意味着不管预言机询问如何被应答，也不管敌手的硬币是什么，点 $x_1,\cdots,x_q$ 不同的概率为 1 。

对于攻击 T 均匀性的任意唯一输入、Φ -约束的敌手 U，均匀性的要求就是

$$\Pr\left[\mathrm{KTReal}_T^U\Rightarrow 1\right]=\Pr\left[\mathrm{KTRand}_T^U\Rightarrow 1\right] \tag{2.10}$$

定义 2.25　Φ -密钥可延展性(Φ-Key Malleable)。如果 (M,Φ) 有一个有效密钥转换器，就称 M 是 Φ -密钥可延展的。　□

密钥延展性对构造抗相关密钥攻击的伪随机函数的作用主要有两个：一方面，密钥转换器的正确特性显然允许通过询问 $M(k,\cdot)$ 来模拟对 $M(\phi(k),\cdot)$ 的询问；另一方面，

反过来，同样用密钥转换器的正确性可以得到一个攻击，证明了只要Φ包含身份函数 id，并且包含满足如下条件的函数ϕ，M就不是一个Φ-RKA-PRF。函数ϕ满足的条件是：对于所有$k\in\mathcal{K}$，有$\phi(k)\neq k$。

在任意诱导群(Group-Induced) Φ中，函数ϕ满足这个条件。

例 2.2　试给出用密钥转换器的正确性特性对Φ-密钥可延展的函数簇 M 的攻击。

解：例如，对于一些$x\in D$，考虑询问$y\leftarrow \mathrm{RKF}_N(\phi,x)$的一个$\Phi$-约束的敌手$A$。它运行有输入$\phi$和$x$的确定性的算法$T$，得到一个输出$z$，这个算法$T$对用$\mathrm{RKF}_N(\mathrm{id},w)$计算的任何预言机询问$w$都用$z$来应答。如果$y=z$，敌手$A$就返回 1，否则敌手$A$返回 0。

正确性表明在实验$\mathrm{RKPRFReal}_M$中，A总是返回 1。但是关于ϕ的假设蕴含着在实验$\mathrm{RKPRFRand}_M$中，A返回 1 的概率最大为$\dfrac{1}{|\mathcal{R}|}$。

根据式(2.9)，$\mathrm{Adv}_{M,\Phi}^{\text{prf-rka}}(A)$总为 1，即一个$\Phi$-约束的敌手$A$攻击函数簇 M 的 PRF-RKA 安全性的优势为 1。　□

虽然一个密钥延展性的M不是一个Φ-RKA-PRF，但可以证明：针对唯一输入的Φ-约束的敌手，一个密钥延展性的M是一个 RKA-PRF(例 2.2 中进行攻击的敌手不需要是唯一输入)。

2.5.3　密钥指纹的有关概念

同样，设$\mathrm{M}:\mathcal{K}\times\mathcal{D}\rightarrow\mathcal{R}$是一个函数簇，并设$\Phi\subseteq\mathrm{Fun}(\mathcal{K},\mathcal{K})$是一个相关密钥推导(RKD)函数的集合。如果对于任意密钥$k\in\mathcal{K}$和每个不同的$\phi,\phi'\in\Phi$，有$\phi(k)\neq\phi'(k)$，则称这个 RKD 函数的一个类$\Phi\subseteq\mathrm{Fun}(\mathcal{K},\mathcal{K})$为**无爪**(Claw-Free)**函数类**。

定义 2.26　**密钥指纹**(Key Fingerprint)。设函数族$\mathrm{M}:\mathcal{K}\times\mathcal{D}\rightarrow\mathcal{R}$并设$\Phi\subseteq\mathrm{Fun}(\mathcal{K},\mathcal{K})$是一个相关密钥推导(RKD)函数的集合。令$\boldsymbol{w}$是$\mathcal{D}$上的向量，记$l=|\boldsymbol{w}|$，如果对于所有$k\in\mathcal{K}$和所有不同的$\phi,\phi'\in\Phi$，都有

$$\big(M(\phi(k),\boldsymbol{w}[1]),\cdots,M(\phi(k),\boldsymbol{w}[l])\big)\neq\big(M(\phi'(k),\boldsymbol{w}[1]),\cdots,M(\phi'(k),\boldsymbol{w}[l])\big) \tag{2.11}$$

则称$\boldsymbol{w}$是关于(M,Φ)的一个密钥指纹，示意图见图 2.6(a)。　□

定义 2.27　**强密钥指纹**(Strong Key Fingerprint)。设函数族$\mathrm{M}:\mathcal{K}\times\mathcal{D}\rightarrow\mathcal{R}$并设$\Phi\subseteq\mathrm{Fun}(\mathcal{K},\mathcal{K})$是一个 RKD 函数的集合。令$\boldsymbol{w}$是$\mathcal{D}$上的向量，记$l=|\boldsymbol{w}|$，如果对于所有不同的$k_1,k_2\in\mathcal{K}$有

$$\big(M(k_1,\boldsymbol{w}[1]),\cdots,M(k_1,\boldsymbol{w}[l])\big)\neq\big(M(k_2,\boldsymbol{w}[1]),\cdots,M(k_2,\boldsymbol{w}[l])\big) \tag{2.12}$$

则称$\boldsymbol{w}$是关于(M,Φ)的一个强密钥指纹，示意图见图 2.6(b)。　□

例 2.3　如果(M,Φ)有一个密钥指纹，则Φ是无爪的吗？

解：如果(M,Φ)有一个密钥指纹，则自动满足Φ是无爪的。否则，如果有一个k和不同的$\phi,\phi'\in\Phi$，满足$\phi(k)=\phi'(k)$，则不会有一个$\boldsymbol{w}$使式(2.11)成立。

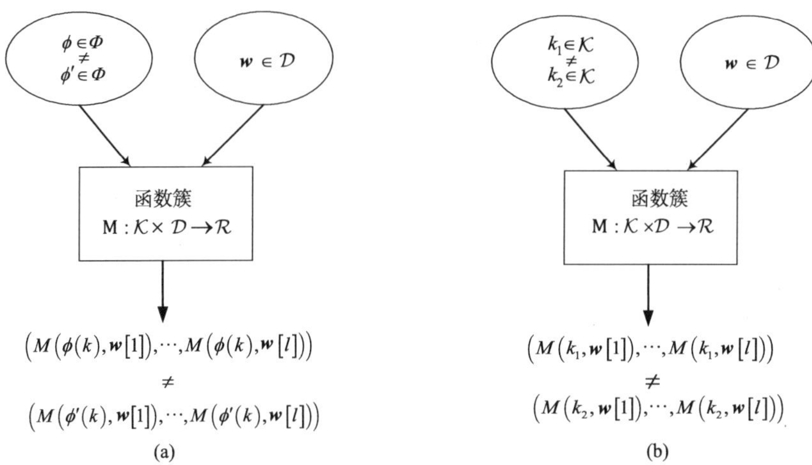

图 2.6　密钥指纹和强密钥指纹示意图

声明 2.1　如果Φ是无爪的，则关于(M,Φ)的强密钥指纹也是(M,Φ)上的密钥指纹。

声明 2.2　如果Φ是完全的(Complete)，则关于(M,Φ)的任意密钥指纹，同样也是关于(M,Φ)的强密钥指纹。

声明 2.2 说明：因为Φ是完全的，这意味着对于每个$k_1,k_2\in\mathcal{K}$，存在一个$\phi\in\Phi$满足$\phi(k)=k'$。

通常情况下，密钥指纹的存在不能蕴含着强密钥指纹的存在。

2.5.4　构造 RKA-PRF

设$\mathrm{M}:\mathcal{K}\times\mathcal{D}\to\mathcal{R}$是一个密钥可延展的函数簇，设$T$是一个关于$(\mathrm{M},\Phi)$的密钥转换器，设$w\in\mathcal{D}^l$是关于$(\mathrm{M},\Phi)$的一个密钥指纹。如果存在$(f,\phi,i)\in\mathrm{Fun}(\mathcal{D},\mathcal{R})\times\Phi\times\{1,\cdots,l\}$，使得计算$T^f(\phi,w[i])$进行预言机询问$w$，就称点$w\in\mathcal{D}$是关于与$(\mathrm{M},\Phi,w)$相关的$T$的一个**可能预言机询问**(Possible Oracle Query)。

设$\mathrm{Qrs}(T,\mathrm{M},\Phi,w)$是与$(\mathrm{M},\Phi,w)$相关的$T$的所有可能预言机询问点$w$的集合。令$\overline{\mathcal{D}}=\mathcal{D}\times\mathcal{R}^l$，如果一个域为$\overline{\mathcal{D}}$的 Hash 函数$H$的值域范围是$\mathcal{D}\setminus\mathrm{Qrs}(T,\mathrm{M},\Phi,w)$，就说该 Hash 函数与$(T,\mathrm{M},\Phi,w)$**是一致的**(Compatible)。因此，关于与(M,Φ,w)相关的T的一个可能预言机询问不允许是H的输出。

构造 2.2　构造一个Φ- RKA-PRF。先介绍构造一个Φ- RKA-PRF 的组件如下：

(1)一个Φ-密钥可延展的 PRF，这意味着一个函数簇$\mathrm{M}:\mathcal{K}\times\mathcal{D}\to\mathcal{R}$，一方面满足 M 是一个 PRF，另一方面存在一个关于(M,Φ)的密钥转换器T(说明：可以用 Naor- Reingold and Lewko-Waters 结构实现密钥可延展的 PRF)。

(2)关于(M,Φ)的一个密钥指纹w。

(3)一个抗碰撞(CR)Hash 函数$H:\overline{\mathcal{D}}\to\mathcal{D}\setminus\mathrm{Qrs}(T,\mathrm{M},\Phi,w)$，$H$与$(T,\mathrm{M},\Phi,w)$一致。

将以上组件结合起来，建立$F:\mathcal{K}\times\mathcal{D}\to\mathcal{R}$，给$F$输入$k$和$x$，它计算$\overline{w}\leftarrow M(k,w)$，

这里 $M(k,\boldsymbol{w})$ 是第 $i(1\leqslant i\leqslant l)$ 个元素为 $M(k,\boldsymbol{w}[i])$ 的向量，然后输出 $M\left(k,H\left(x,\overline{\boldsymbol{w}}\right)\right)$。

假设 M 是一个 PRF 并且 H 是抗碰撞的，则 F 是一个 Φ - RKA-PRF。

定理 2.7　设 $\mathrm{M}:\mathcal{K}\times\mathcal{D}\to\mathcal{R}$ 是一个函数簇，并设 $\Phi\subseteq\mathrm{Fun}(\mathcal{K},\mathcal{K})$ 是一类 RKD 函数。设 T 为关于 (M,Φ) 进行 Q_T 预言机询问的一个密钥转换器，并设 $\overline{\boldsymbol{\mathcal{D}}}\to\mathcal{D}\times\mathcal{R}^c$ 和 $H:\overline{\boldsymbol{\mathcal{D}}}\to\mathcal{D}\backslash\mathrm{Qrs}(T,\mathrm{M},\Phi,\boldsymbol{w})$ 是一个与 $(T,\mathrm{M},\Phi,\boldsymbol{w})$ 一致的 Hash 函数。对于所有的 $k\in\mathcal{K}$ 和 $x\in\mathcal{D}$，定义 $\mathcal{F}:\mathcal{K}\times\mathcal{D}\to\mathcal{R}$ 如下：

$$F(k,x)=M\left(k,H\left(x,M(k,w)\right)\right) \tag{2.13}$$

设 A 为攻击 F 的 PRF-RKA 安全性的一个 Φ-约束的敌手，令 $s=\mathcal{D}\backslash\mathrm{Qrs}(T,\mathrm{M},\Phi,\boldsymbol{w})$，$A$ 进行 $Q_A\leqslant|\mathrm{S}|$ 次预言机询问。则可以构建一个攻击 M 的 PRF-安全性的敌手 B 和一个攻击 H 的 CR-安全性的敌手 C，使得

$$\mathrm{Adv}_{\Phi,F}^{\text{prf-rka}}(A)\leqslant\mathrm{Adv}_{M}^{\text{prf}}(B)+\mathrm{Adv}_{H}^{\text{cr}}(C) \tag{2.14}$$

敌手 B 进行 $(m+1)\cdot Q_TQ_A$ 次预言机询问，且敌手 B 和敌手 C 与敌手 A 的运行时间相等。

证明：我们用图 2.7~图 2.12 的一系列博弈来证明(博弈证明方法参见第 10 章)。

在下面的分析中将事件“$G_i^A\Rightarrow1$”简写为 W_i。不失一般性，假定敌手 A 从来不重复一个预言机询问。

(1) 博弈 G_0：是用我们的构造 F，对伪随机函数抗相关密钥攻击的安全性的优势定义中实验 $\mathrm{RKPRFReal}_{\mathrm{F}}$ 的简单实例化，所以：

$$\Pr\left[\mathrm{RKPRFReal}_F^A\Rightarrow1\right]=\Pr\left[W_0\right] \tag{2.15}$$

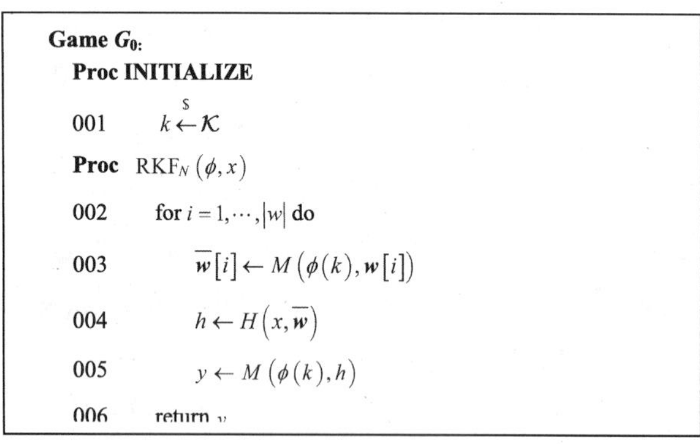

```
Game G0:
  Proc INITIALIZE
      k ←$ K
  Proc RKF_N(φ, x)
      for i = 1, ···, |w| do
          w̄[i] ← M(φ(k), w[i])
          h ← H(x, w̄)
          y ← M(φ(k), h)
      return y
```

图 2.7　博弈 G_0

(2) 博弈 G_1：图 2.8 中博弈 G_1 不包括加框的伪代码，G_1 引入了一些标记，来跟踪集合 D 中的 Hash 值，并且如果能看到一个重复，就将标志 bad 设置为 True。这些标记不影响 RKF_N 返回值，所以：

$$\Pr\left[W_1\right]=\Pr\left[W_0\right] \tag{2.16}$$

(3) 博弈 G_2：图 2.8 中博弈 G_2 包括加框的伪代码 $h \xleftarrow{\$} S \setminus D$，该代码就是"从 $S \setminus D$ 中挑选一个替代值"来"纠正" Hash 值的重复，这样就不会重复任何之前出现过的 Hash 值了。

```
Game G1, [G2]
  Proc INITIALIZE
      k <-$- K ;  D <- ∅
  Proc RKF_N(φ, x)
      for i = 1,…,|w| do
          w̄[i] <- M(φ(k), w[i])
          h <- H(x, w̄)
          if h ∈ D then
          bad <- True ; [h <-$- S \ D]
          D <- D ∪ {h}
          y <- M(φ(k), h)
      return y
```

图 2.8　博弈 G_1 和 G_2

这个"人为"增加的步骤确保后面被调用的 $T^f(\phi,h)$ 上的 h 值(第 307、407、507 行)是不同的，使我们能够利用 T 的均匀性并用随机值替换输出。这个"人为"增加的步骤也导致了博弈 G_2 不同于"真实"的博弈 G_0，无论如何，还是有一些偏差。观察博弈 G_1 和博弈 G_2，在 bad 被设置之前是相同的，仅在标志 bad 设置为 True 之后的代码有区别。根据博弈的基本引理，有

$$\Pr[W_1] \leqslant \Pr[W_2] + \Pr[B_1] \tag{2.17}$$

其中，B_1 表示用博弈 G_1 将标志 bad 设置为 True 的敌手 A 的执行事件。

主要利用 $\boldsymbol{w}$ 是关于 (M,Φ) 的一个密钥指纹的假设，设计攻击 H 的抗碰撞安全性的敌手 C，满足：

$$\Pr[B_1] \leqslant \mathrm{Adv}_H^{\mathrm{cr}}(C) \tag{2.18}$$

敌手 C 先随机选取 $k \xleftarrow{\$} \mathcal{K}$ 并初始化计数器 $j \leftarrow 0$，然后运行 A。当后者进行 RKF_N-询问 (ϕ, x) 时，敌手 C 用以下程序进行应答：

for　$i = 1,\cdots,|\boldsymbol{w}|$　do　$\overline{\boldsymbol{w}}[i] \leftarrow M(\phi(k), \boldsymbol{w}[i])$

$j \leftarrow j+1$；$\phi_j \leftarrow \phi$；$x_j \leftarrow x$；$\overline{\boldsymbol{w}}_j \leftarrow \overline{\boldsymbol{w}}$；$h_j \leftarrow H(x, \overline{\boldsymbol{w}})$；$y \leftarrow M(\phi(k), h)$

return y

当敌手 A 终止时，C 搜索满足 $h_a = h_b$ $(1 \leqslant a < b \leqslant j)$ 的 a 和 b，如果找到这样的 a 和 b，则输出 $(x_a, \overline{\boldsymbol{w}}_a)$，$(x_b, \overline{\boldsymbol{w}}_b)$ 并终止。

证明式(2.18)正确性的主要问题是，为什么$\left(x_a,\overline{w_a}\right)$和$\left(x_b,\overline{w_b}\right)$不同？

假设A从不重复预言机询问，这意味着$(\phi_a,x_a)\neq(\phi_b,x_b)$。考虑以下两种情况：

情况 1：如果$\phi_a=\phi_b$，则$x_a\neq x_b$，从而当然$\left(x_a,\overline{w_a}\right)\neq\left(x_b,\overline{w_b}\right)$。

情况 2：如果$\phi_a\neq\phi_b$，则w是关于(M,Φ)的一个密钥指纹的假设。根据式(2.11)，蕴含着$\overline{w_a}\neq\overline{w_b}$，从而$\left(x_a,\overline{w_a}\right)\neq\left(x_b,\overline{w_b}\right)$。

(4) 博弈G_3：在博弈G_3中，给出一个假定的是Φ-密钥可延展的M，用密钥转换器T，通过预言机调用$M(k,\cdot)$来计算$M(\phi(k),\cdot)$，这两个在第 303 行和第 307 行。

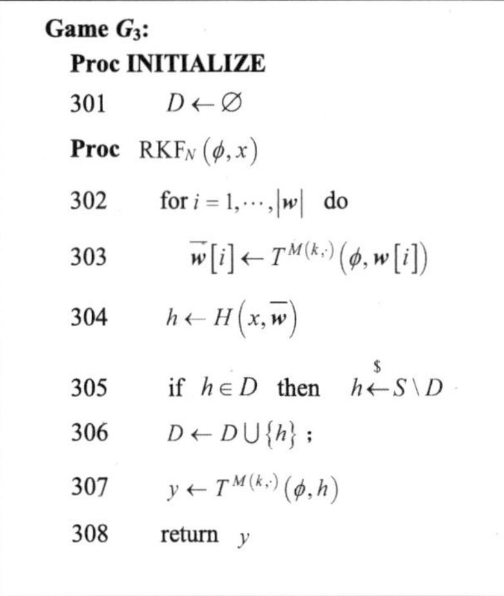

图 2.9　博弈 G_3

```
Game G4:
  Proc INITIALIZE
  401     D ← ∅ ;  f ←$ Fun(D, R)
  Proc RKF_N(φ, x)
  402     for i = 1,…,|w| do
  403         w̄[i] ← T^f(φ, w[i])
  404     h ← H(x, w̄)
  405     if h ∈ D then  h ←$ S\D
  406     D ← D ∪ {h} ;
  407     y ← T^f(φ, h)
  408     return y
```

图 2.10　博弈 G_4

密钥转换器的正确性意味着：

$$\Pr[W_2]=\Pr[W_3] \tag{2.19}$$

(5) 博弈G_4：博弈G_4用随机函数代替博弈G_3中给予T的预言机。设计攻击M的PRF-安全性的敌手B，满足：

$$\Pr[W_3]-\Pr[W_4]\leqslant \mathrm{Adv}_M^{\mathrm{PRF}}(B) \tag{2.20}$$

这是可能的，因为该博弈只是预言机分别访问$M(R,\cdot)$和f。具体：敌手B运行A，当A进行RKF_N询问(ϕ,x)时，敌手B用下列步骤进行回复：

for $i=1,\cdots,|w|$ do $\overline{w}[i]\leftarrow T^{F_N}(\phi,w[i])$； $h_j\leftarrow H(x,\overline{w})$； $y\leftarrow T^{F_N}(\phi,h)$

Return y

这里F_N是B自己的预言机。

当A终止时，B也以同样的输出终止，则有$\Pr\left[\mathrm{PRFReal}_M^B\Rightarrow 1\right]=\Pr[W_3]$和$\Pr\left[\mathrm{PRFRand}_M^B\Rightarrow 1\right]=\Pr[W_4]$。根据式(2.8)可得式(2.20)。

(6) 博弈G_5和博弈G_6：博弈G_5在第 503 行将f转换为g，而在第 507 行没有将f转换为g。

博弈 G_6 不是在第 407 行、第 408 行处返回 $y=T^f(\phi,h)$，而是选择并返回一个随机的 y，博弈 G_6 的第 601 行和第 602 行显示，由于 T 的均匀性，这样做没有差别。

但是必须小心，因为在博弈 G_4 中第 407 行不是唯一使用 f 的地方。在第 403 行 $T^f(\phi,w[i])$ 的计算中预言机 f 也被询问，并且如果这里做的 f-询问等于在第 407 行处的输入 h，则将导致在第 407 行论证基于 T 的均匀性输出的 y 是随机的这个结论不清楚。

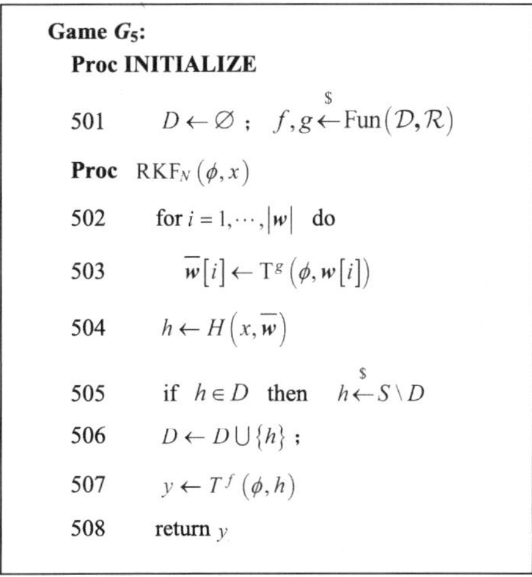

```
Game G5:
  Proc INITIALIZE
  501   D ← ∅ ;  f,g ←$ Fun(D,R)
  Proc  RKF_N(φ,x)
  502   for i = 1,···,|w|  do
  503     w̄[i] ← T^g(φ,w[i])
  504   h ← H(x,w̄)
  505   if h∈D then h ←$ S\D
  506   D ← D∪{h} ;
  507   y ← T^f(φ,h)
  508   return y
```

图 2.11 博弈 G_5

```
Game G6:
  Proc RKF_N(φ,x)
  601   y ←$ R
  602   return y

Game G6:
  Proc INITALICE
  701   k ←$ K
  702   G ←$ FF(K,D,R)
  Proc  RKF_N(φ,x)
  703   y ← G(φ(k),x)
  704   return y
```

图 2.12 博弈 G_6 和博弈 G_7

H 与 (T,M,Φ,w) 的一致性假设可以解救，H 与 (T,M,Φ,w) 的一致性说明：在第 403 行处 $T^f(\phi,w[i])$ 的计算中对预言机 f 的询问，属于集合 $\mathrm{Qrs}(T,M,\Phi,w)$ 内，不在 H 值域范围内的集合 S 中。因此，在第 403 行和第 407 行对 f 的调用，可以用不同的独立随机函数回答，而不影响该过程输出的分布。换句话说，考虑博弈 G_5，其在第 503 行将 f 转换为 g，而在第 507 行没有将 f 转换为 g，H 与 (T,M,Φ,w) 的一致性意味着：

$$\Pr[W_4]=\Pr[W_5] \tag{2.21}$$

利用 T 的均匀性，可证明：

$$\Pr[W_5]=\Pr[W_6] \tag{2.22}$$

设计唯一输入、Φ-约束敌手 U 来攻击 T 的均匀性，并且满足：

$$\Pr\left[\mathrm{KTReal}_M^U \Rightarrow 1\right]=\Pr[W_5] \text{ 和 } \Pr\left[\mathrm{KTRand}_M^U \Rightarrow 1\right]=\Pr[W_6] \tag{2.23}$$

所以，由式(2.10)可得式(2.22)。

敌手 U 先初始化设置 $D\leftarrow\varnothing$ 并选择 $g\stackrel{\$}{\leftarrow}\mathrm{Fun}(\mathcal{D},\mathcal{R})$（均匀性条件的敌手 U 不需要是有效的，所以这样选择 g 就可以。但在任何情况下，如果我们能用懒散取样模拟 g，而不是用 $g\stackrel{\$}{\leftarrow}\mathrm{Fun}(\mathcal{D},\mathcal{R})$ 选择 g，可以使 U 更加高效)，然后运行 A。当后者进行 RKF_N-询问 (ϕ,x) 时，敌手 U 用下面的程序回复：

$$\text{for } i=1,\cdots,|w| \text{ do } \overline{w}[i]\leftarrow T^g(\phi,w[i])$$

$$j \leftarrow j+1;\ \phi_j \leftarrow \phi;\ h_j \leftarrow H(x,\overline{w});\ \text{ if } h_j \in D \text{ then } h_j \overset{\$}{\leftarrow} S \setminus D$$

$$y \leftarrow \mathrm{KTF}_N(\phi_j,h_j);\ \text{return } y$$

其中 KTF_N 是 U 自己的预言机。

为什么这个 U 是唯一输入？在第 106 行加框伪代码 $h \overset{\$}{\leftarrow} S \setminus D$ 的引入，一直到第 505 行的，以及上面的 U 代码中的 if 语句的返回，确保了只要 $Q_A \leqslant |S|$，$h_1,\cdots,h_j$ 在 U 的计算结束时都是不相同的。$Q_A \leqslant |S|$ 正是定理 2.7 的假设，所以式(2.23)成立。

根据 (M,Φ) 有一个密钥指纹的假设能得到 Φ 的无爪性，这蕴含着：如果 $(\phi,x) \neq (\phi',x')$，则 $(\phi(k),x) \neq (\phi'(k),x')$，再加上 A 不能重复预言机询问的假设蕴含着：

$$\Pr[W_6] = \Pr[W_7] = \Pr\left[\mathrm{RKPRFRand}_F^A \Rightarrow 1\right] \tag{2.24}$$

从式(2.9)、式(2.15)~式(2.22)及式(2.24)，可得到式(2.14)。 □

2.5.5 从 RKA-PRF 构造 RKA-PRP

密码学界最感兴趣的是 RKA-安全的分组密码，也就是 RKA-安全的置换簇，目前还不清楚是否直接修改 RKA-PRF 能得到 RKA-PRP。也就是说，不能确定定理 2.7 的结构是否直接能得到一个 RKA-安全置换簇。但是已经有一些简单但有力的组合方法，能用确定一个给定的 Φ-RKA-PRG 和常见的 PRP 组合得到一个 Φ-RKA-PRP。可以用定理 2.7 的结构与确定提取器(Deterministic Extractors)结合得到一个适当的 Φ-RKA-PRG，然后和常见的 PRP 组合得到在选择明文攻击甚至在选择密文攻击下 RKA-安全的 PRP。

2.6 利用 PRF 和 PRP 构造私钥加密体制

利用有效可计算的伪随机函数可以很容易地构造私钥加密体制。本节先构造出一个分组长度为 $l(n)=n$ 的分组密码，然后再构造一个私钥加密体制。

2.6.1 利用有效可计算的伪随机函数构造一个分组密码

构造分组长度为 $\ell(n)=n$ 的分组密码的思路是：设密钥扩展算法为 f，s 为选择的密钥种子(主密钥)。用密钥 s 加密任意一个明文消息 $m \in \mathcal{M}$，不失一般性，假设 $\mathcal{M}=\{0,1\}^n$。加密算法均匀地选取一个随机字符串 $r \in \{0,1\}^n$，并得到密文 $(r,c)=(r,f_s(r)\oplus m)$。要对密文 (r,c) 进行解密，用密钥 s，解密算法只要计算 $(f_s(r)\oplus c)$ 即可。

构造 2.3 基于伪随机函数的分组密码。令 $\mathbf{F}=\{F_n\}$ 是有效可计算的总体，并且 I 和 V 是与之有关的函数的选择算法，即：$I(1^n)$ 选择一个具有分布 F_n 的函数 $V(s,m)$，而 $V(s,m)$ 返回 $f_s(m)$，其中 $f_s(m)$ 是与 s 有联系的函数(如密钥扩展函数)。定义一个长度为 $\ell(n)=n$ 的分组密码 $\varGamma$ 2-1=$(\mathrm{Gen},\mathcal{E},\mathcal{D})$ 如下：

(1) 密钥生成算法 $\mathrm{Gen}(1^n)$：$\mathrm{Gen}(1^n)=(k,k)$，这里 $k \leftarrow I(1^n)$。

(2) 加密算法 $\mathcal{E}_k(m)$：任取明文 $m\in\{0,1\}^n$，用密钥 k 加密明文 m，得到密文 $(r,c)=\mathcal{E}_k(m)=(r,V(k,r)\oplus m)$，即：$(r_1\mathrm{L})=\varepsilon_{\mathrm{k}}(\mathrm{m})=(r_1 f_{\mathrm{k}}(r)\oplus \mathrm{m})$，这里 r 是在 $\{0,1\}^n$ 上的均匀分布。

(3) 解密算法 $\mathcal{D}_k(r,c)$：用密钥 k 解密密文得到明文，即 $\mathcal{D}_k(r,c)=V(k,r)\oplus c$。

(4) 正确性：显然，对于每个 $k\in I(1^n)$ 和每个 $m\in\mathcal{M}$，对于 $\{0,1\}^n$ 上的均匀分布 U_n，有

$$\mathcal{D}_k(\mathcal{E}_k(m))=\mathcal{D}_k(U_n,f_k(U_n)\oplus m)=f_k(U_n)\oplus f_k(U_n)\oplus m=m$$ □

关于构造 2.3 的几点说明如下：

(1) 如果允许加密算法与历史有关，可以去除随机化这一条件，使用一个计数器代替随机的 $r\in\{0,1\}^n$。但在很多情形下，用选取随机数 $r\in\{0,1\}^n$ 更合适。

(2) 构造 2.3 得到的密文可能要比对应的明文更长，这并不影响加密方案的安全性。

(3) 特别注意，直接用一个伪随机置换作为分组密码这一做法往往是不安全的。也就是说，令加密算法为 $\mathcal{E}_k(m)=p_k(m)$ 不可取，其中 p_k 是与字符串 k 对应的置换。例如，这样做可以把对同一消息的两次加密和对两个不同消息的加密区分开来。

假设 **F** 关于多项式规模电路是伪随机的，则不存在具有“预言门”的多项式规模的电路能区分由随机函数给出的答案还是由 **F** 中的随机函数给出的答案。换句话说，对于每个 PPT 预言机 M，每个正多项式 $p(\cdot)$ 和 $q(\cdot)$，所有足够大的 n 和所有 $z\in\{0,1\}^{p(n)}$，有

$$\left|\Pr\left[M^{\phi}(z)=1\right]-\Pr\left[M^{f_{I(1^n)}}(z)=1\right]\right|<\frac{1}{q(n)}$$

其中，ϕ 是均匀选择的函数，ϕ 从 $\{0,1\}^n$ 映射到 $\{0,1\}^n$。

命题 2.3 设 **F** 和 $\varGamma$ 2-1=(Gen , $\mathcal{E},\mathcal{D}$) 为构造 2.3 中的定义，假设 **F** 关于多项式规模电路是伪随机的，则分组密码 $\varGamma$ 2-1=(Gen , $\mathcal{E},\mathcal{D}$) 是安全的。

证明思路：分两步证明。第一步，在理想情况下，使用一个均匀选取的函数 $\phi:\{0,1\}^n\to\{0,1\}^n$，而不是使用伪随机函数 f_s。证明这是密文不可区分的，因而是安全的。第二步，证明对于构造 2.3 的真实的分组密码也是安全的，否则可以区分伪随机函数和一个随机函数。具体如下：

令 $j\in\{1,\cdots,t\}$，在理想情况下，明文 $m^{(1)},m^{(2)},\cdots,m^{(t)}$ 被加密为 $\left(r^{(1)},\phi\left(r^{(1)}\right)\oplus m^{(1)}\right),\cdots,\left(r^{(t)},\phi\left(r^{(t)}\right)\oplus m^{(t)}\right)$，这里 $r^{(j)}$ 都是独立选取的，ϕ 是随机函数。因此，$r^{(j)}$ 互不相同的概率大于 $1-\left(t^2/2^n\right)$，从而不管 $m^{(j)}$ 如何，$\phi\left(r^{(j)}\right)\oplus m^{(j)}$ 独立而且均匀分布。所以，在理想情况下，它是密文不可区分的，也就是说，对于任意的 $m^{(1)},m^{(2)},\cdots,m^{(t)}$ 和 $c^{(1)},c^{(2)},\cdots,c^{(t)}$，分布 $\left(U_n^{(1)},\phi\left(U_n^{(1)}\right)\oplus m^{(1)}\right),\cdots,\left(U_n^{(t)},\phi\left(U_n^{(t)}\right)\oplus m^{(t)}\right)$ 和 $\left(U_n^{(1)},\phi\left(U_n^{(1)}\right)\oplus c^{(1)}\right),\cdots,\left(U_n^{(t)},\phi\left(U_n^{(t)}\right)\oplus c^{(t)}\right)$ 统计不同的概率最多为 $t^2/2^n$。

令 $j\in\{1,\cdots,t\}$，假设在构造 2.3 的真实分组密码情况下，该分组密码不是密文不可

区分的，则对序列 $r^{(j)}$ 和 $v^{(j)}$，存在一个多项式规模电路能区分 $\phi\left(r^{(j)}\right)\oplus v^{(j)}$ 和 $f_s\left(r^{(j)}\right)\oplus v^{(j)}$，这里 ϕ 是随机的，f_s 是伪随机的。这与不存在多项式规模电路能区分这两种情形是矛盾的，故假设不成立。 □

2.6.2 利用有效可计算的伪随机函数构造私钥加密体制

基于构造 2.3，进一步可以得到一个私钥加密体制的构造。

构造 2.4 基于伪随机函数的私钥加密体制。 令 $\mathbf{F}=\{F_n\}$ 是有效可计算的总体，并且 I 和 V 是与之有关的函数的选择算法。例如，$V(s,m)=f_s(m)$。定义一个私钥加密体制 Γ' 2-2=$(\text{Gen},\mathcal{E},\mathcal{D})$ 如下。

(1) 密钥生成算法 $\text{Gen}(1^n)$：$\text{Gen}(1^n)=(k,k)$，这里 $k\leftarrow I(1^n)$。

(2) 加密算法 $\mathcal{E}_k(m)$：任取明文 $m\in\mathcal{M}$，不失一般性，假设 $\mathcal{M}=\{0,1\}^n$，用密钥 k 加密明文 m。令 $|m|$ 表示明文 m 的长度。

把 m 分成长度为 t 的连续分组，可能的话，需对最后一个分组进行填充。设分组后 $m=m_1m_2\cdots m_t$。把 $\{0,1\}^n$ 和模 2^n 的整数集合起来，均匀选择 $r\in\{0,1\}^n$，计算 $r_i=r+i \bmod 2^n$，其中 $i\in[1,t]$。最后，形成密文：

$$\mathcal{E}_k(m)=\left(r,|m|,V(k,r_1)\oplus m_1,\cdots,V(k,r_t)\oplus m_t\right),$$

即

$$\mathcal{E}_k(m)=\left(r,|m|,f_k\left(r+1 \bmod 2^n\right)\oplus m_1,\cdots,f_k\left(r+t \bmod 2^n\right)\oplus m_t\right)$$

(3) 解密算法 $\mathcal{D}_k\left(r,|m|,c_1,\cdots,c_t\right)$：用密钥 k 解密密文得到明文。

计算：$m_i=V\left(k,\left(r+i \bmod 2^n\right)\right)\oplus c_i=f_k\left(r+i \bmod 2^n\right)\oplus c_i$，其中 $i\in[1,t]$。然后输出 $m_1,m_2,\cdots,m_t$ 的前 $|m|$ 比特。也就是说：$\mathcal{D}_k\left(r,w,c_1,\cdots,c_t\right)$ 是

$$\left(V\left(k,\left(r+1 \bmod 2^n\right)\right)\oplus c_1,\cdots,V\left(k,\left(r+t \bmod 2^n\right)\right)\oplus c_t\right)=\left(f_k\left(r+1 \bmod 2^n\right)\oplus c_1,\cdots,f_k\left(r+t \bmod 2^n\right)\oplus c_t\right)$$

的前 $|m|$ 比特。

假设给定的 $\mathbf{F}$ 关于多项式规模电路是伪随机的，显然，构造 2.4 给出了一个安全的私钥加密体制。

习题与思考

2.1 为什么说随机性理论和单向函数都是现代密码学的主要理论基础之一？试举例说明。

2.2 为什么说一个预言机比一个图灵机能力更强？为什么说置换本身就是一种特殊的密码函数？

2.3 试比较如下概念。

(1) 函数总体和伪随机函数总体。

(2) 函数簇和函数类。

(3) 函数总体、可有效计算的(函数)置换总体和置换总体。

(4) 伪随机函数总体和伪随机置换总体。

(5) 伪随机置换和超伪随机置换。

(6) 伪随机总体和伪随机生成器。

(7) 强单向函数和强单向函数类。

(8) PRF-RKA 安全性的优势和 cr 安全性的优势。

(9) 密钥指纹和密钥延展性。

(10) 强密钥指纹与无爪的 RKD 函数。

2.4　用单向函数构造 PRG 的方法有哪些?

2.5　介绍 BM 结构，并把 BM 结构推广到任意延展度。

2.6　试用“标准”方法证明引理 2.1。

2.7　试用引理 2.1 分析分组密码的一些工作模式的安全性。

2.8　证明：针对唯一输入的 Φ-约束敌手，一个密钥延展性的 M 个是一个 RKA-PRF。

2.9　试证明声明 2.1 和声明 2.2。

2.10　分析说明定理 2.7 的 Φ- RKA-PRF 构造中 3 个组件的作用。

2.11　关于与 (M,Φ,w) 相关的 T 的一个可能的预言机询问是 H 的输出吗? 为什么?

2.12　构造一个在选择明文攻击下 RKA-安全的 PRP。

2.13　证明：假设给定的 F 关于多项式规模电路是伪随机的，则构造 2.4 给出了一个安全的私钥加密体制。

提示：采用命题 2.3 的证明方法。当考虑 $t=\text{poly}(n)$ 个消息的安全性时，其中每个消息长度 $l=\text{poly}(n)$，要求如下的概率有界：对于 t 均匀地选择 $r^{(j)}$，存在 $j_1, j_2 \in \{1,\cdots,t\}$ 及 $i_1, i_2 \in \{1,\cdots,l/n\}$ 满足 $r^{(j_1)}+i_1 \equiv r^{(j_2)}+i_2 \pmod{2^n}$。

参考文献

李瑞林, 2011. 分组密码的分析与设计. 长沙: 国防科技大学博士学位论文.

郁昱, 李祥学, 2016. 基于单向函数的伪随机产生器与通用单向哈希函数. 西安邮电大学学报, 21(2): 1-11.

张华, 温巧燕, 金正平, 2012. 可证明安全算法与协议. 北京: 科学出版社.

BELLARE　M , ROGAWAY P, 2006. The security of triple encryption and a framework forcode-based game-playing proofs// Vaudenay S. Annual International Conference on the Theory and Applications of Cryptographic Techniques. Heidelberg: Springer-Verlag: 409-426.

BELLARE M, CASH D, 2010. Pseudorandom functions and permutations provably secure against related-key attacks. Crypto, 6223: 666-684.

BLUM M, MICALI S, 1984. How to generate cryptographically strong sequences of pseudorandom bits. SIAM Journal on Computing, 13(4): 850-864.

GOLDREICH O, 2001. Foundations of cryptography, vol. 1: Basic tools. Cambridge: Cambridge University Press.

HASTAD J, IMPAGLIAZZO R, LEVIN L A, et al, 1995. Construction of a pseudo-random generator fom from any one-way function. SIAM journal on computing, 28(4): 12-24.

HOLENSTEIN T, SINHA M, 2012. Constructing a pseudorandom generator requires an almost linear number of call// 2012 IEEE 53rd Annual Symposium on Foundations of Computer Science (FOCS). New Brunswich, NJ: IEEE: 698-707.

LEWKO A B, WATERS B, 2009. Efficient pseudorandom functions from the decisional linear assumption and weaker variants// Al-Shaer E , Jha S, Keromytis A D. Proceedings of the 16th ACM Conference on Computer and Communications Security. New York: ACM Press: 112-120.

NAOR M, REINGOLD O, 2004. Number-theoretic constructions of efficient pseudo-random functions. Journal of the ACM (JACM), 51(2): 231-262.

NYBERG K, 1994. Linear approximation of block ciphers// Workshop on the Theory and Application of Cryptographic Techniques. Heidelberg: Springer-Verlag: 439-444.

NYBERG K, KNUDSEN L, 1995. Provable security against a differential attack. Journal of Cryptology, S(1): 27-38.

YAO A C, 1982. Theory and application of trapdoor functions. 23rd Annual Symposium on Foundations of Computer Science: 80-91.

附录：第 2 章的加密方案简表

	$\mathrm{Gen}(\cdot)$	$\mathcal{E}_{\mathrm{pk}}(\cdot)$	$\mathcal{D}_{\mathrm{sk}}(\cdot)$
Γ 2-1	$I(1^n)$ $k \in I(1^n)$ 输出： $\mathrm{Gen}(1^n)=(k,k)$	$V(s,m)$ $f_s(m)$ 输出： $\mathcal{E}_k(m)=(r,V(k,r)\oplus m)$	$V(s,m)$ $f_s(m)$ 输出： $\mathcal{D}_k(r,c)=V(k,r)\oplus c$
Γ' 2-2	$k \leftarrow I(1^n)$ 输出： $\mathrm{Gen}(1^n)=(k,k)$	$r\in\{0,1\}^n$ $r_i = r+1 \bmod 2^n$， $i\in[1,t]$ 输出： $\mathcal{E}_k(m)=$ $(r,\lvert m\rvert,V(k,r_1)\oplus m_1,\cdots,V(k,r_t)\oplus m_t)$ 即 $\mathcal{E}_k(m)=(r,\lvert m\rvert,f_k(r+1 \bmod 2^n)\oplus m_1,\ldots,$ $f_k(r+t \bmod 2^n)\oplus m_t)$	$r,w,c_1,\cdots,c_t$ $V(s,m)=f_s(m)$ 输出：令 $i\in[1,t]$ $m_i=V(k,(r+i \bmod 2^n))\oplus c_i$ $=f_k(r+i \bmod 2^n)\oplus c_i$ 的 $m=m_1m_2\cdots m_t$ 前 w 比特

第 3 章　混合论证技术与陷门单向置换

本章主要内容

(1) 混合论证技术：分布、混合论证技术。

(2) 陷门(单向)置换：陷门(单向)置换的概念、用陷门(单向)置换构造加密单比特消息的公钥加密方案、用陷门单向置换构造具体公钥加密方案实例。

(3) 陷门(单向)置换的硬核及应用：陷门(单向)置换的硬核比特、利用硬核比特构造加密单比特消息的加密方案。

(4) 不可逼近陷门谓词与概率公钥加密方案：基于陷门函数的加密方案的缺陷、在基于陷门函数的公钥密码系统中安全地发送一比特信息、ε-逼近谓词和不可逼近陷门谓词、具有不可逼近陷门谓词的概率公钥加密方案。

(5) 适应性陷门单向函数(置换)：适应性陷门单向置换的概念、用适应性陷门单向函数构造加密单比特消息的公钥加密方案、用基于标签的适应性陷门单向函数构造加密单比特消息的公钥加密方案、用相关积陷门单向函数构造加密单比特消息的公钥加密方案、用有损陷门单向函数构造加密单比特消息的公钥加密方案、各种适应性陷门单向函数之间的关系。

3.1　混合论证技术

可证明安全理论的核心技术是安全性证明，可证明安全理论的安全性证明吸收了数论、信息论、计算复杂性理论、图论等很多领域证明方法的精髓，目前见得比较多的是数学推理证明、混合论证和博弈技术。应用计算不可区分性的混合论证技术是可证明安全理论中“归约”方法的强有力的工具。

3.1.1　分布

回顾 2.1.1 节中讨论的计算不可区分性概念，将其推广到概率的设置中。也就是说，如果没有有效的算法能区分两个分布，则这两个分布是计算不可区分的。本节给出在概率设置中的计算不可区分性概念和两个声明。

定义 3.1　计算不可区分性。设 n 为安全参数，如果对任意多项式时间图灵机(PT) M，两个相同空间上的分布集 $\mathcal{X}=\{X_n\}$ 和 $\mathcal{Y}=\{Y_n\}$ 是计算不可区分的(记为 $\mathcal{X}\overset{c}{\equiv}\mathcal{Y}$)，则从 X_n 或 Y_n 中接收 1^n 和一个抽样 s，并输出 0 或 1 的概率是可忽略不计的，即

$$\left|\Pr_{s\sim X_n}\left[M\left(1^n,s\right)=1\right]-\Pr_{s\sim Y_n}\left[M\left(1^n,s\right)=1\right]\right|<\operatorname{neg}(n)$$

也可写作：

$$\left|\Pr\left[s \leftarrow X_n; M\left(1^n, s\right)=1\right]-\Pr\left[s \leftarrow Y_n; M\left(1^n, s\right)=1\right]\right|<\operatorname{neg}(n)$$ □

对集合 X 上的(不连续的)分布 D，用 $x \sim D$ 表示由分布 D 选择 $x \in X$ 的试验。有时候，不正式地，用“分布”代替“分布集”。

也可以用 PPT 算法 A 来定义计算不可区分性：设 n 为安全参数，如果对任意 PPT 算法 A，两个相同空间上的分布集 $\mathcal{X}=\{X_n\}$ 和 $\mathcal{Y}=\{Y_n\}$ 是计算不可区分的(记为 $\mathcal{X} \stackrel{c}{\equiv} \mathcal{Y}$)，则下式是可忽略不计的：

$$\left|\Pr\left[x \leftarrow X_n; A(x)=1\right]-\Pr\left[x \leftarrow Y_n; A(x)=1\right]\right|$$

还可以用概率论中的统计距离的概念来简单定义计算不可区分性：两个相同空间上的分布集 $\mathcal{X}=\{X_n\}$ 和 $\mathcal{Y}=\{Y_n\}$ 是计算不可区分的，则它们的统计距离是可忽略不计的。

同理，第 2 章中的很多概念都可以推广到概率设置中，得到有关定义的另一种表达式，这里不再叙述。以后会遇到不同设置中不同形式的概念，希望大家能理解。

声明 3.1　已知 $\mathcal{X}=\{X_n\}$，$\mathcal{Y}=\{Y_n\}$，$\mathcal{Z}=\{Z_n\}$，如果 $\mathcal{X} \stackrel{c}{\equiv} \mathcal{Y}$，$\mathcal{Y} \stackrel{c}{\equiv} \mathcal{Z}$，则 $\mathcal{X} \stackrel{c}{\equiv} \mathcal{Z}$。

证明(大概)：根据三角不等式(Triangle Inequality)，即对于任意实数 a、b 和 c，$|a-c| \leqslant |a-b|+|b-c|$，可得 $\mathcal{X}-\mathcal{Z} \leqslant (\mathcal{X}-\mathcal{Y})+(\mathcal{Y}-\mathcal{Z})$。

由于两个可忽略函数的和仍然是可忽略函数，所以，$\mathcal{X} \stackrel{c}{\equiv} \mathcal{Z}$。 □

声明 3.2　传递性(Transitivity)。对于 $\mathcal{X}_i \stackrel{c}{\equiv} \mathcal{X}_{i+1}$ ($i=1,\cdots,\ell(n)-1$)，给定多项式个分布 $\mathcal{X}_1,\cdots,\mathcal{X}_{\ell(n)}$，则 $\mathcal{X}_1 \stackrel{c}{\equiv} \mathcal{X}_{\ell(n)}$。

证明思路：多次使用三角不等式与两个可忽略函数的和仍然是可忽略函数的事实，可得。

3.1.2　混合论证技术的介绍

混合论证(Hybrid Argument)是一种应用任意不可区分分布的证明技术，它的核心思想就是计算不可区分性。在描述基于简单集合不可区分性的复杂集合的不可区分性中，混合论证技术起到了核心作用。

令 $\mathcal{X}=\{X_n\}$ 和 $\mathcal{Y}=\{Y_n\}$ 是两个分布集，则设 $(\mathcal{X},\mathcal{Y})$ 指的是分布集合 $\{(X_n,Y_n)\}$，其中分布 (X_n,Y_n) 定义为 $\{x \leftarrow X_n; y \leftarrow Y_n : (X_n,Y_n)\}$。

如果在 n 的多项式时间内，能根据分布 X_n 产生一个元素，就说分布集 $\mathcal{X}=\{X_n\}$ 是**可有效取样的**。

声明 3.3　**混合论证**。设 $\mathcal{X}^1$、$\mathcal{X}^2$、$\mathcal{Y}^1$ 和 $\mathcal{Y}^2$ 是可有效取样的分布集，其中，$\mathcal{X}^1$ 和 $\mathcal{Y}^1$、$\mathcal{X}^2$ 和 $\mathcal{Y}^2$ 分别是计算不可区分的，即 $\mathcal{X}^1 \stackrel{c}{\equiv} \mathcal{Y}^1$、$\mathcal{X}^2 \stackrel{c}{\equiv} \mathcal{Y}^2$，则 $(\mathcal{X}^1,\mathcal{X}^2)$ 和 $(\mathcal{Y}^1,\mathcal{Y}^2)$ 也是计算不可区分的，即

$$\left(\mathcal{X}^1,\mathcal{X}^2\right)\stackrel{c}{\equiv}\left(\mathcal{Y}^1,\mathcal{Y}^2\right)$$

证明 1：反证法(略)。

证明 2：设 A 是一个努力区分 $\left(\mathcal{X}^1,\mathcal{X}^2\right)$ 和 $\left(\mathcal{Y}^1,\mathcal{Y}^2\right)$ 的任意 PPT 算法，现在可以构造如下一个努力区分 $\mathcal{X}^1$ 和 $\mathcal{Y}^1$ 的 PPT 敌手 A_1。

$A_1\left(1^n,z\right)$：①随机选择 $x\leftarrow X_n^2$；②输出 $A(z,x)$。

显然，根据所有的分布是可有效取样的事实，A_1 在多项式时间内运行。

由于 $\mathcal{X}^1\stackrel{c}{\equiv}\mathcal{Y}^1$，所以式(3.1)一定是可忽略不计的：

$$\begin{aligned}&\Pr\left[z\leftarrow X_n^1:A_1(z)=1\right]-\Pr\left[z\leftarrow Y_n^1:A_1(z)=1\right]\\&=\left|\Pr\left[z\leftarrow X_n^1;x\leftarrow X_n^2:A(z,x)=1\right]-\Pr\left[z\leftarrow Y_n^1;x\leftarrow X_n^2:A(z,x)=1\right]\right|\\&=\left|\Pr\left[x_1\leftarrow X_n^1;x_2\leftarrow X_n^2:A(x_1,x_2)=1\right]-\Pr\left[y_1\leftarrow Y_n^1;x_2\leftarrow X_n^2:A(y_1,x_2)=1\right]\right|\end{aligned}\tag{3.1}$$

其中，倒数一行的式子是简单变量的重命名。显然，A_1 的目的是要证明 $\left(\mathcal{X}^1,\mathcal{X}^2\right)\stackrel{c}{\equiv}\left(\mathcal{Y}^1,\mathcal{X}^2\right)$。

可以简单地构造一个努力区分 $\mathcal{X}^2$ 和 $\mathcal{Y}^2$ 的 PPT 算法 A_2，其运行如下：

$A_2\left(1^n,z\right)$：①随机选择 $y\leftarrow Y_n^1$；②输出 $A(y,z)$。

因此，由于 $\mathcal{X}^2\stackrel{c}{\equiv}\mathcal{Y}^2$，可知式(3.2)一定是可忽略不计的：

$$\begin{aligned}&\Pr\left[z\leftarrow X_n^2:A_2(z)=1\right]-\Pr\left[z\leftarrow Y_n^2:A_2(z)=1\right]\\&=\left|\Pr\left[y\leftarrow Y_n^1;z\leftarrow X_n^2:A(y,z)=1\right]-\Pr\left[y\leftarrow Y_n^1;z\leftarrow Y_n^2:A(y,z)=1\right]\right|\\&=\left|\Pr\left[y_1\leftarrow Y_n^1;x_2\leftarrow X_n^2:A(y_1,x_2)=1\right]-\Pr\left[y_1\leftarrow Y_n^1;y_2\leftarrow Y_n^2:A(y_1,y_2)=1\right]\right|\end{aligned}\tag{3.2}$$

显然，A_2 的目的是要证明 $\left(\mathcal{Y}^1,\mathcal{X}^2\right)\stackrel{c}{\equiv}\left(\mathcal{Y}^1,\mathcal{Y}^2\right)$。

根据三角不等式，可计算 A 区分 $\left(\mathcal{X}^1,\mathcal{X}^2\right)$ 和 $\left(\mathcal{Y}^1,\mathcal{Y}^2\right)$ 界，具体为

$$\begin{aligned}&\left|\Pr\left[x_1\leftarrow X_n^1;x_2\leftarrow X_n^2:A(x_1,x_2)=1\right]-\Pr\left[y_1\leftarrow Y_n^1;y_2\leftarrow Y_n^2:A(y_1,y_2)=1\right]\right|\\&=\left|\Pr\left[x_1\leftarrow X_n^1;x_2\leftarrow X_n^2:A(x_1,x_2)=1\right]-\Pr\left[y_1\leftarrow Y_n^1;x_2\leftarrow X_n^2:A(y_1,x_2)=1\right]\right.\\&\quad\left.+\Pr\left[y_1\leftarrow Y_n^1;x_2\leftarrow X_n^2:A(y_1,x_2)=1\right]-\Pr\left[y_1\leftarrow Y_n^1;y_2\leftarrow Y_n^2:A(y_1,y_2)=1\right]\right|\\&\leqslant\left|\Pr\left[x_1\leftarrow X_n^1;x_2\leftarrow X_n^2:A(x_1,x_2)=1\right]-\Pr\left[y_1\leftarrow Y_n^1;x_2\leftarrow X_n^2:A(y_1,x_2)=1\right]\right|\\&\quad+\left|\Pr\left[y_1\leftarrow Y_n^1;x_2\leftarrow X_n^2:A(y_1,x_2)=1\right]-\Pr\left[y_1\leftarrow Y_n^1;y_2\leftarrow Y_n^2:A(y_1,y_2)=1\right]\right|\end{aligned}\tag{3.3}$$

不等式右边的两项正好是式(3.1)和式(3.2)。已知式(3.1)和式(3.2)是可忽略不计的，两个可忽略不计的数的和也是可忽略不计的，所以敌手 A 区分 $\left(\mathcal{X}^1,\mathcal{X}^2\right)$ 和 $\left(\mathcal{Y}^1,\mathcal{Y}^2\right)$ 的优势是可忽略不计的。 □

声明 3.3 称为混合论证，这是因为证明的结构中引进了混合分布 $\left(\mathcal{Y}^1,\mathcal{X}^2\right)$，并且注

意到$(\mathcal{X}^1,\mathcal{X}^2)\stackrel{c}{\equiv}(\mathcal{Y}^1,\mathcal{X}^2)$，且$(\mathcal{Y}^1,\mathcal{X}^2)\stackrel{c}{\equiv}(\mathcal{Y}^1,\mathcal{Y}^2)$。应用声明 3.3，进一步把多项式各集合结合起来进行讨论，推导得出一个类似的论证，具体如下：

声明 3.4　如果$\mathcal{X}\stackrel{c}{\equiv}\mathcal{Y}$，则$\mathcal{X}$的多项式个副本，不可区分$\mathcal{Y}$的多项式个副本。正式地，设$\ell(n)$是一个多项式，并且定义$\mathcal{X}^l=\{X_n^l\}$为$X_n^l\stackrel{\text{def}}{=}\overbrace{(X_n,\cdots,X_n)}^{l(n)}$；同样地，定义$\mathcal{Y}^l=\{Y_n^l\}$，则$\mathcal{X}^l$和$\mathcal{Y}^l$是计算不可区分的，即

$$\mathcal{X}^l\stackrel{c}{\equiv}\mathcal{Y}^l$$

证明：（略）。

声明 3.3 和声明 3.4 就是混合论证技术的核心理论，这两个声明的混合论证广泛应用在密码方案和密码协议的安全性证明中，本书中也随处可见。

3.2　陷门(单向)置换

3.2.1　陷门(单向)置换的概念

首先介绍两个陷门(单向)置换的定义：第一个是正式定义，第二个略微简单但容易理解。通常，第二个定义的安全性证明容易修改为同时满足第一个定义的安全性证明。但是，有时候也需要考虑较强的陷门(单向)置换的定义。

定义 3.2　**陷门置换簇**(Trapdoor Permutation Family)。令n为安全参数，一个陷门置换簇$\{f_i:D_i\to D_i\}$是 4 个 PPT 算法的多元组(Gen, Sample, Eval, Invert)，满足以下条件。

(1) $\text{Gen}(1^n)$：输入1^n，输出(i,td)对的一个概率运算。

i是定义在域D_i上一个特定置换f_i的指标，而td表示允许f_i求逆的某些“陷门”信息。

(2) $\text{Sample}(1^n,i)$：若i是由Gen输出的，则$\text{Sample}(1^n,i)$是输出元素$x\in D_i$的一个概率运算。

另外，要求x在D_i中是均匀分布的。正式地，要求分布$\text{Sample}(1^n,i)$等价于D_i上的均匀分布。

(3) $\text{Eval}(1^n,i,x)$：若i是由Gen输出的，并且$x\in D_i$，则$\text{Eval}(1^n,i,x)$是输出元素$y\in D_i$的一个确定运算。

另外，要求对于Gen输出的所有i，函数$\text{Eval}(1^n,i,\cdot)$：$D_i\to D_i$是一个置换。可以把$\text{Eval}(1^n,i,\cdot)$看作符合前面提到的特定置换f_i。

(4) $\text{Invert}(1^n,\text{td},y)$：输出元素$x\in D_i$的一个确定运算，其中$(i,\text{td})$是Gen的一个可能的输出。

(5) 陷门置换的正确性：对于所有λ，对于Gen输出的所有(i,td)和所有$x\in D_i$，要求$\text{Invert}(1^n,\text{td},\text{Eval}(1^n,i,x))=x$。　□

陷门置换定义的正确性要求，使得 $\text{Invert}(1^n, \text{td}, y)$ 与 f_i^{-1} 联系起来。

作为数学函数， f_i^{-1} 总是存在的，但不一定是可有效计算的，陷门置换的定义保证了给定“陷门”信息 td， f_i^{-1} 是可有效计算的。

定义 3.2 是简单语义定义，不包括“困难性”或“安全性”的任何概念。密码学中，陷门置换往往是指陷门单向置换，这意味着，若不知道 td，任意一个陷门置换难以求逆，简单地说，就是任何与多项式运算相关的有效算法，以“可忽略函数类”概率，成功求出一个随机产生的 f_i (在随机点)的逆。这只可以理解为对一个随机产生的陷门置换求逆是困难的，如果固定一个陷门置换 f_i，则很有可能是敌手知道了相关的陷门的情况，所以，陷门置换求逆要求：求逆的点也必须是随机选择的。即对于一个随机产生的 f_i (在随机点)，难以求逆。

定义 3.3　陷门单向置换簇(Trapdoor One-Way Permutation Family，TPF)。令 n 为安全参数，一个陷门置换簇(Gen, Sample, Eval, Invert)是单向的，如果对于任意 PPT A，每个正多项式 $p(\cdot)$，使得对于足够大 n，有

$$\text{Adv}_{\text{TPF},A}^{\text{ow}}(n) = \Pr\left[\begin{array}{l}(i,\text{td}) \leftarrow \text{Gen}(1^n) \\ y \leftarrow \text{Sample}(1^n,i) : \text{Eval}(1^n,i,x) = y \\ x \leftarrow A(1^n,i,y)\end{array}\right] < \frac{1}{p(n)} \tag{3.4}$$

□

陷门单向置换簇的定义示意图如图 3.1 所示。以后本书中的陷门置换都是指陷门单向置换簇。对式(3.4)的几点说明如下。

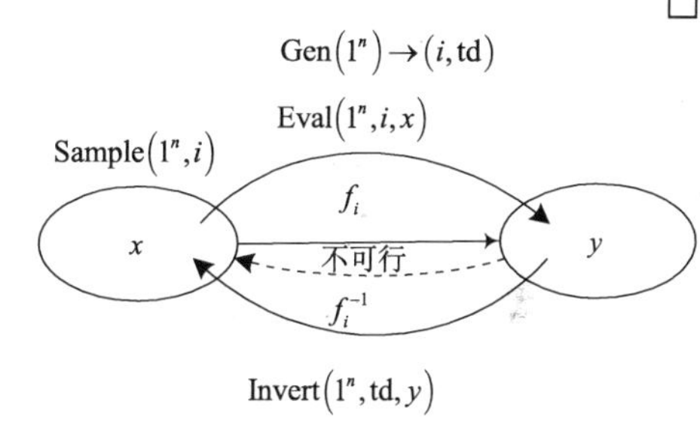

图 3.1　陷门单向置换簇示意图

(1) 式(3.4)表示执行一个特定实验时，一个特定事件的概率。

(2) 冒号(：)左边描述一个特定实验，而冒号(：)右边描述有趣的特定事件。

(3) “←”表示一个随机化的过程：如果 $\mathcal{S}$ 是一个集合，则 $x \leftarrow \mathcal{S}$ 表示从 $\mathcal{S}$ 中均匀随机选取 x；如果 A 是一个随机算法，则 $x \leftarrow A(\cdots)$ 表示以选择均匀的随机性运行 A，得到输出 x。

(4) 在实验中(冒号左边)，“＝”表示“任务”或者“工作”。例如，如果 A 是一个确定性运算，则写作 $x = A(\cdots)$。

(5) 在事件中(冒号右边)，“＝”表示“相等性”测试。

(6) 式(3.4)其实是 n 的一个函数。因此，式(3.4)表达的含义如下。

①进行下列实验：运行 $\text{Gen}(1^n)$ 产生 (i,td)；运行 $\text{Sample}(1^n,i)$ 产生 y；最后运行 $A(1^n,i,y)$ 来获得 x。

②在完成以上实验的基础上， $\text{Eval}(1^n,i,x)$ 等于 y 的概率在 n 中是可忽略不计的。

(7) 在式(3.4)中，还可以将概率部分写成如下等价的形式，即

$$\Pr\left[\begin{array}{l}(i,\mathrm{td})\leftarrow\mathrm{Gen}(1^n)\\ y\leftarrow\mathrm{Sample}(1^n,i):\mathrm{Eval}(1^n,i,x)=y\\ x\leftarrow A(1^n,i,y)\end{array}\right]$$

$$=\Pr\left[(i,\mathrm{td})\leftarrow\mathrm{Gen}(1^n);y\leftarrow\mathrm{Sample}(1^n,i);x\leftarrow A(1^n,i,y):\mathrm{Eval}(1^n,i,x)=y\right]$$

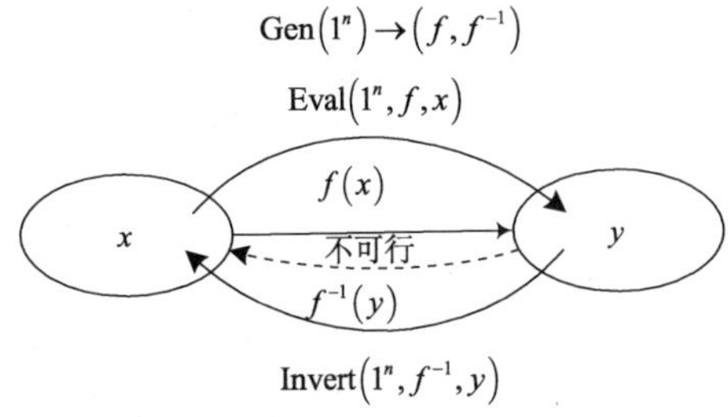

图 3.2　简单陷门单向置换簇示意图

定义 3.3 较烦琐，接下来介绍一个比较简单的陷门置换簇的定义。首先给出两个简单的假设：第一个假设是对于一个给定的安全参数 n，假设所有的 D_i 是相同的；第二个假设是对于一个给定的安全参数 n，简单地假设 $D_i=\{0,1\}^n$，即 D_i 是长度为 n 的串的集合。

定义 3.4 给出了一个简单的陷门置换簇的定义，该定义没有指标 i 和陷门 td，而是用一个置换 f 和它的逆 f^{-1} 分别代替了 i 和 td，图 3.2 为定义 3.4 示意图。

定义 3.4　简单陷门置换簇定义。令 n 为安全参数，一个简单陷门置换簇 $\{f:D_i\to D_i\}$ 是 3 个 PPT 算法的多元组（Gen， Eval， Invert），满足以下条件。

(1) $\mathrm{Gen}(1^n)$：输出 (f,f^{-1}) 对，其中 f 是 $\{0,1\}^n$ 上的一个置换。

(2) $\mathrm{Eval}(1^n,f,x)$：若 f 是由 Gen 输出的，且 $x\in\{0,1\}^n$，则 $\mathrm{Eval}(1^n,f,x)$ 是输出某些元素 $y\in\{0,1\}^n$ 的一个确定运算。经常地，用 $f(x)$ 简单表示 $\mathrm{Eval}(1^n,f,x)$。

(3) $\mathrm{Invert}(1^n,f^{-1},y)$：若 f^{-1} 是由 Gen 输出的，且 $y\in\{0,1\}^n$，则 $\mathrm{Invert}(1^n,f^{-1},y)$ 是输出某些 $x\in\{0,1\}^n$ 的一个确定运算。经常地，用 $f^{-1}(y)$ 简单表示 $\mathrm{Invert}(1^n,f^{-1},y)$。

(4) 正确性：对所有 n， Gen 输出的所有 (f,f^{-1}) 以及所有 $x\in\{0,1\}^n$，有 $f^{-1}(f(x))=x$。

(5) 单向性：对所有 PPT A，下式在 n 中是可忽略不计的，即

$$\mathrm{Adv}_{\mathrm{TPF},A}^{\mathrm{ow}}(n)_{\mathrm{simple}}=\Pr\left[\begin{array}{l}(f,f^{-1})\xleftarrow{\$}\mathrm{Gen}(1^n)\\ y\xleftarrow{\$}\{0,1\}^n \qquad :f(x)=y\\ x\leftarrow A(1^n,f,y)\end{array}\right]$$ □

给定陷门置换簇的这个简单定义，仅把陷门置换簇与 Gen 联系起来，并且让算法 Eval 和 Invert 完全固定。

3.2.2　用陷门(单向)置换构造加密单比特消息的公钥加密方案

根据第 1 章中公钥加密方案的定义(见定义 1.7)，一个公钥加密方案必须满足正确性

(定义 1.7 中条件(4))和不严格单向性(定义 1.7 中条件(5)),所以可以用一个陷门单向函数来构造一个公钥加密方案。确切地说，可以用陷门单向置换 f 来构造一个公钥加密方案。

用陷门单向置换 f 构造一个公钥加密方案的具体方式如下：用函数 f 加密，而解密者只需用函数 f 的陷门信息(如私钥 sk)即可求出 f 的逆 f^{-1}，而敌手所面对的问题就是没有陷门信息。根据单向函数的定义，在有限时间内，敌手直接计算 f^{-1} 是计算不可行的。

以下用陷门(单向)置换构造仅加密单比特消息的公钥加密方案。然后把单比特消息加密推广到多项式比特消息的加密。

构造 3.1　用陷门单向置换构造加密单比特消息的公钥加密方案。给定一个陷门置换簇 $\mathcal{F}=(\text{Gen}_{\text{td}})$，设明文空间 $\mathcal{M}=\{0,1\}$，构造如下的加密方案 FA3-1。

(1)产生密钥算法 $\text{Gen}(1^n)$： $(f,f^{-1})\leftarrow\text{Gen}_{\text{td}}(1^n)$；选择一个随机数 $r\overset{\$}{\leftarrow}\{0,1\}^n$；输出 $\text{pk}=(f,r)$ 和 $sk=f^{-1}$。

(2)加密算法 $\mathcal{E}_{pk}(m)$ (其中 $m\in\{0,1\}$)：选择 $x\overset{\$}{\leftarrow}\{0,1\}^n$；计算 $y=f(x)$；计算 $h'=x\cdot r$；输出密文 $c=(y\|h'\oplus m)$ (“$\|$”表示并联)。

(3)解密算法 $\mathcal{D}_{sk}(y\|b)$ (其中 $|y|=n$ 且 $|b|=1$)： 输出明文 $m=(f^{-1}(y)\cdot r)\oplus b$。

(4)正确性：如果 $y\|b$ 是消息 m 的一个有效加密，则 $f^{-1}(y)=x$ 且 $b=(x\cdot r)\oplus m$。所以，解密算法输出 $(f^{-1}(y)\cdot r)\oplus b=(x\cdot r)\oplus(x\cdot r)\oplus m=m$。

第 5 章 5.3 节将证明：如果 $\mathcal{F}$ 是一个陷门置换簇，则该加密方案 FA3-1 是语义安全的。特别是，该方案意味着：假设陷门置换存在，则存在语义安全的公钥加密方案。

3.2.3　用陷门单向置换构造具体公钥加密方案实例

Diffie 和 Hellman 介绍的公钥密码系统的两个典型应用就是 Rivest 等的 RSA 公钥加密方案和 Rabin 公钥加密方案。构造 RSA 方案和 Rabin 方案的主要思想是：选择一个适当的数论陷门单向置换。

1. RSA 公钥加密方案

构造 3.2　RSA 公钥加密方案。RSA 公钥加密方案的具体描述如下。

(1) $\text{Gen}(1^n)$：随机选择两个 n 比特素数 p_1 和 p_2 得到它们的积 $N=p_1p_2$。计算 N 的欧拉函数：$\varphi(N)=(p_1-1)(p_2-1)$。选择与 $\varphi(N)$ 互素的数 $1<e<\varphi(N)$，计算 e 模 $\varphi(N)$ 的逆 $d=e^{-1}\bmod\varphi(N)$。

最后，输出 $((N,e),(N,d))$，其中 $(N,e)\in D_{N,e}$， $(N,d)\in D_{N,d}$。

说明：最后公开 N 和公钥 e，即可把 (N,e) 放在公共文件中，保密私钥 d 和参数 p_1 与 p_2。

(2)加密算法 $\mathcal{E}_e(m)$：设 $Z_N^*=\{x\in\mathbb{N}:1\leqslant x\leqslant N-1\}$，从 Z_N^* 中选择一个均匀随机元素

$m \in Z_N^*$，计算并输出密文 $c = m^e \bmod N$。

(3) 解密算法 $\mathcal{D}_d(c)$：对于密文 c，计算并输出明文：$m = c^d \bmod N$。 □

引理 3.1　RSA 公钥加密方案是一个具体的陷门单向置换簇。

证明：按照陷门单向置换簇的定义，分别讨论 RSA 公钥加密方案的每个算法。

(1) $\text{Gen}(1^n)$：输出 $((N,e),(N,d))$，其中 $(N,e) \in D_{N,e}$，$(N,d) \in D_{N,d}$。

说明：陷门置换定义中的 i 与这里的 (N,e) 对应，陷门置换定义中的 td 与这里的 (N,d) 对应。域 $D_{N,e}$ 和 $D_{N,d}$ 都是 Z_N^*。另外，安全参数 n 确定了素数的长度，进而确定了 N 的长度。

(2) $\text{Sample}(1^n,(N,e))$：从 Z_N^* 中简单选择一个均匀随机元素，这是可以有效完成的。

(3) $\text{Eval}(1^n,(N,e),x)$：其中 $x \in Z_N^*$，输出 $y = x^e \bmod N$。这里 x 就是 RSA 方案中的明文 m，y 就是 RSA 方案中的密文 c。

(4) $\text{Invert}(1^n,(N,d),y)$：其中 $y \in Z_N^*$，输出 $x = y^d \bmod N$。

这里 Invert 就是 Eval 的求逆，因此，RSA 公钥密码体制是一个陷门置换簇。

(5) 现在证明 RSA 是单向的：对于任意 PPT A，已知 (N,e) 和 y，通过计算求出 x，即 $x \leftarrow A(1^n,(N,e),y)$，使得 $y = x^e \bmod N$，相当于 PPT A 进行了 $\text{Invert}(1^n,(N,d),y)$ 算法，输出 $x = y^d \bmod N$。而 A 要执行 $\text{Invert}(1^n,(N,d),y)$ 算法，必须要知道 (N,d)，事实上，A 只有 (N,e)，并不知道 (N,d)。A 由 (N,e) 求出 (N,d)，必须求出 $\varphi(N)$，进而，A 必须求出满足 $N = p_1p_2$ 的两个素数 p_1 和 p_2。根据 RSA 假设，这是计算不可行的。

定理 3.1　给定长度为 n bit 的两个素数 p_1 和 p_2 的乘积 $N = p_1p_2$，对于任意 PPT A，存在一个可忽略的函数 $\text{neg}(\cdot)$，使得对于足够大 n，有

$$\Pr\left[N = p_1p_2; p_1' \leftarrow A(1^n,N); p_2' \leftarrow A(1^n,N) : p_1 = p_1' \text{且 } p_2 = p_2'\right] \leqslant \text{neg}(n)$$

也就是说，在 n 的概率多项式时间中 A 求出 p_1 和 p_2 的概率是可忽略不计的。

因此，对于任意 PPT A，根据 (N,e) 和 y，求出满足 $y = x^e \bmod N$ 的 x 的概率是可忽略不计的，即

$$\Pr\begin{bmatrix} ((N,e),(N,d)) \leftarrow \text{Gen}(1^n) & \\ y \leftarrow \text{Sample}(1^n,(N,e)) & : \text{Eval}(1^n,(N,e),x) = y \\ x \leftarrow A(1^n,(N,e),y) & \end{bmatrix} \leqslant \text{neg}(n)$$

所以，RSA 公钥加密方案是一个单向的陷门置换簇。 □

接下来讨论 RSA 公钥加密方案的同态性质：分别给定加密 m_1 和 m_2 的密文 $c_1 = \mathcal{E}_k(m_1)$ 和 $c_2 = \mathcal{E}_k(m_2)$，如果能在不知道 m_1 或 m_2 的条件下确定 m_1m_2（或者 $m_1 + m_2$）的加密结果 $c = \mathcal{E}_k(m_1m_2)$，或者 $c = \mathcal{E}_k(m_1 + m_2)$，就称该加密方案具有乘法同态性质（Homomorphic Property）。

引理 3.2　RSA 公钥加密方案具有乘法同态性质。

证明：由于 $(m_1m_2)^e \bmod N \equiv (m_1{}^e \bmod N)(m_2{}^e \bmod N) \bmod N$，所以 RSA 具有乘法同态

性质。 □

根据第 5 章的定理 5.1 证明 RSA 公钥加密方案不是多项式安全的。在第 8 章将证明 RSA 公钥加密方案在适应性选择密文攻击下也是不安全的，即 RSA 公钥加密方案不是 CCA2 安全的。这主要是因为 RSA 公钥加密方案具有同态性质。

2. Rabin 公钥加密方案

Rabin 建议修改 RSA 方案为 Rabin 方案，具体就是选择 RSA 方案中的公钥 $e=2$。因此，如果要加密消息 m 给有一对密钥 (pk_A, sk_A) 的用户 A，$\mathcal{E}_{\mathrm{pk}_A}(m)=m^2 \bmod N$。注意因为 N 是两个素数的乘积，$\mathcal{E}_{\mathrm{pk}_A}$ 是一个 4 对 1 函数。实际上，有 4 个模 N 平方根：$\pm x \bmod N$ 和 $\pm y \bmod N$。由于 A 知道 N 的因子分解，根据接收到的加密消息 $m^2 \bmod N$，A 能容易地计算出该式子的 4 个平方根并得到消息 m（A 可能先计算模 p_1 和模 p_2 的平方根，然后再通过孙子定理(又称中国剩余定理)将它们组合起来计算模 N 的平方根)。

构造 3.3　Rabin 公钥加密方案。Rabin 公钥加密方案的具体描述如下。

(1) 参数的选取：取 $N=p_1p_2$，p_1 和 p_2 为两个大素数，且 $p_1 \equiv 3 (\bmod 4)$，$p_2 \equiv 3 (\bmod 4)$；公开密钥 N；保密私钥 p_1 和 p_2。

(2) 加密算法：任给一个消息 $m \in \mathbb{Z}_N^*$，计算密文 $c=m^2 (\bmod N)$。

(3) 解密算法：对于密文 c，利用孙子定理求解 c 的 4 个平方根，方法如下：

①由于 $p_1 \equiv 3 (\bmod 4)$，计算模 p_1 的两个平方根：

$$x_0 \equiv c^{\frac{p_1+1}{4}} (\bmod p_1)$$

$$x_1 \equiv -c^{\frac{p_1+1}{4}} (\bmod p_1)$$

②由于 $p_2 \equiv 3 (\bmod 4)$，计算模 p_2 的两个平方根：

$$\begin{cases} y_0 \equiv c^{\frac{p_2+1}{4}} (\bmod p_2) \\ y_1 \equiv -c^{\frac{p_2+1}{4}} (\bmod p_2) \end{cases}$$

③根据孙子定理，求解 c 的四个平方根 $m_{0,0}, m_{0,1}, m_{1,0}, m_{1,1}$：

$$\begin{cases} m_{i,j} \equiv x_i \bmod p_1 \\ m_{i,j} \equiv y_j \bmod p_2 \end{cases}$$

通过解密得到 4 个明文 $m_{0,0}$、$m_{0,1}$、$m_{1,0}$、$m_{1,1}$，到底哪一个才是真正的明文？这需在加密之前对明文有所限制，才能确定出真正的明文，常见情况如下。

①如果消息是英语文本，很容易选择正确的明文。

②如果消息是一个随机比特流(如密钥产生或数字签名)，就没有办法确定哪一个 $m_{i,j}$，解决这个问题的方法是在消息加密前加入一个已知的标记。

另外，还有一些试探性的方法可能对解密中歧义的消除提供了建议，例如，对于发

送的消息 m，同时发送 $m^2 \bmod N$ 和 m 的后 20 位数。后来发现这种额外的信息对解密没有有效的帮助，因为人们总能猜到 m 的后 20 位数。于是，为了避免泄露 m 的后 20 位数，采用仅仅随机选择 20 比特的整数 r，并且同时发送 r 和 $(m2^{20}+r)^2$ 的办法。

下面的定理说明了求 Rabin 的函数 $x^2 \bmod N$ 的逆的困难性。

定理 3.2　Rabin 定理。如果对一个二次剩余 $q \bmod N$ 的 $1/\log N$ 部分，能找到 q 的一个平方根，那么，就可以在任意多项式时间内分解 N。

证明：定理 3.2 由引理 3.3 导出，我们只是引用引理 3.3，并没有对其证明。

引理 3.3　给定 $x, y \in \mathbb{Z}_N^*$ 使得 $x^2 \equiv y^2 \bmod N$ 且 $x \neq \pm y \bmod N$，则存在一个分解 N 的多项式时间算法(实际上，N 和 $x \pm y$ 的最大公因子就是 N 的一个因子)。

Rabin 定理的非正式的证明：假设我们有一个百宝箱 MB，使得给定一个模 N 的二次剩余 q，对 q 的 $1/\log N$ 部分，MB 输出 $q \bmod N$ 的一个平方根。那么可以通过迭代下面的步骤来分解 N：在 $\mathbb{Z}_N^*$ 中随机选择 i，并计算 $q = i^2 \bmod N$。将 q 输入百宝箱 MB 中。如果 MB 输出的 q 的平方根不同于 $i \bmod N$ 或 $-i \bmod N$，则(通过引理 3.3)分解 N。预期的迭代次数很低，在每一次迭代步中，有 $1/2\log N$ 的机会分解 N。 □

根据定理 3.2 很容易证明 Rabin 公钥加密方案也是一个陷门单向置换。

3.3　陷门(单向)置换的硬核及应用

用陷门(单向)置换加密时，访问加密的输出存在可能泄露一些输入信息的问题。例如，如果 $f(x)$ 是一个陷门(单向)置换，则对于 $|x_1| = |x_2|$，很容易证明函数 $f'(x_1 \| x_2) = x_1 \| f(x_2)$ 也是一个陷门(单向)置换。然而，可以看到 $f'(x)$ 直接泄露了输入比特的一半信息。于是，需要讨论陷门(单向)置换的硬核比特。

3.3.1　陷门(单向)置换的硬核心比特

定义 3.5　陷门(单向)置换的硬核比特(Hard Core Bit for Trapdoor Permutation)。设 $H_c = \left\{h_c : \{0,1\}^n \to \{0,1\}\right\}_{n\geqslant 1}$ 是一个可有效计算的函数类，并设 $\mathcal{F}=(\mathrm{Gen_{td}})$ 是一个陷门置换。如果对于所有 PPT 算法 A，下面的式子在 n 中是可忽略不计的，就说 H_c 是 $\mathcal{F}$ 的一个“硬核”，即

$$\mathrm{Adv}_{\mathrm{TPF},A}^{\mathrm{hc}}(n) = \left| \Pr\left[\begin{array}{ll} (f, f^{-1}) \leftarrow \mathrm{Gen_{td}}(1^n) & \\ x \leftarrow \{0,1\}^n & : A(f, y) = h_c(x) \\ y \leftarrow f(x) & \end{array} \right] - \frac{1}{2} \right|$$

□

定理 3.3　存在硬核比特。令 n 为安全参数，设 $\mathcal{F}=(\mathrm{Gen_{td}})$ 是有函数 $f:\{0,1\}^n \to \{0,1\}^n$ 的陷门置换。考虑有函数 $f':\{0,1\}^{2n} \to \{0,1\}^{2n}$ 的置换簇 $\mathcal{F}'=(\mathrm{Gen'_{td}})$，函数 $f':\{0,1\}^{2n} \to \{0,1\}^{2n}$ 定义为 $f'(x\|r) \overset{\mathrm{def}}{=} f(x)\|r$，并且函数类

$H_c = \left\{ h_c : \{0,1\}^{2n} \to \{0,1\} \right\}$，定义其中函数 $h_c(x \| r) \stackrel{\text{def}}{=} x \cdot r$（“·”表示比特点积），则 $\mathcal{F}'$ 是一个有硬核比特 H_c 的陷门置换。 □

令 $x = x_1 x_2 \cdots x_k \in \{0,1\}^n$，$r = r_1 r_2 \cdots r_k \in \{0,1\}^n$，则 x 和 r 的比特点积为 $x \cdot r \stackrel{\text{def}}{=} x_1 r_1 \oplus x_2 r_2 \oplus \cdots \oplus x_n r_n = \oplus_{i=1}^{n} x_i r_i$（其中“ ⊕ ”表示按比特异或）。例如，$1101011 \cdot 1001011 = 1 \oplus 0 \oplus 0 \oplus 1 \oplus 0 \oplus 1 \oplus 1 = 0$。

3.3.2 利用硬核比特构造加密单比特消息的加密方案

进一步改进构造 3.1 加密方案 FA3-1，得到构造 3.4。

构造 3.4 用有核心比特陷门单向置换构造加密单比特消息的公钥加密方案。设 $\mathcal{F} = (\text{Gen}, \text{Eval}, \text{Invert})$ 是一个陷门置换簇，$H_c = \left\{ h_c : \{0,1\}^n \to \{0,1\} \right\}_{n \geqslant 1}$ 是 $\mathcal{F}$ 的硬核比特，则可以构造如下仅加密单比特的公钥加密方案 FA3-4=（Gen，$\mathcal{E}$，$\mathcal{D}$）。

(1) 产生密钥算法 $\text{Gen}(1^n)$：$(f, f^{-1}) \leftarrow \text{Gen}(1^n)$，输出 $\text{pk} = (f, h_c)$，$\text{sk} = f^{-1}$。

(2) 加密算法 $\mathcal{E}_{\text{pk}}(m)$（其中 $m \in \{0,1\}$）：$r \stackrel{\$}{\leftarrow} \{0,1\}^n$，输出密文 $c = \left(f(r) \| h_c(r) \oplus m \right)$。

(3) 解密算法 $\mathcal{D}_{\text{sk}}(y \| b)$（其中 $|y| = n$ 且 $|b| = 1$）：输入密文 $y \| b$，输出明文 $m = b \oplus h_c\left(f^{-1}(y)\right)$。

(4) 正确性：如果 $y \| b$ 是消息 m 的一个有效加密，则 $f^{-1}(y) = x$ 且 $b = h_c\left(f^{-1}(y)\right) \oplus m$。所以解密算法输出：$b \oplus hc(f^{-1}(y)) = hc(f^{-1}(y)) \oplus \text{m} \oplus hc(f^{-1}(y)) = \text{m}$。

根据第 5 章 5.3 节的证明可得 FA3-1 是语义安全公钥加密方案，则构造 FA3-4 也是语义安全的。

3.4 不可逼近陷门谓词与概率公钥加密方案

3.4.1 基于陷门函数的加密方案的缺陷

在 RSA 公钥加密方案和 Rabin 公钥加密方案中，或者甚至更一般地，在任何基于陷门函数的公钥密码系统中，陷门函数模型可能出现下列两个问题。

事实 1：f 是陷门函数，没有排除当 x 是特殊形式时，能通过 $f(x)$ 计算出 x 的可能性。

常用的消息不包含随机选择的数字，但有更多的结构。这些结构的信息可能有助于解密。例如，一个函数 f 对于通常的输入难以求逆，而对于用 ASCII 码所表示的英文句子可能容易求逆。

事实 2：f 是陷门函数，没有排除容易从 $f(x)$ 中计算 x 的一些部分信息的可能性（甚至从 $f(x)$ 中可计算每个 x 的一比特）。某种程度上，用加密消息来确保所有部分信息的秘密性是密码学中的一个重要目标。假设我们想要在手机上用加密来玩纸牌游戏，如果能盗用纸牌的模样或者纸牌的颜色，那么整个加密游戏是无效的。

其实，RSA 公钥加密和 Rabin 公钥加密也都没有证明，对于消息空间不作任何假设的解密是困难的。接下来，分别讨论基于陷门函数的加密方案存在的问题。

1. 缺陷 1 的讨论

有人会说破解 Rabin 公钥加密方案像用如下方式因子分解 N 一样困难，是这样的吗？

这个因子分解 N 的方法是：对于 $\dfrac{1}{\log N}$ 部分的时间，任何从加密的密文 $m^2 \bmod N$ 中能得到消息 m 方法，实际上，就是执行着定理 3.2Rabin 定理证明中的百宝箱。因此，能有效分解 N。然而，需要考虑如下声明 3.5 中陈述的一个事实。

声明 3.5 如果消息空间 M 在 $\mathbb{Z}_N^*$ 中是稀疏的，则能够针对所有消息的 $\dfrac{1}{\log N}$ 部分进行解密，却不能产生因子分解 N 的一个随机多项式时间算法。

证明：所谓“稀疏”意味着对随机选择的 $x \in \mathbb{Z}_N^*$ 是一个消息的概率几乎等于 0。设 $f(x) = x^2 \bmod N$，假设只能对 $f(m)$ 求函数 f 的逆，那么有一个如下的百宝箱 MB_1：

(1) 给百宝箱 MB_1 输入 $m^2 \bmod N$，其中 $m \in \mathcal{M}$，则其输出 m。

(2) 给百宝箱 MB_1 输入 $q \notin \{m^2 \bmod N \mid m \in \mathcal{M}\}$，则对 q 的一个可忽略部分，百宝箱 MB1 输出一个正确答案。

所以，用这个百宝箱 MB_1 可以解密，但不能有效地因子分解 N。 □

现在用这个百宝箱 MB_1，重新看一下定理 3.2(Rabin 定理)的非正式证明：

(1) 如果选择 $m \in \mathcal{M}$，并给百宝箱 MB_1 输入 $m^2 \bmod N$，那么该百宝箱输出 m，可以得到 m 但是不能分解 N。

(2) 如果选择 $i \notin \mathcal{M}$，并给百宝箱 MB_1 输入 $i^2 \bmod N$，那么不同于 i 且属于 $\mathcal{M}$ 的 $i^2 \bmod N$ 的任何平方根的概率几乎等于 0，我们得不到答案。

综上所述，对于 Rabin 函数，当且仅当能够因子分解 N 时，才可以进行解密，这保证了合法消息在 $\mathbb{Z}_N^*$ 中是密集的(如 $\mathcal{M} = \mathbb{Z}_N^*$，并且所有消息的概率相等)。

2. 缺陷 2 的讨论

一个加密算法必须满足的性质就是：敌手不能从密文中获得有关明文的任何部分消息。

例如，设 f 为一个定义在消息空间 M 上的 Hash 函数或一个非常量谓词。设 $m \in \mathcal{M}$，如果给定 m 的加密，敌手能有效计算 $f(m)$，那么就说关于 m 的信息能从 m 的加密中获得。

注意：如果加密算法 $\mathcal{E}$ 是一个陷门函数，那么关于明文的部分信息不能被隐藏。实际上，定义在明文上的谓词 B，容易从密文中计算出来：当且仅当 $\mathcal{E}(x)$ 为偶数时，$B(x) = \text{True}$。

事实上，可以用概率加密方法避免以上讨论的缺陷 1 和缺陷 2 的问题。

3.4.2 在基于陷门函数的公钥密码系统中安全地发送一比特信息

如何在公钥密码系统中安全地发送一比特信息？这里的“安全性”有不同的含义，如果考虑语义安全性，那么 2.5 节中介绍的单比特消息的加密方案基本可以实现。但是，假设用户 U 想要在极其保密的情况下给用户 V 发送一比特消息，该比特可能是 0 或 1 的概率相同，希望没有敌手能在 51%的时间内正确地猜出他的消息。也就是说，用户 U 考虑发送一比特信息是多项式安全的。用户 U 知道用户 V 的公钥加密函数 $\mathcal{E}_{kv}$ 是很难求逆的，并试图由以下想法一来实现给用户 V 发送一比特消息的事实。

(1) 想法一：

①系统中的所有用户都知道一个整数 i 。除了 r 的第 i 比特，用户随机 U 选择 $r \in \mathcal{M}$，r 的第 i 比特是消息。

②用户 U 给用户 V 发送 $\mathcal{E}_{kv}(r)$。

③用户 V 能解密并因此得到想要的比特。

但是，在想法一中，敌手能做什么呢？想法一存在以下安全性隐患。

设 $y=\mathcal{E}_{kv}(x)$，其中 $\mathcal{E}_{kv}$ 是一个陷门单向函数，那么给定 y，难以计算得到 x，而非 x 的特殊比特。

例如，设 p 为大素数，并且满足 $p-1$ 至少有一个大素数因子；设 g 为 $\mathbb{Z}_p^*$ 的生成元，则 $y \equiv g^x \bmod p$ 可以认为是一个单向函数。但是，即使通过 $g^x \bmod p$ 难以计算 x，也容易得到 x 的最后一比特。这是因为实际上如果 x 以 0 结束，当且仅当 y 是一个模 p 的二次剩余，并且有概率多项式时间算法来测试该数是否是以素数 p 为模的二次剩余(见第 4.4 节)。

(2) 想法二，Donald Johnson 提出了如下想法：

①用户 U 构造了一个 100 比特的整数 x，具体构造方法：随机选择 $8 \leqslant i \leqslant 100$，并设 x 的第 i 比特是用户 U 想发送的比特。除了 x 的前 7 比特，随机选择 x 剩下的 92 比特。x 的前 7 比特用来指定 i 的位置。

②用户 U 给用户 V 发送 $\mathcal{E}_{kv}(x)$。

但是，在想法二也存在如下危险。

给定 $\mathcal{E}_{kv}(x)$，$\mathcal{E}_{kv}$ 可能是一个陷门函数，并且容易计算出 x 的前 7 比特和 x 的后 93 比特中的 1 比特。如果这样，敌手能正确计算出用户的消息的概率为 $\frac{1}{92}+\frac{1}{2}\times\frac{91}{92}$。

总之，有许多方法可以将单比特嵌入二进制数 x 中。例如，“采用异或 x 的所有位数”的方法只是许多方法的其中之一。

但是，给定 $y=\mathcal{E}_{k_A}(x)$，能够发现嵌入 x 中的单比特，与 x 难以计算的事实并不矛盾。

那么，发送单比特信息是多项式安全的方法是什么？不可逼近陷门谓词提供一个解决方法。

3.4.3 ε-逼近谓词和不可逼近陷门谓词

定义 3.6 ε-逼近(ε-Approximate)。设 $C[\cdot]$ 为一个线路，设谓词 $B:\mathbb{Z}\to\{0,1\}$，其

中 $\mathbb{Z}$ 是整数集。如果 $x\in\mathbb{Z}$ 的至少 $\frac{1}{2}+\varepsilon$ 部分，满足 $C[x]=B[x]$，则称线路 $C[\cdot]$ 是 ε -逼近谓词 B，如图 3.3 所示。 □

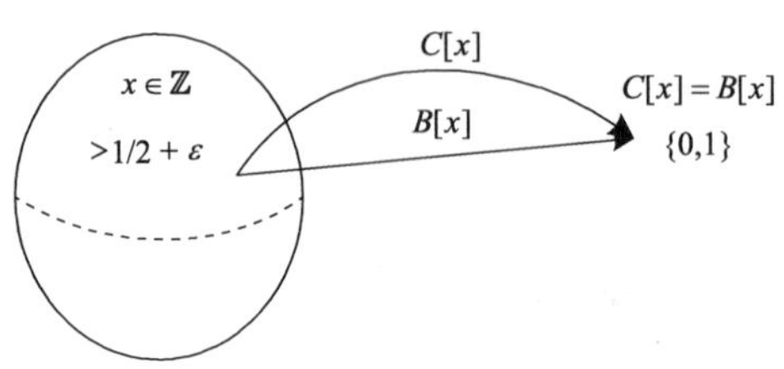

图 3.3　ε -逼近示意图

简单地说，谓词 B 是陷门的和不可逼近的，如果任何人能选择 x 使得 $B(x)=0$，或者选择 y 使得 $B(y)=1$，但是给定 z，只有知道陷门信息的人能计算 $B(z)$ 的值。当不知道陷门信息时，有多项式界可计算资源的敌手不能比随机猜测更好地确定 $B(z)$ 的值。

已知 $\mathbb{N}$ 是自然数集，令 $\mathbb{N}'$ 表示自然数集 $\mathbb{N}$ 的无限子集，即 $\mathbb{N}'\subseteq\mathbb{N}$。对于每个 $n\in\mathbb{N}'$，令 S_n 表示 n 比特整数的子集。对于每个 $i\in S_n$，令 Ω_i 表示至多有 n 比特整数的子集，则用 $B_n=\{B_i:\Omega_i\to\{0,1\}\mid i\in S_n\}$ 表示以大小为 n 的整数标记的谓词类，用 $\mathrm{B}=\bigcup_{n\in\mathbb{N}}B_n$ 表示谓词簇。

定义 3.7　不可逼近陷门谓词(Unapproximable Trapdoor Predicate，UTP)。对任意 $n\in\mathbb{N}'$，任意 $i\in S_n$，称 B 是不可逼近陷门谓词(示意图见图 3.4)，如果满足如下条件：

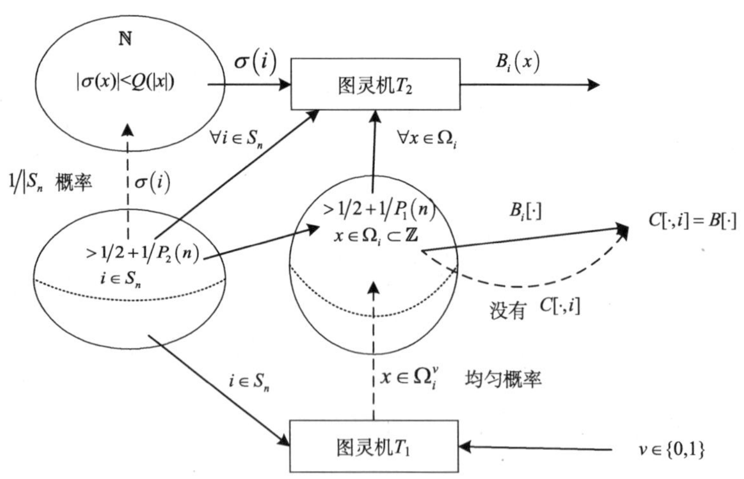

图 3.4　不可逼近陷门谓词示意图

(1) B 是不可逼近的(Unapproximable)：固定多项式 P_1 和 P_2，对于 $i\in S_n$ 的至少 $\frac{1}{P_2(n)}$ 部分，设 c_n 表示满足线路 $C[\cdot,i]$ 是 $\frac{1}{P_1(n)}$ -逼近 B_i 的 $C[\ ,\ ]$ 的最小线路的大小，如果

c_n 比 n 中任何多项式都增长得快，就说 B 是不可逼近的。

(2) B 是陷门的(Trapdoor)：对于 $v \in \{0,1\}$，令 $\Omega_i^v = \{x \in \{\Omega_i\} | B_i(x)=v\}$。我们说 B 是陷门的，如果其满足以下条件：

①存在 n 上的概率多项式时间图灵机 T_1，给 T_1 输入 (i,v)，其中 $i \in S_n$，$v \in \{0,1\}$，T_1 用均匀概率选择 $x \in \Omega_i^v$。

②存在一个函数 $\sigma: \bigcap_{n\in\mathbb{N}'} S_n \to \mathbb{N}$，使得对于某些多项式 Q，对于所有 x，有 $|\sigma(x)|<Q(|x|)$，并且存在一个多项式时间图灵机 T_2，满足：对于所有 $i \in S_n$，所有 $x \in \Omega_i$，有 $T_2\left[i,\sigma(i),x\right]=B_i(x)$，称 $\sigma(i)$ 为 i 的秘密。

③可构造条件(Constructibility Condition)：对于所有 $n \in \mathbb{N}'$，在 n 上的概率多项式时间内，可以以 $1/|S_n|$ 的概率，选择任意对 $\left(i \in S_n, \sigma(i)\right)$。

可构造条件保证：如果 PPT 敌手 A 选择了一个 $\left(i,\sigma(i)\right)$ 对，其中 $i \in S_n$ 且 i 是公开的，则 A 难以计算 $B_i(x)$。否则假设能被有效选择的 $(i,\sigma(i))$（$i \in S_n$）对，构成了所有可能对的一个很小的部分，那么敌手 A 能通过公开的 i，仅仅重复选择对 $(j,\sigma(j))$，直到 $j=i$，可找到 $\sigma(i)$。 □

注意： 如果 B 是一个不可逼近谓词，且 P_1 和 P_2 是多项式，则对于所有足够大的 n，对于 $i \in S_n$ 的 $1-\dfrac{1}{P_1(n)}$ 部分，$\dfrac{|\Omega_i^0|}{|\Omega_i|}$ 和 $\dfrac{|\Omega_i^1|}{|\Omega_i|}$ 都比 $\dfrac{1}{2}-\dfrac{1}{P_2(n)}$ 大。否则要么总是输出 0，要么总是输出 1 的一个平凡线路 C_n，使得对于 $i \in S_n$ 的至少 $\dfrac{1}{P_1(n)}$ 的部分，将 $\dfrac{1}{P_2(n)}$-逼近 B_i。

3.4.4 具有不可逼近陷门谓词的概率公钥加密方案

将一个确定性结构转化为一个概率结构，可以弥补 3.4.1 节中提到的基于陷门函数的加密方案的缺陷，也可以解决基于陷门函数的加密方案的其他问题，如发送没有附加任何概率结构的单比特消息的安全性问题等。

因此，本节介绍具有概率结构的概率公钥加密，并给出一个具体的概率公钥加密方案，该方案与前面介绍的确定性公钥加密方案的主要区别如下。

(1)用不可逼近陷门谓词的概念代替陷门函数的概念。

(2)用单比特的概率加密代替确定的、分组的加密，在该单比特的概率公钥加密方案中，一个“1”比特会有许多不同的编码，并且一个“0”比特也会有许多不同的编码。为了加密每个消息，采用一个公平的硬币投掷。因此，每个消息的编码将依赖于消息加上一系列硬币投掷的结果。更特别地，二进制消息进行如下逐比特的加密：一个“0”的编码是通过随机选择满足 $B(x)=0$ 的一个 x，一个“1”的编码是通过随机选择满足 $B(y)=1$ 的 y。所以，对每个消息有很多可能的编码。但是，消息总是唯一可解码的。

本节介绍的概率公钥加密方案具有如下两个性能：

(1) 对于知道陷门信息的合法接收者，解密是容易的。但是，对于敌手解密可证明是困难的。因此，概率公钥加密方案保留了陷门函数的精髓。此外，概率公钥加密方案对消息空间没有附加任何限制，对具有任何概率分布的任何消息空间中的任意一个消息加密，都可证明是安全的。

(2) 敌手得不到被加密消息的任何信息。

设 $g:\mathcal{M}\to V$ 是 m 的一个非常量函数。假如消息空间 $\mathcal{M}$ 有些概率分布，对每个 $v\in V$，设 $p_v=\Pr\left(g(m)=v\middle|m\in\mathcal{M}\right)$，并设 $\overline{v}\in V$ 满足 $p_{\overline{v}}=\max_{v\in V}p_v$。可以证明使用概率加密方案，给定密文，敌手不能猜对关于明文的 g 函数值的概率大于 $p_{\overline{v}}$。注意到 g 函数不需要是多项式可计算的，或者 g 甚至不需要是递归的。因此，概率加密方案满足 Shannon 完美安全性定义的多项式界。

构造 3.5　用不可逼近陷门谓词构造加密单比特消息的概率公钥加密方案。设 $\mathrm{B}=\bigcup_{n\in\mathbb{N}'}B_n$ 为不可逼近陷门谓词，其中 $B_n=\left\{B_i:\Omega_i\to\{0,1\}|i\in S_n\right\}$。这个谓词 B 是不可逼近的当且仅当分解合数是困难的。下面构建基于这个不可逼近陷门谓词 B 的一个概率公钥加密方案 FA3-3，具体如下。

(1) 设 $\mathrm{B}=\bigcup_{n\in\mathbb{N}'}B_n$ 为不可逼近陷门谓词，其中 $B_n=\left\{B_i:\Omega_i\to\{0,1\}|i\in S_n\right\}$。令 n 为安全参数，具有不可逼近陷门谓词的概率公钥加密方案以安全参数 n 和消息生成器(MG)作为输入，并以概率 $\left(1/|S_n|\right)$ 输出 $(i,\sigma(i))$ 对，其中 $i\in S_n$，$\sigma(i)$ 是 i 的秘密。令公钥 $\mathrm{pk}=i$，私钥 $\mathrm{sk}=\sigma(i)$。

(2) 加密算法 $\mathcal{E}_{i\in S_n}(\cdot)$：

①输入 l 比特的二进制消息 $m=m_1m_2\cdots m_l$。

②对 m 的二进制表示中的每个 m_j，$\mathcal{E}_{i\in S_n}(\cdot)$ 随机选择满足 $B_i(x_j)=m_j$ 的一个元素 $x_j\in\Omega_i$，然后输出 l 元组 $(x_1,\cdots,x_l)$。

说明：通过 B 的陷门性能，该加密算法 $\mathcal{E}$ 能在 n 和 l 的概率多项式时间内完成。$\mathcal{E}$ 的输出以 $O(nl)$ 为界。

通常，考虑二进制字符串 $b=b_1\cdots b_l$，其中 $b_i\in\{0,1\}$。对所有 $1\leqslant j\leqslant l$，称满足 $x_j\in\Omega_i$，$B_i(x_j)=b_j$ 的 l 元组 $(x_1,\cdots,x_l)$ 为用谓词 B_i 对 b 的一个概率加密。因此，注意到与基于陷门函数的公钥加密方案对比(如 RSA 加密方案)，概率密码加密方案中，每个消息 m 有许多可能的概率加密。

(3) 解密算法 $\mathcal{D}_{\sigma(i)}(\cdot)$：设 T 为概率多项式时间图灵机，其输入 $i\in S_n$、$x\in\Omega_i$ 和 $\sigma(i)$，计算 $B_i(x)$。根据 B 的陷门性质可知，这样的 T 存在，那么 $\mathcal{D}_{\sigma(i)}(\cdot)$ 用 T 作为子程序操作如下：

设 $\mathcal{D}_{\sigma(i)}(\cdot)$ 的输入由 l 元组 $(x_1,\cdots,x_l)$ 组成，其中，对每个 $1\leqslant j\leqslant l$，有 $x_j\in\Omega_i$。那么对每个 $1\leqslant j\leqslant l$，输入 i、$\sigma(i)$ 和 x_j，$\mathcal{D}_{\sigma(i)}(\cdot)$ 调用 T 计算 $m_j\leftarrow B_i(x_j)$，并在它的输出带中，记录 T 的 l 个回应中的每一个 m_j，最后输出 $m\leftarrow m_1m_2\cdots m_l$。

因为 T 在多项式时间内运行，所以 $\mathcal{D}_{\sigma(i)}(\cdot)$ 也在多项式时间内运行。 □

显然，任何威胁到这个概率公钥加密方案的安全性的算法都将导致 RSA 假设的破解。另外，如果一个映射的陷门函数存在，那么不可逼近陷门谓词也存在，所以可以找到这样的不可逼近陷门谓词，也可以实现这样的概率公钥加密方案。

定理 3.4　每个概率公钥加密方案都是多项式安全的。

3.5　适应性陷门单向函数(置换)

利用适应性陷门单向函数构造的加密方案，也可以弥补 3.4.1 节中提到的基于陷门函数的加密方案的缺陷。本节用适应性陷门单向函数构造的公钥密码方案用适应性陷门单向置换也能构造，反过来，用适应性陷门单向置换构造的公钥密码方案不一定适合用适应性陷门单向函数来构造。

3.5.1　适应性陷门单向函数(置换)的概念

令 n 为安全参数，一个陷门函数(Trapdoor Function，TDF)是 3 个 PPT 算法的多元组 $(\mathrm{Gen}_{\mathrm{Tdg}}, F, F^{-1})$，其中概率算法 $\mathrm{Gen}_{\mathrm{Tdg}}$ 输入 1^n，输出一个求值/陷门密钥对 $(\mathrm{ek},\mathrm{td}) \leftarrow \mathrm{Gen}_{\mathrm{Tdg}}(1^n)$，算法 $F(\mathrm{ek},\cdot)$ 在 $\{0,1\}^n$ 上实现一个函数 $f_{\mathrm{ek}(\cdot)}$，而算法 $F^{-1}(\mathrm{td},\cdot)$ 实现了该函数的逆函数 $f_{\mathrm{ek}}{}^{-1}$。

设 A 是一个敌手，则 A 攻击一个陷门函数 TDF $=(\mathrm{Gen}_{\mathrm{Tdg}}, F, F^{-1})$ 的单向性优势(OW-Advantage)定义为

$$\mathrm{Adv}_{\mathrm{TDF},A}^{\mathrm{ow}}(n)=\Pr\left[\begin{array}{l}(\mathrm{ek},\mathrm{td})\stackrel{\$}{\leftarrow}\mathrm{Gen}_{\mathrm{Tdg}}(1^n);x\stackrel{\$}{\leftarrow}\{0,1\}^n\\ y\leftarrow F(\mathrm{ek},x);x'\stackrel{\$}{\leftarrow}A(\mathrm{ek},y)\end{array}:x=x'\right]$$

对于任意 PPT 敌手 A，如果 $\mathrm{Adv}_{\mathrm{TDF},A}^{\mathrm{ow}}(\cdot)$ 是可忽略不计的，就说陷门函数 TDF 是**单向的**(One-Wayness for Trapdoor Functions，OW-TDF)。

陷门函数的适应性意味着即使允许敌手询问求逆预言机，敌手询问的不是挑战者所给的值，单向性仍然满足。定义敌手 A 攻击一个陷门函数 TDF=$(\mathrm{Gen}_{\mathrm{Tdg}}, F, F^{-1})$ 的适应性单向性优势(AOW-Advantage)为

$$\mathrm{Adv}_{\mathrm{TDF},A}^{\mathrm{aow}}(n)=\Pr\left[\begin{array}{l}(\mathrm{ek},\mathrm{td})\stackrel{\$}{\leftarrow}\mathrm{Gen}_{\mathrm{Tdg}}(1^n);x\stackrel{\$}{\leftarrow}\{0,1\}^n\\ y\leftarrow F(\mathrm{ek},x);x'\stackrel{\$}{\leftarrow}A^{F^{-1}(\mathrm{td},\cdot)}(\mathrm{ek},y)\end{array}:x=x'\right]$$

其中，$A^{F^{-1}(\mathrm{td},\cdot)}(\mathrm{ek},y)$ 表示敌手 A 已知 (ek,y)，并且可以询问它的求逆预言机任何一个不等于 y 的值 y'，这里要求 A 不能向它的求逆预言机询问 y 值。当 y' 在 $F(\mathrm{td},\cdot)$ 范围时，求逆预言机可以正确给出 y' 的原像 $x' \leftarrow F^{-1}(\mathrm{td},y')$；否则该预言机的行为无法确定，往往返回 $\perp$。

对于每个这样的 PPT 敌手 A，如果 $\mathrm{Adv}_{\mathrm{TDF},\mathrm{A}}^{\mathrm{aow}}(\cdot)$ 是可忽略不计的，就说陷门函数是**适应性单向的**(Adaptive One-Wayness Trapdoor Function，AOW-TDF)，或者简单地说，TDF 是适应性(Adaptive)的，简称 ATDF。

同理，对于定义 3.3 的陷门单向置换簇，可以给出其适应性定义。

定义 3.8　**适应性陷门单向置换簇**(Adaptive One-Wayness of Trapdoor Permutation

Family，AOW-TPF）。令 n 为安全参数，一个陷门置换簇（Gen_{Tpg}，Sample，Eval，Invert）是适应性单向的，如果对于任意 PPT A 和每个正多项式 $p(\cdot)$，使得对于足够大 n，有

$$\text{Adv}_{\text{TPF},A}^{\text{aow}}(n)=\Pr\left[\begin{array}{c}(\text{ek},\text{td})\overset{\$}{\leftarrow}\text{Gen}_{\text{Tpg}}(1^n);x\overset{\$}{\leftarrow}\text{Sample}(1^n,\text{ek})\\ y\leftarrow\text{Eval}(1^n,\text{ek},x);x'\overset{\$}{\leftarrow}A^{\text{Invert}(1^n,\text{td},\cdot)}(1^n,\text{ek},y)\end{array}:x=x'\right]<\frac{1}{p(n)}$$

其中，要求 A 不能向 Invert 预言机询问 y 的值，即 A 不能向预言机询问 $\text{Invert}(1^n,\text{td},y)$，如图 3.5 所示。 □

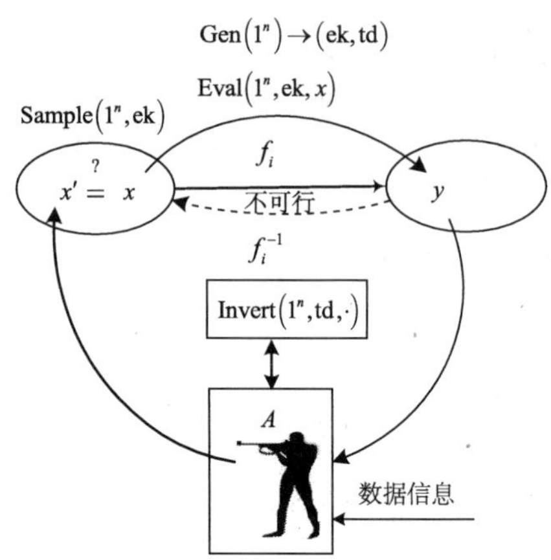

图 3.5　适应性陷门单向置换簇示意图

注意：当询问的值 $y'\notin\{\text{Eval}(1^n,\text{ek},x)\}$ 时，预言机的行为不能定义，在这种情况下，$\text{Invert}(1^n,\text{td},y')$ 返回 $\perp$。

另外，对于定义 3.4 简单陷门置换簇的定义，适应性陷门单向置换簇（Gen_{Tpg}, Eval, Invert）的定义可以简化为：如果对于任意 PPT A 和每个正多项式 $p(\cdot)$，使得对于足够大的 n，有

$$\text{Adv}_{\text{TPF},A}^{\text{aow}}(n)_{\text{simple}}=\Pr\left[\begin{array}{c}(f,f^{-1})\overset{\$}{\leftarrow}\text{Gen}_{\text{Tpg}}(1^n);x\overset{\$}{\leftarrow}\{0,1\}^n\\ y\leftarrow f(x);x'\overset{\$}{\leftarrow}A^{f^{-1}(\cdot)}(1^n,f,y)\end{array}:x=x'\right]<\frac{1}{p(n)}$$

其中，要求 A 不能向预言机询问 y 的值，即 A 不能向预言机询问 $f^{-1}(y)$。

进一步，可以定义基于标签的适应性陷门单向函数和基于标签的适应性陷门单向置换簇的概念。

定义 3.9　基于标签的适应性陷门单向函数（Tag-based Adaptive One-Way Tvapdoor Function，TB-ATDF）。令 n 为安全参数，一个基于标签的陷门函数 $\text{TDF}_{\text{tag}}=(\text{Gen}_{\text{tag}}, F_{\text{tag}}, F_{\text{tag}}^{-1})$ 是与标签空间 $\text{Sp}_{\text{Tag}}(n)$ 有关的，其中 Gen_{tag} 是输入 1^n，产生一对密钥 (ek,td) 的概率算法，即 $(\text{ek},\text{td})\overset{\$}{\leftarrow}\text{Gen}_{\text{tag}}$。进一步，对于每个 $t\in\text{Sp}_{\text{Tag}}(n)$，算法 $F_{\text{tag}}(\text{ek},t,\cdot)$ 在 $\{0,1\}^n$ 上

实现一个函数 $f_{\text{tag},t}(\cdot)$，而算法 $F_{\text{tag}}^{-1}(\text{td},t,\cdot)$ 实现了它的逆函数 $f_{\text{tag},t}^{-1}(\cdot)$。如果对于任意 PPT 算法 $A=(A_1,A_2)$ 和每个正多项式 $p(\cdot)$，使得对于足够大的 n，有

$$\text{Adv}_{\text{TDF}_{\text{tag}},A}^{\text{tb-aow}}(n)=\Pr\left[\begin{array}{ll} t\overset{\$}{\leftarrow}A_1(1^n);(\text{ek},\text{td})\overset{\$}{\leftarrow}\text{Gen}_{\text{tag}}(1^n) & \\ y\leftarrow F_{\text{tag}}(\text{ek},t,x);x'\leftarrow A_2^{F_{\text{tag}}^{-1}(\text{td},\cdot,\cdot)}(\text{ek},t,y) & \end{array}:x=x'\right]<\frac{1}{p(n)}$$

其中，要求 A_2 不能向其预言机询问形如 $F_{\text{tag}}^{-1}(\text{td},t,\cdot)$ 的值，就说该基于标签的陷门函数是基于标签适应性单向的。□

类似地，可以定义基于标签的适应性陷门单向置换：令 n 为安全参数，一个基于标签的陷门置换簇 $\text{TPF}_{\text{tag}}=(\text{Gen}_{\text{tag}},\text{Eval}_{\text{tag}},\text{Invert}_{\text{tag}})$ 是与标签空间 $\text{Sp}_{\text{Tag}}(n)$ 有关的，其中 Gen_{tag} 是输入 1^n，产生一对密钥 (i,td) 的概率算法，即 $(i,\text{td})\leftarrow\text{Gen}_{\text{tag}}$。对于每个 $t\in\text{Sp}_{\text{Tag}}(n)$，$\text{Eval}_{\text{tag}}(1^n,i,t,\cdot)$ 在 $\{0,1\}^n$ 实现一个置换，$\text{Invert}_{\text{tag}}(1^n,\text{td},t,\cdot)$ 是它的逆置换。如果对于任意 PPT 算法 $A=(A_1,A_2)$ 和每个正多项式 $p(\cdot)$，使得对于足够大的 n，有

$$\text{Adv}_{\text{TPF}_{\text{tag}},A}^{\text{tb-aow}}(n)=\Pr\left[\begin{array}{ll} t\overset{\$}{\leftarrow}A_1(1^n);(\text{ek},\text{td})\overset{\$}{\leftarrow}\text{Gen}_{\text{tag}}(1^n) & \\ y\leftarrow\text{Eval}_{\text{tag}}(1^n,\text{ek},t,x) & :x=x' \\ x'\leftarrow A_2^{\text{Invert}_{\text{tag}}(1^n,\text{td},\cdot,\cdot)}(1^n,\text{ek},t,y) & \end{array}\right]<\frac{1}{p(n)}$$

其中，要求 A_2 不能向其预言机询问形如 $\text{Invert}(1^n,\text{td},t,\cdot)$ 的值，就说该基于标签的陷门置换簇是基于标签适应性单向的，如图 3.6 所示。□

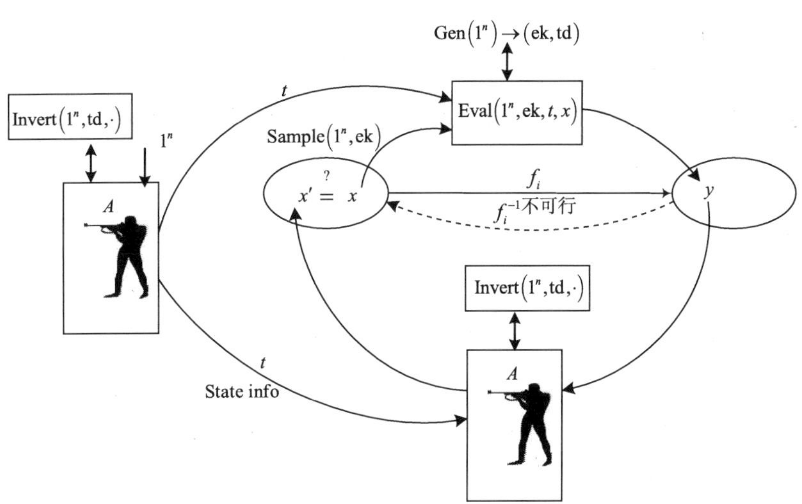

图 3.6　基于标签的适应性陷门单向示意图

该实验中，“挑战标签” t 是独立于密钥 ek 的，因此也称为选择-标签安全性(如选择-ID 安全性，其中 ID 是身份标识)。标签空间大小可以是多项式大小，也可以是超多项式大小。对于基于标签的适应性陷门单向函数(TB-ATDF)，经常选择标签空间大小是

超多项式。

基于标签的陷门函数可以看作一种特殊的陷门单向函数，其输入的第一部分是输出。在指数困难性下，适应性陷门单向函数(ATDF)与基于标签的适应性陷门单向函数(TB-ATDF)是等价的。但是，通常情况下，ATDF是否与TB-ATDF等价，还是一个开放性问题。

3.5.2 用适应性陷门单向函数构造加密单比特消息的公钥加密方案

下面介绍如何用一个适应性陷门单向函数来构造加密单比特消息的公钥加密方案，该方案用陷门单向置换也可以构造。

构造 3.6 用适应性陷门单向函数构造加密单比特消息的公钥加密方案。设 TDF=($\mathrm{Gen}_{\mathrm{Tdg}}$, F, F^{-1})是一个陷门单向函数，设$h_c(\cdot)$是一个硬核比特。设明文空间$\mathcal{M}=\{0,1\}$，构造如下公钥加密方案 FA3-4[TDF]=(Gen, $\mathcal{E}_{\mathrm{ek}}$, $\mathcal{D}_{\mathrm{td}}$)。

(1) 产生密钥算法$\mathrm{Gen}(1^n)$： 输入1^n，运行$(\mathrm{ek},\mathrm{td})\overset{\$}{\leftarrow}\mathrm{Gen}_{\mathrm{Tdg}}(1^n)$，输出$(\mathrm{ek},\mathrm{td})$。

(2) 加密算法$\mathcal{E}_{\mathrm{ek}}(m)$：输入ek，$m=\{0,1\}$，进行如下运算。

For $j=1$ up to n

$x\overset{\$}{\leftarrow}\{0,1\}^n$，$h\leftarrow h_c(x)$；

如果$h=m$，则输出$F(\mathrm{ek},x)\|0$，

否则，输出：$m\|1$。

(3) 解密算法$\mathcal{D}_{\mathrm{td}}(c)$：输入td和$c=c_1\|\mathrm{flag}$，如果$\mathrm{flag}=1$则输出$c_1$；否则输出$h_c\left(F^{-1}(\mathrm{td},c_1)\right)$。

显然，该方案满足正确性。

定理 3.5 如果构造3.6中的陷门单向函数(TDF)是一个适应性陷门单向函数，则公钥加密方案FA3-4[TDF]方案至少是IND-CCA1安全的。

3.5.3 用基于标签的适应性陷门单向函数构造加密单比特消息的公钥加密方案

用基于标签的适应性陷门单向函数构造的公钥加密方案，还需要一个一次性强的不可伪造签名方案(参见第7章的定义7.3)。以下给出加密单比特消息的方案，多比特的加密可以用单比特加密方案扩展而成。

构造 3.7 用基于标签的适应性陷门单向函数构造加密单比特消息的公钥加密方案。设$\mathrm{TDF}_{\mathrm{tag}}$=($\mathrm{Gen}_{\mathrm{tag}}$, F_{tag}, F_{tag}^{-1})是一个基于标签的陷门单向函数，设$h_c(\cdot)$是一个硬核比特。设OTS=(SigGen, Sign, Verify)是一个数字签名方案，其验证密钥被包含在$\mathrm{TDF}_{\mathrm{tag}}$的标签空间中，SigGen产生签名验证密钥对(sk, vk)。设明文空间$M=\{0,1\}$，构造如下公钥加密方案FA3-5$[\mathrm{TDF}_{\mathrm{tag}},\mathrm{OTS}]$=(Gen, $\mathcal{E}_{\mathrm{ek}}$, $\mathcal{D}_{\mathrm{td}}$)：

(1) 产生密钥算法$\mathrm{Gen}(1^n)$： 输入1^n，运行$(\mathrm{ek},\mathrm{td})\overset{\$}{\leftarrow}\mathrm{Gen}_{\mathrm{tag}}(1^n)$，输出$(\mathrm{ek},\mathrm{td})$。

(2) 加密算法$\mathcal{E}_{\mathrm{ek}}(m)$：输入ek，$m=\{0,1\}$，运行$(\mathrm{sk},\mathrm{vk})\overset{\$}{\leftarrow}\mathrm{SigGen}(1^n)$，并选择

$x \xleftarrow{\$} \{0,1\}^n$。

设 $y_1 = F_{\text{tag}}(\text{ek},\text{vk},x)$ 和 $y_2 = h_c(x) \oplus m$，并设签名 $\sigma \leftarrow \text{Sign}(\text{sk}, y_1 | y_2)$。

输出：$y_1 | y_2 | \text{vk} | \sigma$。

(3) 解密算法 $\mathcal{D}_{\text{td}}(c)$：输入 td 和 $c = y_1 \| y_2 \| \text{vk} \| \sigma$，进行签名验证。

如果 $\text{Verify}(\text{vk},\sigma) = 1$，则设 $x \leftarrow \text{TDF}_{\text{tag}}(\text{td},\text{vk},y_1)$，并输出 $h_c(x) \oplus y_2$；否则输出 $\perp$。

显然，该方案 FA3-5$[\text{TDF}_{\text{tag}},\text{OTS}]$满足正确性。□

定理 3.6 如果构造 3.7 中的 TDF_{tag} 是一个适应性陷门单向函数，则 FA3-5$[\text{TDF}_{\text{tag}},\text{OTS}]$至少是 IND- CCA1 安全的。

3.5.4 用相关积陷门单向函数构造加密单比特消息的公钥密码方案

可以用相关积下的陷门单向函数构造适应性陷门单向函数，然后再用前面的方法，用适应性陷门单向函数构造公钥密码方案。

定义 3.10 **相关积下的陷门单向函数** (One-Way Trapdoor Function Under Correlated-Product)。令 n 为安全参数，设 $\text{TDF}_1 = (\text{Gen}_{\text{Tdg1}}, F_1, F_1^{-1})$ 是一个陷门函数。对于多项式 $t = t(n)$，设 $\mathcal{C}_t$ 满足 $\mathcal{C}_t(1^n)$ 是 $\{0,1\}^{tn}$ 上的分布，如果对于任意 PPT 算法 A 和每个正多项式 $p(\cdot)$，使得对于足够大的 n，敌手 A 抗 TDF_1 的 $\mathcal{C}_t$ - CP 优势：

$$\text{Adv}_{\text{TDF}_1,A}^{\text{cpow}}(n) = \Pr\left[(x_1,\cdots,x_t) = (x_1',\cdots,x_t') : \begin{array}{c} (\text{ek}_j,\text{td}_j) \xleftarrow{\$} \text{Gen}_{\text{Tdg1}}(1^n), 1 \leqslant j \leqslant t \\ (x_1,\cdots,x_t) \xleftarrow{\$} \mathcal{C}_t(1^n) \\ y \leftarrow (f_{\text{ek}_1}(x_1),\cdots,f_{\text{ek}_t}(x_t)) \\ (x_1',\cdots,x_t') \leftarrow A(\text{ek}_1,\cdots,\text{ek}_t,y) \end{array} \right] < \frac{1}{p(n)}$$

就称陷门函数 TDF_1 是在 $\mathcal{C}_t$-相关积下单向的，简称 $\mathcal{C}_t$-CP-TDF。

如果 $\mathcal{C}_t$ 的输出满足 $x_1 = x_2 = \cdots = x_t$，其中 x_1 是随机的，就称该陷门函数 TDF_1 是 t-相关积下单向的，简称 t-CP-TDF。□

构造 3.8 **用相关积下的陷门单向函数构造适应性陷门单向函数。** 设 $\text{TDF}_1 = (\text{Gen}_{\text{Tdg1}}, F_1, F_1^{-1})$ 是一个 t-相关积下的陷门单向函数，用 TDF_1 构造一个适应性陷门单向函数 $\text{TDF-1} = (\text{Gen}_{\text{Tdg}}, F, F^{-1})$。

(1) 密钥生成算法：输入 1^n，设 $(\text{ek}_0,\text{td}_0) \xleftarrow{\$} \text{Gen}_{\text{Tdg}}(1^n)$，对于所有 $b \in \{0,1\}$ 和 $1 \leqslant j \leqslant \omega$，设 $(\text{ek}_j^b,\text{td}_j^b) \xleftarrow{\$} \text{Gen}_{\text{Tdg1}}(1^n)$。

令 $\text{ek} \leftarrow (\text{ek}_0,(\text{ek}_1^0,\text{ek}_1^1),\cdots,(\text{ek}_\omega^0,\text{ek}_\omega^1))$，$\text{td} \leftarrow (\text{td}_0,(\text{td}_1^0,\text{td}_1^1),\cdots,(\text{td}_\omega^0,\text{td}_\omega^1))$，返回 (ek,td)。

(2) Evaluation：输入 ek，x，返回 $F_1(\text{ek}_0,x) \| F_1(\text{ek}_1^{b_1},x) \| \cdots \| F_1(\text{ek}_\omega^{b_\omega},x)$，其中 b_j 表

示 $F(\mathrm{ek}_0,x)$ 的第 $j(1\leqslant j\leqslant\omega)$ 比特。

(3) Inversion：输入 td 和 $y=y_0\|y_1\|\cdots\|y_n$。

设 $x\leftarrow F_1^{-1}(\mathrm{td}_0,y_0)$，如果 $x=F^{-1}\left(\mathrm{td}_j^{b_j},y_j\right)=F_1^{-1}(\mathrm{td}_0,y_0)$，则返回 x，其中 b_j 表示 y_0 的第 $j(0\leqslant j\leqslant\omega)$ 比特；否则返回 ⊥。 □

定理 3.7 如果构造 3.8 中的 TDF_1 是一个 $(\omega+1)$-CP-TDF，则以上构造的 TDF 是一个适应性陷门单向函数(ATDF)。

证明：给定一个攻击 TDF 的敌手 A，下面描述一个满足 $\mathrm{Adv}_{\mathrm{TDF}_1,B}^{(\omega+1)\text{-cpow}}=\mathrm{Adv}_{\mathrm{TDF},A}^{\mathrm{aow}}$，并且攻击构造 3.8 中的 TDF_1 的敌手 B。

输入 $\mathrm{ek}_1,\cdots,\mathrm{ek}_{\omega+1},y$，其中 $y=(F_1(\mathrm{ek}_1,x_1),\cdots,F_1(\mathrm{ek}_{\omega+1},x_{\omega+1}))$。对于所有 $1\leqslant j\leqslant\omega$，$B$ 设置 $\mathrm{ek}_0\leftarrow\mathrm{ek}_1$ 且 $\mathrm{ek}_j^{b_j}\leftarrow\mathrm{ek}_{j+1}$，其中 b_j 表示 $F_1(\mathrm{ek}_1,x_1)$ 的第 j 比特。然后它选择 $\left(\mathrm{ek}_j^{1-b_j},\mathrm{td}_j^{1-b_j}\right)\overset{\$}{\leftarrow}\mathrm{Gen}_{\mathrm{Tdg1}}(1^n)$。

给 A 输入 ek 和 y，运行 A，其中 ek 是 TDF 的密钥生成算法中定义的 ek。当 A 做 Inversion 询问 $y'=y_0'\|y_1'\|\cdots\|y_n'$ 时，B 选择满足 $b_j'\neq b_j$ 的标记 j，其中 b_j' 表示 y_0' 的第 j 比特(后面论证这个标记 j 必须存在)。它设 $x_0'\leftarrow F^{-1}\left(\mathrm{td}_j^{b_j'},y_j'\right)$。如果 $F(\mathrm{ek},x')=y'$，它返回 x' 给 A；否则返回 ⊥。最后，当 A 停止时 B 返回它的输出。

显然，B 满足描述的特性 $\mathrm{Adv}_{\mathrm{TDF}_1,B}^{(\omega+1)\text{-cpow}}=\mathrm{Adv}_{\mathrm{TDF},A}^{\mathrm{aow}}$。

现在讨论论证：用来回答 A 的 Inversion 询问的标记 j 总是存在。从 $F(\mathrm{ek}_0,\cdot)$ 的单射性，并且 A 不允许对它的挑战进行 Inversion 询问，可直接得到这个论证。 □

用构造 3.8 得到一个适应性陷门单向函数(ATDF)，然后再用 3.5.2 节的方法 FA3-4[TDF]方案，可以构造一个加密单比特消息的公钥密码方案。

构造 3.9 用相关积下的陷门单向函数构造基于标签的适应性陷门单向函数。把构造 3.8 中比特 $b_1,\cdots,b_\omega$ 换成标签 t 的比特 $t_1,\cdots,t_\omega$，即可构造一个基于标签的适应性陷门单向函数 TB-TDF-2 = ($\mathrm{Gen}_{\mathrm{Tdg}}$, F, F^{-1})。

同理，用构造 3.9 得到一个基于标签的适应性陷门单向函数(TB-ATDF)，然后再用 3.5.3 节的 FA3-5$[\mathrm{TDF}_{\mathrm{tag}},\mathrm{OTS}]$方案，可以构造一个加密单比特消息的公钥密码方案。

3.5.5 用有损陷门单向函数构造加密单比特消息的公钥密码方案

先给出有损陷门单向函数和除了一个之外的(All-But-One)陷门单向函数的概念。

定义 3.11 有损陷门单向函数(Lossy TDF，LTDF)。令 n 为安全参数，一个 (n,ℓ)-LTDF 是 4 元组算法 LTDF=($\mathrm{Gen}_{\mathrm{LTdg}}$, $\mathrm{Gen}'_{\mathrm{LTdg}}$, LF, LF^{-1})，其中($\mathrm{Gen}_{\mathrm{LTdg}}$, LF, LF^{-1})是 $\{0,1\}^n$ 上的一个陷门单向函数，要求满足如下两点：

(1) 对于每个 ek′，函数 $\mathrm{LTDF}(\mathrm{ek}',\cdot)$ 有大小至少为 2^ℓ (其中 $\ell=\ell(n)$) 的范围。

(2) 在选择 $(\mathrm{ek},\mathrm{td})\overset{\$}{\leftarrow}\mathrm{Gen}_{\mathrm{LTdg}}(1^n)$ 和 $\mathrm{ek}'\overset{\$}{\leftarrow}\mathrm{Gen}'_{\mathrm{LTdg}}(1^n)$ 时，要求两个密钥 $(\mathrm{ek},\mathrm{ek}')$ 是计

算不可区分的。

定义 3.12　除了一个之外的陷门单向函数(All-But-One TDF，ABO-TDF)。令 n 为安全参数，具有分支空间 $\{0,1\}^{\omega=\omega(n)}$ 的 (n,ℓ) - ABO -TDF 是一个 3 元组算法 ABO=(ABO-Gen$_{\text{Tdg}}$, ABO-F, ABO-F^{-1})，其中对于每个 $r\neq r'\in\{0,1\}^{\omega}$，3 元组算法 (ABO-Gen$_{\text{Tdg}}\left(1^n,r\right)$, ABO-$F\left(r',\cdot,\cdot\right)$, ABO-$F^{-1}\left(r',\cdot,\cdot\right)$) 是 $\{0,1\}^n$ 上的 TDF，进一步要求如下两点：

(1) 对于每个 $r\in\{0,1\}^{\omega}$ 和 ek′，函数 ABO-$F\left(r,\text{ek}',\cdot\right)$ 有大小至少为 2^{ℓ} (其中 $\ell=\ell(n)$) 的范围。

(2) 对于每个 $r\neq r'\in\{0,1\}^{\omega}$，在 $\left(\text{ek}_1,\text{td}_1\right)\overset{\$}{\leftarrow}$ ABO-Gen$_{\text{Tdg}}\left(1^n,r\right)$ 和 $\left(\text{ek}_2,\text{td}_2\right)\overset{\$}{\leftarrow}$ ABO-Gen$_{\text{Tdg}}\left(1^n,r'\right)$ 的选择上，要求两个密钥 $\left(\text{ek},\text{ek}'\right)$ 是计算不可区分的。 □

可以用 LTDF 和 ABO-TDF 构造适应性陷门单向函数(ATDF)，然后再用 ATDF 构造公钥密码方案。以下给出用 LTDF 和 ABO-TDF 构造 ATDF 的一个方案。

构造 3.10　用 LTDF 和 ABO-TDF 构造适应性陷门单向函数。设 LTDF=(Gen$_{\text{LTdg}}$，Gen$'_{\text{LTdg}}$, LF, LF^{-1}) 是一个 (n,ℓ_1) - LTDF，设 ABO=(ABO-Gen$_{\text{Tdg}}$, ABO-F, ABO-F^{-1}) 是一个 (n,ℓ_2) - ABO-TDF。为了简化，假设对于 $\omega=\omega(n)$，(n,ℓ_2) - ABO-TDF 的分支空间是 $\{0,1\}^{\omega}$。设 $H:R\to\left\{\{0,1\}^{\omega}\setminus\{0^{\omega}\}\right\}$ 是一个 Hash 函数，其中 R 表示 LF$(\text{ek},\cdot)$ 的范围。构造一个适应性陷门单向函数 TDF-3 $\left[\text{LTDF,ABO},H\right]$ 的方案如下：

(1) 密钥生成算法：输入 1^n，运行 $\left(\text{ek}_{\text{ltf}},\text{td}_{\text{ltf}}\right)\overset{\$}{\leftarrow}\text{Gen}_{\text{LTdg}}\left(1^n\right)$ 和 $\left(\text{ek}_{\text{abo}},\text{td}_{\text{abo}}\right)\overset{\$}{\leftarrow}\mathcal{F}_{\text{abo}}\left(1^n,0^{\omega}\right)$，返回 $\left(\left(\text{ek}_{\text{ltf}},\text{ek}_{\text{abo}}\right),\left(\text{td}_{\text{ltf}},\text{td}_{\text{abo}}\right)\right)$。

(2) Evaluation：输入 $\left(\text{ek}_{\text{ltf}},\text{ek}_{\text{abo}}\right)$ 和 $x\in\{0,1\}^n$，设 y_1=LF$\left(\text{ek}_{\text{ltf}},x\right)$ 和 y_2=ABO-$F\left(H\left(y_1\right),\text{ek}_{\text{abo}},x\right)$，返回 $y_1\parallel y_2$。

(3) Inversion：输入 $\left(\text{td}_{\text{ltf}},\text{td}_{\text{abo}}\right)$ 和 $y=y_1\|y_2$。

设 $x\leftarrow$ LF$^{-1}\left(\text{td},y_1\right)$，如果 y_2=ABO-$F\left(H\left(y_1\right),\text{ek}_{\text{abo}},x\right)$，则返回 x；否则返回 $\perp$。□

定理 3.8　如果 $\ell_1+\ell_2=n-\varpi(\log n)$，并且 $H=\{\boldsymbol{H}\}$ 是 Hash 函数的通用单向簇 (Universal One-Way Family of Hash Functions)，则以上构造 3.10 构造的 TDF-3 $\left[\text{LTDF,ABO},T\right]$ 方案是一个适应性陷门单向函数。

然后再用 3.5.2 节的方法 FA3-4[TDF]方案，可以构造一个加密单比特消息的公钥密码方案。

3.5.6　各种适应性陷门单向函数之间的关系

根据前面的内容可以看到，严格意义上，适应性陷门单向函数(ATDF)和基于标签的适应性陷门单向函数(TB-ATDF)比相关积下的陷门单向函数(CP-TDF)和有损陷门单向函数(LTDF)弱。其他各种适应性陷门单向函数之间的关系，可以参阅图 3.7。在图 3.7

中，“ → ”表示蕴含着，而“ ↚ ”表示一个黑盒分离。Lossy TDF 表示有损陷门单向函数、CP-TDF 表示相关积下的陷门单向函数、ATDF 表示适应性陷门单向函数、OM-TDF 表示多个陷门单向函数(One-More TDF)、OW-TDF 表示单向陷门函数、CCA det. PKE 表示选择密文攻击安全的确定性公钥加密方案、CCA PKE 表示选择密文攻击安全的公钥加密方案。

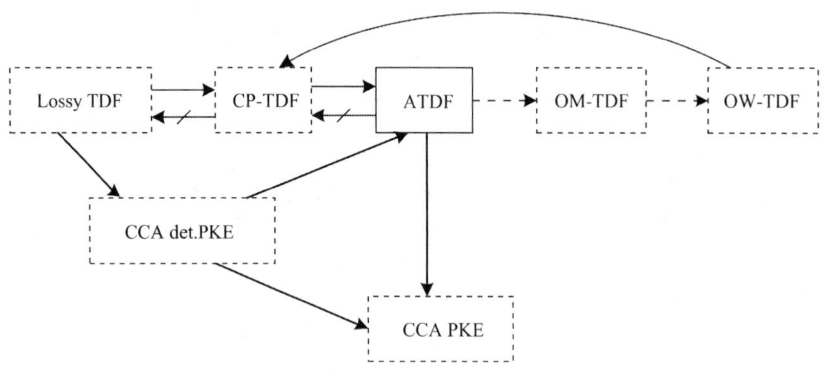

图 3.7　各种陷门函数的安全性概念和 CCA 安全的公钥密码之间的关系示意图

习题与思考

3.1　混合论证技术的核心理论是什么？试用反证法证明声明 3.3。

3.2　试比较第 2 章和本章“计算不可区分性”概念。根据本章“计算不可区分性”的推广方法，试推广第 2 章的伪随机函数、伪随机置换、单向函数等概念。

3.3　陷门(单向)置换的硬核比特是什么？

3.4　RSA 算法是否是陷门(单向)置换？请证明。

3.5　试比较陷门(单向)置换构造的加密单比特消息的公钥加密方案和利用硬核比特构造加密单比特消息的加密方案。

3.6　请分别用陷门(单向)置换构造的加密单比特消息的公钥加密方案和利用硬核比特构造加密单比特消息的加密方案来构造多比特的加密方案。

3.7　试说明 RSA 公钥加密方案和 Rabin 公钥加密方案设计的主要思想是什么？分别说明 RSA 公钥加密方案和 Rabin 公钥加密方案分别选择了什么陷门函数？

3.8　试说明 RSA 公钥加密方案的语义安全性、多项式安全性。

3.9　试证明 RSA 公钥加密方案在适应性选择密文攻击下是不安全的。

3.10　试证明引理 3.3：给定 $x, y \in Z_n^*$ 使得 $x^2 \equiv y^2 \bmod n$ 且 $x \neq \pm y \bmod n$，则存在一个分解 n 的多项式时间算法。

3.11　试证明公钥加密方案 FA3-3 的正确性。

3.12　试用适应性单向陷门置换构造一个加密单比特消息的公钥加密方案，并比较分别用适应性单向陷门置换和适应性单向陷门函数构造的公钥加密方案哪个效率更高。
提示：参阅 FA3-4[TDF]的构造方法来构造。

3.13　试用基于标签的适应性单向陷门置换构造一个加密单比特消息的公钥加密方案，并说明用基于标签的适应性单向陷门置换构造效率更高。

提示：①参阅 FA3-5$[\mathrm{TDF}_{\mathrm{tag}},\mathrm{OTS}]$的构造方法来构造；②对于每个标签，给定的 TB-ATDF 都是置换；③也可以考虑用多个硬核比特。

3.14 试证明定理 3.18。

提示：参阅定理 3.17 的证明。

3.15 试用 LTDF 和 ABO-TDF 构造一个基于标签的适应性单向陷门函数。

提示：根据构造 3.10，不同的是在 Evaluation 算法，在分支$T(y_1)$不用 ABO-TDF，而是在分支 t 点的 Evaluation，这时输入的是标签。

参 考 文 献

张华, 温巧燕, 金正平, 2012. 可证明安全算法与协议. 北京: 科学出版社.

BELLARE M, DESAI A, POINTCHEVAL D, et al, 1998. Relations among notions of security for public-key encryption schemes// Advances in Cryptology—CRYPTO'98. Heidelberg: Springer-Verlag: 26-45.

DIFFIE W, HELLMAN M, 1976. New directions in cryptography. IEEE Transactions on Information Theory, 22(6): 644-654.

GOLDREICH O, 2001. Foundations of cryptography, vol. 1: Basic tools. Cambridge : Cambridge University Press.

GOLDREICH O, 2009. Foundations of cryptography, vol. 2: Basic applications. Cambridge : Cambridge University Press.

GOLDREICH O, LEVIN L A, 1989. A hard-core predicate for all one-way functions. Proceedings of the Twenty-first Annual ACM Symposium on Theory of Computing: 25-32.

GOLDWASSER S, MICALI S, 1984. Probabilistic encryption. Journal of Computer and System Sciences, 28(2): 270-299.

KILTZ E, MOHASSEL P, O'NEILL A, 2010. Adaptive trapdoor functions and chosen-ciphertext security. Eurocrypt, 6110: 673-692.

RABIN M O, 1979. Digitalized signatures and public-key functions as intractable as factorization. Massachusetts INST of Tech Cambridge Lab for Computer Science.

RIVEST R L, SHAMIR A, ADLEMAN L, 1978. A method for obtaining digital signatures and public-key cryptosystems. Communications of the ACM, 21(2): 120-126.

附录 A：第 3 章的加密方案简表

	$\text{Gen}(\cdot)$	$\mathcal{E}_{pk}(\cdot)$	$\mathcal{D}_{sk}(\cdot)$	备注
FA3-1（加密单比特消息）	1^n $(f,f^{-1})\leftarrow \text{Gen}_{td}(1^n)$ $r\overset{\$}{\leftarrow}\{0,1\}^n$ 输出： $\text{pk}=(f,r)$ 和 $\text{sk}=f^{-1}$	$x\leftarrow\{0,1\}^n$ $y=f(x)$ $h'=x\cdot r$ 输出： $c=\langle y\|h'\oplus m\rangle$	$b=(x\cdot r)\oplus m$ 输出： $(f^{-1}(y)\cdot r)\oplus b$	用陷门单向置换构造
RSA（加密多比特消息）	$N=pq$ $\varphi(N)=(p-1)(q-1)$ 输出： $((N,e),(N,d))$	输出： $c=m^e \bmod N$	输出： $m=c^d \bmod N$	
Rabin（加密多比特消息）	$N=pq$ $p\equiv 3(\bmod 4)$ $q\equiv 3(\bmod 4)$ 输出：$(N,(p,q))$	输出：$c=m^2(\bmod N)$	输出： $\begin{cases} m_{i,j}\equiv x_i \mod p\\ m_{i,j}\equiv y_j \mod q\end{cases}$	
FA3-2（加密单比特消息）	1^n $(f,f^{-1})\leftarrow \text{Gen}(1^n)$ 输出：$\text{pk}=(f,h_n)$，$\text{sk}=f^{-1}$	$r\leftarrow\{0,1\}^n$ 输出：$c=\langle f(r)\|h_n(r)\oplus m\rangle$	$b=(x\cdot h_n)\oplus m$ 输出：$b\oplus h_n(f^{-1}(y))$	用硬核比特构造
FA3-3（概率加密单比特消息）	$B=\bigcup_{n\in\mathbf{N}} B_n$ $B_n=\{B_i:\Omega_i\to\{0,1\}\|i\in S_n\}$ 概率 $(1/\|S_n\|)$ 输出：$(i,\sigma(i))$	$B_i(x_j)=m_j$ 输出：$(x_1,\cdots,x_l)$	T i，$\sigma(i)$，x_j 输出： $m_j\leftarrow B_i(x_j)$ $m\leftarrow m_1m_2\cdots m_l$	基于不可逼近陷门谓词
FA3-4（加密单比特消息）	1^n $(\text{ek},\text{td})\overset{\$}{\leftarrow}\text{Gen}_{\text{Tdg}}(1^n)$ 输出：(ek,td)	ek For $j=1$ up to n $x\overset{\$}{\leftarrow}\{0,1\}^n$，$h\leftarrow h_c(x)$； 如果 $h=m$，则输出 $F(\text{ek},x)\|0$ 否则，输出：$m\|1$	td $c=c_1\|\text{flag}$ 如果 $\text{flag}=1$ 则输出 c_1； 否则输出：$h_c(F^{-1}(\text{td},c_1))$	用适应性陷门单向函数构造
FA3-5（加密单比特消息）	1^n $(\text{ek},\text{td})\overset{\$}{\leftarrow}\text{Gen}_{\text{tag}}(1^n)$ 输出：(ek,td)	ek $(\text{sk},\text{vk})\overset{\$}{\leftarrow}\text{SigGen}(1^n)$ $x\overset{\$}{\leftarrow}\{0,1\}^n$ $y_1=F_{\text{tag}}(\text{ek},\text{vk},x)$ $y_2=h_c(x)\oplus m$ $\sigma\leftarrow\text{Sign}(\text{sk},y_1\|y_2)$ 输出：$y_1\|y_2\|\text{vk}\|\sigma$	td $c=y_1\|y_2\|\text{vk}\|\sigma$ 如果 $\text{Verify}(\text{vk},\sigma)=1$， 则设 $x\leftarrow\text{TDF}_{\text{tag}}(\text{td},\text{vk},y_1)$，并输出 $h_c(x)\oplus y_2$；否则输出 $\perp$	用基于标签的适应性陷门单向函数构造

附录 B：第 3 章构造的 ATDF 简表

	密钥生成算法	Evaluation	Inversion	备注
TDF-1	1^n $(\mathrm{ek}_0,\mathrm{td}_0)\overset{\$}{\leftarrow}\mathrm{Gen}_{\mathrm{Tdg}}(1^n)$ 所有 $b\in\{0,1\}$ 和 $1\leqslant j\leqslant\omega$， 设 $(\mathrm{ek}_j^b,\mathrm{td}_j^b)\overset{\$}{\leftarrow}\mathrm{Gen}_{\mathrm{Tdg1}}(1^n)$ 返回： $\mathrm{ek}\leftarrow(\mathrm{ek}_0,(\mathrm{ek}_1^0,\mathrm{ek}_1^1),\cdots,(\mathrm{ek}_\omega^0,\mathrm{ek}_\omega^1))$ 和 $\mathrm{td}\leftarrow(\mathrm{td}_0,(\mathrm{td}_1^0,\mathrm{td}_1^1),\cdots,(\mathrm{td}_\omega^0,\mathrm{td}_\omega^1))$	ek x 返回： $F_1(\mathrm{ek}_0,x)\Vert$ $F_1(\mathrm{ek}_1^{b_1},x)\Vert$　， $\cdots\Vert F_1(\mathrm{ek}_\omega^{b_\omega},x)$ 其中 b_j 表示 $F(ek_0,x)$ 的第 $j^{\mathrm{th}}(1\leqslant j\leqslant\omega)$ 比特	td $y=y_0\Vert y_1\Vert\cdots\Vert y_n$ 设 $x\leftarrow F_1^{-1}(\mathrm{td}_0,y_0)$， 如果 $x=F^{-1}(\mathrm{td}_j^{b_j},y_j)$， 则返回 x；否则返回 $\perp$	用 t-相关积下的陷门单向函数构造
TDF-3	1^n $(\mathrm{ek}_{\mathrm{ltf}},\mathrm{td}_{\mathrm{ltf}})\overset{\$}{\leftarrow}\mathrm{Gen}_{\mathrm{LTdg}}(1^n)$ $(\mathrm{ek}_{\mathrm{abo}},\mathrm{td}_{\mathrm{abo}})\overset{\$}{\leftarrow}\mathcal{F}_{\mathrm{abo}}(1^n,0^\omega)$ 返回：$((\mathrm{ek}_{\mathrm{ltf}},\mathrm{ek}_{\mathrm{abo}}),(\mathrm{td}_{\mathrm{ltf}},\mathrm{td}_{\mathrm{abo}}))$	$(\mathrm{ek}_{\mathrm{ltf}},\mathrm{ek}_{\mathrm{abo}})$ $x\in\{0,1\}^n$， 设 $y_1=\mathrm{LF}(\mathrm{ek}_{\mathrm{ltf}},x)$ 和 $y_2=\text{ABO-}F(T(y_1),\mathrm{ek}_{\mathrm{abo}},x)$ 返回：$y_1\Vert y_2$	$(\mathrm{td}_{\mathrm{ltf}},\mathrm{td}_{\mathrm{abo}})$ $y=y_1\Vert y_2$， 设 $x\leftarrow\mathrm{LF}^{-1}(\mathrm{td},y_1)$ 如果 $y_2=\text{ABO-}F(T(y_1),\mathrm{ek}_{\mathrm{abo}},x)$， 则返回 x；否则，返回 $\perp$	用 LTPF 和 ABO-TDF 构造

第 4 章　密码学的计算问题与困难性假设

本章主要内容

(1) 计算问题与困难性假设概述：计算问题、$P \neq \mathrm{NP}$ 是构造安全公钥加密方案的必要条件。

(2) 有限域上离散对数假设：阿贝尔群、素数阶群与离散对数、离散对数假设、基于有限域上离散对数假设的公钥加密方案、计算 Diffie-Hellman 假设、判定 Diffie-Hellman 假设。

(3) 椭圆曲线群上的离散对数问题：$\mathbb{F}_p$ 上的椭圆曲线、$\mathbb{F}_{2^m}$ 上的椭圆曲线、椭圆曲线群上的离散对数问题、椭圆曲线上的公钥加密方案。

(4) 二次剩余问题：二次剩余、二次剩余问题、二次剩余作为一个不可逼近陷门谓词、应用二次剩余问题的概率公钥加密方案实例、判定合数剩余。

(5) 含错学习问题：含错学习问题、基于含错学习问题困难性构造的公钥加密方案。

4.1　计算问题与困难性假设概述

4.1.1　计算问题

在计算复杂性理论中有各种问题，我们把计算复杂性理论中的计算问题看作对串集合的识别，这种串集合可看作“语言”，记作 L。

有两类特别重要的计算问题集合：一类是能在多项式时间被确定的语言集合，记为 P(也称为 P 问题)；另一类称为 NP 类语言集合(也称为 NP 问题)，它是存在多项式时间内被验证的成员的证明。

如果任意一个输入串 $x \in L \Leftrightarrow$ 图灵机 $M(x)$ 输出“接受(Accept)”，就说图灵机 M 接受一个语言 L，简单地，令“1”表示接受。

给定输入串为 x 的图灵机 M，对于多项式 p，如果图灵机 M 最多取 $p(|x|)$ 步($|x|$ 表示 x 的长度)，并且当且仅当 $x \in L$ 时，图灵机 M 接受一个语言 L，就说语言 L 在类 P 中。用 $L \in \mathrm{P}$ 表示 L 能在多项式时间被确定。

如果存在一个多项式时间图灵机 M，使得当且仅当存在一个串 w_x 满足 $M(x, w_x) = 1$ 时，$x \in L$，即 $x \in L \Leftrightarrow$ 存在一个串 w_x 满足 $M(x, w_x) = 1$，就说 L 在类 NP 中。这样的一个 w_x 称为 x 的一个证据。可以认为这是 $x \in L$ 的一个可有效验证的证明。

直观地，如果我们使用问题 B 的解决方法，去求解问题 C，看起来好像问题 B 在某种意义上与问题 C 一样困难，这可以用两个语言之间的多项式时间归约的概念来定义。

定义 4.1　多项式时间归约(A Polynomial Time Reduction)。如果存在一个函数 $f:\{0,1\}^* \to \{0,1\}^*$，满足以下条件：

(1) f 是多项式时间可计算的。

(2) 当且仅当 $f(x) \in L_2$ 时，$x \in L_1$。

就说语言 L_1 多项式时间可归约到语言 L_2，简写为 $L_1 \leqslant_p L_2$。

引理 4.1　如果 $L_1 \leqslant_p L_2$ 且 $L_2 \in \mathrm{P}$ (即在多项式时间 L_2 能被确定)，则 $L_1 \in \mathrm{P}$，具体说，就是对于多项式时间可计算的函数 $f:\{0,1\}^* \to \{0,1\}^*$，用下列算法，在多项式时间内 L_1 能被确定：给定一个串 x，计算 $x' = f(x)$，然后判断是否 $x' \in L_2$。

同样地，如果 $L_1 \leqslant_p L_2$ 且 $L_2 \in \mathrm{NP}$，则 $L_1 \in \mathrm{NP}$。

定义 4.2　**NP 完全**(Non-deterministic Polynomial Complete，NPC)。NP 中有些语言在某种程度上是“最困难的语言”，在这个意义上，NP 中所有的问题是多项式时间可归约到这些问题中，称这些问题为 NP 完全。

根据这个定义，如果一个 NPC 完全问题被证明在 P 中，则 NP 中所有的问题应该在 P 中。

有很多种著名的 NPC 完全问题，例如，下面的哈密顿圈和 3-色性等。

(1) 哈密顿圈：是一个语言 $\{G: G\text{是包含每个节点正好出现一次的图}\}$。

(2) 3-色性：是一个语言 $\{G=(V,E): G$ 是一个图，并且存在一个函数 $\varphi: V \to \{\mathrm{Red},\mathrm{Green},\mathrm{Blue}\}$，满足如果 $\{u,v\} \in E, \varphi(u) \neq \varphi(v)\}$。

如果任何一个 NP 问题都能通过一个多项式时间算法转换为某个 NP 问题，那么这个 NP 问题就称为 NPC 问题，如背包问题。

4.1.2　$\mathrm{P} \neq \mathrm{NP}$ 是构造安全公钥加密方案的必要条件

目前，计算复杂性理论上的 NPC 问题或者某些数论方面的困难性问题(尽管我们不能确切地知道它们的复杂性，但是目前仍未找出有效的算法)是构造陷门单向置换的主要工具，从而也是设计公钥加密方案的主要工具。但是并不是所有数学理论方面的困难性问题都可以用来设计公钥加密方案，这样看来好像公钥加密方案的安全性完全建立在计算复杂性理论的基础上，那么计算复杂性理论是否能够真正保证公钥加密方案的安全呢？

对于一个安全的公钥加密方案，一方面，合法用户应该能用他们的私钥信息很容易从密文中恢复明文，而敌手(无私钥信息)不能在多项式时间内对密文进行有效的解密。另一方面，一个非确定性图灵机通过猜测私钥信息，却能很快地将密文解密。因此，安全公钥加密方案的存在，意味着有这样一种工作(如“破解”公钥加密方案)，这种工作只能由非确定性多项式时间图灵机完成，而不能由确定性多项式时间图灵机(即使是随机的)来完成。换句话说，安全公钥加密方案存在的一个必要条件是 $\mathrm{P} \neq \mathrm{NP}$。$\mathrm{P} \neq \mathrm{NP}$ 是否成立仍然是计算理论界的一个悬而未解的难题。所以，建立在计算复杂性理论的基础上的公钥加密方案的安全性证明往往需要一些假设，不能真正证明。

尽管 $\mathrm{P} \neq \mathrm{NP}$ 是安全公钥加密方案存在的一个必要条件，但不是一个充分条件。假设一个公钥加密方案是 NP 完全的，那么 $\mathrm{P} \neq \mathrm{NP}$ 意味着这个加密方案在最坏的情况下是难以破解的，但仍然不能排除该加密方案在多数情况下很易被破解的可能性。实际上，可以构造一个 NP 完全的公钥加密方案，但同时该方案能以 99%的概率被成功破解，如背包方案。因此，最坏情况下难以破解不是构造公钥加密方案的一个好的指标，而构造一个安全的公钥加密方案要求在绝大多数情况下难以破解，或至少“在通常情况下是难以破解的”。

仅仅考虑通常情况下难以计算的 NP 问题的存在性也不能作为构造公钥加密方案的指标。为了能用在通常情况下难以计算的困难性问题，必须有能很快解决这些困难性问题的辅助信息(陷门)；否则，它们对合法用户也是难以处理的。因此建立在单向函数的基础上的陷门单向置换是构造公钥加密方案的基础。尽管密码学界普遍相信单向函数的存在，而且还给出了一些经过分析、检验的被认为是单向函数的例子，但是单向函数的存在性至今没有被证明。

4.2　有限域上离散对数假设

4.2.1　阿贝尔群

公钥密码体制经常考虑的是阿贝尔群，也称交换群。

定义 4.3　阿贝尔群。一个阿贝尔群 $\mathbb{G}$ 是一个有运算 $*$ 的所有元素的一个集合，满足以下性质。

(1) 封闭性：对于所有的 $a,b\in\mathbb{G}$，有 $a*b\in\mathbb{G}$。由于使用了“乘法”的符号，所以也可以把 $a*b$ 写成 ab。

(2) 结合性：对于所有的 $a,b,c\in\mathbb{G}$，有 $(ab)c=a(bc)$。

(3) 交换性：对于所有的 $a,b\in\mathbb{G}$，有 $ab=ba$。

(4) 存在单位元：存在一个元素 $e\in\mathbb{G}$，使得对于所有的 $a\in\mathbb{G}$，有 $e*a=a$。这个元素 e 称为 $\mathbb{G}$ 的单位元。

(5) 可逆的：对于所有的 $a\in\mathbb{G}$，存在一个元素 $a^{-1}\in\mathbb{G}$，使得 $aa^{-1}=e$。　□

需要说明的是：“$*$”不一定是整数乘法。

对于所有的 $a\in\mathbb{G}$，有 $a^0=1$，$a^1=a$。

设 $q\in|\mathbb{G}|$，即 q 是阿贝尔群 $\mathbb{G}$ 中所有元素的个数，则称 q 为 $\mathbb{G}$ 的阶。

有一些有用的结论，具体如下。

定理 4.1　设 $\mathbb{G}$ 是一个阶为 q 的有限阿贝尔群，其单位元为 1，则对于所有的 $a\in\mathbb{G}$，有 $a^q=1$。

证明：设 $a_1,\cdots,a_q$ 是 $\mathbb{G}$ 的元素，任取 $a\in\mathbb{G}$，则元素序列 $aa_1,\cdots,aa_q$ 也正好包含了 $\mathbb{G}$ 的元素。显然，元素序列 $aa_1,\cdots,aa_q$ 包含了最少 q 个不同的元素，否则如果 $aa_i=aa_j$ $(1\leqslant i,j\leqslant q)$，则两边同乘以 a^{-1}，得到事实上不存在的情况：$a_i=a_j$。所以

$$a_1\cdot a_2\cdot\ \cdots\ \cdot a_q=(aa_1)\cdot(aa_2)\cdot\ \cdots\ \cdot(aa_q)=a^q(a_1\cdot a_2\cdot\ \cdots\ \cdot a_q)$$

两边同乘以 $(a_1,\cdots,a_q)^{-1}$，最后得到 $a^q=1$。　□

根据定理 4.1，很容易得到如下推论。

推论 4.1　设 $\mathbb{G}$ 是一个阶为 q 的有限阿贝尔群，并且设 n 是一个正整数，任意 $g\in\mathbb{G}$，则 $g^n=g^{n \bmod q}$。

证明：设 $n = n_q \bmod q$，所以对于一些整数 a，n 可以写作 $n = (aq + n_q) \bmod q$，则 $g^n = g^{(aq+n_q) \bmod q} = (g^a)^q (g^{n_q}) = g^{n_q \bmod q} = g^{n \bmod q}$。 □

例 4.1　试求 g^q。

解：根据上面的推论 4.1，有 $g^q = g^{q \bmod q} = g^0 = 1$。 □

对于一个阶为 q 的有限群 $\mathbb{G}$，如果存在一个元素 $g \in \mathbb{G}$ 满足：集合 $\{g^0, g^1, \cdots, g^{q-1}\}$ 是 $\mathbb{G}$ 的所有元素的集合，则称该群为**有限循环群**。如果这样一个元素 $g \in \mathbb{G}$ 存在，则称为该有限循环群的**生成元**。

例 4.2　试证明对于一个阶为 q 的有限群 $\mathbb{G}$，如果存在一个元素 $g \in \mathbb{G}$ 满足集合 $\{g^0, g^1, \cdots, g^{q-1}\}$ 是 $\mathbb{G}$ 的所有元素的集合，则群是循环的。

证明：由于 $g^q = g^0 = 1$，$g^{q+1} = g^1$，以此类推，该群中元素序列将简单“循环”。

例 4.3　在模 5 的乘法运算下，群 $Z_5^* = \{1,2,3,4\}$ 是否是循环群？分别讨论元素 1、2、3 和 4 是否是生成元？

解：$1^i = 1$，显然 1 不是生成元。

由于 $2^0 = 1$，$2^1 = 2$，$2^2 = 4$，$2^3 = 3$，所以，2 是生成元。

又由于 $3^0 = 1$，$3^1 = 3$，$3^2 = 4$，$3^3 = 2$，所以，3 也是生成元。

但是 $4^2 = 1$，所以，4 不是生成元。

虽然我们研究的群都是有限循环群，但是实际应用中，还需要考虑群的阶为素数的情况，因为素数阶群有一些简单的特性。例如，引理 4.2。

引理 4.2　如果 $\mathbb{G}$ 是一个素数阶的阿贝尔群，则有以下结论。

(1) $\mathbb{G}$ 是循环的。

(2) 除单位元外，$\mathbb{G}$ 中每一个元素都是生成元。

证明：设 g 是 $\mathbb{G}$ 的一个生成元，并讨论一个元素 $h \in \mathbb{G} \setminus \{1\}$。已知对于某些 $1 \leqslant i \leqslant q-1$，令 $h = g^{i \bmod q}$，讨论集合 $G' = \{1, h, h^2, \cdots, h^{q-1}\}$。由于阿贝尔群的封闭性，有 $G' \subseteq \mathbb{G}$。

另外，对于某些 $1 \leqslant x < y \leqslant q-1$，如果 $h^x = h^{y \bmod q}$，则 $g^{xi} = g^{yi \bmod q}$。

根据推论 4.1，有 $xi = yi \bmod q$，等价于 q 整除 $(y-x)i$。

然而，由于 q 是素数，并且 $y-x$ 和 i 严格小于 q，故 $xi = yi \bmod q$ 不可能产生。

这意味着 $G' = \{1, h, h^2, \cdots, h^{q-1}\}$ 中的元素是唯一的，因此 $h = g^i$ 是 $\mathbb{G}$ 的一个生成元。

4.2.2　素数阶群与离散对数

素数阶循环群 $\mathbb{G}$ 的一个重要的特性是，给定一个生成元 g，$\mathbb{G}$ 中每个元素 $h \in \mathbb{G}$ 满足：在 0 和 $q-1$ 之间正好一个元素 s，使得 $h = g^s$。在这种情况下，可以说 $\log_g^h = s$，并称 s 是底为 g 的 h 离散对数。这个特性也可以总结为如下的引理 4.3。

引理 4.3　只要 g 是阶为素数 q 的循环群 $\mathbb{G}$ 的一个生成元，则 $\mathbb{G}$ 中每个元素 $h \in \mathbb{G}$ 在 0 和 $q-1$ 之间正好有一个元素 s，是底为 g 的 h 离散对数，即 $\log_g^h = s$。

实数域上的对数运算和离散对数有很多应用，在密码学中使用的对数运算，要求阶

较大。对于很大的素数阶 q 上的对数运算，运算的“有效性”的证明就非常重要。所以，提出“多项式时间”有效，或者“多项式时间”运算等要求，详细地说，多项式时间运算就是，仅仅是运行时间在所有输入的长度范围内应该是多项式的。例如，对于素数阶某些群 $\mathbb{G}$ 上的生成元 g，计算 g^x 要求计算时间是 $|x|$ 上的多项式，而不是在 x 和 q 上的多项式，这里 $|x|$ 可以等价于描述 x 需要的比特数。二者差别很大，例如一个在 2^{100} 内步运行的算法的计算复杂度与另一个在100内步运行的算法的计算复杂差别很大。

例 4.4　对于某个群 $\mathbb{G}$ 上的某个元素 g，x 是一个正整数，讨论下列计算 g^x 的运算是否在多项式时间内。

(1) 直接“求幂”

```
exponentiate_naive(g,x){
  ans=1;
  if x=?0  return 1;
  while(x≥1){
       ans=ans*g;
       x=x-1;
            }
return  ans;}
```

其中，ans*g 表示在该群中的乘法，而不是在整数中的乘法。

该运算循环中有 x 次迭代，所以这个运算需要 $O(x)$ 时间来运行。$O(x)$ 不是多项式时间，是不能接受的。

(2) 使用重复平方，来提高运行时间。

已知

$$g^x=\begin{cases}\left(g^{\frac{x}{2}}\right)^2, & x\text{是偶数}\\ g\left(g^{\frac{x-1}{2}}\right)^2, & x\text{是奇数}\end{cases} \tag{4.1}$$

根据式(4.1)，可以得出下面的“求幂”运算。

```
exponentiate_efficient(g,x){
   if x=?0 return 1;
   tmp = 1, ans = g;
   while (x > 1) {
       if (x is odd) {
          tmp=tmp*ans;
          x=x-1 }
       if (x > 1) {
          ans=ans*ans;
          x=x/2 ; }
          }
return tmp*ans;}
```

同样，“*”表示在该群中的乘法，而不是在整数中的乘法。

该运算在循环的每次执行中，x 的值至少减少一半，并且这个循环的执行数目是 $O(\log x)=O(|x|)$，这样，整个运算的执行在多项式时间内。

从以上讨论得知：给定一个生成元 g 和一个整数 x，可以在多项式时间内计算 g^x。反过来，就是著名的离散对数问题。

4.2.3　离散对数假设

定义 4.4　离散对数问题。给定某个群 $\mathbb{G}$ 上的任意一个元素 h 和一个生成元 $g\in\mathbb{G}$，设 $\mathbb{G}=\mathbb{Z}_q^*$，是否能在多项式时间内求出唯一的整数 $x<q$，满足 $x=\log_g h$？这就是著名的离散对数问题(Discrete Logarithm Problem，DLP)。

对于许多群，离散对数问题被猜想是“困难的”。

给出以下多项式时间算法 GroupGen：

(1) 设安全参数为 n，输入 1^n。

(2) 输出一个阶为 q 的循环群 $\mathbb{G}$ 的描述以及 q 和一个生成元 $g\in\mathbb{G}$。

值得一提的是：这个 GroupGen 可能是确定的。

设安全参数为 n，对于所有 PPT 算法 A，如果下列式子是可忽略不计的，则称离散对数问题对于算法 GroupGen 是困难的，即

$$\Pr\left[(\mathbb{G},q,g)\leftarrow \text{GroupGen}(1^n);h\leftarrow\mathbb{G};x\overset{\$}{\leftarrow}A(\mathbb{G},q,g,h):g^x=h\right]$$ □

有时候，如果离散对数问题对于算法 GroupGen 以及算法 GroupGen 输出的一个群 $\mathbb{G}$ 是困难的，就说在 $\mathbb{G}$ 上离散对数问题是困难的。

离散对数假设(Discrete Logarithm Assumption，DLA)就是假设算法 GroupGen 的离散对数问题是困难的。

已经证明阶为素数 p 的循环群 $\mathbb{Z}_p^*$ 是一个满足离散对数假设的特殊的群，并且已知在多项式时间内可以判断 $\mathbb{Z}_p^*$ 中的一个给定元素是否是一个二次剩余。所以，根据二次剩余判断的性质，可以破译基于离散对数假设设计的密码体制，所以需要一个更强的假设，来保证密码体制的安全性。

4.2.4　基于有限域上离散对数假设的公钥加密方案

构造 4.1　El Gamal 公钥加密方案。基于有限域上离散对数假设的 El Gamal 公钥加密方案具体如下：

(1) 密钥产生算法 $\text{Gen}(1^n)$：$(\mathbb{G},q,g)\leftarrow\text{GroupGen}(1^n)$；随机选择 $x\overset{\$}{\leftarrow}\mathbb{G}$；设 $y=g^x$；输出公钥 $\text{pk}=(\mathbb{G},q,g,y)$ 和私钥 $\text{sk}=x$。

(2) 加密算法 $\mathcal{E}_{\text{pk}}(m)$：明文 $m\in\mathbb{G}$，随机选择 $r\overset{\$}{\leftarrow}\mathbb{G}$，输出密文 $(c_1,c_2)=(g^r,y^r m)$。

(3) 解密算法 $\mathcal{D}_{\text{sk}}(c_1,c_2)$：计算并输出明文 $m=\dfrac{c_2}{(c_1)^x}$。

(4) 解密的正确性：$\frac{y^r m}{(g^r)^x} = \frac{y^r m}{(g^x)^r} = \frac{y^r m}{y^r} = m$。

4.2.5　计算 Diffie-Hellman 假设

设 $\mathbb{G} = \mathbb{Z}_q^*$，给定 $\mathbb{G}$ 上的两个元素 $g^a, g^b \in \mathbb{G}$ 和一个生成元 $g \in \mathbb{G}$，其中 $0 < a, b < q$，则计算 g^{ab} 就是计算 Diffie-Hellman 问题(Computational Diffie-Hellman Problem，CDH 问题)。

同样，给出以下多项式时间算法 GroupGen。

(1) 设安全参数为 n，输入 1^n。

(2) 输出一个阶为 q 的循环群 $\mathbb{G} = \mathbb{Z}_q^*$ 的描述以及 q 和一个生成元 $g \in \mathbb{G}$。

同上，这个 GroupGen 可能是确定的。

设安全参数为 n，对于所有 PPT 算法 A，如果下列式子是可忽略不计的，则称计算 Diffie-Hellman 问题对于算法 GroupGen 是困难的，即

$$\Pr\left[(\mathbb{G}, q, g) \leftarrow \text{GroupGen}(1^n); g^a, g^b \xleftarrow{\$} \mathbb{G}; g^c \leftarrow A(\mathbb{G}, q, g, g^a, g^b) : g^c = g^{ab}\right]$$

□

计算 Diffie-Hellman 假设(CDH 假设)就是假设以上算法 GroupGen 计算 Diffie-Hellman 问题是困难的。

4.2.6　判定 Diffie-Hellman 假设

设 $\mathbb{G} = \mathbb{Z}_q^*$，简单地说，判定 Diffie-Hellman(Decisional Diffie-Hellman Hypothesis，DDH) 假设就是假设难以区分两个多元组 (g, g^x, g^y, g^{xy}) 和 $(g, g^x, g^y g^z)$，其中 g 是一个生成元，并且 x, y, z 是随机的。

正式地，如果对于以上 4.2.5 节中算法 GroupGen，DDH 问题是困难的，就说 GroupGen 满足 DDH 假设。

定义 4.5　DDH 问题。如果式(4.2)和式(4.3)是计算不可区分的，则称对于算法 GroupGen，DDH 问题是困难的：

$$\left\{(\mathbb{G}, q, g) \leftarrow \text{GroupGen}(1^n); x, y, z \xleftarrow{\$} \mathbb{Z}_q : (\mathbb{G}, q, g, g^x, g^y, g^z)\right\} \tag{4.2}$$

$$\left\{(\mathbb{G}, q, g) \leftarrow \text{GroupGen}(1^n); x, y \xleftarrow{\$} \mathbb{Z}_q : (\mathbb{G}, q, g, g^x, g^y, g^{xy})\right\} \tag{4.3}$$

□

从第一个分布中选择的多元组称为“随机多元组”，从第二个分布中选择的多元组称为“DH 多元组”。这是临时滥用的两个不太准确的概念，因为存在多元组同时在“随机多元组”和“DH 多元组”之中。

同样，如果对于算法 GroupGen 以及算法 GroupGen 输出的一个特殊的群 $\mathbb{G}$，DDH

问题是困难的，则非正式地说，在 $\mathbb{G}$ 上 DDH 假设是满足的。

第 5 章定理 5.6 证明了在 DDH 假设下，El Gamal 公钥加密方案是 IND-CPA 安全的。

4.3　椭圆曲线群上的离散对数问题

椭圆曲线是亏格为 1 的三次光滑平面曲线，当基域为有限域 $\mathbb{F}_q$ 时，又称为有限域 $\mathbb{F}_q$ 上的椭圆曲线。有限域的特征可以是 2、3 和大于 3 的素数 p 。在椭圆曲线密码体制中，取特征为 2 或大素数 $p>3$ ，在应用中一般取 $p=q$ 或 $q=2^m$ 。

椭圆曲线定义在射影平面 $P^2(\mathbb{F}_q)$ 上。3 维 $\mathbb{F}_q$ -空间去除坐标原点后的集合 $\mathbb{F}_q^3 \setminus \{(0,0,0)\}$ ，按等价关系“~”导出的全体等价类称为射影平面 $P^2(\mathbb{F}_q)$，其中“~”定义为 $(X_1,Y_1,Z_1)\sim(X_2,Y_2,Z_2)$，当且仅当存在 $u\in\mathbb{F}_q\setminus\{0\}$ ，使 $(X_1,Y_1,Z_1)=(uX_2,uY_2,uZ_2)$ 。

射影平面 $P^2(\mathbb{F}_q)$ 可以等同于仿射平面添加无穷远直线，射影平面 $P^2(\mathbb{F}_q)$ 上的椭圆曲线可以等同于仿射坐标系下的椭圆曲线添加椭圆曲线在 $P^2(\mathbb{F}_q)$ 上的唯一的无穷远点。

4.3.1　$\mathbb{F}_p$ 上的椭圆曲线

在仿射坐标系下， $\mathbb{F}_q$ 上的椭圆曲线方程可以简化为 $E:y^2=x^3+ax+b$ ，其中 $a,b\in\mathbb{F}_p$ ，为了保证椭圆曲线的光滑性，即在任何点都有切线(包括无穷远点)，要求有 $\Delta=4a^3+27b^2\neq 0(\bmod p)$ 。

点 P 是椭圆曲线 E 上的点是指 $P=(x,y)$ 满足 E 的方程，或者 P 是 E 上唯一的无穷远点 O，O 的射影坐标为 $(0,1,0)$ 。

定义 4.6　$\mathbb{F}_p$ 上的椭圆曲线 $E(\mathbb{F}_p)$。设 $a,b\in\mathbb{F}_p$ ， $\mathbb{F}_p$ 上的椭圆曲线是满足方程 $E:y^2=x^3+ax+b$ 上的所有 (x,y) 点与另一个点(称为无穷远点 O)构成的集合，记 $E(\mathbb{F}_p)=\{(x,y):x,y\in\mathbb{F}_p\text{且满足}E\text{的方程}\}\cup\{O\}$ ，并称 $\Delta=4a^3+27b^2$ 为判别式。要求 $\Delta=4a^3+27b^2\neq 0(\bmod p)$ 。称 $\#E(\mathbb{F}_p)$ 为椭圆曲线 E 的阶，即椭圆曲线的 $E(\mathbb{F}_p)$ 的解点的数目。 □

$\mathbb{F}_p$ 上的椭圆曲线 $E(\mathbb{F}_p)$ 的图形为图 4.1 所示 $E:y^2=x^3+ax+b$ 加上一个无穷远点 O。

可在椭圆曲线 $E(\mathbb{F}_p)$ 上定义一个加法群运算“+”，如图 4.1 所示，设 $P=(x_1,y_1)$ 和 $Q=(x_2,y_2)$ 是椭圆曲线上的两点， l 是连接 P 和 Q 的直线，下面从几何意义和数学语言两方面分别讨论椭圆曲线 $E(\mathbb{F}_p)$ 上的加法 $P+Q$ 的运算。

(1) 椭圆曲线 $E(\mathbb{F}_p)$ 上加法运算的几何意义。

①如果 P 与 Q 是横坐标相同的点，即 $x_1=x_2, y_1=-y_2$ 。

定义椭圆曲线上横坐标相同的点 P 与点 Q 关于椭圆曲线加法运算是互逆的，可将 Q 写为 $-P=(x_1,-y_1)$ 。

如果 P 与 Q 是横坐标相同的点，这时，直线 l 与 y 轴平行， l 与椭圆曲线 E 再没有交点，此时就将 $P+Q$ 定义为无穷远点 O 。定义 $P+O=P$ 。

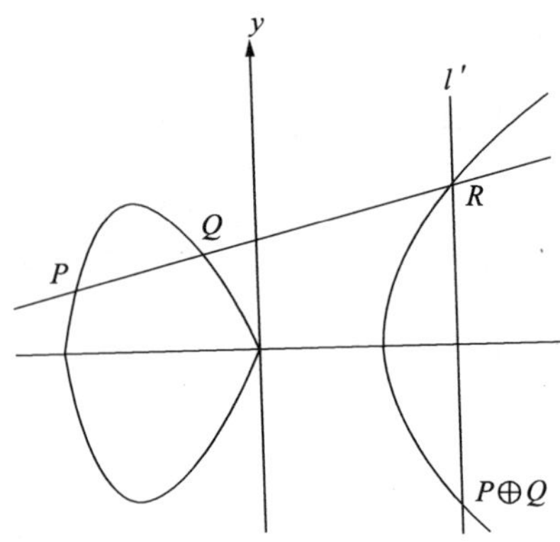

图 4.1　$E: y^2 = x^3 + ax + b$ 曲线

②如果 $P \neq Q$，则设直线 l 与椭圆曲线 E 相交于另一点 R，过 R 作 y 轴的平行线 l'，记 l' 与椭圆曲线 E 相交于另一点，这一点就是 $P+Q$。

③如果 $P=Q$，也就是求 $P+P$，则 l 就是过 P 点的椭圆曲线的切线。设直线 l 与椭圆曲线 E 相交于另一点 R，过 R 作 y 轴的平行线 l'，记 l' 与椭圆曲线 E 相交于另一点，这一点就是 $P+P$。

另外，根据以上①~③的几何意义可得：如果 P 和 Q 分别居于 y 轴的左侧和右侧，则 $P+Q$ 一定居于 y 轴的左侧。

(2) 用数学语言来描述 $\mathbb{F}_p$ 上椭圆曲线上点的加法规则。任取两点 $\forall P=(x_1,y_1)\in E(\mathbb{F}_p)$ 和 $Q=(x_2,y_2)\in E(\mathbb{F}_p)$，则椭圆曲线 $E(\mathbb{F}_p)$ 中点的加法运算如下：

①定义 $P+O=P$。

②设 $-P=(x_1,-y_1)$，则 $P+(-P)=O$。

③若 $Q\neq -P$，记 $P+Q=(x_3,y_3)$，则有

$$\begin{cases} x_3 = \lambda^2 - x_1 - x_2 \\ y_3 = \lambda(x_1 - x_3) - y_1 \end{cases}$$

其中，$\lambda = \begin{cases} \dfrac{y_2 - y_1}{x_2 - x_1}, & x_1 \neq x_2 \\ \dfrac{3x_1^2 + a}{2y_1}, & x_1 = x_2 \end{cases}$。

定理 4.2　椭圆曲线 $E(\mathbb{F}_p)$ 上的点按上述加法规则构成一个阶为 $\#E(\mathbb{F}_p)$ 的阿贝尔群。

证明：直接验证阶为 $\#E(\mathbb{F}_p)$ 的 $\mathbb{F}_p$ 上的椭圆曲线 $E(\mathbb{F}_p)$ 对于加法运算是封闭的。上述定义的加法运算满足结合律、交换律、具有单位元 O、$E(\mathbb{F}_p)$ 中任一元 (x,y) 具有逆元 $(x,-y)$，因而构成阶为 $\#E(\mathbb{F}_p)$ 的阿贝尔群。

椭圆曲线上与点 P 横坐标相同的点，是 P 点关于椭圆曲线上加法运算的逆元。也就是过 P 点且平行于 y 轴的直线与椭圆曲线 $E(\mathbb{F}_p)$ 的另一个交点。

任给自然数 t，$P \in E(\mathbb{F}_p)$，求 $tP = \underbrace{P + \cdots + P}_{t}$ 的运算称为多倍点运算。

引理 4.4　椭圆曲线 $E_1 : y^2 = x^3 + ax + b$ 和 $E_2 : y^2 = x^3 + a'x + b'$ 同构，当且仅当存在 $u \in \mathbb{F}_p \setminus \{0\}$，使得 $a' = u^4 a, b' = u^6 b$。

4.3.2　$\mathbb{F}_{2^m}$ 上的椭圆曲线

在仿射坐标系下，$\mathbb{F}_{2^m}$ 上的非超奇异椭圆曲线方程的同构类可以写为 $E : y^2 + xy = x^3 + ax^2 + b$，其中 $a \in \{0, \gamma\}, \gamma \in \mathbb{F}_{2^m}$，迹 $\mathrm{Tr}_{\mathbb{F}_{2^m}/\mathbb{F}_2}(\gamma) = 1$，$b \in \mathbb{F}_{2^m} \setminus \{0\}$。

定义 4.7　**$\mathbb{F}_{2^m}$ 上的椭圆曲线** $E(\mathbb{F}_{2^m})$。设 $a \in \{0, \gamma\}, \gamma \in \mathbb{F}_{2^m}$，迹 $\mathrm{Tr}_{\mathbb{F}_{2^m}/\mathbb{F}_2}(\gamma) = 1$，$b \in \mathbb{F}_{2^m} \setminus \{0\}$，$\mathbb{F}_{2^m}$ 上的椭圆曲线是满足方程 $E : y^2 + xy = x^3 + ax^2 + b$ 上的所有 (x, y) 点与另一个点(称为无穷远点 O)构成的集合，记 $E(\mathbb{F}_{2^m}) = \{(x, y) : x, y \in \mathbb{F}_{2^m}$ 且满足 E 的方程$\} \cup \{O\}$。称集合 $E(\mathbb{F}_{2^m})$ 中元素的个数为椭圆曲线 E 的阶，记为 $\#E(\mathbb{F}_{2^m})$。　□

$\mathbb{F}_{2^m}$ 上椭圆曲线点的加法规则：设 $P = (x_1, y_1) \in E(\mathbb{F}_{2^m}), Q = (x_2, y_2) \in E(\mathbb{F}_{2^m})$，则椭圆曲线 $E(\mathbb{F}_{2^m})$ 中点的加法运算如下：

(1) 定义 $P + O = P$。

(2) $-P = (x_1, y_1 + x_1)$，$P + (-P) = O$。

(3) 若 $Q \neq -P$，记 $P + Q = (x_3, y_3)$，则有

$$\begin{cases} x_3 = \lambda^2 + \lambda + a + x_1 + x_2 \\ y_3 = \lambda(x_1 + x_3) + x_3 + y_1 \end{cases}$$

其中，$\lambda = \begin{cases} \dfrac{y_2 + y_1}{x_2 + x_1}, & x_1 \neq x_2 \\ \dfrac{x_1^2 + y_1}{x_1}, & x_1 = x_2 \end{cases}$。

推论 4.2　椭圆曲线 $E(\mathbb{F}_{2^m})$ 上的点按上述加法规则构成一个阶为 $\#E(\mathbb{F}_{2^m})$ 的阿贝尔群。

同理，任给自然数 t，$P \in E(\mathbb{F}_{2^m})$，求 $tP = \underbrace{P + \cdots + P}_{t}$ 的运算称为多倍点运算。

4.3.3　椭圆曲线群上的离散对数问题

设 $E(\mathbb{F}_q)$ 是有限域 $\mathbb{F}_q$ 上的椭圆曲线，$P \in E(\mathbb{F}_q)$，则 P 的阶 $\mathrm{ord}(P)$ (又称为周期)，就是使 $nP = O$ 的最小的正整数，其中 O 是无穷远点。

定义 4.8　**椭圆曲线上的离散对数问题**。设 E 是有限域 $\mathbb{F}_q$ 上的椭圆曲线，$\mathbb{G}$ 是 $E(\mathbb{F}_q)$ 的一个循环子群，$P \in E(\mathbb{F}_q)$ 是 $\mathbb{G}$ 的一个生成元，即 $\mathbb{G} = \{iP : i \in \mathbb{N}$ 且 $i \geqslant 1\}, Q \in \langle P \rangle$，$r = \mathrm{ord}(P)$。在已知 P、Q 的条件下，求解整数 $\lambda \in [0, r-1]$，使得 $Q = \lambda P$ 的问题，称为 $E(\mathbb{F}_q)$ 上的椭圆曲线离散对数问题 (Elliptic Curve Discrete Logarithm Problem, ECDLP)。　□

椭圆曲线上的离散对数问题是困难问题，求解 ECDLP 的困难性构成了椭圆曲线密码体制的安全性基础。

目前，还没有能够解决所有椭圆曲线上的离散对数问题的通用的有效解决方法。解决椭圆曲线上离散对数问题的主要方法是利用 Weil Pair 映射，将有限域 $\mathbb{F}_q$ 上椭圆曲线的离散对数问题转化为有限域 $\mathbb{F}_{q^n}$ 上的离散对数问题。已经证明，对于超椭圆曲线，有 $n \leqslant 6$，因而超奇异椭圆曲线上的离散对数问题等价于有限域上的离散对数问题，它不具有吸引力。

4.3.4 椭圆曲线上的公钥加密方案

基于椭圆曲线算法的加密方案称为椭圆曲线加密方案，椭圆曲线加密方案的安全性基于椭圆曲线上的离散对数问题。

无论是 RSA 加密方案，还是 EI Gamal 加密方案，都只是利用了环上的乘法半群的性质，而没有利用加法的性质，因而这些加密方案都可推广到有限交换群上，推广时只需将指数运算(如 P^x)换作倍数运算(如 λP)。因此，椭圆曲线上的公钥加密方案都是已有的公钥加密方案在椭圆曲线群上的推广。下面介绍的 Menezes-Vanstone 公钥加密方案(简称 M-V 公钥加密方案)是 EI Gamal 体制在椭圆曲线群上的推广。

构造 4.2　Menezes-Vanstone 公钥加密方案。该方案具体描述如下：

(1)密钥产生算法：取有限域 $\mathbb{F}$ 上的椭圆曲线 E，$\mathbb{G}$ 是 E 的一个循环子群，$P \in E$ 是 $\mathbb{G}$ 的一个生成元，即 $\mathbb{G} = \{iP : i \geqslant 1\}$, $Q \in \langle P \rangle$，$r = \operatorname{ord}(P)$ (r 足够大)。$\mathbb{G}$ 中的离散对数问题是难解的。将 $\mathbb{F}$ 和 E 以及 P 都公开。

随机选取整数 $d \in [1, r-1]$，并计算出 $Q = dP$。将 Q 作为公开的加密密钥，即 $\mathrm{pk} = Q$，将 d 作为保密的解密密钥，即 $\mathrm{sk} = d$。

(2) 加密算法 $\mathcal{E}_Q(m)$：明文空间为 $\mathbb{F}^* \times \mathbb{F}^*$，其中 $\mathbb{F}^* = \mathbb{F} \setminus \{0\}$；密文空间为 $E \times \mathbb{F}^* \times \mathbb{F}^*$。

对任意明文 $m = (m_1, m_2) \in F^* \times F^*$，秘密选择一个整数 $k \in [1, r-1]$，则加密后得到密文为 $c = (c_0, c_1, c_2)$，其中，$c_0 = kP$，且 $\begin{cases} c_1 = x_1 m_1 \bmod p \\ c_2 = x_2 m_2 \bmod p \end{cases}$，这里 $(x_1, x_2) = kQ$。

(3)解密算法 $\mathcal{D}_d(c)$：对任意密文 $c = (c_0, c_1, c_2)$，解密得到明文 $m = (c_1 x_1^{-1}, c_2 x_2^{-1})$，其中 $(x_1, x_2) = dc_0$。

(4)解密算法的正确性：略。

注意以下几点。

(1)有限域 $\mathbb{F}$ 既可以选为素域 $\mathbb{F}_p$，也可选为一般的域 $\mathbb{F}_{p^n}$。如何选取域更好，是目前学术界研究的一个问题。

(2)如何选择有限域 $\mathbb{F}$，如何设计椭圆曲线 E，如何构造出 E 中阶足够大的元 P，求出或估计出 P 的阶，并保证由 P 生成的循环群上的离散对数问题是难解的，以及如何快速实现 E 中的倍数运算等，都是椭圆曲线研究的热点问题。

(3) 在 P 的选择中，一般选择它的阶 $r=\mathrm{ord}(P)$ 是素数。

4.4　二次剩余问题

4.4.1　二次剩余

给定 $q\in\mathbb{Z}_N^*$，如果 $q\equiv x^2 \bmod N$ 有解，q 称为模 N 的二次剩余。如果 $q\equiv x^2 \bmod N$ 无解，q 称为模 N 的二次非剩余。

例 4.5　给定 $q\in\mathbb{Z}_N^*$，$q\equiv x^2 \bmod N$ 有解吗？

解：如果 N 是一个素数，容易确定 $q\equiv x^2 \bmod N$ 是否有解。具体为：如果 $q^{(n-1)/2} \bmod N=1$，则 $q\equiv x^2 \bmod N$ 有解。如果 $q^{(n-1)/2} \bmod N=-1$，则 $q\equiv x^2 \bmod N$ 无解。

如果 N 不是一个素数，设 p_1 和 p_2 是不相同的两个奇素数，并且 $N=p_1p_2$，则 $q\equiv x^2 \bmod N$ 有解，当且仅当 $q\equiv x^2 \bmod p_1$ 和 $q\equiv x^2 \bmod p_2$ 都是有解的。这样，如果已知 N 的因子，则 $q\equiv x^2 \bmod N$ 的解容易确定。

引理 4.5　给定一个合数 N 的素因子，判断 $q\in\mathbb{Z}_N^*$ 是否是模 N 的二次剩余，需要 $O\left(|N|^2\right)$ 时间。

当不知 N 的两个素因子 p_1 和 p_2 时，可以用 Jacobi 符号确定 q 是否是模 N 的二次剩余。

定义 4.9　Jacobi 符号 (q/N)。设 p 是奇素数，$q\in\mathbb{Z}_p^*$，如果 q 是模 p 的一个二次剩余，Jacobi 符号 q/p 等于 1；如果 q 是模 p 的一个二次非剩余，Jacobi 符号 q/p 等于 -1。从而，Jacobi 符号 (q/N) 定义为：$(q/N)=(q/p_1)(q/p_2)$。　□

尽管 Jacobi 符号 (q/N) 是通过 N 的因子定义的，但即使不知道 N 的因子，(q/N) 在多项式时间是可计算的。从前面的定义可容易地得知：如果 $(q/N)=-1$，则 q 必定是模 N 的一个二次非剩余，事实上，q 要么是模 p_1 的一个二次非剩余，要么是模 p_2 的一个二次非剩余。然而，如果 $(q/N)=1$，则要么 q 是模 N 的一个二次剩余，要么 q 模 N 的两个素数因子都是二次非剩余。

设 N 是一个合数，本书关心的是 $\mathbb{Z}_N^*$ 中 Jacobi 符号等于 1 的那些元素，即定义集合 $\mathbb{Z}_N^{+1}=\left\{x \middle| x\in\mathbb{Z}_N^*, 并且\ (x/N)=1\right\}$。

事实 4.1　设 g 是 $\mathbb{Z}_p^*$ 的一个生成元，则当且仅当 s 是一个偶数时，$g^s \bmod p$ 是一个二次剩余。

推论 4.3　$\mathbb{Z}_p^*$ 中的元素，一半是二次剩余，一半是二次非剩余。

事实 4.2　设 $N=p_1p_2$，p_1 和 p_2 是互异的两个奇素数，则 $\mathbb{Z}_N^*$ 中的元素，一半 Jacobi 符号等于 -1，因而是二次非剩余；剩余的一半 Jacobi 符号等于 1，正好这剩余的一半是模 N 的二次剩余。

4.4.2　二次剩余问题

定义 4.10　二次剩余问题 (Quadratic Residuosity Problem，QRP)。设 N 是一个合数，

q 是 Z_N^{+1} 中的一个元素，关于参数 q 和 N 的二次剩余问题就是判断 q 是否是模 N 的一个二次剩余。 □

如果不知 N 的因子，没有已知的有效方法来解决关于参数 N 和 Z_N^{+1} 中 q 的二次剩余问题。这个判断问题是数论中著名的困难问题。

关于二次剩余问题的多项式解意味着数论中另外一个困难性问题的多项式解。其中一个例子就是判断一个合数 N 是否是 2 或 3 素数的乘积。

为了正式描述二次剩余问题的困难性假设，先介绍谓词 Q_N 和难分解合数集 H_n 的概念。对于所有 $x \in Z_N^{+1}$，谓词(Predicate) Q_N 定义为

$$Q_N(x)=\begin{cases}1, & x\text{ 是模 }N\text{ 的二次剩余}\\0, & x\text{ 是模 }N\text{ 的二次非剩余}\end{cases}$$

设 p_1 和 p_2 是素数，定义 $H_n=\{N|N=p_1p_2,|p_1|=|p_2|=n\}$ 为难分解合数集 H_n (Set of Hard Composite Integer)。H_n 的元素由任意已知的因式分解算法最难分解合数组成。

定义 4.11　二次剩余假设(Quadratic Residuosity Assumption，QRA)。设 P_1 是一个固定多项式，H_n 是难分解合数集。对于每个整数 n，设 C 是一个有两个 $2n$ 比特输入、一个布尔输出的线路。对于 $N \in H_n$ 的 $\dfrac{1}{P_1(n)}$ 部分，所有 $x \in Z_N^{+1}$，如果 C_n 是满足 $C[N,x]=Q_N(x)$ 的 C 的最小线路。那么，对于所有多项式 P_2，对于所有足够大的 n，有 $C_n > P_2(n)$。这就是二次剩余假设。 □

在二次剩余假设下，计算 $Q_N(x)$ 是困难的。不仅对于某些特定的 $x \in Z_N^{+1}$，计算 $Q_N(x)$ 是困难的，而且对于平均情况，计算 $Q_N(x)$ 也是困难的。

4.4.3　二次剩余作为一个不可逼近陷门谓词

在二次剩余假设下，可以给出一个不可逼近陷门谓词集的例子。令 $n \in \mathbb{N}$，设 p_1 和 p_2 是素数，并设难分解合数集

$$H_n=\{N \mid N=p_1p_2\text{，其中}|p_1|=|p_2|=n\}$$

设 $\mathbb{Z}_N^*=\{x \leqslant N \mid (x,N)=1\}$，并用 $\mathbb{Z}_N^{+1}$ 表示 Jacobi 符号等于+1 的 $\mathbb{Z}_N^*$ 的子集。

对所有的 $x \in \mathbb{Z}_N^{+1}$，Q_N 为谓词(见 4.4.2 节中定义)。

设 $n \in \mathbb{N}$，x 和 y 为二进制字符串，用 $x\#y$ 表示 x 和 y 的串联。定义 $S_{4n}=\{N\#y|N \in H_n\text{ 和 }y \in \mathbb{Z}_N^{+1}\text{ 是模}N\text{的二次非剩余}\}$。对每个 $x \in \mathbb{Z}_N^{+1}$，定义 $Q_{N\#y}(x)=Q_N(x)$。定义 $Q^\#=\{Q_{N\#y}|N\#y \in S_{4n}\}$，则 $Q^\#$ 是一个谓词集。以下证明 $Q^\#$ 是不可逼近陷门谓词集。

(1) $Q^\#$ 是不可逼近的：在二次剩余假设下，根据定义 3.7 可证明。

(2) $Q^\#$ 是陷门的：令 $\sigma_{4n}(N\#y)$ 为 N 的因子，$Q^\#$ 是一个陷门谓词集。实际上，如果已知 N 的因子，能在 $O(n^3)$ 时间内计算 $Q_N(\cdot)$。而且，给定一个模 N 的二次非剩余 y，通过随机选择 $x \in \mathbb{Z}_N^*$，然后计算 $r=yx^2 \bmod N$，在 n 的概率多项式时间内，可以生成具有均匀概率的模 N 的二次非剩余。

(3) $Q^{\#}$ 是可构造的：以下给出选择一个元素 $N\#y \in S_{4n}$ 的算法，其中 $N \in H_n$ 且 $y \in \mathbb{Z}_N^{+1}$ 是模 N 的二次非剩余。

①进行 $4n$ 次随机抛币，生成长度为 $4n$ 比特的抛币序列。

②分别检查生成的前两个 n 比特是否两个素数 p_1 和 p_2 的二进制表示，即检查第一个 n 比特是否是素数 P_1，第二个 n 比特是否是素数 p_2。

如果前两个 n 比特分别是素数 p_1 和 p_2 的二进制表示，令 $N = p_1 p_2$，转入 a；否则转入①。

a. 再检查最后 $2n$ 比特是否一个模 N 的二次非剩余 y 的二进制表示。

如果最后 $2n$ 比特是模 N 的二次非剩余 y 的二进制表示，则 $(p_1 \cdot p_2)\#y \in S_{4\mathrm{n}}$ 是所选元素，输出 $(p_1 \cdot p_2)\#y$ 并中止；否则转入①。

正好能通过一个长度为 $4n$ 的抛币序列生成每个 S_{4n} 中的每个元素，上述算法以均匀概率选择 S_{4n} 中每个元素。由于素数定理和素性检查的随机多项式时间算法的存在性，上述算法在 n 的随机多项式时间内运行(即在随机的 $\mathrm{Poly}(n)$ 时间内运行)。

总之，在 QRA 下，$Q^{\#}$ 是一个不可逼近陷门谓词。

4.4.4　应用二次剩余问题的概率公钥加密方案实例

本节描述基于二次剩余问题的概率公钥加密方案，该加密方案以很大的概率是安全的，当且仅当判定合数模二次剩余是困难的。对于被加密消息的所有信息部分、对于所有可能的消息空间和消息空间的所有可能概率分布，该加密方案都是安全的。

构造 4.3　基于二次剩余问题的概率公钥加密方案。回顾 4.4.3 节中介绍的 $Q^{\#}$ 不可逼近陷门谓词，$Q^{\#} = \{Q_{N\#y} \mid N\#y \in S_{4n}\}$，其中 $N \in H_n$ 和 $y \in \mathbb{Z}_N^{+1}$，y 是模 N 的二次非剩余。设 FA4-1 为基于不可逼近陷门谓词 $Q^{\#}$ 的概率公钥密码体制。给 FA4-1 输入安全参数 n 和消息生成器 MG，FA4-1 工作运算如下：

(1) 密钥产生算法。

①随机选择两个 n 比特素数 p_1 和 p_2，设 $N = p_1 p_2$。

②选择 $y \in \mathbb{Z}_N^{+1}$，使得 y 是模 N 的一个二次非剩余。

③返回 (N, y) 和 (p_1, p_2)。其中公开 (N, y) 对，保密 (p_1, p_2) 对。

(2) 加密算法 $\mathcal{E}_{\mathrm{pk}}(m)$：假设加密二进制字符串 $m = m_1 \cdots m_l$。那么对每个 $m_i \in m$，随机选择 $x \in \mathbb{Z}_N^*$。如果 $m_i = 1$，令 $c_i = yx^2 \bmod N$；否则令 $c_i = x^2 \bmod N$。

最后，输出 l 元组 $c = (c_1, \cdots, c_l) = \mathcal{E}_{\mathrm{pk}}(m)$。

加密 l 比特消息 $m = m_1 \cdots m_l$，需要 $O\left(l \cdot n^2\right)$ 的时间。通常，加密算法将 l 比特明文扩展为 n 比特密文。

(3) 解密算法 $\mathcal{D}_{\mathrm{sk}}(c)$：对密文 $c = (c_1, \cdots, c_l)$ 解密。对每个 $c_i \in c$，计算 $m_i = Q_N(c_i)$，其中 Q_N 是谓词。

注意：因为 $\mathcal{D}_{\mathrm{sk}}(\cdot)$ 知道 N 的因子分解，能计算 $Q_N(c)$。

设 $m = m_1 \cdots m_l$，$|m| = l$，输出 $m = m_1 \cdots m_l$。　□

二次剩余的特定性质：设 $N \in H_n$，并且设 $cl = (m_1, \cdots, m_l)$ 是 l 比特消息 m 用谓词 Q_N

的一个概率加密。给定 l，不知道 N 的因子分解的任何人能重加密 m。实际上，他可以均匀概率选择另外一个概率加密，选择方法：随机选择另外一个不同的模 N 的二次剩余，然后用这个二次剩余乘以每个 x_i。

4.4.5 判定合数剩余

设 p_1 和 p_2 是素数，合数 $N = p_1p_2$，如果存在一个数 $y \in \mathbb{Z}_{N^2}^*$ 满足 $z = y^N \bmod N^2$，就称 z 是一个模 N^2 的 N 次剩余。

模 N^2 的 N 次剩余集合是一个阶为 $\phi(N)$ 的 $\mathbb{Z}_{N^2}^*$ 的乘法子群。每个模 N^2 的 N 次剩余 z 正好有次数为 N 的 N 个根，其中正好有一个根严格小于 N(称为 $\sqrt[N]{z} \bmod N$)。

判定 N 次剩余问题 (Deciding *N*-th Residuosity Problem)。判定 N 次剩余问题就是区分 N 次非剩余与 N 次剩余问题，记为 DCR。

定义 4.12 判定合数剩余假设(Decisional Composite Residuosity Assumption, DCRA)。不存在多项式时间区分器可以区分模 N^2 的 N 次剩余与 N 次非剩余，即**判定 N 次剩余问题**是困难的。 □

4.5 含错学习问题

4.5.1 含错学习问题

近十几年，含错学习线性函数问题(The Problem of Learning a Linear Function with Errors)，简称含错学习(Learning With Errors，LWE)问题已经广泛应用于密码学和计算复杂性领域中。大概来讲，LWE 问题就是从给定的任意多“噪声随机内积”中，恢复一个秘密向量问题。含噪奇偶学习(Learning Parity with Noise，LPN)问题是 LWE 问题的特例。

对于正整数 n，一个向量 $s \in \mathbb{Z}_q^n$，一个在 $\mathbb{Z}_q$ 上的概率分布 χ，设 $q = q(n) \leqslant \text{poly}(n)$ 是某个素数，考虑一组含错等式：

$$\begin{gathered}\langle s,\alpha_1\rangle \approx_\chi b_1 (\bmod q)\\ \langle s,\alpha_2\rangle \approx_\chi b_2 (\bmod q)\\ \vdots\end{gathered} \tag{4.4}$$

其中，α_i 是从 $\mathbb{Z}_q^n$ 中独立随机选取的；$b_i \in \mathbb{Z}_q$。式(4.4)中的错误是指 $\mathbb{Z}_q$ 上的概率分布 $\chi : \mathbb{Z}_q \to \mathbb{R}^+$。也就是说，对于第 i 个式子：$b_i = \langle s,\alpha_i\rangle + e_i (\bmod q)$，其中每个 $e_i \in \mathbb{Z}_q$ 是根据 χ 独立选取的。从式(4.4)的方程组中恢复 s 的问题，称为 n 维上的含错学习问题 $\text{LWE}_{q,\chi}$。

设 Ber_ε 表示 $\{0,1\}$ 上的 Bernoulli 分布，Ber_ε 为 1 的概率为 ε，Ber_ε 为 0 的概率为 $1-\varepsilon$。含噪奇偶学习问题是 $q = 2$ 和 $\chi = \text{Ber}_\varepsilon$ 情况下，$\text{LWE}_{q,\chi}$ 的特例。

在 χ 的合理性假设下，对于 $q = q(n) \leqslant \text{poly}(n)$，上述解决 $\text{LWE}_{q,\chi}$ 问题的最大可能的算法是用 $\text{poly}(n)$ 个等式和 $2^{O(n\log n)}$ 运算。

在选择某些 q 和 χ 的情况下，解决 $\mathrm{LWE}_{q,\chi}$ 问题蕴含最坏情况下格问题有一个量子解。

定理 4.3(Informal)　设整数 n、q 和 $a\in\{0,1\}$ 满足 $aq>2\sqrt{n}$，如果存在解决 $\mathrm{LWE}_{q,\bar{\psi}_a}$ 问题的有效算法，则存在有效的量子算法，在 $\tilde{O}(n/a)$ 内可以逼近最坏情况下判定最短向量问题(Decision Version of the Shortest Vector Problem, GapSVP)和线性无关向量组问题(Shortest Independent Vectors Problem，SIVP)。

其中 $\bar{\psi}_a$ 是 $\mathbb{Z}_q$ 上的分布，如图 4.2 所示，$\bar{\psi}_a$ 是一个中心为 O、标准差为 aq 的高斯分布，也就是 0(即非错误)的概率大致是 $\dfrac{1}{aq}$。

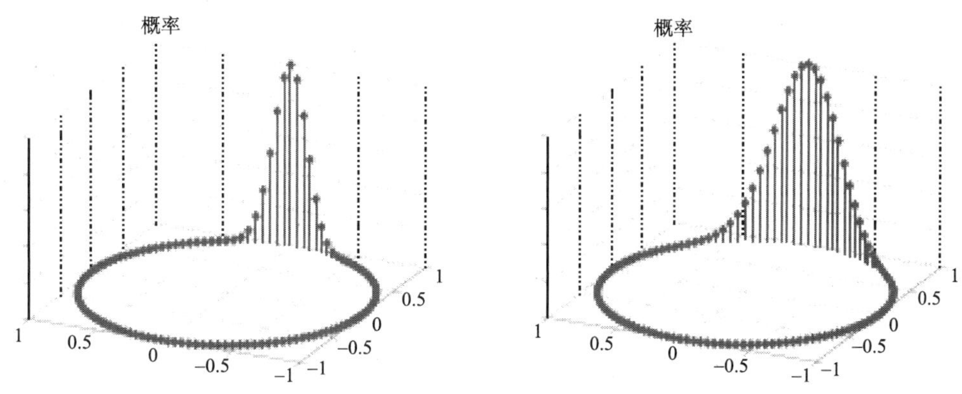

图 4.2　$q=127,a=0.05$ 的 $\bar{\psi}_a$ 和 $q=127,a=0.1$ 的 $\bar{\psi}_a$

图 4.2 中 $\mathbb{Z}_q$ 中的元素排成一个圆环。事实上，密码学应用的参数设置可能是 $q=O(n^2)$ 和 $a=\dfrac{1}{\sqrt{n}\log^2 n}$。

GapSVP 和 SIVP 是格中的两个主要计算问题。例如，在 GapSVP 中，输入是格，目的是逼近最短非零格向量的长度。

目前已知最好的求解 GapSVP 和 SIVP 的多项式次数运算仅仅是接近亚指数因子逼近，因此，可以推测，在任意多项式因子内，没有传统的(非量子的)多项式时间运算能逼近 GapSVP 和 SIVP。目前已有基于格的单向函数的构造正是基于这个推测。

有人甚至猜测在任意多项式因子内，没有量子的多项式时间运算能逼近 GapSVP 和 SIVP。支持这一猜测的唯一证据是：关于格问题，还没有已知的量子运算能胜过传统运算(非量子运算)，这可能是量子计算领域中，最重要的开放性问题之一。根据这个猜测，可以解释 LWE 问题是困难的。

LWE 问题也等价于解随机线性码问题。具体地，设 $m=\mathrm{poly}(n)$ 是任意的，设 $s\in\mathbb{Z}_q^n$ 是某个向量，则考虑如下问题：给定一个随机矩阵 $Q\in\mathbb{Z}_q^{m\times n}$ 和向量 $t=Qs+e\in\mathbb{Z}_q^m$，其中错误向量 $e\in\mathbb{Z}_q^m$ 的每一个坐标是从 $\bar{\psi}_a$ 中独立选择，恢复 s。由于从 $\bar{\psi}_a$ 中选择一个值为

0(非错误)的概率大致是$\frac{1}{aq}$，则$e\in\mathbb{Z}_q^m$的汉明重量(Hamming Weight)大致是$m\left(1-\frac{1}{aq}\right)$，因此，从$Qs$中$t$的汉明重量大致是$m\left(1-\frac{1}{aq}\right)$。进而可知，对于足够大的$m$和任意其他字$s'$，从$Qs'$中$t$的汉明重量大致是$m\left(1-\frac{1}{q}\right)$。因此，可以得到：求解近似因子小于$\frac{1-1/q}{1-1/(aq)}$的随机线性码中的距离最近码字问题的困难性与量子求解最坏情况下GapSVP的难度相同。这部分解决了随机线性码问题的困难性。

有些问题好像比LWE问题容易，但是用基本归约证明事实上它们等价于LWE问题，例如，区分式(4.4)的方程组与b_i的值是从$\mathbb{Z}_q$中均匀选取的另外一个方程组问题等价于解LWE问题。再如，对于所有s的某些不可忽略的因子，正确区分这两个分布就足以等价于解LWE问题，这在密码学中应用较多。接下来讨论LWE问题的正式定义，并讨论LWE问题的变体。

对于任意整数$q\geqslant 2$，设$\mathbb{Z}_q$为有模q加法运算的循环群，并设$\mathbb{T}$为$\mathbb{R}/\mathbb{Z}$，即有模1加法运算的段$[0,1)$。设$\chi:\mathbb{Z}_q\to\mathbb{R}^+$为$\mathbb{Z}_q$上的概率分布，设正整数$n$和一个向量$s\in\mathbb{Z}_q^n$，定义$A_{s,\chi}$为$\mathbb{Z}_q^n\times\mathbb{Z}_q$上的分布，该分布是通过随机均匀选择一个向量$\alpha\in\mathbb{Z}_q^n$、从$\chi$中选择一个错误项$e\in\mathbb{Z}_q$，并且输出$(\alpha,\langle\alpha,s\rangle+e)$得到的，其中加法是在$\mathbb{Z}_q$上的运算，即模$q$运算。设$U$为$\mathbb{Z}_q^n\times\mathbb{Z}_q$上的均匀分布。

关于$\mathbb{T}$上的概率密度函数ϕ，定义$A_{s,\phi}$为$\mathbb{Z}_q^n\times\mathbb{T}$上的分布，该分布是通过随机均匀选择一个向量$\alpha\in\mathbb{Z}_q^n$、从$\phi$中选择一个错误项$e\in\mathbb{T}$，并且输出$(\alpha,\langle\alpha,s\rangle/p+e)$得到的，其中加法是在$\mathbb{T}$上的运算，即模1。设$U$为$\mathbb{Z}_q^n\times\mathbb{Z}_q$上的均匀分布。

定义 4.13 含错学习问题。对于一个整数函数$q=q(n)$和一个$\mathbb{Z}_q$上的分布χ，如果满足如下条件，就说一个算法能解决$\mathrm{LWE}_{q,\chi}$问题：对于任意$s\in\mathbb{Z}_q^n$，给定该算法$A_{s,\chi}$中的取样，它以指数方式接近1的概率输出s。

同样地，对于$\mathbb{T}$上的概率密度函数ϕ，如果满足如下条件，就说一个算法能解决$\mathrm{LWE}_{q,\phi}$问题：对于任意$s\in\mathbb{Z}_q^n$，给定该算法$A_{s,\phi}$中的取样，它以指数方式接近1的概率输出s。在这两种情况下，如果算法在n的多项式时间内运行，就说算法是有效的。□

以下命题4.1~命题4.3给出LWE问题的变体，通过一系列基本归约，证明这些问题与LWE问题一样困难。

命题 4.1 平均情形 LWE 问题至少和格中最难情形 LWE 问题一样难(Average-case to Worst-case)。设$n,q\geqslant 1$是某些整数，并设χ是$\mathbb{Z}_q$上的某个分布。假设可以访问一个区分器W，对于所有可能s的一个不可忽略的因式，W可以区分$A_{s,\chi}$和U，则存在一个有效的算法W'，对于所有s，关于$A_{s,\chi}$中的输入，W'以指数方式接近1的概率接受，并且关于U中的输入，W'以指数方式接近1的概率拒绝。

命题 4.2 判定 LWE 问题至少和搜索 LWE 问题一样难(Decision to Search)。设$n\geqslant 1$

是某个整数，$2 \leqslant q \leqslant \text{poly}(n)$ 是一个素数，并设 χ 是 $\mathbb{Z}_q$ 上的某个分布。假设可以访问过程 W，对于所有 s，关于 $A_{s,\chi}$ 中的输入，W 以指数方式接近 1 的概率接受，并且关于 U 中的输入，W 以指数方式接近 1 的概率拒绝。则存在一个有效的算法 W'，给定 W' 关于某些 s 的 $A_{s,\chi}$ 中的独立取样，W' 以指数概率接近 1 输出 s。

命题 4.3　离散 LWE 问题至少和连续 LWE 问题一样难(Discrete to Continuous)。设 $n,q \geqslant 1$ 是某些整数，设 ϕ 是 $\mathbb{T}$ 上的某个概率密度函数，并设 $\bar{\phi}$ 是它到 $\mathbb{Z}_q$ 上的离散化。假设可以访问一个能解决 $\text{LWE}_{q,\bar{\phi}}$ 问题的算法 W，则存在一个有效的算法 W' 可以解决 $\text{LWE}_{q,\phi}$ 问题。

总结以上的命题 4.1~命题 4.3，可以得到命题 4.4。

命题 4.4　设 $n \geqslant 1$ 是某个整数，$2 \leqslant q \leqslant \text{poly}(n)$ 是一个素数，设 ϕ 是 $\mathbb{T}$ 上的某个概率密度函数，并设 $\bar{\phi}$ 是它到 $\mathbb{Z}_q$ 上的离散化。假设可以访问一个区分器 W，对于所有可能 s 的一个不可忽略的因式，W 可以区分 $A_{s,\bar{\phi}}$ 和 U，则存在一个有效的算法 W' 可以解决 $\text{LWE}_{q,\phi}$ 问题。

对于非常大的 n，如果不存在 PPT 算法 A 能解决 $\text{LWE}_{q,\chi}$，就说 $\text{LWE}_{q,\chi}$ 是困难的。

4.5.2　基于含错学习问题困难性构造的公钥加密方案

构造 4.4　基于含错学习问题的公钥加密方案。设 n 是安全参数，对于某个任意的 $\varepsilon > 0$，设整数 $m = (1+\varepsilon)(n+1)\log q$，选择 $q \geqslant 2$ 是 n^2 和 $2n^2$ 的某个素数。对于 $\alpha(n) = O\left(1/\sqrt{n}\log n\right)$，概率分布 χ 取自 $\bar{\Psi}_{\alpha(n)}$，这里 $\lim_{n\to\infty} \alpha(n)\cdot\sqrt{n}\log n = 0$，不失一般性，选取 $\alpha(n) = 1/\sqrt{n}\log^2 n$。以下描述公钥加密方案 FA4-2：

令以下算法中所有加法在 $\mathbb{Z}_q$ 上，也就是模 q 算法。

(1) 密钥产生算法：均匀随机选择 $s \in \mathbb{Z}_q^n$ 作为私钥 sk。

对于 $i = 1,\cdots,m$，从均匀的分布中独立选择 m 个向量 $a_1,\cdots,a_m \in \mathbb{Z}_q^n$，根据 χ 独立选择元素 $e_1,\cdots,e_m \in \mathbb{Z}_q$，用 $(a_i,b_i)_{i=1}^m$ 作为公钥 pk，其中 $b_i = \langle a_i,s\rangle + e_i$。

输出：$\text{pk} = (a_i,b_i)_{i=1}^m$ 和 $\text{sk} = s \in \mathbb{Z}_q^n$。

(2) 加密算法 $\mathcal{E}_{\text{pk}}(m)$：为了加密 1 比特，在 $[m]$ 的所有 2^m 子集中，均匀地选择一个随机集合 S。

如果 $m = 0$，则输出密文：$(a,b) = \left(\sum_{i\in S} a_i, \sum_{i\in S} b_i\right)$。

如果 $m = 1$，则输出密文：$\left(\sum_{i\in S} a_i, \left\lfloor \dfrac{q}{2} \right\rfloor + \sum_{i\in S} b_i\right)$。

(3) 解密算法 $\mathcal{D}_{\text{sk}}$：如果 $b_i - \langle a_i,s\rangle$ 更接近 0 而不是接近 $\left\lfloor \dfrac{q}{2} \right\rfloor$ 模 q，则 (a,b) 对的解密为 0；否则解密为 1。

(4) 解密的正确性：(略)。

命题 4.5　设 $\delta > 1$，假设对于任意的 $k \in \{0,1,\cdots,m\}$，χ^{*k} 满足 $\Pr\limits_{e\sim\chi^{*k}}\left[|e| < \left\lfloor \dfrac{q}{2} \right\rfloor \Big/ 2\right] >$

$1-\delta$，则解密错误的概率最多为δ，也就是说，解密正确的概率至少为$1-\delta$。

证明：首先考虑 0 的加密。给定(a,b)，其中$a=\sum_{i\in S}a_i$，$b=\sum_{i\in S}b_i=\sum_{i\in S}\langle a_i,s\rangle+e_i=\langle a,s\rangle+\sum_{i\in S}e_i$。

因此，$b-\langle a,s\rangle$正好等于$\sum_{i\in S}e_i$，后者的分布是$\chi^{*|S|}$。根据我们的假设，$\left|\sum_{i\in S}e_i\right|$最少以概率$1-\delta$小于$\left\lfloor\frac{q}{2}\right\rfloor/2$。在这种情况下，更接近 0 而不是接近$\left\lfloor\frac{q}{2}\right\rfloor$，因此解密正确。

比特 1 的加密情况类似，不再证明。 □

命题 4.6 对于 FA4-2 加密方案选择的参数，满足对于任意的$k\in\{0,1,\cdots,m\}$，对于某个可忽略的函数$\delta(n)$，有$\Pr_{e\sim\bar{\psi}_a^{*k}}\left[|e|<\left\lfloor\frac{q}{2}\right\rfloor/2\right]>1-\delta(n)$。

证明：从ψ_a^{*k}的取样，可以通过从ψ_a中取样$x_1,\cdots,x_k$，并且输出$\sum_{i=1}^{k}\lceil qx_i\rfloor\bmod q$得到。

从$\sum_{i=1}^{k}qx_i\bmod q$的值最多为$k\leqslant m<p/32$。因此，可以证明以很高的概率有

$$\left|\sum_{i=1}^{k}qx_i\bmod q\right|<q/16$$

这个条件等价于$\left|\sum_{i=1}^{k}x_i\bmod 1\right|<1/16$。

由于$\left|\sum_{i=1}^{k}x_i\bmod 1\right|<1/16$分布正是$\psi_{\sqrt{k}\cdot\alpha}$和$\sqrt{k}\cdot\alpha(n)=o\left(1/\sqrt{\log n}\right)$，对于某个可忽略的函数$\delta(n)$，$\left|\sum_{i=1}^{k}x_i\bmod 1\right|<1/16$的概率为$1-\delta$。 □

习题与思考

4.1 试证明阶为素数q的循环群$\mathbb{G}$中，给定一个生成元g，$h\in\mathbb{G}$的每一个元素满足在 0 和$q-1$之间正好一个元素s，使得$h=g^s$（提示：用生成元的定义证明）。

4.2 对于所有$h_1,h_2\in\mathbb{G}$，试证明$\log_g(h_1h_1)=\log_g h_1+\log_g h_2$。

4.3 设$p,p_1(p=2p_1+1),q,q_1(q=2q_1+1)$都是大素数，设$n=pq$，且分解$n$是困难的，设$\alpha\in\mathbb{Z}_n^*$，$\alpha$的阶为$2p_1q_1$（$\mathbb{Z}_n^*$中阶最大的元素），定义压缩函数$h(x)=\alpha^x\bmod n$，$x\in\{1,\cdots,n^2\}$，今设$n$=603241，$\alpha=11$，若给了$h(x)$的三个碰撞消息$h(1294755)=h(80115359)=h(52738737)$，试利用这个消息分解 603241。

4.4 试证明推论 4.2：椭圆曲线上$E(\mathbb{F}_{2^m})$的点按其加法规则构成一个阶为$\#E(\mathbb{F}_{2^m})$的阿贝尔群。

4.5 设$p=11$，E是由素域$\mathbb{F}_q$上的椭圆曲线$y^2=x^3+x+6\bmod 11$确定的有限域$\mathbb{F}_q$上的椭圆曲线，试确定群$(E,+)$。

4.6 试用椭圆曲线上的离散对数问题，定义椭圆曲线上的判断 Diffie-Hellman（Decisional Diffie-Hellman Hypothesis，DDH）。

4.7　试证明 M-V 公钥加密方案解密算法的正确性。

4.8　试证明 M-V 公钥加密方案是 IND-CPA 安全的。

4.9　试用例 4.8 的椭圆曲线 $E: y^2 = x^3 + x + 6$，以点 $P(2,7)$ 为生成元，设计一个公钥加密方案。

4.10　解释下列概念：ε-逼近谓词、不可逼近陷门谓词、二次剩余/二次非剩余、Jacobi 符号、二次剩余问题、谓词 Q_n。

4.11　破解 Rabin 公钥加密方案像因子分解 n 一样困难，对吗？

4.12　如果消息空间 $\mathcal{M}$ 在 $\mathbb{Z}_n^*$ 中是稀疏的，则能够针对 Rabin 公钥密码方案所有消息的 $1/\log n$ 部分进行解密吗？

4.13　试在二次剩余问题的难解性假设下，给出一个不可逼近陷门谓词集的例子。

4.14　试用 ε-逼近谓词的概念来描述二次剩余假设。

4.15　如果一个被随机选择的模 n 的一个二次非剩余被泄露，那么二次剩余问题的复杂性是否可以改变？为什么？

参 考 文 献

张华, 温巧燕, 金正平, 2012. 可证明安全算法与协议. 北京: 科学出版社.

ADLEMAN L M, 1980. On distinguishing prime numbers from composite numbers. 21st Annual Symposium on Foundations of Computer Science: 387-406.

BELLARE M, ROGAWAY P. Introduction to modern cryptography. Notes available fromhttp: //www-cse. ucsd. edu/users/mihir/cse207/classnotes. html.

BRAKERSKI Z, GOLDWASSER S, 2010. Circular and leakage resilient public-key encryption under subgroup indistinguishability// Annual Cryptology Conference. Heidelberg: Springer-Verlag: 1-20.

BRASSARD G, 1979. Relativized cryptography. Proceedings of the 20th IEEE Symposium on the Foundations of Computer Science: 383-391.

ELGAMAL T, 1985. A public key cryptosystem and a signature scheme based on discrete logarithms. IEEE Transactions on Information Theory, 31(4): 469-472.

GOLDWASSER S, 1985. Probabilitic encryption: Theory and applications. Ph. D. Thesis. University of California at Berkely.

GOLDWASSER S, MICALI S, 1982. Probabilistic encryption & how to play mental poker keeping secret all partial information. Proceedings of the Fourteenth Annual ACM Symposium on Theory of Computing: 365-377.

GOLDWASSER S, MICALI S, 1984. Probabilistic encryption. Journal of computer and system sciences, 28(2): 270-299.

KOBLITZ N, 1987. Elliptic curve cryptosystems. Mathematics of computation, 48(177): 203-209.

LIPTON R, 1986. How to cheat at mental poker. Proceedings of the AMS Short Course in Cryptography.

MILLER V S, 1985. Use of elliptic curves in cryptography// Conference on the Theory and Application of Cryptographic Techniques. Heidelberg: Springer-Verlag: 417-426.

REGEV O, 2005. On lattices, learning with errors, random linear codes, and cryptography. STOC: 84-93.

SHAMIR A, RIVEST R L, ADLEMAN L M, 1981. Mental poker. The mathematical gardner, Springer US: 37-43.

YAO A C, 1982. Theory and application of trapdoor functions. 23rd Annual Symposium on Foundations of Computer Science: 80-91.

附录：第 4 章的加密方案简表

	$\mathrm{Gen}(\cdot)$	$\mathcal{E}_{\mathrm{pk}}(\cdot)$	$\mathcal{D}_{\mathrm{sk}}(\cdot)$	备注
El Gamal	$(\mathbf{G},q,g)\leftarrow \mathrm{GroupGen}(1^n)$ 随机选择 $x\xleftarrow{\$}Z_q$；设 $y=g^x$； 随机选择 $x\xleftarrow{\$}Z_q$；设 $y=g^x$	$r\xleftarrow{\$}Z_q$ 输出密文 $(c_1,c_2)=(g^r,y^r m)$	计算并输出明文 $m=\frac{c_2}{(c_1)^x}$	用有限域上离散对数假设构造
M-V（加密多比特消息）	$d\in[1,r-1]$ $Q=dP$ 输出：$\mathrm{pk}=Q$ 和 $\mathrm{sk}=d$	$k\in[1,r-1]$ $c_0=kP\begin{cases}c_1=x_1m_1 \bmod p\\ c_2=x_2m_2 \bmod p\end{cases}$ 输出：$c=(c_0,c_1,c_2)$	$c=(c_0,c_1,c_2)$ $(x_1,x_2)=dc_0$ 输出：$m=(c_1x_1^{-1},c_2x_2^{-1})$	用陷门单向置换构造
FA4-1（加密多比特消息）	$N=p_1p_2$ y 是模 N 的一个二次非剩余 输出：(N,y) 和 (p_1,p_2)	$x\in Z_N^*$ $m=m_1\cdots m_l$ 如果 $m_i=1$，令 $c_i=yx^2 \bmod N$；否则令 $c_i=x^2 \bmod N$ 输出：$c=(c_1,\cdots,c_l)$	$c=(c_1,\cdots,c_l)$ $m_i=Q_N(c_i)$ 输出：$m=m_1\cdots m_l$	基于二次剩余问题构造
FA4-2（加密单比特消息）	随机选择 $s\in\mathbb{Z}_q^n$ $a_1,\cdots,a_m\in\mathbb{Z}_q^n$ $e_1,\cdots,e_m\in\mathbb{Z}_q$ $b_i=\langle a_i,s\rangle+e_i$ 输出：$\mathrm{pk}=(a_i,b_i)_{i=1}^m$ 和 $\mathrm{pk}=(a_i,b_i)_{i=1}^m$	均匀地选择一个随机集合 S。 如果 $m=0$，则输出 $\left(\sum_{i\in S}a_i,\sum_{i\in S}b_i\right)$； 如果 $m=1$，则输出 $\left(\sum_{i\in S}a_i,\left\lfloor\frac{q}{2}\right\rfloor+\sum_{i\in S}b_i\right)$	如果 $b_i-\langle a_i,s\rangle$ 更接近 0 而不是接近 $\left\lfloor\frac{q}{2}\right\rfloor$ 模 q，则 (a,b) 对的解密为 0；否则解密为 1	基于含错学习问题构造

第 5 章　多项式安全和语义安全

本章主要内容

(1) 多项式安全：多项式安全概述、多项式安全的公钥加密方案的设置和定义。

(2) 语义安全：语义安全的公钥加密方案的设置和定义、公钥加密方案的多项式安全性与语义安全性、Shannon 的完美安全性与语义安全性、语义安全性与 IND-CPA 安全。

(3) 语义安全的加密方案：选择明文攻击安全的私钥加密体制、用陷门置换构造的公钥加密方案的安全性、基于有限域上离散对数假设的公钥加密方案的安全性。

(4) 左或右不可区分意义上的安全性。

5.1　多项式安全

本书从第 5 章到第 9 章讨论密码体制的安全性。因为本书关注的是加密方案，所以书中密码体制的安全性指的是加密方案的安全性，讨论加密方案的安全性定义、构造，并介绍一些安全性证明技术。因为公钥密码体制的构造和安全性证明技术涉及的内容比较丰富，从第 5 章到第 9 章重点以公钥加密方案为例进行讨论和介绍，私钥加密方案的内容相对比较少。

显然，加密方案的安全性概念依赖于敌手可能的行为模式。敌手可能进行主动攻击，也可能进行被动攻击。被动攻击方法主要是通过窃听等形式获得密文，然后通过计算解密密文得到明文甚至得到密钥。密钥关联消息攻击是一种非常有效的被动攻击方法。主动攻击有多种形式，例如，有敌手通过通信诱惑，让发送者发送敌手选择的消息的密文的选择明文攻击，也有敌手诱惑接收者对敌手选择的密文进行解密的选择密文攻击，还有相关密钥攻击。针对敌手的各种攻击的难易程度，主要有两种度量形式：一种形式是给定敌手密文，以敌手的计算能力以及敌手可能寻找到明文消息的能力，用精确形式化概念来度量；另一种形式是以某个安全目标为依据，用安全目标和敌手攻击模型决定的精确形式化安全性概念来度量。

本章介绍第一种度量形式包含完美安全性、语义安全性和多项式安全性。完美安全性比较简单，本章重点讨论多项式安全的公钥加密方案和语义安全的公钥加密方案。本章的敌手是一个主动在线窃听攻击者，他知道消息空间和消息空间可能的分布，也知道加密算法，他能用线路窃听器获得一个密文，也能用消息探测器找到相应的明文。

5.1.1　多项式安全概述

设消息探测器 F 和线窃听器 T 是有多项式界计算源的计算模型，F 和 T 可以是多项式时间图灵机、概率多项式时间图灵机、“小的”线路等。本章讨论选取的消息探测器 F

和线窃听器T是线路。

简单地说，对于有任何概率分布的所有的消息空间$\mathcal{M}$，如果加密算法是一个多项式安全的公钥加密方案，多项式界的消息探测器F在$\mathcal{M}$中不能找到两个消息m_1和m_2，使得它们加密后的密文c可以被一个多项式界的线窃听器T区分。也就是说，给定c（是m_1或者m_2加密的密文），消息探测器F没有任何优势由c知道是哪个消息被加密。例如，可能有一个消息对，它们加密后的密文能被线窃听器T很好地区分，但是对于多项式界的探测器F，不可能找到这样的消息对。

5.1.2　多项式安全的公钥加密方案的设置和定义

令安全参数为n，设一个公钥加密方案是一个概率多项式时间图灵机Π，其输入n和一个消息产生器MG，输出两个算法的描述，即加密算法$\mathcal{E}$和解密算法$\mathcal{D}$的描述。消息产生器MG是一个输入安全参数n，输出消息串的概率多项式图灵机。令Q为某个多项式，设消息产生器MG输出所有长度为$l_n = Q(n)$的消息的集合$\mathrm{MG}[n] = \mathcal{M}_n$，也称$\mathcal{M}_n$为消息空间。不失一般性，假设所有$m \in \mathcal{M}_n$长度相同。

一个n-线窃听器是有一个布尔函数输出，足够多的布尔函数输入的一个线路C，其用足够多的布尔函数输入来获得加密算法$\mathcal{E} \in \Pi(n,\mathrm{MG})$的描述和$c \in \mathcal{E}(m)$，其中$m \in \mathcal{M}_n$，具体见图5.1。

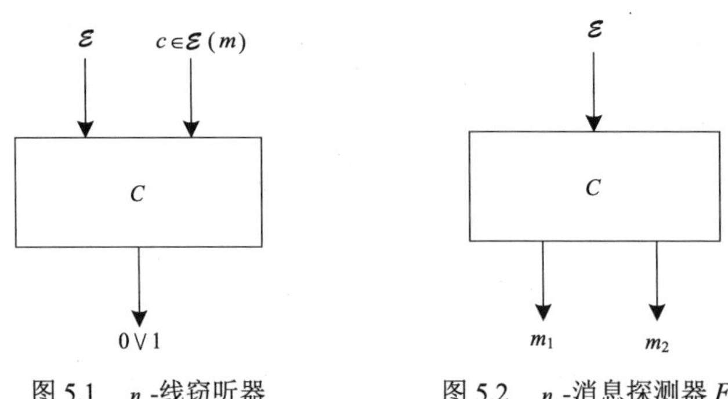

图5.1　n-线窃听器　　　　图5.2　n-消息探测器F_n

设$m_1, m_2 \in \mathcal{M}_n$，设$p_1^{\mathcal{E}}$是给一个$n$-线窃听器的线路$C$输入$\mathcal{E} \in \Pi(n,\mathrm{MG})$和$c \in \mathcal{E}(m_1)$时，线路$C$输出为1的概率；$p_2^{\mathcal{E}}$是该线路$C$输入$\mathcal{E} \in \Pi(n,\mathrm{MG})$和$c \in \mathcal{E}(m_2)$时，输出为1的概率。如果$\left|p_1^{\mathcal{E}} - p_2^{\mathcal{E}}\right| > \dfrac{1}{P(n)}$，就说对于加密算法$\mathcal{E}$，线路$C$从$m_2$中$P$区分$m_1$（$P$-Distinguishes m_1 from m_2）。

一个n-消息探测器F_n是有$2l_n$个布尔函数输出和足够多的布尔函数输入的一个线路C，其用足够多的布尔函数输入来描述一个$\mathcal{E} \in \Pi(n,\mathrm{MG})$。给定输入$\mathcal{E}$，$F_n$输出两个消息$m_1, m_2 \in \mathcal{M}_n$，具体见图5.2。注意$F_n$可能固有一个MG的描述。

定义5.1　多项式安全的公钥加密方案(Polynomially Secure Public-Key Crytosystems)。令Q、P_1、P_2为多项式，安全参数为n。设Π是一个公钥加密方案，MG 是一个消息

产生器。令 $T=\{T_n\}$，其中 T_n 是一个有少于 $Q(n)$ 个门的 n -线窃听器。令 $F=\{F_n\}$，设 s_n^T 是 F 中最小的消息探测器。在输入 $\mathcal{E}\in\Pi(n,\mathrm{MG})$，并且以大于 $\frac{1}{P_1(n)}$ 的概率，消息探测器中 MG 输出 $\mathcal{M}_n$ 中的两个消息 m_1 和 m_2，使得 T_n 从 m_2 中 P_2 区分 m_1。

如果对于线窃听器 T 的任意序列，s_n^T 比 n 中任意多项式都增长得快，就说 Π 是一个关于消息产生器 MG 多项式安全的公钥加密方案。如果对于任意一个消息产生器 MG，Π 都是关于 MG 多项式安全的，就说 Π 是一个多项式安全的公钥加密方案，如图 5.3 所示。 □

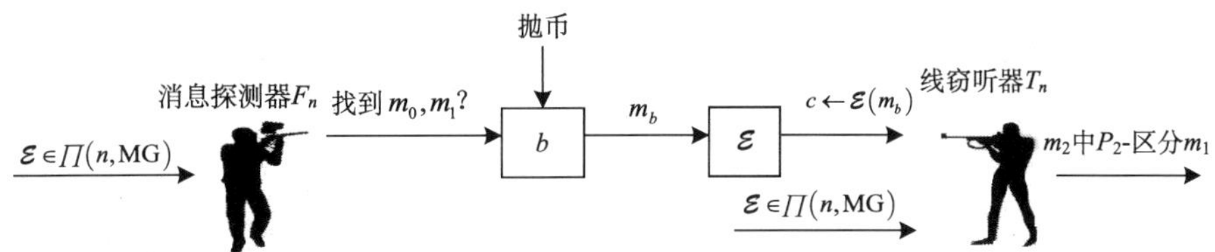

图 5.3　多项式安全的公钥加密方案示意图

定义 5.1 的多项式安全公钥加密方案中，没有给两个消息 m_1 和 m_2 任何概率限制。这样，即使不可能产生、还能被 T_n 区分的两个消息能被很容易地找到的情况不会发生。

根据定义，确定性加密算法所产生的公钥加密方案(如 RSA 加密方法)不可能是多项式安全的。

另外，除了消息探测器 F_n 和线窃听器 T_n 都没有被输入加密密钥之外，多项式安全的私钥加密方案的定义与定义 5.1 多项式安全的公钥加密方案相似，这里就不再叙述了。

直观上，多项式安全意味着更多传统安全的概念。根据定义 5.1，给定密文，如果一个公钥加密方案是多项式安全的，则没有多项式界的线窃听器 T_n 能恢复该密文的明文或者部分明文。

定理 5.1　每个概率公钥加密方案都是多项式安全的。

证明： 以 3.4.4 节中构造的基于不可逼近陷门谓词的概率公钥加密方案为例。设 $B=\{B_i:\Omega_i\to\{0,1\}|i\in S_n,n\in\mathbb{N}'\}$ 是一个不可逼近陷门谓词，设 Π 是一个概率公钥加密方案，该方案以安全参数 n 和消息生成器 MG 作为输入，并以概率 $\frac{1}{|S_n|}$ 输出 $(i,\sigma(i))$ 对，其中 $i\in S_n$，$\sigma(i)$ 是 i 的秘密。

线窃听器 T_n 是一个多项式 $\mathrm{poly}(n)$ 大小的线路，T_n 以 i 和用基于 B_i 的概率加密算法 $\mathcal{E}$ 对 $\mathcal{M}_n$ 中消息 m 的概率加密 C 以及 $\mathcal{E}(m)$ 作为输入，输出 0 或者 1。

令 $f_{i,m}$ 是对消息 m 的用基于 B_i 所有概率加密作为输入时，T_n 输出为 1 的频率。

分别令 P_1 和 P_2 为多项式。对于 $n\in\mathbb{N}$，设 $\theta_n=\frac{1}{P_1(n)}$，$\eta_n=\frac{1}{P_2(n)}$。

令 F_n 是一个消息探测器，设 $\mathbb{N}''$ 是 $\mathbb{N}'$ 的一个有限子集。

证明的思路是采用取样步(Sampling Walk)的方法：假设在d维超立方体C中，每个顶点v用一个0和1之间的实数标签，并且如果很容易找到满足$\left|\lambda(u)-\lambda(v)\right|>\theta$的两个顶点$u$和$v$，那么就很容易找到两个相邻的顶点$s$和$t$，满足$\left|\lambda(s)-\lambda(t)\right|>\frac{\theta}{d}$。具体方法：在$C$中仅仅找满足$\left|\lambda(u)-\lambda(v)\right|>\theta$的顶点$u$和$v$，然后考虑从$u$到$v$的最小长度“顶点步”$(\omega_0,\cdots,\omega_k)$，并且评判$(\omega_l,\omega_{l+1})$对。

在本例的证明中，超立方体C中的每个顶点v是一个d比特字。标签$\lambda(v)$是给线窃听器输入关于v的概率加密的密文时，线窃听器输出为1的频率。用取样步方法，可以很快逼近这个频率。那么在它们相关的频率内可以找到两个相邻的点s和t，并用s和t来逼近该概率公钥加密方案基于的不可逼近陷门谓词。

具体证明如下：

(1) 假设对于$i\in S_n$的η_n部分，F_n输出满足$\left|f_{i,m_1^i}-f_{i,m_2^i}\right|>\theta_n$的两个消息$m_1,m_2\in\mathcal{M}_n$。可以证明：对于所有$n\in\mathbb{N}''$，存在一个有预言机$F_n$和$T_n$的概率多项式$\text{poly}\left(n,\delta^{-1}\right)$时间图灵机$G$，对于$i\in S_n$的$\frac{\eta_n}{2}$部分，$G$以概率$1-\delta$以$\frac{\theta_n}{5l_n}$-逼近$B_i$。

由于T_n的大小是n的多项式界，所以F_n的大小也是n的多项式界。对于所有$n\in\mathbb{N}''$，G容易被转换为一个多项式$\text{poly}(n)$大小的线路C_n，该线路C_n对于$i\in S_n$的至少$\frac{\eta_n}{2}$部分，是$\frac{\theta_n}{5l_n}$-逼近B_i的。这与B是不可逼近的矛盾。这样，F_n的大小必须比n中任意多项式都增长得快，并且Π是多项式安全的。

令$a\in\{0,1\}^{l_n}$和$b\in\{0,1\}^{l_n}$，a和b的**汉明距离**是a和b不相同的比特数。如果a和b的汉明距离为1，就说a和b是**相邻的**(Adjacent)。

(2) 现构造图灵机G。令$\Omega_i^{l_n}$表示Ω_i的元素中所有l_n长序列的集合。输入$i\in S_n$和$y\in\Omega_i$，G猜测$B_i(y)$如下。

部分1：G调用输入为i的预言机F_n，在$\mathcal{M}_n$中寻找满足$\left|f_{i,m_1^i}-f_{i,m_2^i}\right|>\theta_n$的$m_1^i$和$m_2^i$。

设Δ是m_1^i和m_2^i的距离。设$(a_0,a_1,\cdots,a_\Delta)$是一个$l_n$比特串的序列，$a_0=m_1$，$a_\Delta=m_2$，对于$0\leqslant j<\Delta$，满足$a_j$与$a_{j+1}$相邻。由于$\left|f_{i,m_1^i}-f_{i,m_2^i}\right|>\theta_n$，一定存在$x(0\leqslant x<\Delta-1)$满足$\left|f_{i,a_x}-f_{i,a_{x+1}}\right|>\frac{\theta_n}{l_n}$。

选Ω_i和$\Omega_i^{l_n}$为均匀概率分布。根据B的陷门特性，在概率多项式$\text{poly}\left(n,\delta^{-1}\right)$时间内，这样的$a_x$和$a_{x+1}$能够用蒙特卡罗实验的方式，以大于$1-\delta$的概率被正确找到。为了方便，令$s=a_x$、$t=a_{x+1}$，计算$f_{i,s}$和$f_{i,t}$。

由于$s=(s_1,\cdots,s_{l_n})$和$t=(t_1,\cdots,t_{l_n})$相邻，它们只有一个位置不同，称这个位置为d。

部分2：不失一般性，假设$f_{i,s}>f_{i,t}$。

情况1：$s_d=1$，$t_d=0$，则在$\Omega_i^{l_n}$中所有元素$e=(e_1,\cdots,e_{l_n})$中随机取

$x=(x_1,x_2,\cdots,x_{l_n})\in\Omega_i^{l_n}$，使得对于 $j\neq d$ 且 $e_d=y$ 有 $B_i(e_j)=s_j=t_j$（前面说了 y 是 G 的输入）。

如果 $T_n(x)=1$，则 $G[y]=1$；如果 $T_n(x)=0$，则 $G[y]=0$。

情况 2：$s_d=0$，$t_d=1$，则过程与情况 1 相同。但是设 $G[y]=1-T_n[x]$。

以上完成了 G 的描述。

(3) 现在证明，如果 s 和 t 被正确找到，对于 $i\in S_n$ 的 $\frac{\eta_n}{2}$ 部分，$y\in\Omega_i$，有

$$\Pr\left(G[y]=B_i[y]\right)>\frac{1}{2}+\frac{\theta_n}{5l_n}$$

在 $\Omega_i^{l_n}$ 的所有元素 $e=(e_1,\cdots,e_{l_n})$ 中，随机取 $x=(x_1,x_2,\cdots,x_{l_n})\in\Omega_i^{l_n}$，使得对于 $j\neq d$ 且 $e_d=y$ 有 $B_i(e_j)=s_j=t_j$（前面说了 y 是 G 的输入）。

如果 $T_n(x)=1$，则 $G[y]=1$；如果 $T_n(x)=0$，则 $G[y]=0$。

注意： 由于 B 是一个不可逼近谓词，根据第 4 章 4.4 节可得：对于所有足够大的 n，对于 $i\in S_n$ 的 $1-\frac{\eta_n}{2}$ 部分，有 $\frac{|\Omega_i^0|}{|\Omega_i|}>\frac{1}{2}-\frac{\theta_n}{4l_n}$ 且 $\frac{|\Omega_i^1|}{|\Omega_i|}>\frac{1}{2}-\frac{\theta_n}{4l_n}$。这样，对于 $i\in S_n$ 的多于 $\eta_n\left(1-\frac{\eta_n}{2}\right)>\frac{\eta_n}{2}$ 部分，F_n 输出满足 $\left|f_{i,m_1^i}-f_{i,m_2^i}\right|>\theta_n$ 的 m_1^i 和 m_2^i，并且 $\frac{|\Omega_i^0|}{|\Omega_i|}$ 和 $\frac{|\Omega_i^1|}{|\Omega_i|}$ 都大于 $\frac{1}{2}-\frac{\theta_n}{4l_n}$

用 $i-\text{signature}(x)$ 来表示二元串 $\left(B_i(x_1)\cdots B_i(x_{l_n})\right)$，其中 $x=(x_1,x_2,\cdots,x_{l_n})\in\Omega_i^{l_n}$。对于这样的 i，在情况 1 中，有

$$\begin{aligned}\Pr\left(G[y]=B_i[y]\right)&=\sum_{c=0,1}\left(\Pr\left(G[y]=c\middle|B_i(y)=c\right)\Pr\left(B_i(y)=c\right)\right)\\&>\left(\frac{1}{2}-\frac{\theta_n}{4l_n}\right)\left[\Pr\left(G[y]=1\middle|B_i(y)=1\right)+\Pr\left(G[y]=0\middle|B_i(y)=0\right)\right]\\&=\left(\frac{1}{2}-\frac{\theta_n}{4l_n}\right)\left[\Pr\left(T_n[x]=1\middle|i-\text{signature}(x)=s\right)+\Pr\left(T_n[x]=0\middle|i-\text{signature}(x)=t\right)\right]\\&=\left(\frac{1}{2}-\frac{\theta_n}{4l_n}\right)\left(f_{i,s}+(1-f_{i,t})\right)\\&>\left(\frac{1}{2}-\frac{\theta_n}{4l_n}\right)\left(1+\frac{\theta_n}{l_n}\right)>\frac{1}{2}+\frac{\theta_n}{5l_n}\end{aligned}$$

情况 2 的证明相似，G 也 $\frac{\theta_n}{5l_n}$-逼近 B_i。□

5.2　语 义 安 全

语义安全性是另外一个安全性定义，语义安全性意味着任何可以从密文中有效获取

的信息也可以在仅已知明文的时候有效获取。但并不排除可以从密文中推断明文长度的可能性。简单地说，给定窃听者某个明文的密文，窃听者无论能计算出该明文什么信息，除了明文长度外，没有该密文他也能计算出该明文的这些信息，就说这个密码体制是语义安全的。

5.2.1　语义安全的公钥加密方案的设置和定义

对于有任何概率分布的所有的消息空间 $\mathcal{M}$，设 f 是在一个消息空间 $\mathcal{M}$ 上定义的任意函数，这样，f 不需要快速可计算或者迭代，称 $f(m)$ 是关于消息 $m\in\mathcal{M}$ 的组成信息。实际中感兴趣的 f 是身份函数、一个布尔谓词或一个 Hash 函数等。

即使已知消息空间有关的概率分布，想要从密文中提取任何明文的信息也是困难的。

设 $\mathcal{E}$ 是加密算法，f 是在 $\mathcal{M}$ 上定义的一个函数。对于所有的 $m\in\mathcal{M}$，令 $p_m=\Pr\left[x=m \middle| x\in\mathcal{M}\right]$。考虑像 $f(\mathcal{M})$。定义 $p^{\mathcal{M}}=\max_{v\in V}\left(\sum_{m\in f^{-1}(v)}p_m\right)$，并且定义 $v^{\mathcal{M}}$ 是实现了最大概率的 $f(\mathcal{M})$ 中的一个值。假设敌手知道 $\mathcal{E}$，考虑下面三个实验，如图 5.4 所示。

实验 1：随机选取 $m\in\mathcal{M}$（每个 $x\in\mathcal{M}$ 被选取的概率为 p_x）。在这个实验中，敌手不知 m 是什么，要求敌手猜测 $f(m)$ 的值。

如果敌手总是猜测 $v^{\mathcal{M}}$，则他正确的概率是 $p^{\mathcal{M}}$。对于敌手，没有一个策略能给他一个更好的获胜的概率。

实验 2：随机选取 $m\in\mathcal{M}$，计算一个密文 $c\in\mathcal{E}(m)$，给敌手密文 c，要求敌手猜测 $f(m)$ 的值。

实验 3：假设敌手选择了定义在 $\mathcal{M}$ 上的函数 $f_{\mathcal{E}}$。随机选取 $m\in\mathcal{M}$，计算一个密文 $c\in\mathcal{E}(m)$，给敌手 c，要求敌手猜测 $f_{\mathcal{E}}(m)$ 的值。

非正式地，如果该敌手在实验 3 获胜的概率不高于敌手在实验 1 获胜的概率，就说 Π 是语义安全的公钥加密方案。

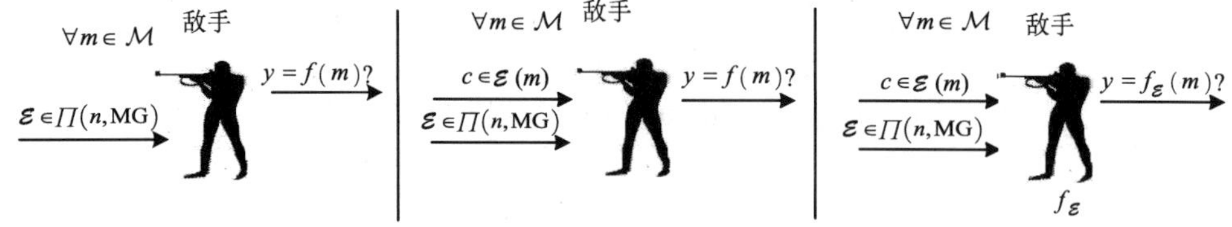

图 5.4　定义语义安全性的公钥加密方案的三个实验（从左到右依次为实验 1~3）

另外，在实验 1~实验 3 中，如果敌手不知道加密密钥，并且敌手在实验 3 获胜的概率不高于敌手在实验 1 获取的概率，就成了语义安全的私公钥加密方案。

定义 5.2　语义安全的公钥加密方案（Semantically Secure Public Key Crytosystems）。令 n 为安全参数，设 Π 是一个公钥加密方案、MG 是一个消息产生器，$\mathcal{M}_n=\mathrm{MG}[n]$。对于所有 $m\in\mathcal{M}_n$，p_m 表示输入 n 后 MG 输出 m 的概率。令 $f_{\mathrm{MG}}=\{f_{\mathcal{E}}:\mathcal{M}_n\to V \mid \mathcal{E}\in\Pi(n,\mathrm{MG}),n\in\mathbb{N}\}$ 是 MG 上函数的集合。对于每个 $\mathcal{E}\in\Pi(n,\mathrm{MG})$，令 $p_{\mathcal{E}}=$

$\max_{v\in V}\left(\sum_{m\in f_{\mathcal{E}}^{-1}(v)} p_m\right)$。

令 C 是一个线路，其输入 $\mathcal{E}\in\Pi(n,\mathrm{MG})$ 和 $c\in\mathcal{E}(m)$，输出一个串 y，其中 $m\in\mathcal{M}_n$。分别令 P 和 Q 是多项式。如果对于所有满足 $\Pr\left[y=f_{\mathcal{E}}(m)\middle|m\in\mathcal{M}_n,c\in\mathcal{E}(m)\right]>p_{\mathcal{E}}+1/Q(n)$ 的 $\mathcal{E}\in\mathrm{S}$，以至少 $1/P(n)$ 的概率子集 $S\subseteq\Pi(n,\mathrm{MG})$，就说该线路 C 从 Π 中 (P,Q,n)-计算 f_{MG}。

令 $C_n^{Q,P}$ 表示从 Π 中 (P,Q,n)-计算 f_{MG} 的 C 的最小线路。如果对于所有消息产生器 MG，对于所有 f_{MG}，对于所有 P 和 Q，$C_\lambda^{Q,P}$ 比 n 中任意多项式都增长得快，就说 Π 是一个语义安全的公钥加密方案。□

另外，定义 5.2 中的线路 C 不知道加密密钥，就成了语义安全的私钥加密方案，这里不再叙述。

根据计算不可区分的概念，给出如下单比特语义安全的一个等价概念：设 $X_n\overset{\mathrm{def}}{=}\left\{(\mathrm{pk},\mathrm{sk})\leftarrow\mathrm{KeyGen}(1^n);c\leftarrow\mathcal{E}_{\mathrm{pk}}(0):(\mathrm{pk},c)\right\}$，且设 $Y_n\overset{\mathrm{def}}{=}\left\{(\mathrm{pk},\mathrm{sk})\leftarrow\mathrm{KeyGen}(1^n);c\leftarrow\mathcal{E}_{\mathrm{pk}}(1):(\mathrm{pk},c)\right\}$，则公钥加密方案（Gen, $\mathcal{E}$, $\mathcal{D}$）对于单比特加密是语义安全的当且仅当 $\{X_n\}\overset{c}{\equiv}\{Y_n\}$。□

定理 5.2　如果一个公钥加密方案是语义安全的，则该公钥加密方案的加密算法不是确定的。

证明：反证法。假设语义安全的公钥加密方案的加密算法是确定的，考虑一个输出为 (m_0,m_1) 且 $m_0\neq m_1$ 的敌手。当被呈现一个密文 $c=\mathcal{E}_{\mathrm{pk}}(m_b)$ 时，敌手计算 $c_0=\mathcal{E}_{\mathrm{pk}}(m_0)$，其中 $b\in\{0,1\}$。也就是说密文 c 不是 m_0 的一个加密就是 m_1 的一个加密。

如果 $c=c_0$，敌手输出 $b=0$；否则输出 $b=1$。这个敌手在上面的博弈中，以概率 1 成功地猜对了 b。敌手以概率 1 成功解密的事实证明这个公钥加密方案不是语义安全的。

因此，如果一个公钥加密方案是语义安全的，则该公钥加密方案的加密算法不是确定的。□

例 5.1　给定一个陷门单向置换 $\mathrm{Gen}_{\mathrm{td}}$，试分析如下加密方案是否是语义安全的：

(1) 运行 $\mathrm{Gen}_{\mathrm{td}}(1^n)$，获得 (f,f^{-1})。设 $\mathrm{pk}=f$，$\mathrm{sk}=f^{-1}$。

(2) 设加密算法 $\mathcal{E}_{f(\cdot)}=f(\cdot)$，并且设解密算法 $\mathcal{D}_{f^{-1}(\cdot)}=f^{-1}(\cdot)$。

解：根据定理 5.2 得知，利用陷门单向置换 $\mathrm{Gen}_{\mathrm{td}}$ 设计的公钥加密方案不能作为语义安全的公钥加密方案，因为 Eval 运算，即计算 $f(\cdot)$ 是确定的。

注意：密码算法 RSA 加密算法 $\mathcal{E}_{(N,e)}(m)=m^e \bmod N$，在定理 5.2 的证明中，RSA 易受敌手的影响。因为无论如何，在“密码算法 RSA”的情况下，加密算法是确定的事实。

5.2.2　公钥加密方案的多项式安全性与语义安全性

定理 5.3　每个多项式安全的公钥加密方案都是语义安全的。

证明：设 Π 是一个多项式安全的公钥加密方案。

反证法：假设Π不是一个语义安全的公钥加密方案，则存在一个消息产生器MG，对于存在关于 MG 的一个函数集合$f_{\mathrm{MG}}=\{f_{\mathcal{E}}\}$，存在多项式$P_1$、$P_2$和$Q$，存在一个有限的子集合$\mathbb{N}'\subseteq\mathbb{N}$和一个线路序列$\{C_n\}$，满足以下条件：

(1)线路C_n的门少于$P_2(n)$。

(2)子集$S_n\subseteq\Pi(n,\mathrm{MG})$的概率大于$\dfrac{1}{P(n)}$。

(3)对于所有$\mathcal{E}\in S_n$，给C输入$\mathcal{E}$和$a\in\mathcal{E}(m)$，其中$m\in\mathrm{MG}[n]$，C以大于$p_{\mathcal{E}}+\dfrac{1}{Q(n)}$的概率输出$f_{\mathcal{E}}(m)$。

然后，令$n\in\mathbb{N}'$，$i\in S_n$，设$\delta_n=\dfrac{1}{Q(n)}$和$p_{\mathcal{E}}=\mathrm{Max}_{v\in V}\left(\sum_{m\in f_{\mathcal{E}(v)}^{-1}}p_m\right)$。

令$r_{m,y}^{\mathcal{E}}$表示给C_n输入$\mathcal{E}$和$a\in\mathcal{E}(m)$，C_n输出y的概率。那么，$r_{m,f_{\mathcal{E}}(m)}^{\mathcal{E}}$是给$C_n$输入$\mathcal{E}$和$a\in\mathcal{E}(m)$，$C_n$正确评估$f_{\mathcal{E}}$的概率。这样，将反证法假设的矛盾表示为

$$\sum_{m\in\mathcal{M}_n}p_m r_{m,f_{\mathcal{E}}(m)}^{\mathcal{E}}>p_{\mathcal{E}}+\delta_n$$

接下来，从$\mathcal{M}_n$中取μ并固定它，定义$\overline{\mathcal{M}}\subseteq\mathcal{M}_n$是满足如下条件的消息$m$的集合：对于某些$v\in V$，有$\left|r_{m,v}^{\mathcal{E}}-r_{\mu,v}^{\mathcal{E}}\right|>\dfrac{\delta_n^2}{10}$。

观察到下面两个引理。

引理 5.1　对于所有常数$c>0$，存在一个概率多项式$\mathrm{poly}(n)$时间算法，该算法输入$i\in S_n$和$\xi\in\overline{\mathcal{M}}$，以概率$1-\dfrac{1}{n^c}$找到一个$v\in V$，满足$\left|r_{\xi,v}^{\mathcal{E}}-r_{\mu,v}^{\mathcal{E}}\right|>\dfrac{\delta_n^2}{20}$。

证明：构造用加密算法$\mathcal{E}$加密消息ξ的一个随机取样，令$\{x_1,\cdots,x_s\}$为这个取样。

对于$1\leqslant j\leqslant s$，计算$C_n[\mathcal{E},x_j]$。

设$I_v(x)=\begin{cases}1, & C_n[\mathcal{E},x]=v\\ 0, & C_n[\mathcal{E},x]\neq v\end{cases}$。

对于所有$v\in\mathrm{V}$，$a_v=\sum_{1\leqslant j\leqslant s}\dfrac{I_v(x_j)}{s}$是满足对于$v\in V$，某些$j(1\leqslant j\leqslant s)$有$C[\mathcal{E},x_j]=v$的集合。在$V$中最多$st$值的频率是非零的。

类似地，构造用加密算法$\mathcal{E}$加密消息μ的一个随机取样。令$\{y_1,\cdots,y_s\}$为这个取样。

对于所有$v\in V$，$\beta_v=\sum_{1\leqslant j\leqslant s}\dfrac{I_v(y_j)}{s}$是满足对于某些$j(1\leqslant j\leqslant s)$有$C_n[\mathcal{E},y_j]=v$的集合。检查$a_v$和$\beta_v$的两个列，每个的大小小于$s$。如果在这两个列中，至少有一个列中存在$\bar{v}$满足$\left|a_{\bar{v}}-\beta_{\bar{v}}\right|>\dfrac{3\delta_n^2}{40}$，则输出$\bar{v}$。

声明：对于取样大小s的一个逼近选择，这个输出正确的概率为$1-\dfrac{1}{n^c}$。原因如下：

设 $s=\dfrac{1}{4\left(1/2n^c\right)\left(\delta_n^2/80\right)^2}$，则对于满足 $\left|r_{\mu,v}^{\mathcal{E}}-r_{\xi,v}^{\mathcal{E}}\right|<\dfrac{\delta_n^2}{10}$ 的 v 's(由于 $\xi\in\overline{\mathcal{M}}$，存在这样的 v)，弱大数定律保证：

$$\Pr\left(\left|a_v-r_{\mu,v}^{\mathcal{E}}\right|<\frac{\delta_n^2}{80}\right)>1-\frac{1}{2n^c}\ 和\ \Pr\left(\left|\beta_v-r_{\xi,v}^{\mathcal{E}}\right|<\frac{\delta_n^2}{80}\right)>1-\frac{1}{2n^c}$$

最后，有

$$\begin{aligned}\Pr\left(\left|a_v-\beta_v\right|>\frac{3\delta_n^2}{40}\right)&>\Pr\left(\left|a_v-r_{\mu,v}^{\mathcal{E}}\right|<\frac{\delta_n^2}{80}\right)\cdot\Pr\left(\left|\beta_v-r_{\xi,v}^{\mathcal{E}}\right|<\frac{\delta_n^2}{80}\right)\\&>\left(1-\frac{1}{2n^c}\right)^2>1-\frac{1}{n^c}\end{aligned}$$

反过来，对于满足 $\left|\alpha_v-\beta_v\right|>\dfrac{3\delta_n^2}{40}$ 的 v，有

$$\Pr\left(\left|r_{\mu,v}^{\mathcal{E}}-r_{\xi,v}^{\mathcal{E}}\right|>\frac{\delta_n^2}{20}\right)>1-\frac{1}{n^c}$$

□

引理 5.2　$\sum_{m\in\overline{\mathcal{M}}}p_m>\dfrac{\delta_n}{10}$。

证明： 分别设 $V_3=\left\{v\in V\left|r_{\mu,v}>\dfrac{\delta_n}{6}\right.\right\}$、$V_4=\left\{v\in V\left|r_{\mu,v}\leqslant\dfrac{\delta_n}{6}\right.\right\}$，并且设 $\mathcal{M}_3=\left\{m\in\mathcal{M}_n-\overline{\mathcal{M}}\left|r_{\mu,f_{\mathcal{E}}(m)}>\dfrac{\delta_n}{6}\right.\right\}$ 和 $\mathcal{M}_4=\mathcal{M}_n-\overline{\mathcal{M}}-\mathcal{M}_3$。$\mathcal{M}_3$ 包括满足 $f_{\mathcal{E}}(m)\in V_3$ 的所有消息 $m\notin\overline{\mathcal{M}}$，$\mathcal{M}_4$ 包括满足 $f_{\mathcal{E}}(m)\notin V_3$ 的所有消息 $m\notin\overline{\mathcal{M}}$。显然，$l=\left|V_3\right|<\dfrac{6}{\delta_n}$，把 V_3 中的值表示为 $\{v_1,\cdots,v_l\}$，则有

$$\begin{aligned}p_{\mathcal{E}}+\delta_n&<\sum_{m\in\mathcal{M}_n}p_m r_{m,f_{\mathcal{E}}(m)}^{\mathcal{E}}=\sum_{m\in\bar{\mathcal{M}}}p_m r_{m,f_{\mathcal{E}}(m)}^{\mathcal{E}}+\sum_{m\in\mathcal{M}_n-\bar{\mathcal{M}}}p_m r_{m,f_{\mathcal{E}}(m)}^{\mathcal{E}}\\&\leqslant\sum_{m\in\bar{\mathcal{M}}}p_m+\sum_{m\in\mathcal{M}_3}p_m r_{m,f_{\mathcal{E}}(m)}^{\mathcal{E}}+\sum_{m\in\mathcal{M}_4}p_m r_{m,f_{\mathcal{E}}(m)}^{\mathcal{E}}\end{aligned}$$

由于 $\forall m\notin\bar{\mathcal{M}},\left|r_{m,f_{\mathcal{E}}(m)}^{\mathcal{E}}-r_{\mu,f_{\mathcal{E}}(m)}^{\mathcal{E}}\right|<\dfrac{\delta_n^2}{10}$，所以有

$$\begin{aligned}&\sum_{m\in\bar{\mathcal{M}}}p_m+\sum_{m\in\mathcal{M}_3}p_m r_{m,f_{\mathcal{E}}(m)}^{\mathcal{E}}+\sum_{m\in\mathcal{M}_4}p_m r_{m,f_{\mathcal{E}}(m)}^{\mathcal{E}}\\&\leqslant\sum_{m\in\bar{\mathcal{M}}}p_m+\sum_{m\in\mathcal{M}_3}p_m\left(r_{\mu,f_{\mathcal{E}}(m)}^{\mathcal{E}}+\frac{\delta_n^2}{10}\right)+\sum_{m\in\mathcal{M}_4}p_m\left(r_{\mu,f_{\mathcal{E}}(m)}^{\mathcal{E}}+\frac{\delta_n^2}{10}\right)\\&=\sum_{m\in\bar{\mathcal{M}}}p_m+\sum_{m\in f_{\mathcal{E}}^{-1}(V_3)}p_m\left(r_{\mu,f_{\mathcal{E}}(m)}^{\mathcal{E}}+\frac{\delta_n^2}{10}\right)+\sum_{m\in\mathcal{M}_4}p_m\left(\frac{\delta_n}{6}+\frac{\delta_n^2}{10}\right)\\&\leqslant\sum_{m\in\bar{\mathcal{M}}}p_m+\sum_{m\in f_{\mathcal{E}}^{-1}(v_l)}p_m\left(r_{\mu,v_l}^{\mathcal{E}}+\frac{\delta_n^2}{10}\right)+\cdots+\sum_{m\in f_{\mathcal{E}}^{-1}(v_l)}p_m\left(r_{\mu,v_l}^{\mathcal{E}}+\frac{\delta_n^2}{10}\right)+\left(\frac{\delta_n}{6}+\frac{\delta_n^2}{10}\right)\end{aligned}$$

$$\leqslant \sum_{m\in\bar{\mathcal{M}}} p_m + \left(\frac{\delta_n}{6}+\frac{\delta_n^2}{10}\right)+\left(\frac{l\delta_n^2}{10}+\left(r_{\mu,v_1}^{\mathcal{E}}+\cdots+r_{\mu,v_l}^{\mathcal{E}}\right)\right)\cdot\max_{1\leqslant j\leqslant l}\left\{\sum_{m\in f_{\mathcal{E}}^{-1}(v_j)} p_m\right\}$$

$$\leqslant \sum_{m\in\bar{\mathcal{M}}} p_m + \left(\frac{\delta_n}{6}+\frac{\delta_n^2}{10}\right)+\left(\frac{6\delta_n^2 p_{\mathcal{E}}}{10\varepsilon_n}+\left(r_{\mu,v_1}^{\mathcal{E}}+\cdots+r_{\mu,v_l}^{\mathcal{E}}\right)p_{\mathcal{E}}\right)$$

$$\leqslant \sum_{m\in\bar{\mathcal{M}}} p_m + \left(\frac{\delta_n}{6}+\frac{\delta_n^2}{10}\right)+\frac{6\delta_n}{10}\cdot 1+1\cdot p_{\mathcal{E}} \leqslant \sum_{m\in\bar{\mathcal{M}}} p_m + p_{\mathcal{E}}+\frac{13\delta_n}{15}$$

重新排列等式的两边，得到

$$\sum\nolimits_{m\in\bar{\mathcal{M}}} p_m > \frac{\delta_n}{10}。$$ □

引理 5.1 和引理 5.2 暗示着：对于所有 $n\in\mathbb{N}'$，存在一个多项式 $\mathrm{poly}(n)$ 线路 F_n 满足：输入 $\mathcal{E}\in S_n$，F_n 在 $\mathcal{M}_n$ 中产生两个消息 m_1 和 m_2，并在 $f^{-1}(\mathcal{M}_n)$ 中产生满足 $\left|r_{m_1,v}^{\mathcal{E}}-r_{m_2,v}^{\mathcal{E}}\right|>\frac{\delta_n^2}{20}$ 的一个值 v。F_n 具体做法如下：

输入 $\mathcal{E}\in S_n$，F_n 在 $\mathcal{M}_n$ 中随机选取 μ，然后 F_n 随机产生 $\mathcal{M}_n$ 中一个元素 ξ（引理 5.2 告诉我们以至少 $\frac{\delta_n}{10}$ 的概率，$\xi\in\bar{\mathcal{M}}$）。用引理 5.1 以很高的概率找到满足 $\left|r_{\xi,v}-r_{\mu,v}\right|>\frac{\delta_n^2}{20}$ 的 $v\in V$。如果找不到这样的 v，很可能是 $\xi\notin\bar{\mathcal{M}}$。寻找另外一个 $\xi\in\bar{\mathcal{M}}$，直到在预期多项式次后成功找到 ξ。如果找到了 v，则令 $m_1=\xi$ 和 $m_2=\mu$。

现在定义：

$$T_n=\begin{cases}1, & C_n[i,x]=v\\ 0, & \text{其它}\end{cases}$$

那么 T_n 是一个多项式 $\mathrm{poly}(n)$ 的线窃听者，T_n 可以 $\frac{\delta_n^2}{20}$-区分由 F_n 找到的两个消息 m_1 和 m_2。这与 Π 是一个多项式安全的公钥加密方案的假设矛盾。 □

5.2.3 Shannon 的完美安全性与语义安全性

Shannon 完美安全性定义是考虑一个具有无限计算时间和无限能力的敌手，得到密文后不能获取明文的任何有用信息。所有可能的消息的集合都是有限的，并且有一个先验概率；这些消息被加密后通过公开信道传送，当敌手窃听到一个消息的密文时，他能估算各种消息的一个后验概率。如果对于所有密文，一个后验概率等于一个先验概率，就实现了完美安全性。这样，窃听的消息没有给敌手任何明文信息。

Shannon 完美安全性的多项式有界的版本就是语义安全性。语义安全性意味着当敌手仅有多项式界的可用资源时，窃听到密文也不会得到该密文的明文信息。进一步，不存在定义在明文空间上的函数，没有窃听明文，敌手不能计算该函数，但窃听密文后敌手能计算它。

5.2.4　语义安全性与 IND-CPA 安全

语义安全性不仅要求一个敌手从已知的公钥 pk 和密文 c 中不能获得明文 m，而且要求敌手不能获得关于明文 m 的任何信息，所以语义安全性有时又称为不可区分性。

用如下的一个博弈帮助我们进一步理解公钥加密方案的语义安全性就是不可区分性。假设一个博弈中敌手选择了两个消息，其中一个消息被加密后传给敌手，在分析这两个消息到底哪个消息被加密的过程中，如果敌手不能比一个随机猜测做得好，就说该加密方案是语义安全的，或者称该方案是不可区分选择明文攻击安全的(IND-CPA 安全)。

假定任意的 PPT 敌手 A 在明文空间中挑选出长度相等的两个消息 m_0 和 m_1，然后 A 将这两个消息发送给挑战者。若这两个消息长度不相等，挑战者扩充短的消息使两个消息等长，之后通过随机抛币得到比特 $b\in\{0,1\}$，加密其中的消息 m_b，并将加密的密文 c_b 发送给敌手 A。敌手 A 猜测 c_b 所对应的明文消息，并返回比特 b 的猜测结果 b'。如果敌手 A 猜测的结果 $b'\neq b$，就说该加密方案是 IND-CPA 安全的。

对于公钥加密方案的 IND-CPA 定义，敌手知道消息空间和消息空间可能的分布，也知道加密算法。除了输入加密的密文 c_b，还把加密用的公钥 pk 作为辅助信息输入给敌手，具体如下。

定义 5.3　IND-CPA 公钥加密方案。设 n 为安全参数，如果对于所有 PPT 算法 A 和足够大的 n，下列式子是可以忽略不计的，则一个公钥加密方案(Gen, $\mathcal{E}$, $\mathcal{D}$)是不可区分选择明文攻击下(Indistinguishability under Chosen-Plaintext Attacks，IND-CPA)安全的(图 5.5 所示)：

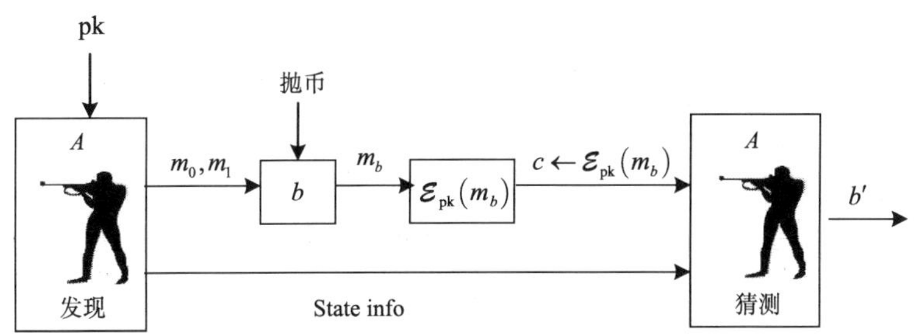

图 5.5　IND-CPA 公钥加密方案示意图

$$\left|\Pr\left[\begin{matrix}(\mathrm{pk},\mathrm{sk})\leftarrow \mathrm{Gen}(1^n);(m_0,m_1)\leftarrow A(\mathrm{pk});\\ b\leftarrow\{0,1\};c\leftarrow\mathcal{E}_{\mathrm{pk}}(m_b);b'\leftarrow A(\cdot,c)\end{matrix}:b=b'\right]-\frac{1}{2}\right| \qquad \square$$

对于私钥加密方案的 IND-CPA 安全性定义，敌手知道加密算法，也知道消息空间和消息空间可能的分布，所以敌手可能也知道与分布有关的安全参数 1^n。私钥加密方案的 IND-CPA 安全性定义只给敌手输入了加密的密文 c_b，具体如下：

定义 5.4　IND-CPA 的私钥加密方案。设 n 为安全参数，如果对于所有 PPT 算法 A' 和足够大的 n，下列式子是可以忽略不计的，则一个私钥加密方案(Gen, $\mathcal{E}$, $\mathcal{D}$)是不可区分选择明文攻击(IND-CPA)安全的：

$$\left|\Pr\left[\begin{matrix}(k,k)\leftarrow \text{Gen}(1^n);(m_0,m_1)\leftarrow A(1^n);\\ b\overset{\$}{\leftarrow}\{0,1\};c\leftarrow \mathcal{E}_k(m_b);b'\leftarrow A(1^n,c)\end{matrix}:b=b'\right]-\frac{1}{2}\right|$$ □

多组消息的安全性：定义 5.3 和定义 5.4 可以推广到处理多组明文被加密的情形中，对公钥加密方案和私钥加密方案，多组明文的不可区分选择明文攻击(IND-CPA)安全性定义和单组明文的 IND-CPA 安全性定义是等价的。

5.3　语义安全的加密方案

5.3.1　选择明文攻击安全的私钥加密体制

命题 5.1　设F和$\Gamma=(\text{Gen},\mathcal{E},\mathcal{D})$为构造 2.3 中的定义，并假设F关于多项式规模电路是伪随机的，则构造 2.3 构造的分组密码$\Gamma=(\text{Gen},\mathcal{E},\mathcal{D})$和构造 2.4 构造的私钥加密体制$\Gamma'=(\text{Gen},\mathcal{E},\mathcal{D})$在选择明文攻击下都是安全的。

证明：只证明构造 2.3 在选择明文攻击下是安全的，在此基础上构造 2.4 显然是选择明文攻击下安全的。

思路：与第 2 章中命题 2.3 的证明思路相同。

在理想情况下，使用一个均匀选择的函数ϕ，而不是伪随机函数f_s。实际上，任意敌手在理想情况下通过加密询问，得到的是$(r,\phi(r))$，这里r是在$\{0,1\}^n$上均匀独立的分布。对于挑战本身，明文是利用ϕ在$\{0,1\}^n$上均匀独立分布的另外一个值进行“伪装”的。这样，除非后面的元素恰好和加密预言机用的r相等，其发生的概率非常小，所以挑战明文被完美地掩饰起来。这样，理想的情况下，在选择明文攻击下是安全的。从而真实的情况也是成立的，否则可以得出和F是伪随机的假设矛盾。

同理，可以证明构造 2.4 在选择明文攻击下也是安全的。　□

5.3.2　用陷门置换构造的公钥加密方案的安全性

回顾第 3 章用陷门单向置换构造加密单比特消息的加密方案 FA3-1。

定理 5.4　假设$\mathcal{F}$是一个陷门单向置换，则加密方案 FA3-1 是语义安全的。

证明：反证法。假设该加密方案 FA3-1 不是语义安全的，则存在一个 PPT 算法A，使得

$$\left|\Pr\left[(\text{pk},\text{sk})\leftarrow \text{Gen}(1^n);b\overset{\$}{\leftarrow}\{0,1\};c\leftarrow \mathcal{E}_{\text{pk}}(m_b);b'\leftarrow A(\text{pk},c):b=b'\right]-\frac{1}{2}\right| \tag{5.1}$$

是不可忽略不计的。

为了简便，简单地假设$m_0=0$且$m_1=1$。这里的运算都是在单比特消息空间中，并且如果$m_0=m_1$，该敌手成功的概率不可能好于$1/2$。

假设加密方案使用的陷门单向置换簇是$\mathcal{F}=(\text{Gen}_{\text{td}})$。用这个陷门置换，我们构造了

定理 3.3 定义的有硬核比特 $H_c=\{h_c\}$ 的 $\mathcal{F}'=(\mathrm{Gen}'_{\mathrm{td}})$。也就是 $f'(x\|r)=f(x)\|r$ 的硬核比特是 $h_c(x\|r)=x\cdot r$。

给定 $f(x)\|r$，对于任意 PPT 敌手 A'，猜测硬核比特 $x\cdot r$ 的概率是可以忽略不计的。也就是说，对于任意 PPT 敌手 A'，下列式子是可以忽略不计的：

$$\left|\Pr\left[\begin{array}{l}(f',f'^{-1})\leftarrow \mathrm{Gen}'_{\mathrm{td}}(1^n);x\xleftarrow{\$}\{0,1\}^n;\\ r\xleftarrow{\$}\{0,1\}^n;y\leftarrow f(x)\end{array}:A'(f',y\|r)=x\cdot r\right]-\frac{1}{2}\right| \tag{5.2}$$

给定式(5.1)的敌手 A，需要构造一个与式(5.2)矛盾的 PPT 算法 A'，具体过程如下：

$A'(f',y\|r)$：

$a\xleftarrow{\$}\{0,1\}$。

定义 $\mathrm{pk}=(f,r)$ 和 $c=(y\|a)$。

运行 $A(\mathrm{pk},c)$。

如果 A 的输出等于 0，则输出 a，否则输出 a 的补 $\bar{a}$。

也可以改述 A' 的执行，如下：

$a\xleftarrow{\$}\{0,1\}$。

定义 $\mathrm{pk}=(f,r)$ 和 $c=(y\|a)$。

运行 $A(\mathrm{pk},c)$。

输出 $a\oplus A(\mathrm{pk},c)$。

这两种描述，输出是完全一样的。

假设 A 的运行时间是概率多项式时间，则 A' 的运行时间也是概率多项式时间。

首先，检验 A' 的这个构造。根据加密方案 FA3-1，有：直觉上，有 $A(\mathrm{pk},c)=A((f,r),(y\|a))$。这样，如果 A 总是正确猜对加密的是哪个消息，则 A 将总是输出 $(f^{-1}(y)\cdot r)\oplus a$。因此，$A'$ 将总是输出 $f^{-1}(y)\cdot r$。

注意：设 $x\stackrel{\mathrm{def}}{=}f^{-1}(y)$，这里 $f^{-1}(y)\cdot r$ 是 $f'(x\|r)$ 的硬核比特 $h_c(x\|r)$。

如果 A 总是成功地“破解”加密方案，则 A' 总是成功地“猜测”到硬核比特。

当然，没有理由假设 A 总是成功地“破解”加密方案，所以需要一个正式的证明。

根据式(5.2)，可得 A' 正确猜测硬核比特的概率为：

$$\left|\Pr\left[(f,f^{-1})\leftarrow \mathrm{Gen}_{\mathrm{td}}(1^n);x,r\xleftarrow{\$}\{0,1\}^n;y\leftarrow f(x):A'(f,y\|r)=x\cdot r\right]-\frac{1}{2}\right|$$

根据 A' 的构造，重写上面的式子，得到

$$\left|\Pr\left[\left(f,f^{-1}\right)\leftarrow \mathrm{Gen}_{\mathrm{td}}\left(1^{n}\right);x,r\overset{\$}{\leftarrow}\{0,1\}^{n};y\leftarrow f\left(x\right):A'\left(f,y\|r\right)=x\cdot r\right]-\frac{1}{2}\right|$$

$$=\left|\Pr\left[\begin{array}{l}\left(f,f^{-1}\right)\leftarrow \mathrm{Gen}_{\mathrm{td}}\left(1^{n}\right);x,r\overset{\$}{\leftarrow}\{0,1\}^{n};\\ y\leftarrow f\left(x\right);a\overset{\$}{\leftarrow}\{0,1\}\end{array}:A\left(\left(f,r\right),\left(y\|a\right)\right)\oplus a=x\cdot r\right]-\frac{1}{2}\right|$$

现在，通过随机选择一比特 b，并且设 $a=\left(x\cdot r\right)\oplus b$，在句法上修改该实验。从敌手 A 的角度看，这个修改正好等于上面实验的式子，因为 a 仍然是 $\{0,1\}$ 上的均匀分布。这样，经过某些代数化简，得到

$$\left|\Pr\left[\begin{array}{l}\left(f,f^{-1}\right)\leftarrow \mathrm{Gen}_{\mathrm{td}}\left(1^{n}\right);x,r\overset{\$}{\leftarrow}\{0,1\}^{n};\\ y\leftarrow f\left(x\right);a\overset{\$}{\leftarrow}\{0,1\}\end{array}:A\left(\left(f,r\right),\left(y\|a\right)\right)\oplus a=x\cdot r\right]-\frac{1}{2}\right|$$

$$=\left|\Pr\left[\begin{array}{l}\left(f,f^{-1}\right)\leftarrow \mathrm{Gen}_{\mathrm{td}}\left(1^{n}\right);x,r\overset{\$}{\leftarrow}\{0,1\}^{n};\\ y\leftarrow f\left(x\right);b\overset{\$}{\leftarrow}\{0,1\};a=\left(x\cdot r\right)\oplus b\end{array}:A\left(\left(f,r\right),\left(y\|a\right)\right)\oplus a=x\cdot r\right]-\frac{1}{2}\right| \tag{5.3}$$

$$=\left|\Pr\left[\begin{array}{l}\left(f,f^{-1}\right)\leftarrow \mathrm{Gen}_{\mathrm{td}}\left(1^{n}\right);x,r\overset{\$}{\leftarrow}\{0,1\}^{n};\\ y\leftarrow f\left(x\right);b\overset{\$}{\leftarrow}\{0,1\};\end{array}:A\left(\left(f,r\right),\left(y\|\left(x\cdot r\right)\oplus b\right)\right)=b\right]-\frac{1}{2}\right|$$

最后，给 A 的输入中，第一个输入 $\left(f,r\right)$ 正好是 FA3-1 加密方案的一个公钥，第二个输入 $y\|\left(x\cdot r\right)\oplus b$ 正好是关于给定公钥对比特 b 的随机加密，这里 x、y 和 r 是随机选择的。

这样，式(5.3)正好等于式(5.1)，因此式(5.2)等于式(5.1)。但是，开始假设式(5.1)是不可忽略不计的。这意味着，有一个特定的 PPT 敌手 A' 对于式(5.2)是不可忽略不计的。这与陷门置换的硬核比特安全性假设矛盾，即与第 3 章的定理 3.3 矛盾。 □

定理 5.5　假设存在陷门置换，则存在一个公钥加密方案实现语义安全性，或者说实现不可区分意义上的安全性。

5.3.3 基于有限域上离散对数假设的公钥加密方案的安全性

回顾 4.2.4 节中基于有限域上离散对数假设构造的 El Gamal 公钥加密方案。

定理 5.6　在 DDH 假设下，El Gamal 公钥加密方案是 IND-CPA 安全的。

证明：反证法。假设一个 PPT 敌手 A 可以攻击 El Gamal 公钥加密方案的 IND-CPA 安全性，这意味着，对于随机数 b，给定 m_b 的一个随机加密的密文，A 输出消息 $\left(m_0,m_1\right)$ 以及正确猜测的 b'。

用 Suc 表示敌手 A 攻击成功 El Gamal 公钥加密方案的 IND-CPA 安全性的事件，如果 A 正确猜测 $b'=b$，就说敌手 A 攻击成功，则敌手 A 攻击成功的概率为

$$\Pr_A\left[\mathrm{Suc}\right]\neq 1/2 \tag{5.4}$$

构造另外一个敌手 A'，具体如下：

$A'(\mathbb{G},q,g_1,g_2,g_3,g_4)$:

　$\mathrm{pk}=(g_1,g_2)$

　运行 A_{pk}，得到消息 (m_0,m_1)

　$b\leftarrow\{0,1\}$

　$c=(g_3,g_4m_b)$

　运行 $A_{(\mathrm{pk},c)}$，获得 b'

当且仅当 $b'=b$ 时，输出 1。

设 Ratu 是从随机多元组的分布中选取 (g_1,g_2,g_3,g_4) 的一个事件，Dhtu 是从 DH 多元组的分布中选取 (g_1,g_2,g_3,g_4) 的一个事件。

设 A' 是一个 PPT 算法，n 是安全参数，由于在 $\mathbb{G}$ 上满足 DDH 假设，则对于足够大的 n，式子是可下列忽略不计的：

$$\left|\Pr\left[A'=1\middle|\mathrm{Dhtu}\right]-\Pr\left[A'=1\middle|\mathrm{Ratu}\right]\right| \tag{5.5}$$

声明 1：$\Pr\left[A'=1\middle|\mathrm{Dhtu}\right]=\Pr_A[\mathrm{Suc}]$。

当发生 Dhtu 事件时，对于某些随机选择的 x 和 r，有 $g_2=g_1^x$、$g_3=g_1^r$ 和 $g_4=g_1^{xr}=g_2^r$。但是，公钥和密文分布正好与它们在 El Gamal 公钥加密方案的真实执行中的分布相同，运行 $A_{(\mathrm{pk},c)}$，A 攻击成功时，获得的 b' 满足 $b'=b$。由于当且仅当 $b'=b$ 时，A' 输出 1，所以有

$$\Pr\left[A'=1\middle|\mathrm{Dhtu}\right]=\Pr_A[\mathrm{Suc}] \tag{5.6}$$

声明 2：$\Pr\left[A'=1\middle|\mathrm{Ratu}\right]=1/2$。

已知 g_4 独立于 g_1、g_2 或 g_3，g_4 是在 $\mathbb{G}$ 上的均匀分布。特别地，给了 A 的密文的第二个部分 g_4m_b 独立于被加密的消息 m_b，且 g_4m_b 是在 $\mathbb{G}$ 上的均匀分布。因此，g_4m_b 独立于 b。这样，敌手 A' 没有关于 b 的信息，既使是完全强大的 A，在这个事件中，不能以不同于 1/2 的概率预测 b。

假设 A 一定总是输出猜测的 $b'\in\{0,1\}$。由于当且仅当 A 成功时，A' 输出 1，因此有

$$\Pr\left[A'=1\middle|\mathrm{Ratu}\right]=1/2 \tag{5.7}$$

根据式(5.6)和式(5.7)，有

$$\Pr_A[\mathrm{Suc}]=1/2 \tag{5.8}$$

式(5.8)与式(5.4)矛盾。证毕。　□

5.4　左或右不可区分意义上的安全性

t 个函数 $f_1,\cdots,f_t$ 的一个排列定义为如下：如果 $i\in\{1,\cdots,t\}$，则 $[\![f_1,\cdots,f_t]\!](i,x)=f_i(x)$；否则 $\perp$。　□

我们把用 $\mathcal{E}_{\mathrm{pk}}(m_1)\cdots\mathcal{E}_{\mathrm{pk}}(m_l)$ 来加密消息 $m=m_1\cdots m_l$，$m_i\in\{0,1\}(1\leqslant i\leqslant l)$ 的方式，称

为“1 比特接着 1 比特”的加密方式。

已知 1 比特消息的加密 $\mathcal{E}_{pk}(mi)(1 \leqslant i \leqslant l)$ 是语义安全的，如果采取以上“1 比特接着 1 比特”的加密方式，把该方案应用到多比特消息的加密中，该方案是否仍然安全？也就是说，以上的加密方案若用于多比特消息的加密，是否仍然是语义安全的？如果敌手能窃听这些消息，他是否能获得额外信息，并且能破坏该加密方案的语义安全性？

为了模拟通过窃听，敌手能中途截取多比特消息的情况，可以引入一个加密预言机。敌手能向加密预言机进行他想的任意次数的询问，给加密预言机 $\mathcal{E}_{pk,b}(\cdot,\cdot)$ 输入两个等长的消息 m_0 和 m_1，消息定义 $\mathcal{E}_{pk,b}(m_0,m_1) \overset{\text{def}}{=} \mathcal{E}_{pk}(m_b)$。每次加密预言机被调用，都要重新抛币来选择 b。加密预言机加密消息 m_b，如果敌手不能猜测加密预言机 $\mathcal{E}_{pk,b}(\cdot,\cdot)$ 使用的比特 b 值，或者说猜测 b 的值的概率不会好于 1/2，这个加密方案就是安全的。

定义 5.5　左或右不可区分意义上的安全性。一个公钥加密方案 PKE =（Gen, $\mathcal{E}$, $\mathcal{D}$），是左或右不可区分意义上安全的(Secure in the Sense of Left-or-Right Indistinguishability)，如果对于任意 PPT 敌手 A，下式是可忽略不计的：

$$\left|\Pr\left[(\mathrm{pk},\mathrm{sk}) \leftarrow \mathrm{Gen}(1^n); b \overset{\$}{\leftarrow} \{0,1\} : A^{\mathcal{E}_{\mathrm{pk},b}(\cdot,\cdot)}(\mathrm{pk}) = b\right] - \frac{1}{2}\right|$$

图 5.6 是左或右不可区分意义上安全的公钥加密方案示意图。

定理 5.7　如果一个公钥加密方案 PKE =（KeyGen, $\mathcal{E}$, $\mathcal{D}$）是语义安全的，则该方案也是左或右不可区分意义上安全的。

证明思路：首先证明加密比特的两个消息时，如果公钥加密方案 PKE 是语义安全的，则该方案也是在左或右不可区分的意义上安全的。证明这个论点允许敌手可以两次预言机访问加密预言机 $\mathcal{E}_{pk,b}(\cdot,\cdot)$。

证明中采用反证法：假设 PKE 是语义安全的，但是左或右不可区分的意义上不安全的。这意味着有一个 PPT 敌手 A，以不可忽略的概率，能打破左或右不可区分意义上安全的 PKE。用该敌手，可以构造一个 PPT 算法，以不可忽略的概率，打破 PKE 的语义安全性。这定理 5.7 中 PKE 是语义安全的矛盾。

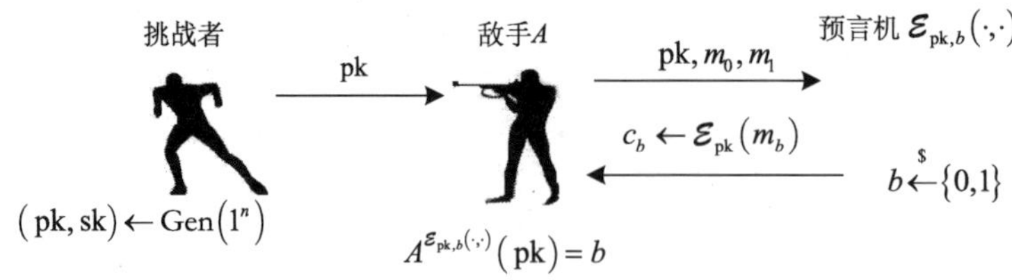

图 5.6　左或右不可区分意义上的安全性示意图

证明：假设 PKE 是语义安全的公钥加密方案，但是左或右不可区分意义上不安全的公钥加密方案。构造敌手 $\widehat{A}_1$，$\widehat{A}_1$ 只可以访问加密预言机一次，并努力破坏语义安全性。

$\widehat{A}_1^{\mathcal{E}_{pk,b}(\cdot,\cdot)}(\mathrm{pk})$：

运行 $A(\mathrm{pk})$。

在某个点，A 请求加密 $\mathcal{E}_{\mathrm{pk},b}(m_0,m_1)$。

$\widehat{A}_1$ 询问他自己的加密预言机，并给 A 返回 $c \leftarrow \mathcal{E}_{\mathrm{pk},b}(m_0,m_1)$。

然后，A 请求第二个加密 $\mathcal{E}_{\mathrm{pk},b}(m_0',m_1')$。

$\widehat{A}_1$ 给 A 返回 $c' \leftarrow \mathcal{E}_{\mathrm{pk}}(m_0')$，也就是他自己加密 m_0'，然而找 $\mathcal{E}_{\mathrm{pk},b}(m_0')$ 返回给 A。

$\widehat{A}_1$ 输出 A 的最终输出。

由于 A 在多项式时间内运行，所以 $\widehat{A}_1$ 也在多项式时间内运行。$\widehat{A}_1$ 成功的概率为

$$\begin{aligned}
\mathrm{Succ}_{\widehat{A}_1} &\stackrel{\mathrm{def}}{=} \Pr\left[(\mathrm{pk},\mathrm{sk}) \leftarrow \mathrm{KeyGen}(1^n); b \xrightarrow{\$} \{0,1\} : \widehat{A}_1^{\mathcal{E}_{\mathrm{pk},b}(\cdot,\cdot)}(\mathrm{pk}) = b\right] \\
&= \Pr\left[(\mathrm{pk},\mathrm{sk}) \leftarrow \mathrm{KeyGen}(1^n); b \xrightarrow{\$} \{0,1\} : A^{\mathcal{E}_{\mathrm{pk},b}(\cdot,\cdot),\mathcal{E}_{\mathrm{pk},0}(\cdot,\cdot)}(\mathrm{pk}) = b\right] \\
&= \Pr\left[(\mathrm{pk},\mathrm{sk}) \leftarrow \mathrm{KeyGen}(1^n) : A^{\mathcal{E}_{\mathrm{pk},0}(\cdot,\cdot),\mathcal{E}_{\mathrm{pk},0}(\cdot,\cdot)}(\mathrm{pk}) = 0\right] \times \frac{1}{2} \\
&\quad + \Pr\left[(\mathrm{pk},\mathrm{sk}) \leftarrow \mathrm{KeyGen}(1^n) : A^{\mathcal{E}_{\mathrm{pk},1}(\cdot,\cdot),\mathcal{E}_{\mathrm{pk},0}(\cdot,\cdot)}(\mathrm{pk}) = 1\right] \times \frac{1}{2}
\end{aligned} \tag{5.9}$$

式(5.9)中，用 $A^{\mathcal{E}_{\mathrm{pk},b_1}(\cdot,\cdot),\mathcal{E}_{\mathrm{pk},b_2}(\cdot,\cdot)}$ 表示 A 第一次访问他的预言机 $\mathcal{E}_{\mathrm{pk},b}(\cdot,\cdot)$ 时，该预言机使用比特 b_1，而 A 第二次访问他的预言机时，该预言机使用比特 b_2。

类似地，再构造一个敌手 $\widehat{A}_2^{\mathcal{E}_{\mathrm{pk},b}(\cdot,\cdot)}$，$\widehat{A}_2^{\mathcal{E}_{\mathrm{pk},b}(\cdot,\cdot)}$ 也是只可以访问加密预言机一次。

$\widehat{A}_2^{\mathcal{E}_{\mathrm{pk},b}(\cdot,\cdot)}(\mathrm{pk})$：

运行 $A(\mathrm{pk})$；

在某个点，A 请求加密 $\mathcal{E}_{\mathrm{pk},b}(m_0,m_1)$。

$\widehat{A}_2$ 给 A 返回 $c \leftarrow \mathcal{E}_{\mathrm{pk}}(m_1)$，也就是 $\widehat{A}_2$ 自己加密 m_1，然后把 $\mathcal{E}_{\mathrm{pk}}(m_1)$ 返回给 A。

A 请求第二个加密 $\mathcal{E}_{\mathrm{pk},b}(m_0',m_1')$。

$\widehat{A}_2$ 询问他自己的加密预言机，并给 A 返回 $c' \leftarrow \mathcal{E}_{\mathrm{pk},b}(m_0',m_1')$。

$\widehat{A}_2$ 输出 A 的最终输出。

显然，$\widehat{A}_2$ 也是一个 PPT 算法。$\widehat{A}_2$ 成功的概率为

$$\begin{aligned}
\mathrm{Succ}_{\widehat{A}_2} &\stackrel{\mathrm{def}}{=} \Pr\left[(\mathrm{pk},\mathrm{sk}) \leftarrow \mathrm{KeyGen}(1^n); b \xrightarrow{\$} \{0,1\} : \widehat{A}_2^{\mathcal{E}_{\mathrm{pk},b}(\cdot,\cdot)}(\mathrm{pk}) = b\right] \\
&= \Pr\left[(\mathrm{pk},\mathrm{sk}) \leftarrow \mathrm{KeyGen}(1^n); b \xrightarrow{\$} \{0,1\} : A^{\mathcal{E}_{\mathrm{pk},1}(\cdot,\cdot),\mathcal{E}_{\mathrm{pk},b}(\cdot,\cdot)}(\mathrm{pk}) = b\right] \\
&= \Pr\left[(\mathrm{pk},\mathrm{sk}) \leftarrow \mathrm{KeyGen}(1^n) : A^{\mathcal{E}_{\mathrm{pk},1}(\cdot,\cdot),\mathcal{E}_{\mathrm{pk},0}(\cdot,\cdot)}(\mathrm{pk}) = 0\right] \times \frac{1}{2} \\
&\quad + \Pr\left[(\mathrm{pk},\mathrm{sk}) \leftarrow \mathrm{KeyGen}(1^n) : A^{\mathcal{E}_{\mathrm{pk},1}(\cdot,\cdot),\mathcal{E}_{\mathrm{pk},1}(\cdot,\cdot)}(\mathrm{pk}) = 1\right] \times \frac{1}{2}
\end{aligned} \tag{5.10}$$

在这里，敌手的优势就是他正确猜出 b 的概率的绝对值。根据式(5.9)和式(5.10)，敌手 A 破坏该公钥加密方案的左或右不可区分意义上安全性的优势为

$$
\begin{aligned}
\mathrm{Adv}_A \overset{\text{def}}{=} & \left|\Pr\left[(\mathrm{pk},\mathrm{sk})\leftarrow \mathrm{KeyGen}(1^n); b\xrightarrow{\$}\{0,1\}: A^{\mathcal{E}_{\mathrm{pk},b}(\cdot,\cdot)}(\mathrm{pk})=b\right]-\frac{1}{2}\right| \\
= & \left|\frac{1}{2}\cdot\Pr\left[(\mathrm{pk},\mathrm{sk})\leftarrow \mathrm{KeyGen}(1^n): A^{\mathcal{E}_{\mathrm{pk},1}(\cdot,\cdot),\mathcal{E}_{\mathrm{pk},1}(\cdot,\cdot)}(\mathrm{pk})=1\right]\right. \\
& \left.+\frac{1}{2}\cdot\Pr\left[(\mathrm{pk},\mathrm{sk})\leftarrow \mathrm{KeyGen}(1^n): A^{\mathcal{E}_{\mathrm{pk},0}(\cdot,\cdot),\mathcal{E}_{\mathrm{pk},0}(\cdot,\cdot)}(\mathrm{pk})=0\right]-\frac{1}{2}\right| \\
= & \left|\frac{1}{2}\cdot\Pr\left[(\mathrm{pk},\mathrm{sk})\leftarrow \mathrm{KeyGen}(1^n): A^{\mathcal{E}_{\mathrm{pk},1}(\cdot,\cdot),\mathcal{E}_{\mathrm{pk},1}(\cdot,\cdot)}(\mathrm{pk})=1\right]\right. \\
& +\frac{1}{2}\cdot\Pr\left[(\mathrm{pk},\mathrm{sk})\leftarrow \mathrm{KeyGen}(1^n): A^{\mathcal{E}_{\mathrm{pk},1}(\cdot,\cdot),\mathcal{E}_{\mathrm{pk},0}(\cdot,\cdot)}(\mathrm{pk})=0\right] \\
& +\frac{1}{2}\cdot\Pr\left[(\mathrm{pk},\mathrm{sk})\leftarrow \mathrm{KeyGen}(1^n): A^{\mathcal{E}_{\mathrm{pk},1}(\cdot,\cdot),\mathcal{E}_{\mathrm{pk},0}(\cdot,\cdot)}(\mathrm{pk})=1\right] \\
& \left.+\frac{1}{2}\cdot\Pr\left[(\mathrm{pk},\mathrm{sk})\leftarrow \mathrm{KeyGen}(1^n): A^{\mathcal{E}_{\mathrm{pk},0}(\cdot,\cdot),\mathcal{E}_{\mathrm{pk},0}(\cdot,\cdot)}(\mathrm{pk})=0\right]-1\right|
\end{aligned}
\tag{5.11}
$$

根据基本概率理论，有如下事实：

$$
\Pr\left[A^{\mathcal{E}_{\mathrm{pk},1}(\cdot,\cdot),\mathcal{E}_{\mathrm{pk},0}(\cdot,\cdot)}(\mathrm{pk})=0\right]+\Pr\left[A^{\mathcal{E}_{\mathrm{pk},1}(\cdot,\cdot),\mathcal{E}_{\mathrm{pk},0}(\cdot,\cdot)}(\mathrm{pk})=1\right]=1
$$

因此，式(5.11)可以继续化简为

$$
\begin{aligned}
\mathrm{Adv}_A \leqslant & \left|\frac{1}{2}\cdot\Pr\left[(\mathrm{pk},\mathrm{sk})\leftarrow \mathrm{KeyGen}(1^n): A^{\mathcal{E}_{\mathrm{pk},1}(\cdot,\cdot),\mathcal{E}_{\mathrm{pk},1}(\cdot,\cdot)}(\mathrm{pk})=1\right]\right. \\
& \left.+\frac{1}{2}\cdot\Pr\left[(\mathrm{pk},\mathrm{sk})\leftarrow \mathrm{KeyGen}(1^n): A^{\mathcal{E}_{\mathrm{pk},1}(\cdot,\cdot),\mathcal{E}_{\mathrm{pk},0}(\cdot,\cdot)}(\mathrm{pk})=0\right]-\frac{1}{2}\right| \\
& +\left|\frac{1}{2}\cdot\Pr\left[(\mathrm{pk},\mathrm{sk})\leftarrow \mathrm{KeyGen}(1^n): A^{\mathcal{E}_{\mathrm{pk},1}(\cdot,\cdot),\mathcal{E}_{\mathrm{pk},0}(\cdot,\cdot)}(\mathrm{pk})=1\right]\right. \\
& \left.+\frac{1}{2}\cdot\Pr\left[(\mathrm{pk},\mathrm{sk})\leftarrow \mathrm{KeyGen}(1^n): A^{\mathcal{E}_{\mathrm{pk},0}(\cdot,\cdot),\mathcal{E}_{\mathrm{pk},0}(\cdot,\cdot)}(\mathrm{pk})=0\right]-\frac{1}{2}\right| \\
= & \mathrm{Adv}_{\widehat{A}_2}+\mathrm{Adv}_{\widehat{A}_1}
\end{aligned}
$$

根据刚开始假设，Adv_A是不可忽略的，以上公式暗示着$\mathrm{Adv}_{\widehat{A}_1}$或者$\mathrm{Adv}_{\widehat{A}_2}$至少一个值必须是不可忽略的。然而，这暗示着敌手$\widehat{A}_1$或者$\widehat{A}_2$中，至少有一个敌手破坏了该公钥加密方案的语义安全性。这与定理 5.7 的假设矛盾。 □

说明：定理 5.7 的证明采用了混合论证技术，但是严格讲，用混合论证技术不足以直接得到定理 5.7 的原因是存在以下问题：如果一个公钥加密方案(KeyGen, $\mathcal{E}$, $\mathcal{D}$)加密一比特，是语义安全的，则下列集合是计算不可区分的：

$$
X_n \overset{\text{def}}{=} \left\{(\mathrm{pk},\mathrm{sk})\leftarrow \mathrm{KeyGen}(1^n); c\rightarrow \mathcal{E}_{\mathrm{pk}}(0):(\mathrm{pk},c)\right\}
$$

$$
Y_n \overset{\text{def}}{=} \left\{(\mathrm{pk},\mathrm{sk})\leftarrow \mathrm{KeyGen}(1^n); c\rightarrow \mathcal{E}_{\mathrm{pk}}(1):(\mathrm{pk},c)\right\}
$$

然后，直接应用混合论证技术，得到如下的不可区分性：

$$(X_n, X_n) = \left\{ \begin{array}{l} (\mathrm{pk}, \mathrm{sk}), (\mathrm{pk}', \mathrm{sk}') \leftarrow \mathrm{KeyGen}(1^n) \\ c \to \mathcal{E}_{\mathrm{pk}}(0); c' \to \mathcal{E}_{\mathrm{pk}'}(0) \end{array} : (\mathrm{pk}, c, \mathrm{pk}', c') \right\}$$

$$(Y_n, Y_n) = \left\{ \begin{array}{l} (\mathrm{pk}, \mathrm{sk}), (\mathrm{pk}', \mathrm{sk}') \leftarrow \mathrm{KeyGen}(1^n) \\ c \to \mathcal{E}_{\mathrm{pk}}(1); c' \to \mathcal{E}_{\mathrm{pk}'}(1) \end{array} : (\mathrm{pk}, c, \mathrm{pk}', c') \right\}$$

这是针对两个不同的公钥的加密，而不是前面描述的单一密钥的加密。即便如此，定理 5.7 的证明仍然需要混合技术论证技术。

最重要的是，在定理 5.7 的证明中，一个敌手能产生随机的加密，则在任意一个公钥加密方案中也能产生随机的加密。这个条件与声明 3.3（混合论证）要求分布集合是可有效取样的等价。

特别地，定理 5.7 的类似情况，对于一个私钥加密方案的情况是不满足的，因为在一个私钥加密方案中，一个敌手可能不能产生与未知密钥有关的合法的密文。

习题与思考

5.1　理解并比较如下概念：多项式安全性、语义安全性、左或右不可区分意义上的安全性。

5.2　本章给出了“语义安全的公钥加密方案”的两个概念，试分析说明这两个概念的一致性。

5.3　为什么例 5.1 的陷门单向置换 $\mathrm{Gen}_{\mathrm{td}}$ 不能作为语义安全的公钥加密方案?

5.4　试证明每个概率公钥加密方案都是语义安全的。

5.5　试说明为什么语义安全的公钥加密方案的加密算法不是确定的。

5.6　试证明假设陷门置换存在，则存在一个公钥加密方案实现了语义安全性。

5.7　试证明加密方案 FA3-1 实现了左或右不可区分意义上的安全性。

5.8　试说明如果 $\mathcal{F}$ 是一个陷门单向置换，则第三章 3.3 节中加密方案 FA3-4 即是语义安全的又是左或右不可区分意义上安全的。

5.9　直接采用混合论证技术证明定理 5.7 会存在什么问题?

5.10　定理 5.7 的类似情况，是否对一个私钥加密方案也满足。

参 考 文 献

BELLARE M, DESAI A, POINTCHEVAL D, et al, 1998. Relations among notions of security for public-key encryption schemes// Advances in Cryptology—CRYPTO'98. Heidelberg: Springer-Verlag: 26-45.

GOLDREICH O, LEVIN L A, 1989. A hard-core predicate for all one-way functions. Proceedings of the Twenty-first Annual ACM Symposium on Theory of Computing: 25-32.

GOLDWASSER S, MICALI S, 1984. Probabilistic encryption. Journal of computer and system sciences, 28(2): 270-299.

第 6 章　抗非适应性选择密文攻击安全性

本章主要内容

(1) 语义安全与延展性：加密方案的延展性概述。

(2) 零知识证明：非交互证明系统、适应性安全非交互零知识证明系统。

(3) CCA1 安全的加密方案：抗非适应性选择密文攻击安全性概念、抗非适应性选择密文攻击的私钥加密方案、抗非适应性选择密文攻击的公钥加密方案、Naor 和 Yung 的 CCA1 安全的公钥加密方案安全性。

(4) 基于困难性假设构造 CCA1 安全的公钥加密方案：基于 DDH 假设构造简化的 Cramer-Shoup 加密方案。

6.1　语义安全与延展性

下面介绍两个案例。案例 1 是一个破解拍卖竞标博弈，见图 6.1，该博弈是一个基于 El Gamal 加密方案的加密投标拍卖行为，所有竞标者都要使用 El Gamal 加密方案，把自己的标价加密，然后把加密封装的标价发送给拍卖者，拍卖者收到每个竞标者的加密封装的标价后，解密得到标价，最后该投标拍卖行为是提交最高价的投标者获胜。在这个竞标博弈中，每个竞标者都想以高于其他竞标者的标价获胜。

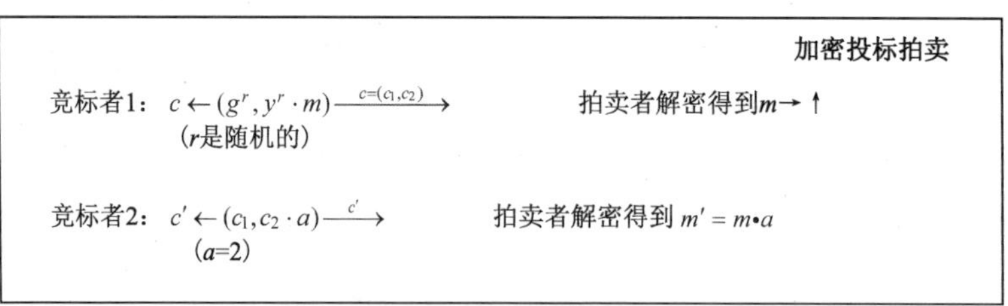

图 6.1　破解 El Gamal 加密投标拍卖

不失一般性，图 6.1 中只选两个竞标者：竞标者 1 和竞标者 2。假设拍卖使用的 El Gamal 加密方案的生成元为 g，拍卖人的密钥为(sk,pk)，其中 pk=y=g^x 是公钥，并设竞标者 1 的标价是 m 。

在这个博弈中，假设竞标者 2 想破解该博弈，以高于竞标者 1 的标价成功竞标。竞标者 2 虽然不知道竞标者 1 的标价 m 是多少，甚至也不需要知道自己出的标价 m' 是多少，他巧妙地使用一个因子 $a=2$，使得 $m' = m \cdot a > m$，就能够以高于竞标者 1 的价钱获胜。

再看一个黑客盗取信用卡的例子。

一个用户 S，有一张信用卡，卡号为 $c_1, c_2, \cdots, c_{48}$，其中每个 c_i $(1 \leqslant i \leqslant 48)$ 表示 1 比特。

用户 S 用商家的公钥 pk 把自己的信用卡号按比特加密后，信用卡号的密文为 $\mathcal{E}_{\text{pk}}(c_1),\mathcal{E}_{\text{pk}}(c_2),\cdots,\mathcal{E}_{\text{pk}}(c_{48})$，然后用户 S 把信用卡号密文发送给商家。

商家收到加密的卡号后，按比特解密，如果所有比特解密正确，商家就认为信用卡有效，并立刻回答 ACCEPT；否则商家立刻回答 REJECT。

有一个敌手 A，不需要解密信用卡的卡号信息，就可以恢复信用卡号。敌手 A 的具体做法如下：

(1) 敌手把以上信用卡号的第 1 比特设为 0。由于敌手 A 可以获得商家的公钥 pk，所以敌手 A 可以用 pk 加密比特 0，得到它的密文 $\mathcal{E}_{\text{pk}}(0)$。

(2) 敌手 A 把 $\mathcal{E}_{\text{pk}}(0),\mathcal{E}_{\text{pk}}(c_2),\cdots,\mathcal{E}_{\text{pk}}(c_{48})$ 发送给商家。

如果商家回答 ACCEPT，敌手就可以确认信用卡的第 1 比特为 0；如果商家回答 REJECT，敌手就可以确认信用卡的第 1 比特为 1。

(3) 敌手 A 依次把以上信用卡号密文的第 2 比特、第 3 比特，直到第 48 比特用 $\mathcal{E}_{\text{pk}}(0)$ 代替，经过 48 次试探，最后敌手获得了信用卡的卡号。

这两个例子都涉及延展性的概念。简单说就是，如果给定某个明文 m 的一个密文 c，可能构造另外一个与 c 不同的密文 c'，解密 c' 得到“与明文 m 相关的”某个消息 m'，就说加密明文 m 得到密文 c 的这个加密方案是有延展性的。

以上两个例子中，敌手的成功攻击，都是使用了公钥加密方案的延展性。

引理 6.1　El Gamal 加密体制是可延展的。

证明： 给定密文 $(c_1,c_2)=(g^r,mh^r)$，敌手可以在不知道 m、随机数 r、私钥 x 的情况下，产生消息 $2m$ 的合法密文：$(c_1,\ 2c_2)=(g^r,\ 2mh^r)$ 。　□

以上两个实例启发我们需要考虑更强概念的安全性——非延展性。非延展性的概念等价于另外一个安全特性，简单地说就是抗选择密文攻击的安全性。进一步，可以把抗选择密文攻击的安全性分为**抗非适应性选择密文攻击的安全性和抗适应性选择密文攻击的安全性**。

6.2　零知识证明

为了设计一个抗选择密文攻击安全的加密方案，需要定义一类交换，在这类交换中，一方可以使另一方信服他拥有某个信息，而没有泄露信息本身。零知识证明是一个包含证明者和验证者的交换系统，其中证明者可以使验证者信服他拥有某个信息，而没有泄露信息本身。使用这个交换可以设计一个抗选择密文攻击安全的加密方案。

6.2.1　非交互证明系统

非正式地，一个交互证明系统，就是系统内有一个证明者 $\mathcal{P}$ 和一个多项式时间验证者 $\mathcal{V}$，二者有共同的输入 x，对于某个意见一致的语言 $\mathcal{L}$，满足 $x\in\mathcal{L}$，并且证明者 $\mathcal{P}$ 想获得使验证者 $\mathcal{V}$ 的信任。在多个通信轮中，证明者 P 通过与验证者 $\mathcal{V}$ 的交互，企图使验证者 $\mathcal{V}$ 接受。我们希望如果 $x\in\mathcal{L}$，则证明者 $\mathcal{P}$ 总是能使验证者 $\mathcal{V}$ 接受；否则如果 $x\notin\mathcal{L}$，

不管证明者 $\mathcal{P}$ 怎么努力，验证者 $\mathcal{V}$ 将一定以很高的概率拒绝。

针对交互证明系统的两个平凡的例子，给出两个声明：

(1)在 $\mathcal{P}$ 中所有语言，有一个 0 轮的交互证明系统，在这个 0 轮的交互证明系统中，证明者 $\mathcal{P}$ 与验证者 $\mathcal{V}$ 之间没有一点通信，而 $\mathcal{V}$ 仅仅自己确定是否 $x\in\mathcal{L}$ 。事实上，由于 $\mathcal{L}\in\mathcal{P}$ ， $\mathcal{V}$ 可以做到仅自己来确定是否 $x\in\mathcal{L}$ 。

(2)任何 $\mathcal{L}\in\mathrm{NP}$ 有一个 1 轮的交互证明系统，在这个 1 轮的交互证明系统中，证明者 $\mathcal{P}$ 简单发送给验证者 $\mathcal{V}$ 关于 x 的证据(假设 $x\in\mathcal{L}$)，并且 $\mathcal{V}$ 验证这个证据。NP 的定义暗示着，如果 $x\in\mathcal{L}$ ， $\mathcal{V}$ 总是接受(假设 $\mathcal{P}$ 想要使 $\mathcal{V}$ 接受)；否则如果 $x\notin\mathcal{L}$ ， $\mathcal{P}$ 从没有欺骗 $\mathcal{V}$ 接受。

如果允许多轮交互，情况就会变得更有趣，这是复杂性理论的范畴，本书不再讨论。

我们所关心的是这样加固交换证明的模型，以致要求验证者 $\mathcal{V}$ 从与证明者 $\mathcal{P}$ 的交互中，除了得到 $x\in\mathcal{L}$ 的事实外，得不到其他任何东西。

以下介绍一种非交互证明系统的概念，这个概念中，增加了一个共有随机串，使得参与者双方都能有效使用这个随机串。

定义 6.1 非交互零知识证明系统(Non-Interactive Zero-Knowledge Proof System)。令 n 是安全参数，且所有 $x\in\mathcal{L}$ 有 $|x|=n$ 。一对 PPT 算法 $(\mathcal{P},\mathcal{V})$ 是一个关于语言 $\mathcal{L}\in\mathrm{NP}$ 的非交互零知识(Non-Interactive Zero-Knowledge，NIZK)证明系统，如果满足如下条件。

(1)完备性(Completeness)：对于任意 $x\in\mathcal{L}$ ($|x|=n$)以及 x 的所有证据 w ，有

$$\Pr\left[r\xleftarrow{\$}\{0,1\}^{\mathrm{poly}(n)};\pi\leftarrow\mathcal{P}(r,x,w):\mathcal{V}(r,x,\pi)=1\right]=1。$$

也就是说，给参与者双方任意的串 r 。接收到 r 、 $x\in\mathcal{L}$ 和 x 的证据 w 后， $\mathcal{P}$ 产生一个证明 π ， $\mathcal{P}$ 把 π 发送给验证者 $\mathcal{V}$ 。接收到 r 、 $x\in\mathcal{L}$ 和 π 后， $\mathcal{V}$ 判断是接受还是拒绝。以上结果就是，如果 $x\in\mathcal{L}$ 并且每个人都是诚实的，则 $\mathcal{V}$ 总是接受。

(2)完整性(Soundness)：如果 $x\notin L$ ，则对于任意一个 $\mathcal{P}^*$ (甚至最有能力的)，在 $|x|=n$ 中，下列式子是可忽略不计的：

$$\Pr\left[r\xleftarrow{\$}\{0,1\}^{\mathrm{poly}(n)};\pi\leftarrow\mathcal{P}^*(r,x):\mathcal{V}(r,x,\pi)=1\right]$$

(3)零知识(Zero-Knowledge)：存在满足如下条件的 PPT 模拟器 S，对于所有 $x\in\mathcal{L}$ ， $|x|=n$ ，以及 x 的任意证据 w ，以下两个分布是计算不可区分的，即

$$\left\{r\xleftarrow{\$}\{0,1\}^{\mathrm{poly}(n)};\pi\leftarrow\mathcal{P}(r,x,w):(r,x,\pi)\right\}\stackrel{c}{\equiv}\left\{(r,\pi)\leftarrow S(x):(r,x,\pi)\right\}$$ □

零知识的条件限制了验证者 $\mathcal{V}$ 从与证明者 $\mathcal{P}$ 的交互中获取信息。直观地，如果 $\mathcal{V}$ 与 $\mathcal{P}$ 的交互中，能“获得”任何消息， $\mathcal{V}$ 用 PPT 模拟器 S 也能独自获得这个消息。

本书非交互证明系统的定义中，要求 $\mathcal{P}$ 也是 PPT 算法，是因为想把非交互证明系统应用在密码学中，用 $\mathcal{P}$ 来构造加密方案和密码协议。

令 n 是安全参数，如果任意的 $x\in\mathcal{L}$ ，且 $|x|$ 不一定等于 n 时，非交互证明系统的概念略有改变，具体如下：

定义 6.2　非交互证明系统。令 n 是安全参数，如果任意的 $x \in \mathcal{L}$，且 $|x|$ 不一定等于 n 时，一对 PPT 算法 $(\mathcal{P},\mathcal{V})$ 是一个关于语言 $\mathcal{L} \in \mathrm{NP}$ 的非交互零知识证明系统，如果存在某个多项式 poly，满足如下条件：

(1) 完备性（对于 $x \in \mathcal{L}$，$\mathcal{P}$ 产生 $\mathcal{V}$ 接受的证据）。

对于任意 $x \in \mathcal{L} \cap \{0,1\}^n$ 以及 x 的所有证据 w，有（图 6.2(a)）

$$\Pr\left[r \xleftarrow{\$} \{0,1\}^{\mathrm{poly}(n)}; \pi \leftarrow \mathcal{P}(r,x,w) : \mathcal{V}(r,x,\pi)=1\right]=1$$

(2) 完整性（对于 $x \notin \mathcal{L}$，没有证明者能以高于可忽略不计的概率，产生 $\mathcal{V}$ 接受的证据）。

对于所有 $x \in \{0,1\}^n \setminus \mathcal{L}$，以及所有（可能无界的）算法 $\mathcal{P}^*$，下列式子在 n 上是可忽略不计的（图 6.2(b)）：

$$\Pr\left[r \xleftarrow{\$} \{0,1\}^{\mathrm{poly}(n)}; \pi \leftarrow \mathcal{P}^*(r,x) : \mathcal{V}(r,x,\pi)=1\right]$$

(3) 零知识（对于 $x \in \mathcal{L}$，没有一个证据的知识的情况下，验证者的任何检查，能被有效模拟）。

存在满足如下条件的 PPT 模拟器 S：对于所有 $x \in \mathcal{L} \cap \{0,1\}^n$ 以及 x 的任意证据 w，下列两个集合是计算不可区分的，见图 6.2(c)，即

$$\left\{r \xleftarrow{\$} \{0,1\}^{\mathrm{poly}(n)}; \pi \leftarrow \mathcal{P}(r,x,w) : (r,x,\pi)\right\}_n \stackrel{c}{\equiv} \left\{(r,\pi) \leftarrow S(x) : (r,x,\pi)\right\}_n$$ □

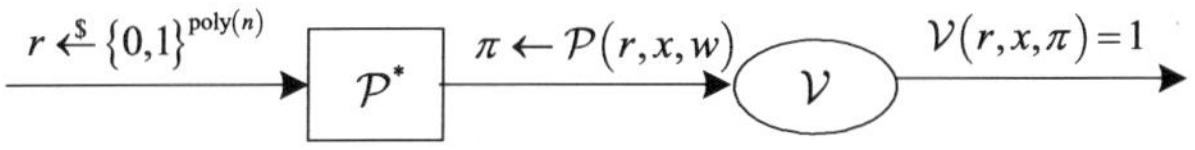

(a) 非交互零知识证明系统的完备性示意图

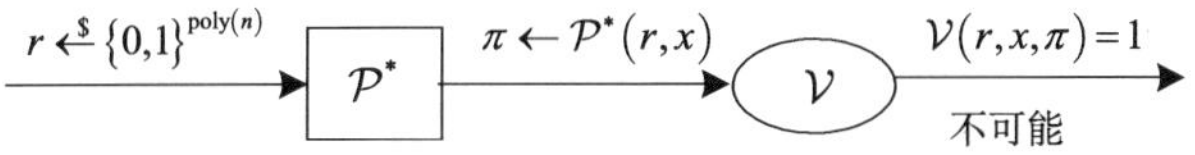

(b) 非交互零知识证明系统的完整性示意图

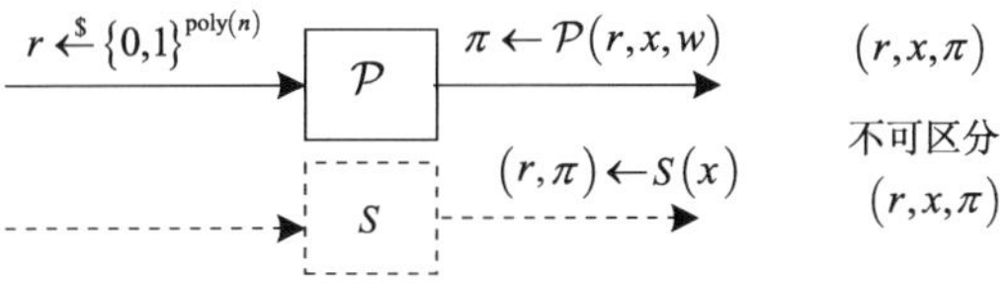

(c) 非交互零知识证明系统的零知识示意图

图 6.2　非交互零知识证明系统示意图

6.2.2　适应性安全非交互零知识证明系统

6.2.1 节给出的两个非交互证明系统的定义，还需要在以下两方面提高安全性：

一是在完整性(Soundness)需求上，也想要保护，以抵抗看见共有随机串 r 后，选择 $x \notin \mathcal{L}$ 的一个证明者。

二是在零知识需求上，想要使模拟器的工作略微困难点，具体做法就是，先使它输出一个被模拟的共有随机串 r ，然后再仅把一个 $x \in \mathcal{L}$ 提供给它，这个 $x \in \mathcal{L}$ 是它产生一个被模拟的证据所需要的。特别地，这样一个 x 可能基于 r 被适应性地选择。

设 $\Pr_E[F]$ 表示在概率实验 E 中，事件 F 产生的概率。以下给出提高安全性后，任意的 $x \in \mathcal{L}$ ，且 $|x|$ 不一定等于 n 时，新的非交互证明系统的概念。

定义 6.3　适应性非交互零知识证明系统。令 n 是安全参数，一对 PPT 算法 $(\mathcal{P},\mathcal{V})$ 是一个关于语言 $\mathcal{L} \in \mathrm{NP}$ 的适应性非交互零知识证明系统(an Adaptive Non-Interactive Zero-Knowledge，aNIZK)，如果存在某个多项式 poly，满足如下条件。

(1) 完备性：与定义 6.2 中相同。

(2) 完整性(一个欺骗的证明者看见共有随机串 r 后，可能选择 $x \notin \mathcal{L}$)：对于所有 $x \in \{0,1\}^n \setminus \mathcal{L}$ 以及所有(可能无界的)算法 $\mathcal{P}^*$ ，下列式子在 n 上是可忽略不计的(图 6.3(a))：

$$\Pr\left[r \xleftarrow{\$} \{0,1\}^{\mathrm{poly}(n)}; (x,\pi) \leftarrow \mathcal{P}^*(r) : \mathcal{V}(r,x,\pi)=1 \wedge x \in \{0,1\}^n \setminus L \right]。$$

(3) 零知识(设 (S_1,S_2) ，(A_1,A_2) 是一对 2 阶段算法，可以假设第一阶段输出某个状态信息，反过来作为第二阶段的输入)：图 6.3(b) 为适应性非交互零知识证明系统的零知识示意图：

$r \leftarrow \{0,1\}^{\mathrm{poly}(n)}$ → $\mathcal{P}^*$ → $(x,\pi) \leftarrow \mathcal{P}^*(r)$ → $\mathcal{V}$ → $\mathcal{V}(r,x,\pi)=1 \wedge x \in \{0,1\}^n \setminus \mathcal{L}$ 不可能

(a) 适应性非交互零知识证明系统的完整性示意图

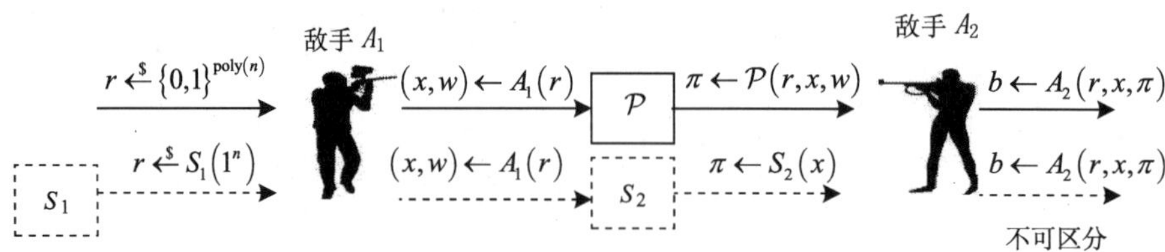

(b) 适应性非交互零知识证明系统的零知识示意图

图 6.3　适应性非交互零知识证明系统示意图

下面介绍一个在共有随机串模型下，适应性安全非交互零知识证明系统的实例，考虑两个实验：图 6.4 的实验是一个“真实的”博弈，图 6.5 的实验是一个“被模拟的”博弈。

需要有一个 PPT 模拟器（S_1,S_2），满足对于任意 PPT 算法（A_1,A_2），在 n 上，下列式子可忽略不计：

$$\left|\Pr_{ZK_{real}}\left[A_2 \text{ 输出 } 0\right]-\Pr_{ZK_S}\left[A_2 \text{ 输出 } 0\right]\right|$$

这等价于真实的博弈 ZK_{Real} 与被模拟的博弈 ZK_S 是计算不可区分的。也就是说，敌手以可忽略不计的概率区分出他在图 6.4 和图 6.5 的哪个实验中，即：不能区分他参加的是图 6.4 的实验还是图 6.5 的实验。这意味着模拟器可以模拟真实的博弈执行中敌手观察到的情况。 □

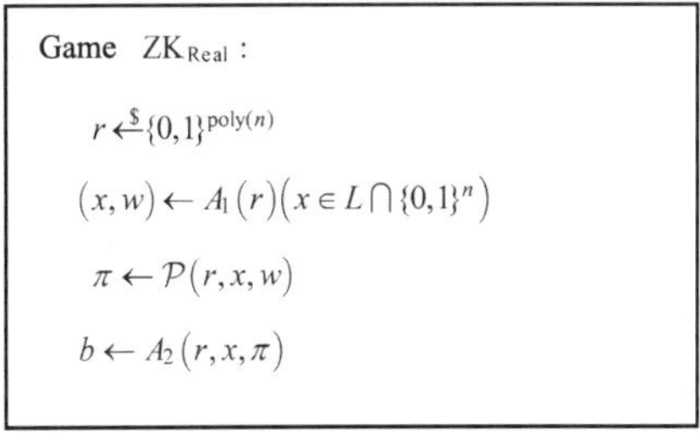

Game　ZK_{Real}：

$r \xleftarrow{\$} \{0,1\}^{\text{poly}(n)}$

$(x,w) \leftarrow A_1(r)\left(x \in L \cap \{0,1\}^n\right)$

$\pi \leftarrow \mathcal{P}(r,x,w)$

$b \leftarrow A_2(r,x,\pi)$

图 6.4　“真实的”博弈 ZK_{Real}

Game　ZK_S：

$r \xleftarrow{\$} S_1(1^n)$

$(x,w) \leftarrow A_1(r)\ \left(x \in L \cap \{0,1\}^n\right)$

$\pi \leftarrow S_2(x)$

$b \leftarrow A_2(r,x,\pi)$

图 6.5　“被模拟的”博弈 ZK_s

6.3　CCA1 安全的加密方案

本节介绍抗非适应性选择密文攻击(CCA1)安全性的定义，并介绍 CCA1 安全性加密方案的构造，重点介绍利用下面两个密码系统来构造抗非适应性选择密文攻击的公钥加密方案：一个是语义安全的公钥加密方案，另一个是在共有随机串模型下，适应性安全非交互零知识证明系统。

6.3.1　抗非适应性选择密文攻击安全性概念

定义 6.4　IND-CCA1 的公钥加密方案。令 n 为安全参数，对于所有 PPT 算法 A 和足够大的 n，如果下列式子可忽略不计，则一个公钥加密方案是非适应性择密文攻击下不可区分的，如图 6.6 所示。

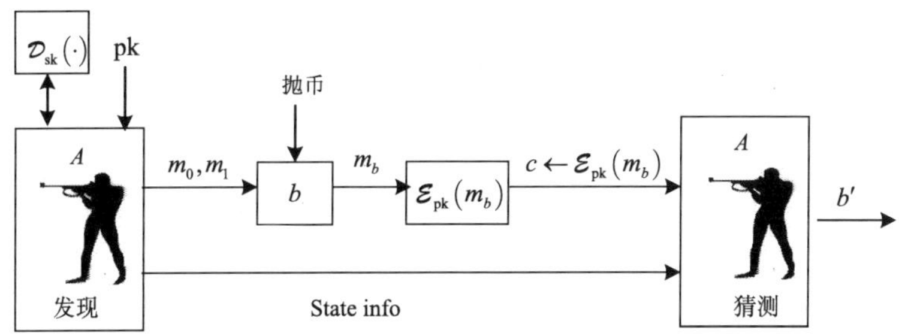

图 6.6　IND-CCA1 安全的公钥加密方案

$$\left|\Pr\left[\begin{array}{c}(\mathrm{pk},\mathrm{sk})\leftarrow \mathrm{Gen}(1^n);(m_0,m_1)\leftarrow A^{\mathcal{D}_{\mathrm{sk}}(\cdot)}(\mathrm{pk});\\ b\xleftarrow{\$}\{0,1\};c\leftarrow \mathcal{E}_{\mathrm{pk}}(m_b);b'\leftarrow A(\cdot,c)\end{array}:b=b'\right]-\frac{1}{2}\right|$$

其中，A 不能询问 $\mathcal{D}_{\mathrm{sk}}(c)$。 □

注意：对于非适应性选择密文攻击，敌手仅允许在第一阶段询问 $\mathcal{D}_{\mathrm{sk}}(\cdot)$。也就是在给定密文 c 之前，允许敌手询问 $\mathcal{D}_{\mathrm{sk}}(\cdot)$；而得到密文 c 后，不允许敌手询问 $\mathcal{D}_{\mathrm{sk}}(\cdot)$。

对于私钥加密方案，敌手知道加密运算，也知道消息空间和消息空间可能的分布，所以敌手除了在获得挑战之前得到的是安全参数 1^n 而不是加密密钥 pk 外，定义与公钥加密方案基本相同，具体如下。

定义 6.5　IND-CCA1 的私钥加密方案。令 n 为安全参数，对于所有 PPT 算法 A 和足够大的 n，如果下列式子是可忽略不计的，则一个私钥加密方案是非适应性选择密文攻击下不可区分的：

$$\left|\Pr\left[\begin{array}{c}(k,k)\leftarrow \mathrm{Gen}(1^n);(m_0,m_1)\leftarrow A^{\mathcal{D}_k(\cdot)}(1^n);\\ b\xleftarrow{\$}\{0,1\};c\leftarrow \mathcal{E}_k(m_b);b'\leftarrow A(1^n,c)\end{array}:b=b'\right]-\frac{1}{2}\right|$$

其中，A 不能询问 $\mathcal{D}_k(c)$。 □

多组消息的安全性：定义 6.4 和定义 6.5 可以推广到处理多组明文消息被加密的挑战中，对应的多组消息的定义是等价的。进一步，对于公钥加密方案和私钥加密方案，多组明文的 IND-CCA1 安全性定义和单组明文的 IND-CCA 安全性定义是等价的。需要强调指出的是，这里多组消息 IND-CCA1 安全性的概念是指单个挑战生成步骤，在这一步中指定一个信息序列而不是单个信息。

6.3.2　抗非适应性选择密文攻击的私钥加密方案

命题 6.1　设 **F** 和 $\varGamma=(\mathrm{Gen},\mathcal{E},\mathcal{D})$ 满足构造 2.3 中的定义，并假设 **F** 关于多项式规模电路是伪随机的，则构造 2.3 构造的分组密码 $\varGamma=(\mathrm{Gen},\mathcal{E},\mathcal{D})$ 和构造 2.4 构造的私钥加密体制 $\varGamma'=(\mathrm{Gen},\mathcal{E},\mathcal{D})$ 在非适应性选择密文攻击下都是安全的。

证明：同样证明构造 2.3 在非适应性选择密文攻击下是安全的，在此基础上构造 2.4 显然是非适应性选择密文攻击安全的。

思路：与第 2 章命题 2.3 的证明思路相同。

对于构造 2.3，在理想情况下，使用一个均匀选择的函数 ϕ，而不是伪随机函数 f_s。同样，任意一个敌手在理想情况下进行加密询问，得到 $(r,\phi(r))$，这里 r 是在 $\{0,1\}^n$ 上均匀独立的分布。类似地，解密询问提供给敌手 $(r,\phi(r))$，但这里 r 是由敌手选择的。同样，在 CCA1 中，所有的解密询问都是在挑战给定前完成的。因此，r 与挑战无关。对于挑战本身，明文是利用 ϕ 在 $\{0,1\}^n$ 上均匀独立分布的另外一个值进行“伪装”的，记为 r_c。r_c 与所有在解密询问中选择的 r 独立，因为解密询问发生在选择 r_c 之前。同时，r_c 与所有被加密预言机选择的 r 独立，不管这些询问是在挑战生成之前还是之后。现在除

非 r_c 恰好与敌手获得的 $(r,\phi(r))$ 中的一个 r 相等，但其发生的概率非常小，可忽略不计，所以挑战明文被完美地掩饰起来。这样，在理想情况下，对于非适应性选择密文攻击是安全的。对构造 2.3 真实的情况也是成立的，因为伪随机函数和真正随机函数是不可区分的。

同理，可以证明构造 2.4 在非适应性选择密文攻击下也是安全的。 □

6.3.3 抗非适应性选择密文攻击的公钥加密方案

构造 6.1　Naor 和 Yung 构造的 CCA1 安全的公钥加密方案。设 $(\text{Gen}, \mathcal{E}, \mathcal{D})$ 是一个公钥加密方案，$(\mathcal{P}, \mathcal{V})$ 是关于一个 NP 上语言的适应性安全 NIZK 证明系统。设 FA6-1= $(\text{Gen}^*,\mathcal{E}^*,\mathcal{D}^*)$ 是 Naor 和 Yung 构造的抗非适应性选择密文攻击的公钥加密方案，具体如下：

(1) 密钥产生算法 $\text{Gen}^*(1^n)$：

$(\text{pk}_1,\text{sk}_1) \leftarrow \text{Gen}(1^n)$

$(\text{pk}_2,\text{sk}_2) \leftarrow \text{Gen}(1^n)$

随机选择 $r \xleftarrow{\$} \{0,1\}^{\text{poly}(n)}$

输出：$\text{pk}^* = (\text{pk}_1,\text{pk}_2,r)$ 和 $\text{sk}^* = \text{sk}_1$

(2) 加密算法 $\mathcal{E}^*_{(\text{pk}_1,\text{pk}_2,r)}(m)$：

$w_1, w_2 \leftarrow \{0,1\}^*$

$c_1 = \mathcal{E}_{\text{pk}_1}(m;w_1)$

$c_2 = \mathcal{E}_{\text{pk}_2}(m;w_2)$

$\pi \leftarrow \mathcal{P}(r,(c_1,c_2),(w_1,w_2,m))$

输出 (c_1,c_2,π)

(3) 解密算法 $\mathcal{D}^*_{\text{sk}_1}(c_1,c_2,\pi)$：如果 $\mathcal{V}(r,(c_1,c_2),\pi)=0$ 则输出 $\perp$；否则输出 $\mathcal{D}_{\text{sk}_1}(c_1)$。

简单解释这个抗非适应性选择密文攻击的公钥加密方案 FA6-1。

(1) 使用基本的密钥生成算法 $\text{Gen}^*(1^n)$，产生两个(公钥，私钥)对，公布公钥和一个随机串 r，r 是证明系统中的共有随机串。设第一个私钥作为我们的私钥，丢掉第二个私钥。

(2) 对于加密，在 pk_1 和 pk_2 下，使用基本的加密运算，加密给定的消息 m 两次。这个基本的运算有分别固定到 w_1 和 w_2 的加密算法的随机带。$w_1, w_2 \leftarrow \{0,1\}^*$ 只是意味着"足够长"的随机带，具体实验中，往往取 $w_1, w_2 \leftarrow \{0,1\}^{\text{poly}(n)}$。

对于概率算法 $A(\cdot)$，$A(\cdot;w)$ 通常是指 $A(\cdot)$ 的随机带被固定到一个特定的 $w \leftarrow \{0,1\}^*$。

然后，用我们的证明者产生证明：(c_1,c_2) 是在 pk_1 和 pk_2 下，在基本的运算下，相同消息的加密。即 $(c_1,c_2) \in L$，其中：

$$L = \{(c_1,c_2) \mid \exists m, w_1, w_2 \text{ 满足 } c_1 = \mathcal{E}_{\text{pk}_1}(m;w_1), c_2 = \mathcal{E}_{\text{pk}_2}(m;w_2)\}, \quad L \in \text{NP}$$

用 w_1、w_2 和 m 作为证据。

我们把密文和证据发送给接收者。

(3)对于解密，如果提供的证明验证正确，对第一个密文使用基本的运算。

6.3.4 Naor 和 Yung 的 CCA1 安全的公钥加密方案安全性

定理 6.1 设$(\text{Gen}, \mathcal{E}, \mathcal{D})$是一个语义安全的加密方案，$(\mathcal{P}, \mathcal{V})$是一个适应性安全 NIZK 证明系统，则 FA6-1=$(\text{Gen}^*, \mathcal{E}^*, \mathcal{D}^*)$方案是抗非适应性(午餐时间)选择密文攻击安全的。

午餐时间，就是敌手被假设能够与解密预言机“play”后出去吃午餐，当他得到挑战密文后不能再与解密预言机“play”。

设 A 是一个 2-阶段 PPT 算法，其中第一个阶段能访问一个预言机。

证明： 考虑如下两个实验，这两个实验在黑体字部分不同。

(1) Game CCA1$_0$ 和 Game CCA1$_1$，见图 6.7 和图 6.8。

Game CCA1$_0$:

$$(\text{pk}_1,\text{sk}_1),(\text{pk}_2,\text{sk}_2)\leftarrow \text{Gen}(1^n)$$
$$r\xleftarrow{\$}\{0,1\}^{\text{poly}(n)}$$
$$\text{pk}^*=(\text{pk}_1,\text{pk}_2,r);\ \text{sk}^*=\text{sk}_1$$
$$(m_0,m_1)\leftarrow A^{\mathcal{D}^*_{\text{sk}^*}(\cdot)}(\text{pk}^*)$$
$$w_1,w_2\leftarrow\{0,1\}^{\text{poly}(n)}$$
$$c_1=\mathcal{E}_{\text{pk}_1}(\boldsymbol{m_0};w_1);\quad c_2=\mathcal{E}_{\text{pk}_2}(\boldsymbol{m_0};w_2)$$
$$\pi\leftarrow\mathcal{P}(r,(c_1,c_2),(w_1,w_2,\boldsymbol{m_0}))$$
$$b\leftarrow A(c_1,c_2,\pi)$$

图 6.7　Game CCAl$_0$

Game CCA1$_1$:

$$(\text{pk}_1,\text{sk}_1),(\text{pk}_2,\text{sk}_2)\leftarrow \text{Gen}(1^n)$$
$$r\xleftarrow{\$}\{0,1\}^{\text{poly}(n)}$$
$$\text{pk}^*=(\text{pk}_1,\text{pk}_2,r);\ \text{sk}^*=\text{sk}_1$$
$$(m_0,m_1)\leftarrow A^{\mathcal{D}^*_{\text{sk}^*}(\cdot)}(\text{pk}^*)$$
$$w_1,w_2\leftarrow\{0,1\}^{\text{poly}(k)}$$
$$c_1=\mathcal{E}_{\text{pk}_1}(\boldsymbol{m_1};w_1);\quad c_2=\mathcal{E}_{\text{pk}_2}(\boldsymbol{m_1};w_2)$$
$$\pi\leftarrow\mathcal{P}(r,(c_1,c_2),(w_1,w_2,\boldsymbol{m_1}))$$
$$b\leftarrow A(c_1,c_2,\pi)$$

图 6.8　Game CCAl$_1$

为了证明该方案是 CCA1 安全的，需要证明 A 不能区分以上两个博弈，也就是 $\left|\Pr_{\text{CCA1}_0}[b=0]-\Pr_{\text{CCA1}_1}[b=0]\right|$ 是可忽略不计的。下面介绍中间的一系列博弈，并证明 A 不能区分这个博弈链中的每个博弈，因此该定理成立。

设 Sim=$(\text{Sim}_1,\text{Sim}_2)$是本章的证明系统的模拟器。

(2) Game 1。在第一个博弈 Game 1 中，用一个被模拟的随机串代替 Game CCA1$_0$ 的随机串，用一个被模拟的证明代替 Game CCA1$_0$ 的合法证明，如图 6.9 所示。

声明 6.1 $\left|\Pr_{\text{CCA1}_0}[A\text{ 输出 }0]-\Pr_1[A\text{ 输出 }0]\right|$ 是可忽略不计的。

在这两个博弈中，敌手 A 猜测 $b'=0$ 的概率是可忽略不计的。

证明： 通过约化到证明系统的零知识特性，用 A 构造一个企图区分真实证明和被模拟证明的算法 B。

Game 1:

$(\mathrm{pk}_1,\mathrm{sk}_1),(\mathrm{pk}_2,\mathrm{sk}_2)\leftarrow \mathrm{Gen}(1^n)$

$r\leftarrow \mathbf{Sim}_1(\mathbf{1}^n)$

$\mathrm{pk}^*=(\mathrm{pk}_1,\mathrm{pk}_2,r)$; $\mathrm{sk}^*=\mathrm{sk}_1$

$(m_0,m_1)\leftarrow A^{\mathcal{D}^*_{\mathrm{sk}^*}(\cdot)}(\mathrm{pk}^*)$

$w_1,w_2\leftarrow\{0,1\}^{\mathrm{poly}(n)}$

$c_1=\mathcal{E}_{\mathrm{pk}_1}(m_0;w_1)$;　$c_2=\mathcal{E}_{\mathrm{pk}_2}(m_0;w_2)$

$\pi\leftarrow \mathbf{Sim}_2(\boldsymbol{c}_1,\boldsymbol{c}_2)$

$b\leftarrow A(c_1,c_2,\pi)$

图 6.9　Game 1

$B(1^n)$：

接收 r 作为第一阶段的输入：

$(\mathrm{pk}_1,\mathrm{sk}_1),(\mathrm{pk}_2,\mathrm{sk}_2)\leftarrow \mathrm{Gen}(1^n)$;

$\mathrm{pk}^*=(\mathrm{pk}_1,\mathrm{pk}_2,r)$;

$\mathrm{sk}^*=\mathrm{sk}_1$;

$(m_0,m_1)\leftarrow A^{\mathcal{D}^*_{\mathrm{sk}^*}(\cdot)}(\mathrm{pk}^*)$ ；// B 模拟 A 的解密预言机，是没有问题的

$w_1,w_2\leftarrow\{0,1\}^{\mathrm{poly}(n)}$;

$c_1=\mathcal{E}_{\mathrm{pk}_1}(m_0;w_1)$ ，　$c_2=\mathcal{E}_{\mathrm{pk}_2}(m_0;w_2)$;

输出 $((c_1,c_2),(w_1,w_2))$ 作为第一阶段的输出；

接收 π 作为第二阶段的输入：

$b\leftarrow A(c_1,c_2,\pi)$;

输出 b 作为第二阶段的输出。

讨论：当 B 的输入是一个随机串 r 和一个真实的证明 π 时，以上实验中 A 的观察正好是在博弈 Game CCA1$_0$ 中 A 的观察。所以

$$\left|\Pr_{\mathrm{ZK}_{\mathrm{Real}}}[B\text{ 输出 }0]-\Pr_{\mathrm{CCA1}_0}[A\text{ 输出 }0]\right|$$

另一方面，当 B 的输入是一个被模拟的随机串和一个被模拟的证明时，B 中 A 的观察正好是在博弈 Game 1 中 A 的观察。所以

$$\left|\Pr_{\mathrm{ZK}_{\mathrm{Sim1}}}[B\text{ 输出 }0]-|\Pr_1[A\text{ 输出 }0]\right|$$

由于证明系统是适应性安全的，即：$\left|\Pr_{\mathrm{ZK}_{\mathrm{Real}}}[B\text{ 输出 }0]-\Pr_{\mathrm{ZK}_{\mathrm{Sim1}}}[B\text{ 输出 }0]\right|$ 是忽略不计的，所以 $\left|\Pr_{\mathrm{CCA1}_0}[A\text{ 输出 }0]-\Pr_1[A\text{ 输出 }0]\right|$ 也是忽略不计的。　□

(3) Game 2。第二个博弈 Game 2 与第一个博弈 Game 1 的不同之处：没有加密两次 m_0 ，而是加密 m_0 一次，加密 m_1 一次，如图 6.10 所示。

因此，模拟器被给定两个不同消息的加密作为输入，这样一个输入不在 L 中，通常情况下，不再讨论这种情况中模拟器的输出。然而，由于基于的加密方案是语义安全的，

m_0 的加密与 m_1 的加密是不可区分的，所以在这种特殊情况下，博弈对于 A 是不可区分的。

声明 6.2 $|\Pr_1[A\text{输出}0]-\Pr_2[A\text{输出}0]|$ 是可忽略不计的。

证明： 用 A 构造一个企图破坏基于的加密方案的语义安全性的算法 B。给定 B 一个公钥，输出两个消息 (m_0,m_1)，给定这两个消息中一个消息的加密，要去猜测是哪一个消息的加密。但是 B 不能访问解密预言机。

Game 2:

$(\text{pk}_1,\text{sk}_1),(\text{pk}_2,\text{sk}_2)\leftarrow \text{Gen}(1^n)$

$r\leftarrow \text{Sim}_1(1^n)$

$\text{pk}^*=(\text{pk}_1,\text{pk}_2,r)$; $\text{sk}^*=\text{sk}_1$

$(m_0,m_1)\leftarrow A^{\mathcal{D}^*_{\text{sk}^*}(\cdot)}(\text{pk}^*)$

$w_1,w_2\leftarrow\{0,1\}^{\text{poly}(n)}$

$c_1=\mathcal{E}_{\text{pk}_1}(m_0;w_1)$; $c_2=\mathcal{E}_{\text{pk}2}(m_1;w_2)$

$\pi\leftarrow \text{Sim}_2(c_1,c_2)$

$b\leftarrow A(c_1,c_2,\pi)$

图 6.10　Game 2

$B(\text{pk})$：

设 $\text{pk}_2=\text{pk}$；

$(\text{pk}_1,\text{sk}_1)\leftarrow \text{Gen}(1^n)$；

$r\leftarrow \text{Sim}_1(1^n)$；

$\text{pk}^*=(\text{pk}_1,\text{pk}_2,r)$，　$\text{sk}^*=\text{sk}_1$；

$(m_0,m_1)\leftarrow A^{\mathcal{D}^*_{\text{sk}^*}(\cdot)}(\text{pk}^*)$；// B 模拟 A 的解密预言机，是没有问题的

输出 (m_0,m_1)；

接收 c_2 (使用未知的随机带 w_2 对 m_0 或者 m_1 的加密)；

$w_1\leftarrow\{0,1\}^*$；

$c_1=\mathcal{E}_{\text{pk}_1}(m_0;w_1)$；

$\pi\leftarrow \text{Sim}_2(\boldsymbol{c_1},\boldsymbol{c_2})$；

$b\leftarrow A(c_1,c_2,\pi)$；

输出 b。

现在讨论：当 c_2 是 m_0 的密文时，以上实验中，B 的观察正好是博弈 Game 1 中 A 的观察。另外，当 c_2 是 m_1 的密文时，以上实验中，B 的观察正好是博弈 Game 2 中 A 的观察。所以，A 区分博弈 Game 1 和博弈 Game 2 的概率，正好是 B 区分 m_0 的加密和 m_1 的加密的概率，已知基于的加密方案是语义安全的，m_0 的加密与 m_1 的加密是不可区分的，所以在这种特殊情况下，博弈对于 A 是不可区分的。 □

以同样的方式，想把 c_1 是 m_0 的加密转换为 c_1 是 m_1 的加密，但是有一个潜在的问题

出现了。因为为了证明类似声明 6.2 的一个声明，需要构造一个敌手 B 得到 $\mathrm{pk}=\mathrm{pk}_1$，然后，$B$ 去区分他收到的密文 c_1 是否是 m_0 或者 m_1 的加密。为了做这件事，他需以某种方式模拟 A 的一个解密预言机，这好像需要 sk_1，但是 B 没有。因为如果 B 有 sk_1，很容易破坏基于的加密方案的语义安全性。所以，先做些准备工作。

设 Fake 是一个事件：在第一阶段 A 提交一个询问 (c_1,c_2,π) 给他的解密预言机，满足 $\mathcal{D}_{\mathrm{sk}_1}(c_1)\neq\mathcal{D}_{\mathrm{sk}_2}(c_2)$，但是 $\mathcal{V}(r,(c_1,c_2),\pi)=1$。(由于 $(c_1,c_2)\notin L$) 对于一个错误陈述 π 是一个看起来有效的证明。

声明 6.3　$\Pr_2[\mathrm{Fake}]$ 是可忽略不计的。

证明： (1) 因为 A 仅在他的第一阶段提交一个询问，并且从开始一直到那个阶段，两个博弈是相同的，所以 $\Pr_2[\mathrm{Fake}]=\Pr_1[\mathrm{Fake}]$。

(2) 证明 $\Pr_1[\mathrm{Fake}]=\Pr_{\mathrm{CCA1}_0}[\mathrm{Fake}]$ 是可忽略不计的。从开始一直到 A 的第一阶段，两个博弈的不同仅仅是 r 是一个随机串还是一个被模拟的串。构造一个企图区分随机串和被模拟串的算法 B 如下：

$B(r)$：

$(\mathrm{pk}_1,\mathrm{sk}_1),(\mathrm{pk}_2,\mathrm{sk}_2)\leftarrow \mathrm{Gen}(1^n)$；

$\mathrm{pk}^*=(\mathrm{pk}_1,\mathrm{pk}_2,r)$；

运行 $A^{\mathcal{D}^*_{\mathrm{sk}^*}(\cdot)}(\mathrm{pk}^*)$，正常地模拟 A 的解密预言机，除非如果对于任意解密询问 (c_1,c_2,π)，出现 $\mathcal{V}(r,(c_1,c_2),\pi)=1$ 但是 $\mathcal{D}_{\mathrm{sk}_1}(c_1)\neq\mathcal{D}_{\mathrm{sk}_2}(c_2)$ 的情形，则输出 1 并且停止。注意 B 不能扔掉 sk_2，否则，一旦 A 进入他的第一阶段，则简单地输出 0。

讨论：$\Pr_{\mathrm{ZK}_{\mathrm{Siml}}}[B\text{ 输出 }0]=\Pr_1[\mathrm{Fake}]$，同样有 $\Pr_{\mathrm{ZK}_{\mathrm{Real}}}[B\text{ 输出 }0]=\Pr_{\mathrm{CCA1}_0}[\mathrm{Fake}]$。

由于证明系统是适应性 NIZK 完全的，有 $\left|\Pr_{\mathrm{ZK}_{\mathrm{Real}}}[B\text{ 输出 }0]-\Pr_{\mathrm{ZK}_{\mathrm{Siml}}}[B\text{ 输出 }0]\right|$ 是可忽略不计的，则：$\left|\Pr_1[\mathrm{Fake}]-\Pr_{\mathrm{CCA1}_0}[\mathrm{Fake}]\right|$ 也是可忽略不计的。

(3) 由于当 A 产生一个关于 $(c_1,c_2)\notin L$ 的有效的证明时，Fake 事件发生，而根据 NIZK 证明系统的完整性，A 产生一个关于 $(c_1,c_2)\notin L$ 的有效的证明的概率是可忽略不计的，所以 $\Pr_{\mathrm{CCA1}_0}[\mathrm{Fake}]$ 是可忽略不计的。根据以上论明可得：$|\Pr_2[\mathrm{Fake}]$ 是可忽略不计的。 □

Game 2′

$(\mathrm{pk}_1,\mathrm{sk}_1),(\mathrm{pk}_2,\mathrm{sk}_2)\leftarrow \mathrm{Gen}(1^n)$

$r\leftarrow \mathrm{Sim}_1(1^n)$

$\mathrm{pk}^*=(\mathrm{pk}_1,\mathrm{pk}_2,r)$； $\mathrm{sk}^*=\mathrm{sk}_2$

$(m_0,m_1)\leftarrow A^{\mathcal{D}^*_{\mathrm{sk}^*}(\cdot)}(\mathrm{pk}^*)$

$w_1,w_2\leftarrow\{0,1\}^{\mathrm{poly}(n)}$

$c_1=\mathcal{E}_{\mathrm{pk}_1}(m_0;w_1)$； $c_2=\mathcal{E}_{\mathrm{pk}_2}(m_1;w_2)$

$\pi\leftarrow \mathrm{Sim}_2(c_1,c_2)$

$b\leftarrow A(c_1,c_2,\pi)$

图 6.11　Game 2′

(4) Game 2′。博弈 Game 2′ 与博弈 Game 2 的不同之处：不用 sk_1 而用 sk_2 解密，如图 6.11 所示。

推论 6.1 $|\Pr_{2'}[A\text{输出}0]-\Pr_2[A\text{输出}0]|$ 是可忽略不计的。

证明：从敌手的观点，只有当事件 Fake 发生，Game 2′ 与博弈 Game 2 才产生不同，因为只要 c_0 和 c_1 都是相同消息的加密，用 sk_1 或 sk_2 解密没有差别。不难证明 $\Pr_2[\text{Fake}]=\Pr_{2'}[\text{Fake}]$。由于在每个博弈中，事件 Fake 发生仅仅是可忽略不计的概率。所以，该推论成立。 □

(5) Game 3：c_1 和 c_2 都加密 m_1 是 Game 3 与 Game 2′ 的区别。如图 6.12 所示。

Game 3:

$(\mathrm{pk}_1,\mathrm{sk}_1),(\mathrm{pk}_2,\mathrm{sk}_2)\leftarrow \mathrm{Gen}(1^n)$

$r\leftarrow \mathrm{Sim}_1(1^n)$

$\mathrm{pk}^*=(\mathrm{pk}_1,\mathrm{pk}_2,r)$； $\mathrm{sk}^*\leftarrow \mathrm{sk}_2$

$(m_0,m_1)\leftarrow A^{\mathcal{D}^*_{\mathrm{sk}^*}(\cdot)}(\mathrm{pk}^*)$

$w_1,w_2\leftarrow\{0,1\}^{\mathrm{poly}(n)}$

$c_1=\mathcal{E}_{\mathrm{pk}_1}(\boldsymbol{m}_1;w_1)$； $c_2=\mathcal{E}_{\mathrm{pk}_2}(m_1;w_2)$

$\pi\leftarrow \mathrm{Sim}_2(c_1,c_2)$

$b\leftarrow A(c_1,c_2,\pi)$

图 6.12 Game 3

推论 6.2 $|\Pr_3[b=0]-\Pr_{2'}[b=0]|$ 是可忽略不计的。

证明：博弈 Game 2′ 和 Game 3 之间的关系证明类似于博弈 Game 1 和 Game 2 之间的关系证明。具体思路是假设存在一个 PPT 敌手 A 使得 $|\Pr_3[b=0]-\Pr_{2'}[b=0]|$ 是不可忽略不计的，然后构造一个敌手 $A'(\mathrm{pk}_1)$ 破坏所基于的加密方案的语义安全性，这样产生矛盾。

$A'(\mathrm{pk}_1)$：

$(\mathrm{pk}_2,\mathrm{sk}_2)\leftarrow \mathrm{Gen}(1^n)$；

$r\leftarrow \mathrm{Sim}_1(1^n)$；

$\mathrm{pk}^*=(\mathrm{pk}_1,\mathrm{pk}_2,r)$， $\mathrm{sk}^*\leftarrow \mathrm{sk}_2$；

运行 $A^{\mathcal{D}^*_{\mathrm{sk}^*}(\cdot)}(\mathrm{pk}^*)$ 直到它输出 (m_0,m_1)；

询问 $\mathcal{E}_{\mathrm{pk}_1,b}(m_0,m_1)$ 得到 c_1；

$c_2=\mathcal{E}_{\mathrm{pk}_2}(m_1)$；

$\pi\leftarrow \mathrm{Sim}_2(c_1,c_2)$；

输出 $b\leftarrow A(c_1,c_2,\pi)$。

讨论：$A'(\mathrm{pk}_1)$ 是 PPT，因为 A 是 PPT。A' 也可能模拟 A 的解密预言机：A' 能用 sk_2 解

密。如果 $c_1 = \mathcal{E}_{pk_2}(m_0)$，则变得等价于 Game 2；如果 $c_2 = \mathcal{E}_{pk_2}(m_1)$，则变得等价于 Game 3，所以 A' 区分 m_0 的加密和 m_1 的加密的概率为

$$\left|\Pr_3[b=0] - \Pr_{2'}[b=0]\right|$$

由于所基于的加密方案的语义安全性，必须满足，$\left|\Pr_3[b=0] - \Pr_{2'}[b=0]\right|$ 是可忽略不计的。 □

(6) Game 3′：除了不用 sk_2 而用 sk_1 解密外，Game 3′ 与 Game 3 相同。正如 Game 2 和 Game 2′ 之间不可区分性的证明一样，不难看到 Game 3 和 Game 3′ 之间是不可区分的，如图 6.13 所示。

```
Game 3′
  (pk1,sk1),(pk2,sk2) ← Gen(1^n)
  r ← Sim1(1^n)
  pk* = (pk1,pk2,r) ,  sk* = sk1
  (m0,m1) ← A^{D_sk*(·)}(pk*)
  w1,w2 ← {0,1}^{poly(n)}
  c1 = E_pk1(m1;w1) ,  c2 = E_pk2(m1;w2)
  π ← Sim2(c1,c2)
  b ← A(c1,c2,π)
```

图 6.13　Game 3′

接下来，构造另外一个博弈 Game 4，该博弈把模拟的证明转变为真实的证明。

(7) Game 4：敌手得到一个真实的 m_1 的加密以及一个真实的证明，这是一个真实的情况，如图 6.14 所示。实际上，Game 4 就是前面定义的 Game CCA1。

推论 6.3　$\left|\Pr_4[b=0] - \Pr_3[b=0]\right|$ 是可忽略不计的。

证明：这个证明正好类似于用在从 Game 0 到 Game 1 转换的研究。

```
Game 4
  (pk1,sk1),(pk2,sk2) ← Gen(1^n)
  r ←$ {0,1}^{poly(n)}
  pk* = (pk1,pk2,r) ,  sk* = sk1
  (m0,m1) ← A^{D_sk*(·)}(pk*)
  w1,w2 ← {0,1}^{poly(n)}
  c1 = E_pk1(m1;w1) ,  c2 = E_pk2(m1;w2)
  π ← P(r,(c1,c2),(w1,w2))
  b ← A(c1,c2,π)
```

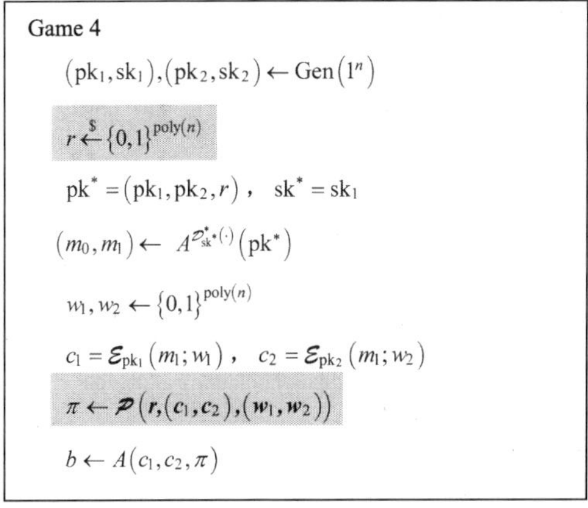

图 6.14　Game 4

正如前面的证明，如果一个敌手能够区分 Game 4 和 Game 3′，将有另外一个敌手用来区分真实的证明和被模拟的证明，无论如何，这是不可能的，因为它破坏了所基于的证明系统的适应性零知识特性。□

总之，如果把 Game $\mathrm{CCA1}_0$ 作为初始博弈 Game 0，而把 Game 4 作为结束博弈，中间的一系列博弈依次为 Game 1,Game 2,…,Game 3′，该博弈链共有六个不同的博弈，具体如下。

(1) Game 0：即 Game $\mathrm{CCA1}_0$，这是一个真实的博弈，敌手得到消息 m_0 的加密。

(2) Game 1：除了不用 $(\mathcal{P},\mathcal{V})$，用它的模拟器提供证明 π 外，与 Game 0 一样。

(3) Game 2：除了 c_2 作为 m_1 的一个加密被计算外，与 Game 1 一样。

(4) Game 2′：除了不用 sk_1 而用 sk_2 解密外，与 Game 2 一样。

(5) Game 3：除了 c_1 作为 m_1 的一个加密被计算外，与 Game 2′ 一样。

(6) Game 3′：除了不用 sk_2 而用 sk_1 解密外，与 Game 3 一样。

(7) Game 4：即 Game $\mathrm{CCA1}_1$。除了用 $(\mathcal{P},\mathcal{V})$ 提供证明 π 外，与 Game 3′ 一样。这也是一个真实的博弈。

从以上一系列博弈中，得出结论：$\left|\Pr_{\mathrm{CCA1}_0}[b=0]-\Pr_{\mathrm{CCA1}_1}[b=0]\right|$ 是可忽略不计的。

至此，已经证明了 $(\mathrm{Gen}^*,\mathcal{E}^*,\mathcal{D}^*)$ 是抗非适应性(午餐时间)选择密文攻击安全的。□

6.4 基于困难性假设构造 CCA1 安全的公钥加密方案

6.3 节中 CCA1 安全的 Naor 和 Yung 的加密方案使用了通用的适应性安全 NIZK 证明系统，但是 NIZK 证明系统本身的复杂性使得构造的加密方案的效率很低，再加上在实践中难以给出实用的 NIZK 证明系统，所以基于 NIZK 证明系统往往难以构造出一个可实用的 CCA1 安全的公钥加密方案。本节构造 CCA2 安全的加密方案的方法，就是依赖于判断 Diffie-Hellman 假设的困难性。

6.4.1 基于 DDH 假设构造简化的 Cramer-Shoup 加密方案

简化的 Cramer-Shoup 加密方案是依赖于判断 Diffie-Hellman 假设的困难性构造的一个 CCA1 安全的公钥加密方案。

构造 6.2 简化的 Cramer-Shoup 公钥加密方案。简化的 Cramer-Shoup 公钥加密方案 FA6-2 具体如下。

(1) 密钥产生算法 $\mathrm{Gen}(1^n)$：根据 4.2.6 节的 DDH 假设，$(\mathbb{G},q,g_1,g_2)\leftarrow\mathrm{GroupGen}(1^n)$，随机选择 $x\xleftarrow{\$}\mathbb{Z}_q$，$y\xleftarrow{\$}\mathbb{Z}_q$，$a\xleftarrow{\$}\mathbb{Z}_q$，$b\xleftarrow{\$}\mathbb{Z}_q$。

输出：公钥 $\mathrm{pk}=\left(g_1,g_2,h=g_1^x g_2^y,\eta=g_1^a g_2^b\right)$ 和私钥 $\mathrm{sk}=(x,y,a,b)$。

(2) 加密算法 $\mathcal{E}_{\mathrm{pk}}(m)$：任意选择 $r\xleftarrow{\$}\mathbb{Z}_q^*$，则输出密文 $c=\left(g_1^r,g_2^r,h^r\cdot m,\eta^r\right)$。

(3) 解密算法 $\mathcal{D}_{\mathrm{sk}}(u,v,w,e)$，这里 $u=g_1^r$，$v=g_2^r$，$w=h^r\cdot m$，$e=\eta^r$。如果 $u^a v^b\neq e$，

则输出⊥；否则输出 $m \leftarrow \frac{w}{u^x v^y}$。

验证简化的 Cramer-Shoup 加密方案的正确性：对于一个诚实者构造的加密方案的密文，有 $u^a v^b = \left(g_1^a g_2^b\right)^r = \eta^r = e$，则有效性验证是成功的。然后验证解密的输出 $\frac{w}{u^x v^y} = \frac{h^r \cdot m}{\left(g_1^x g_2^y\right)^r} = \frac{h^r \cdot m}{h^r} = m$。

定理 6.2 在 DDH 假设下，简化的 Cramer-Shoup 加密方案是抗非适应性选择密文攻击安全的。

证明： 给定攻击"简化的 Cramer-Shoup 加密方案"的一个 PPT 敌手 A，构造如下一个敌手 B。

$B(g_1, g_2, g_3, g_4)$：

$x, y, a, b \leftarrow \mathbb{Z}_q$

$\text{pk} = \left(g_1, g_2, h = g_1^x g_2^y, \eta = g_1^a g_2^b\right)$

$(m_0, m_1) \leftarrow A(\text{pk})$

$b \leftarrow \{0,1\}$

$b' \leftarrow A\left(\text{pk}, g_3, g_4, g_3^x g_4^y \cdot m_b, g_3^a g_4^b\right)$

当且仅当 $b' = b$ 时，输出 1。

设 Rand 是从随机的多元组的分布中选取 (g_1, g_2, g_3, g_4) 的事件。DH 是从 Diffie-Hellman 多元组的分布中选取 (g_1, g_2, g_3, g_4) 的事件。有以下声明：

声明 6.4 $\left|\Pr[B=1|\text{DH}] - \Pr[B=1|\text{Rand}]\right|$ 是可忽略不计的。

这个声明可以根据 Diffie-Hellman 假设和 B 是一个 PPT 运算的事实得到证明。 □

声明 6.5 $\Pr[B=1|\text{DH}] = \Pr_A[\text{Suc}]$，其中 $\Pr_A[\text{Suc}]$ 是敌手 A 成功的概率。

证明： 如果 (g_1, g_2, g_3, g_4) 是一个 Diffie-Hellman 多元组，则对于某些随机分布的 $r \in \mathbb{Z}_q^*$，有 $g_3 = g_1^r$ 和 $g_4 = g_2^r$，所以该声明可证明。 □

声明 6.6 $\left|\Pr[B=1|\text{Rand}] - \frac{1}{2}\right|$ 是可忽略不计的。

证明： 由于 $\Pr[B=1] = \Pr[A=b]$，所以声明 6.6 的证明需要先证明 $\left|\Pr[A=b|\text{Rand}] - \frac{1}{2}\right|$ 是可忽略不计的。

事实上，可以证明即使 A 有无限计算能力，式(6.1)也是可忽略不计的

$$\left|\Pr[A=b|\text{Rand}] - \frac{1}{2}\right| \tag{6.1}$$

如果 A 有无限计算能力，假设 A 能计算离散对数，即 A 可以知道 $\log_{g_1} g_2$，设 $\gamma = \log_{g_1} g_2$。从公钥 PK 中，A 能得到 $h = g_1^x g_2^y$，或者等价于 A 能得到

$$\log_{g_1} h = x + y \cdot \gamma \tag{6.2}$$

把(x, y)的空间变成了q个可能的对，每一个是x的一个值(同样也是y的一个值)。以下要证明A用他的解密询问，不能得到关于x和y的任何多余的信息。

事实 1：对于 A 做的所有解密询问(u, v, w, e)，除了以可忽略的概率外，满足$\log_{g_1} u \neq \log_{g_2} v$的解密询问，解密预言机返回⊥。

证明：在第一次解密询问之前，A 从公钥中仅仅知道$\eta = g_1^a g_2^b$，或者等价于A能得到

$$\log_{g_1} \eta = a + b \cdot \gamma \tag{6.3}$$

考虑提交给解密预言机的某些密文$c = (u, v, w, e)$，其中$u = g_1^r$和$v = g_2^{r'}$，$r \neq r'$。对于每个$z \in \mathbb{G}$，正好有一对$(a, b) \in \mathbb{Z}_q \times \mathbb{Z}_q$满足式(6.3)和式(6.4)：

$$z = u^a v^b \Leftrightarrow \log_{g_1} z = ar + br' \cdot \gamma \tag{6.4}$$

由于在未知a和b的情况下，式(6.3)和式(6.4)正好线性独立。因此，从A的角度看，$u^a v^b$的值在$\mathbb{G}$中是均匀分布的。

进一步，除非$e = u^a v^b$，否则密文(u, v, w, e)被拒绝。这样，除了以可忽略的概率$\frac{1}{q}$(也就是除非A碰巧正确选择了e)外，该密文被拒绝。

假设关于$\log_{g_1} u \neq \log_{g_2} v$这种情形的第 1 次询问被拒绝，$A$ 所得到的所有信息就是$e \neq u^a v^b$。这排除了$(a, b) \in \mathbb{Z}_q \times \mathbb{Z}_q$的$q$种可能性中的一种，但是仍然保留有$q-1$种可能性。这样，除了最多$\frac{1}{q-1}$的概率外，关于$\log_{g_1} u \neq \log_{g_2} v$这种情形的第 2 次询问被拒绝。以此类推，除了最多$\frac{1}{q-t+1}$的概率，关于$\log_{g_1} u \neq \log_{g_2} v$这种情形的第$t$次询问被拒绝。这样，这些询问中的一次询问不被拒绝的概率最多是$\frac{t}{q-t+1}$。

由于q在n中是指数的，而t是n的多项式，所以事实 1 被证明。

事实 2：假设前面事实 1 中描述的那种情形的所有“坏的”解密询问被拒绝，A 不能得到关于x和y的多余的信息。

证明：由于被拒绝的密文基于 a 和 b，当一个“坏的”解密询问被拒绝时，A 得不到关于x和y的任何信息。

所以，只考虑“好的”解密询问(u, v, w, e)，也就是，对于某些r，$\log_{g_1} u = \log_{g_2} v = r$的解密询问。解密预言机回答$m$给这样的一个询问，$A$得到$\frac{w}{m} = (g_1^r)^x (g_2^r)^y$，或者等价于$A$能得到

$$\log_{g_1}\left(\frac{w}{m}\right) = xr + yr \cdot \gamma \tag{6.5}$$

式 (6.5)和式 (6.2)是线性相关的，所以没有额外泄露关于 x 和 y 的信息(事实 2 证毕)。

以上事实 1 和事实 2，证明了当 A 得到挑战密文 $\left(g_3, g_4, g_3^x g_4^y \cdot m, g_3^a g_4^b\right)$ 时，除几乎可以忽略的概率外，(x, y) 有 q 个等价类似的可能性。这样，除几乎可以忽略的概率外，$g_3^x g_4^y \cdot m_b$ 在 $\mathbb{G}$ 上是均匀分布的，并且独立于 b，因此 $\Pr[A=b]=\frac{1}{2}$，这等价于式(6.1)，声明 6.6 和定理 6.2 证毕。 □

习题与思考

6.1　解释以下概念：抗非适应性选择密文攻击的安全性、抗适应性选择密文攻击的安全性、NP 完全、非交互证明系统、适应性非交互证明系统。

6.2　试分别比较 $|x|=k$ 和 $|x|$ 不一定等于 k 时，两个非交互证明系统定义的“完备性”、“完整性”以及“零知识特性”。

6.3　试分别比较非交互证明系统和适应性非交互证明系统的“完整性”以及“零知识特性”。

6.4　叙述构造 6.1 和构造 6.2 各自的设计特点，并比较这两个构造的安全性和效率。

6.5　试证明 RSA 加密方案是 CCA1 安全的。

参 考 文 献

BELLARE M, DESAI A, POINTCHEVAL D, et al, 1998. Relations among notions of security for public-key encryption schemes//Advances in Cryptology—CRYPTO'98. Heidelberg: Springer-Verlag: 26-45.

BLEICHENBACHER D, 1998. Chosen ciphertext attacks against protocols based on the RSA encryption standard PKCS# 1//Advances in Cryptology—CRYPTO'98. Heidelberg: Springer-Verlag: 1-12.

BLUM M, FELDMAN P, MICALI S, 1988. Non-interactive zero-knowledge and its applications. Proceedings of the Twentieth Annual ACM Symposium on Theory of Computing: 103-112.

GOLDREICH O, 2001. Foundations of cryptography, vol. 1: Basic tools. Cambridge: Cambridge University Press.

NAOR M, YUNG M, 1990. Public-key cryptosystems provably secure against chosen ciphertext attacks. Proceedings of the Twenty-second Annual ACM Symposium on Theory of Computing: 427-437.

SAHAI A, 1999. Non-malleable non-interactive zero knowledge and adaptive chosen-ciphertext security. 40th Annual Symposium on Foundations of Computer Science: 543-553.

附录：第 6 章的加密方案简表

	$\mathrm{Gen}(\cdot)$	$\mathcal{E}_{\mathrm{pk}}(\cdot)$	$\mathcal{D}_{\mathrm{sk}}(\cdot)$	备注
FA6-1	$(\mathrm{pk}_1,\mathrm{sk}_1)\leftarrow\mathrm{Gen}(1^n)$ $(\mathrm{pk}_2,\mathrm{sk}_2)\leftarrow\mathrm{Gen}(1^n)$ 随机选择 $r\overset{\$}{\leftarrow}\{0,1\}^{\mathrm{poly}(n)}$ 输出： $\mathrm{pk}^*=(\mathrm{pk}_1,\mathrm{pk}_2,r)$ 和 $\mathrm{sk}^*\leftarrow\mathrm{sk}_1$	$w_1,w_2\leftarrow\{0,1\}^*$ $c_1=\mathcal{E}_{\mathrm{pk}_1}(m;w_1)$ $c_2=\mathcal{E}_{\mathrm{pk}_2}(m;w_2)$ $\pi\leftarrow\mathcal{P}(r,(c_1,c_2),(w_1,w_2,m))$ 输出 (c_1,c_2,π)	如果 $\mathcal{V}(r,(c_1,c_2),\pi)=0$ 则输出 $\perp$；否则输出 $\mathcal{D}_{\mathrm{sk}_1}(c_1)$	Naor 和 Yung 构造的 CCA1 安全的公钥加密方案
FA6-2	$(\mathbf{G},q,g_1,g_2)\leftarrow\mathrm{GroupGen}(1^n)$ 随机选择 $x\overset{\$}{\leftarrow}\mathbb{Z}_q$，$y\overset{\$}{\leftarrow}\mathbb{Z}_q$，$a\overset{\$}{\leftarrow}\mathbb{Z}_q$，$b\overset{\$}{\leftarrow}\mathbb{Z}_q$ 输出：公钥 $\mathrm{pk}=(g_1,g_2,h=g_1^x g_2^y,c=g_1^a g_2^b)$ 和私钥 $\mathrm{sk}=(x,y,a,b)$	$r\overset{\$}{\leftarrow}\mathbb{Z}_q^*$ 输出密文： $C=(g_1^r,g_2^r,h^r\cdot m,c^r)$	$u=g_1^r,v=g_2^r,$ $w=h^r\cdot m,e=c^r$ 如果 $u^a v^b\neq e$，则输出 $\perp$；否则输出 $m\leftarrow\dfrac{w}{u^x v^y}$	依赖于 DDH 的困难性构造

第 7 章 抗适应性选择密文攻击安全性

本章主要内容

(1) CCA2 安全的加密方案：抗适应性不可区分选择密文攻击安全性概念、语义安全和 CCA1 安全的加密方案并不一定是 CCA2 安全的。

(2) 构造 CCA2 安全的私钥加密方案：消息认证码、用消息认证码构造 CCA2 安全的私钥加密方案。

(3) 用 NIZK 证明系统构造 CCA2 安全的公钥加密方案：数字签名方案、Dolev-Dwork-Naor 构造。

(4) 基于 DDH 假设构造 CCA2 安全的公钥加密方案：用 NIZK 证明系统构造抗(非)适应性选择密文攻击安全的方案的缺陷、Cramer-Shoup 加密方案。

(5) 在随机预言机模型下的 CCA2 安全的加密方案：随机预言机模型、在随机预言机模型下设计加密方案、在随机预言机模型下 CCA2 安全的公钥加密方案。

7.1 CCA2 安全的加密方案

不可区分选择密文的安全性分为抗非适应性不可区分选择密文攻击(IND-CCA1)的安全性和抗适应性不可区分选择密文攻击(CCA2)的安全性，第 6 章介绍了 IND-CCA1，本章介绍 IND-CCA2。

7.1.1 抗适应性不可区分选择密文攻击安全性概念

在 IND-CCA2 攻击模型中，敌手与预言机执行和 IND-CCA1 模型下相同的操作，IND-CCA2 与 IND-CCA1 的区别是：IND-CCA2 模型下，挑战者发给敌手询问密文 c_b 以后，敌手仍可以适应性选择密文(称为询问后密文)，并进行解密询问(这种解密询问可以进行足够多次)，只是要求敌手不能询问 c_b 的解密服务。但是 IND-CCA1 模型下，挑战者发给敌手询问密文 c_b 以后，敌手不可以选择密文并进行解密询问。

定义 7.1 IND-CCA2 安全的公钥加密方案。令 n 为安全参数，对于所有 PPT 算法 A，如果下列式子是可忽略不计的，则一个公钥加密方案 $\Pi=(\text{Gen}, \mathcal{E}, \mathcal{D})$ 是抗适应性不可区分选择密文攻击安全的：

$$\left|\Pr\left[\begin{matrix}(\text{pk},\text{sk})\leftarrow \text{Gen}(1^n);(m_0,m_1)\leftarrow A^{\mathcal{D}_{\text{sk}}(\cdot)}(\text{pk}); \\ b\overset{\$}{\leftarrow}\{0,1\};c\leftarrow \mathcal{E}_{\text{pk}}(m_b);b'\leftarrow A^{\mathcal{D}_{\text{sk}}(\cdot)}(\cdot,c)\end{matrix}:b=b'\right]-\frac{1}{2}\right|$$

其中，A 不能询问 $\mathcal{D}_{\text{sk}}(c)$。 □

IND-CCA2 安全的公钥加密方案示意图如图 7.1 所示。

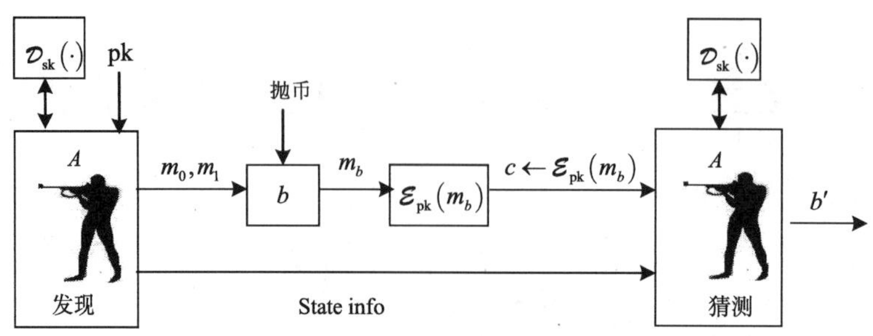

图 7.1　IND-CCA2 安全的公钥加密方案示意图

同样，对于私钥加密方案的 IND-CCA2 安全定义，敌手知道加密运算，也知道消息空间和消息空间可能的分布，所以敌手除了在获得挑战之前得到的是安全参数1^n而不是加密密钥 pk 外，定义基本相同。

定义 7.2　IND-CCA2 安全的私钥加密方案。令 n 为安全参数，对于所有 PPT 算法 A，如果下列式子是可忽略不计的，则一个私钥加密方案 $\Gamma=(\text{Gen}, \mathcal{E}, \mathcal{D})$ 是抗适应性选择密文攻击安全的：

$$\left|\Pr\left[\begin{array}{l}(k,k)\leftarrow\text{Gen}(1^n);(m_0,m_1)\leftarrow A^{\mathcal{D}_k(\cdot)}(1^n);\\ b\overset{\$}{\leftarrow}\{0,1\};c\leftarrow\mathcal{E}_k(m_b);b'\leftarrow A^{\mathcal{D}_k(\cdot)}(1^n,c)\end{array}:b=b'\right]-\frac{1}{2}\right|$$

其中，A 不能询问 $\mathcal{D}_k(c)$。 □

多组消息的安全性：定义 7.1 和定义 7.2 可以推广到处理多组明文消息被加密的挑战中，对应的多组消息的定义是等价的。进一步，对公钥加密方案和私钥加密方案，多组明文的 IND-CCA2 安全性定义和单组明文的 IND-CCA 安全性定义是等价的。一般地，多组消息 CCA 安全性的定义允许多个挑战生成步骤，它可能和询问步骤交替进行。这个概念推广了选择密文攻击的概念(后面介绍)。事实上，对于适应性选择密文攻击，经常用到这个推广。

7.1.2　语义安全和 CCA1 安全的加密方案并不一定是 CCA2 安全的

1. 语义安全和 CCA1 安全的私钥加密方案不一定是 CCA2 安全的

例如，设 **F** 和 $\Gamma=(\text{Gen},\mathcal{E},\mathcal{D})$ 为构造 2.3 中的定义，并假设 **F** 关于多项式规模电路是伪随机的，则构造 2.3 构造的分组密码 $\Gamma=(\text{Gen},\mathcal{E},\mathcal{D})$ 和构造 2.4 构造的私钥加密体制 $\Gamma'=(\text{Gen},\mathcal{E},\mathcal{D})$ 在适应性选择密文攻击下都是不安全的。

同样主要证明构造 2.3 在适应性选择密文攻击下是不安全的，在此基础上构造 2.4 显然是适应性选择密文攻击不安全的。对于构造 2.3，给定一个挑战密文 $(r,f_s(r)\oplus m)$，对任意的 $c'\neq f_s(r)\oplus m'$，敌手通过询问 (r,c') 获得 $f_s(r)$。这个询问是允许的，并且对于它的回答是 m'，满足 $c'=f_s(r)\oplus m'$。那么，敌手通过计算 $c\oplus(c'\oplus m')$，可以从挑战密文(r,c)中恢复挑战明文$m \leftarrow c \oplus (c' \oplus m') = c \oplus f_s(r)$，这里$c \overset{\text{def}}{=} f_s(r) \oplus m$。所以，构造 2.3 在适应性选择密文攻击下是不安全的。

同理，可以证明构造 2.4 在适应性选择密文攻击下也是不安全的。

这样，如果想得到在 CCA2 下安全的加密方案，就必须寻找新的私钥加密体制。

2. 语义安全和 CCA1 安全的公钥加密方案不一定是 CCA2 安全的

例如，已知 RSA 公钥加密方案具有同态性质，RSA 公钥加密方案在适应性选择密文攻击下是不安全的。

引理 7.1　RSA 公钥加密方案不是 CCA2 安全的。

证明：假设敌手想解密$c = m^e \bmod n$，敌手首先生成一个相关的密文$c' = 2^e c$，并询问解密预言机。敌手得到c'的明文m'。

然后，敌手计算：

$$\frac{m'}{2} = \frac{c'^d}{2} = \frac{(2^e c)^d}{2} = \frac{2^{ed} c^d}{2} = \frac{2m}{2} = m$$

因此，敌手获得了密文c对应的明文m。　□

再如：第 6 章介绍的 CCA1 安全的 Naor 和 Yung 公钥加密方案，可知 Naor 和 Yung 公钥加密方案在适应性选择密文攻击下也是不安全的。

定理 7.1　一般地，Naor 和 Yung 方案$(\mathrm{Gen}^*(1^k), \mathcal{E}^*, \mathcal{D}^*)$是抗适应性选择密文攻击不安全的。具体地，对于一个语义安全的加密方案$(\mathrm{Gen}, \mathcal{E}, \mathcal{D})$，存在一个适应性安全 NIZK 证明系统$(\mathcal{P}, \mathcal{V})$，使得所构造的 Naor 和 Yung 结构是可证明抗适应性选择密文攻击不安全的。

证明：设$(\mathcal{P}', \mathcal{V}')$是任意一个适应性安全 NIZK 证明系统。用$(\mathcal{P}', \mathcal{V}')$定义如下另外一个证明系统$(\mathcal{P}, \mathcal{V})$：

$\mathcal{P}(r,(c_1,c_2),(w_1,w_2))$：输出$\mathcal{P}'(r,(c_1,c_2),(w_1,w_2)) \| 0$。

$\mathcal{V}(r,(c_1,c_2),\pi \| b)$：输出$\mathcal{V}'(r,(c_1,c_2),\pi)$。

也就是在$\mathcal{P}$中引进一个伪造的比特，并且使得$\mathcal{V}$忽略它。不难证明$(\mathcal{P}, \mathcal{V})$也是一个适应性安全 NIZK 证明系统。然而，如果在 Naor 和 Yung 结构中使用$(\mathcal{P}, \mathcal{V})$这个新的 NIZK 证明系统，能够构造如下一个敌手A，A使用 CCA2 攻击，可以破坏加密系统。

$A(\mathrm{pk})$：输出(m_0, m_1)；得到返回$(c_1, c_2, \pi \| 0)$；提交$(c_1, c_2, \pi \| 1)$给解密预言机；得到返回m_b。

敌手A只是修改挑战密文的最后一比特，并把它提交给解密预言机。注意，在 CCA2 安全性定义下，这是允许的。

通过这个方法，敌手A将得到返回的真实信息，最后一比特仅仅是一个伪造的比特。所以，这个 Naor 和 Yung 的结构抗适应性选择密文攻击是不安全的。　□

如何检查 Naor 和 Yung 的结构的安全性证明，分析为什么在引入一个敌手 A 的情况下 Naor 和 Yung 结构是不安全的？根据第 6 章声明 6.3， $\Pr_2[\text{Fake}]$ 是可忽略不计的，但是可以看到，本章这种情况下， $\Pr_2[\text{Fake}]$ 不能忽略。因为如果敌手得到一个 Fake 的证明，则说敌手得到 $(c_1,c_2,\pi\|0)$ ，他通过修改最后一比特来构造另外一个 Fake 的证明，即 $(c_1,c_2,\pi\|1)$ 。所以，必须构造一个满足更强的安全性概念的证明系统，即使给定敌手 A 一个 Fake 的证明，他也不能构造另外不同的 Fake 的证明。

7.2　构造 CCA2 安全的私钥加密方案

本节主要讨论如何把一个在选择明文攻击(CPA)下安全的私钥加密方案转换为在 CCA2 下安全的私钥加密方案。CPA 主要思想就是让敌手从选择密文攻击中获得的信息不能再产生合法的密文(不同于已经准确给敌手的密文)。

7.2.1　消息认证码

本节构造 CCA2 安全的私钥加密方案用到了消息认证码。消息认证码又称 MAC 码或 MAC 函数，是(消息，密钥)对到固定长度输出值的一个映射，即输入任意长度的消息和秘密密钥，输出一个固定长度的“标签”作为 MAC 码。MAC 码的基本特征是对不知道密钥或只知道部分密钥者来说，保证(消息，密钥)对到 MAC 码的映射是不可预测的，这样 MAC 码可以提供消息数据的完整性和认证性。

常用的消息认证码(MAC 码)采用迭代的构造方式，一个迭代消息认证码(MAC 码)应该满足如下安全性要求：

(1)不可伪造性：对于一个 MAC 码，任何伪造攻击成功的概率为 2^{-l_m} ，其中 l_m 为每块消息的长度。

(2)密钥不可恢复性：没有一种密钥恢复攻击比密钥穷举搜索快，即恢复密钥的计算复杂度的期望值不小于 2^{-l_k-1} 次 MAC 码运算，其中 l_k 为每块密钥的长度。

(3)令集合 A 为{((自适应)选择消息，MAC 码)对}， l_c 为容量，则集合 A 的个数 $|A|<\frac{1}{4}\times 2^{\frac{C}{2}}$ 。在集合 A 内产生“内部碰撞”的概率不大于 $1-\exp\left(\frac{-A^2}{2^{l_c+1}}\right)$ 。

Hash 算法带有密钥，就成为消息认证码，它是消息和密钥的公开函数。基于 Hash 函数的 MAC 码主要有密钥前缀的 MAC 码和密钥后缀的 MDx-MAC、HMAC 和 NMAC 等，另外，还有基于分组密码构造的 MAC 码，如 CBC-MAC、EMAC、XCBC、OMAC、CMAC、PC-MAC 和 MT-MAC 等，本书只介绍一个典型的 CBC-MAC，其余参阅有关书籍。目前这些 MAC 码广泛应用于电子政务、电子商务、云平台、信息化系统和数字化社区等领域。

CBC-MAC 是一个典型的、基于分组密码构造的消息认证码。设分组密码 $\mathcal{E}$ 的分组长度为 $n\geqslant 1$ ，把消息 x 分成长度为 n 比特的 w 个串，即 $x=x_1,\cdots,x_w$ ，其中 $|x_j|=n$ ， $1\leqslant j\leqslant w$ ，最后一个串 x_w 不足 n 比特，需要填充。设 k 是消息认证码的密钥、 f 是截断

函数。如图 7.2 所示，CBC - MAC(x)的算法：

$y_0 = 0$

$y_j = \mathcal{E}_k\left(y_{j-1} \oplus x_j\right), \quad 1 \leqslant j \leqslant w$

$t = \text{CBC - MAC}_k\left(x\right) = f\left(y_w\right)$

最后输出消息 $x = x_1, \cdots, x_w$ 在密钥 k 下的认证标签 t 。 □

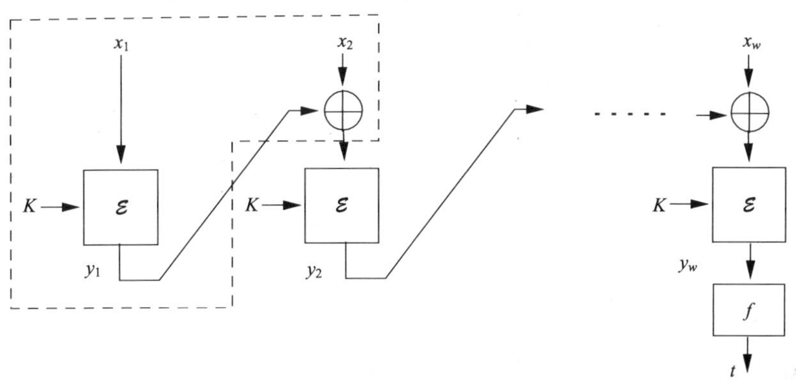

图 7.2　CBC- MAC 示意图

7.2.2　用消息认证码构造 CCA2 安全的私钥加密方案

对于一个私钥加密方案，如何让一个 CCA2 的敌手从选择密文攻击中获得的信息不能再产生一个准确不同于它接收到的并且还是合法的密文？一个方法就是使用消息认证码，给每个密文添加一个相应的很难被复制的认证标签，每个添加后的密文由一个有效的(串，标签)对组成，当且仅当(串，标签)对完全正确时，密文才有效。

构造 7.1　在 CCA2 下安全的分组密码。与第 2 章的构造 2.3 一样，令 $\mathcal{F} = \{F_n\}$ 是有效可计算的总体，并且 I 和 V 是与之有关的函数的选择算法，即 $I\left(1^n\right)$ 选择一个具有分布 F_n 的函数 $f_s\left(m\right)$， $f_s\left(m\right)$ 是与 s 有联系的函数(如密钥扩展函数)。设消息认证码是基于分组密码的 MAC 码，不失一般性，假设消息认证码基于的分组密码与加密的分组密码是同一个算法。定义一个长度为 $\ell\left(n\right) = n$ 、在 CCA2 下安全的分组密码 Γ 7-1=(Gen，$\mathcal{E}$，$\mathcal{D}$)如下：

(1) 密钥生成算法 $\text{Gen}\left(1^n\right)$： $\text{Gen}\left(1^n\right) = \left(k, k'\right)$，这里 k 和 k' 是由 $I\left(1^n\right)$ 的两次独立调用得到的，其中 k 是加解密的密钥， k' 是 MAC 码的密钥，输出 $\left(k, k'\right)$。

(2) 加密认证算法 $\mathcal{E}_{k,k'}\left(m\right)$：任取明文 $m \in \mathcal{M}$ ，不失一般性，假设 $\mathcal{M} = \{0,1\}^n$ 。用密钥 k 加密明文 m，得到密文 $c \leftarrow \mathcal{E}_k\left(m\right) = \left(r, f_k\left(r\right) \oplus m\right)$，其中 r 是在 $\{0,1\}^n$ 上的均匀分布。

用基于同样分组密码的 MAC 算法，得到密文的标签： $t \leftarrow \mathcal{E}_{k'}\left(c\right) = \left(r, f_{k'}\left(r\right) \oplus c\right)$。输出 $\left(\left(r, c\right), t\right)$。

(3) 解密算法 $\mathcal{D}_{k,k'}\left(\left(r,c\right),t\right)$：如果 $f_{k'}\left(r,c\right)=t$，则输出 $m\leftarrow\mathcal{D}_k\left(r,c\right)=f_k\left(r\right)\oplus c$；否则输出 ⊥。

命题 7.1　假设 $\mathcal{F}$ 和 Γ 2-1=(Gen , $\mathcal{E}$, $\mathcal{D}$) 与构造 7.1 中的定义一样，并假设 $\mathcal{F}$ 关于多项式规模电路是伪随机的，那么分组密码 Γ 7-1=(Gen , $\mathcal{E}$, $\mathcal{D}$) 在适应性选择密文攻击下是安全的。

证明：在第 6 章命题 6.1 的证明的基础上，作一些补充即可。

需要考虑在挑战密文给出之后的解密询问。记挑战密文的解密询问为 $\left(\left(r_c,c_c\right),t_c\right)$。设一个非普通的解密询问为 $\left(\left(r,c\right),t\right)$。忽略一种不大可能发生的情况，就是由形式为 $\left(\left(r_c,\cdot\right),\cdot\right)$ 的值来回答加密询问。下面讨论四种情况：

(1) 如果 $r\neq r_c$，则可以与命题 6.1 的证明一样处理询问 $\left(\left(r,c\right),t\right)$，因为它没有体现 $f_k\left(r_c\right)$ 的任何信息。事实上，这样的询问并不比 CCA1 攻击时，敌手询问的威胁大。

(2) 如果 $r=r_c$ 且 $c\neq c_c$，那么除了一个可忽略的概率，询问 $\left(\left(r,c\right),t\right)$ 不是有效的密文。要猜出 $f_{k'}\left(r,c\right)$ 的值是不可行的，因为只有唯一的一个 t'，使得 $\left(\left(r,c\right),t'\right)$ 是有效的。因此，这样的询问得到的回答总是 ⊥，可以忽略不计。

(3) 如果 $\left(r,c\right)=\left(r_c,c_c\right)$ 且 $t\neq t'$，那么询问 $\left(\left(r,c\right),t\right)$ 肯定不是有效的密文，与前面一样可以忽略不计。

(4) 如果 $\left(\left(r,c\right),t\right)=\left(\left(r_c,c_c\right),t_c\right)$，那么询问是不允许的。

命题得证。　□

同理，利用第 2 章的构造 2.4，进行相同的构造和分析，结合命题 7.1 和定理 2.5，可以得到如下定理。

定理 7.2　如果存在单向函数，那么存在抗适应性选择密文攻击安全的私钥加密方案。

7.3　用 NIZK 证明系统构造 CCA2 安全的公钥加密方案

7.3.1　数字签名方案

在某些消息空间 $\mathcal{M}$ 上的数字签名方案是一个三元组(SigGen，Sign，Verify)的 PPT 算法。

(1) 签名密钥产生算法 $\mathrm{SigGen}\left(1^n\right)$：是一个随机算法，该算法输出一个验证密钥 vk 和一个秘密密钥 sk，即 $\left(\mathrm{vk},\mathrm{sk}\right)\leftarrow\mathrm{SigGen}\left(1^n\right)$。

(2) 签名算法 $\mathrm{Sign}_{\mathrm{sk}}\left(m\right)$：(可能)是一个随机算法，该算法输入一个消息 $m\in\mathcal{M}$ 和秘密密钥 sk，输出一个签名 σ，即 $\sigma\leftarrow\mathrm{Sign}_{\mathrm{sk}}\left(m\right)$。

(3) 验证算法 $\mathrm{Verify}_{\mathrm{vk}}\left(m,\sigma\right)$：是一个确定算法，该算法输入一个消息 $m\in\mathcal{M}$、验证密钥 vk 和签名 σ，输出 1 或者 0，即签名有效时，$1\leftarrow\mathrm{Verify}_{\mathrm{vk}}\left(m,\sigma\right)$；否则 $0\leftarrow\mathrm{Verify}_{\mathrm{vk}}\left(m,\sigma\right)$。

定义 7.3　一次性强的数字签名方案。令安全参数为 n，对于所有 PPT 算法 A，如果下列式子是可忽略不计的，则数字签名方案（SigGen，Sign，Verify）是一个一次性强的签名方案(A One-Time, Strong Signature Scheme)，如图 7.3 所示。

$$\Pr\left[\begin{array}{l}(\text{vk},\text{sk})\leftarrow \text{SigGen}(1^n);m\leftarrow A(\text{vk})\\ \sigma\leftarrow \text{Sign}_{\text{sk}}(m);(m',\sigma')\leftarrow A(\text{vk},\sigma)\end{array}\text{Verify}_{\text{vk}}(m',\sigma')=1\wedge(m',\sigma')\neq(m,\sigma)\right]\qquad\square$$

该定义意味着：敌手 A 选择一个消息 m，挑战者给 A 该消息的数字签名 σ，不知道秘密密钥 sk 的情况下，A 不能伪造另外不同消息 m' 的数字签名。

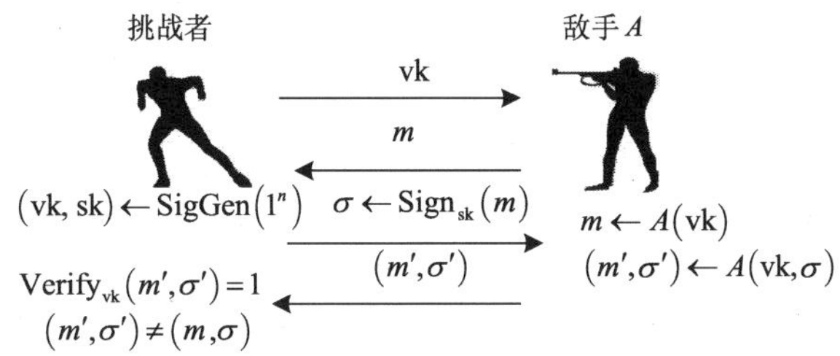

图 7.3　一次性强的数字签名方案示意图

命题 7.2　在单向函数存在的假设下，存在一次性强的数字签名方案。

7.3.2　Dolev-Dwork-Naor 构造

Dolev、Dwork 和 Naor 基于任意一个语义安全方案、一个一次性强的数字签名方案和一个适应性安全 NIZK 证明系统，有效构造了一个抗适应性选择密文攻击安全的加密方案，称为 Dolev-Dwork-Naor 加密方案。

构造 7.2　Dolev-Dwork-Naor 公钥加密方案。设（Gen，$\mathcal{E}$，$\mathcal{D}$）是一个语义安全的加密方案，Dolev-Dwork-Naor 加密方案是基于（Gen，$\mathcal{E}$，$\mathcal{D}$）构造的一个新的加密方案 FA7-2=（Gen′，$\mathcal{E}'$，$\mathcal{D}'$），具体如下：

(1) 密钥产生算法 $\text{Gen}'(1^n)$：

随机选择 $r\overset{\$}{\leftarrow}\{0,1\}^{\text{poly}(n)}$

for $i=1$ to n

　for $b=0$ to 1

　　$(\text{pk}_{i,b},\text{sk}_{i,b})\leftarrow \text{Gen}(1^n)$（产生 2n 个密钥对）

输出：$\text{pk}=\left(\begin{pmatrix}\text{pk}_{1,0},\text{pk}_{2,0},\cdots,\text{pk}_{n,0}\\ \text{pk}_{1,1},\text{pk}_{2,1},\cdots,\text{pk}_{n,1}\end{pmatrix},r\right)$ 和 $\text{sk}=\begin{pmatrix}\text{sk}_{1,0},\text{sk}_{2,0},\ldots,\text{sk}_{n,0}\\ \text{sk}_{1,1},\text{sk}_{2,1},\ldots,\text{sk}_{n,1}\end{pmatrix}$

(2) 加密算法 $\mathcal{E}'_{\text{pk}}(m)$：令 $c=(c_1,\cdots,c_n)$，$w=(w_1,\cdots,w_n)$

$(\text{vk},\widehat{sk})\overset{\$}{\leftarrow}\text{SigGen}(1^n)$

令 $\text{vk}=v_1\|v_2\|\cdots\|v_n$ 是 vk 的二元表示，为了简便，设 $|\text{vk}|=n$

for $i=1$ to n

$w_i \leftarrow \{0,1\}^*$；$c_i \leftarrow \mathcal{E}_{\mathrm{pk}_{i,\mathrm{v}i}}(m;w_i)$

$\pi \leftarrow \mathcal{P}(r,c,(m,w))$（这是与同一个明文有关的所有密文的证据）

$\sigma \leftarrow \mathrm{Sign}_{\widehat{\mathrm{sk}}}(c\|\pi)$

输出：vk、c、π 和 σ

(3) 解密算法 $\mathcal{D}'_{\mathrm{sk}}(\mathrm{vk},c,\pi,\sigma)$：如果 $\mathrm{Verify}_{\mathrm{vk}}(c\|\pi,\sigma)=0$（验证签名），则输出⊥。否则，如果 $\mathcal{V}(r,c,\pi)=0$（验证证明），则输出⊥；否则，输出 $m \leftarrow \mathcal{D}_{\mathrm{sk}_{1,\mathrm{v}1}}(c_1)$。

注意：在 7.1 节中，对 Naor 和 Yung 加密方案的攻击方法，不能攻击 Dolev-Dwork-Naor 加密方案，因为该攻击方法需要敌手伪造一个关于 vk 的数字签名。显然，这是不可能的。

定理 7.3　设（Gen, $\mathcal{E}$, $\mathcal{D}$）是一个语义安全的加密方案，（$\mathcal{P}$, $\mathcal{V}$）是一个适应性安全 NIZK 证明系统，并且使用了一个一次性强的数字签名方案（SigGen,Sign,Verfy），则 Dolev-Dwork-Naor 加密方案 FA7-2=（Gen′, $\mathcal{E}'$, $\mathcal{D}'$）是抗适应性选择密文攻击安全的。

证明：与第 6 章中证明 Naor 和 Yung 公钥加密方案是 CCA1 安全所采用的方法一样。

思路：有一个 PPT 算法的敌手 A 对一个公钥加密方案采用抗适应性选择密文攻击，通过构造一系列计算不可区分的博弈，证明敌手 A 攻击成功的概率是可忽略不计的。

开始构造第一个初始博弈 Game 0，当敌手得到了 m_0 的加密时，该博弈符合一个真实的加密方案，如图 7.4 所示。

Game 0:

Stage 1：$\{(\mathrm{pk}_{i,b},\mathrm{sk}_{i,b})\} \leftarrow \mathrm{Gen}'(1^n)$，for $i=1,2,\cdots,n$ and $b=0,1$

$r \xleftarrow{\$} \{0,1\}^{\mathrm{poly}(n)}$

$(\mathrm{pk},\mathrm{sk}) = ((\{\mathrm{pk}_{i,b}\},r),\{\mathrm{sk}_{i,b}\})$

$(m_0,m_1) \leftarrow A^{\mathcal{D}'_{\mathrm{sk}}(\cdot)}(\mathrm{pk})$

Stage 2：$(\mathrm{vk},\widehat{\mathrm{sk}}) \leftarrow \mathrm{SigGen}(1^n)$

$w_i \leftarrow \{0,1\}^{\mathrm{poly}(n)}$ for $i=1,2,\cdots,n$（可以省略）

$c_i \leftarrow \mathcal{E}_{\mathrm{pk}_{i,\mathrm{v}i}}(m_0;w_i)$ for $i=1,2,\cdots,n$

$\pi \leftarrow \mathcal{P}(r,c,w)$

$\sigma \leftarrow \mathrm{Sign}_{\widehat{\mathrm{sk}}}(c\|\pi)$

$b \leftarrow A^{\mathcal{D}'_{\mathrm{sk}}(\cdot)}(\mathrm{pk},\mathrm{vk},c,\pi,\sigma)$

图 7.4　初始博弈 Game 0：对 m_0 的一个真实加密

设 Forge 是敌手 A 提交一个密文 $(\mathrm{vk}',c',\pi',\sigma')$ 给解密预言机的事件，并且有①$\mathrm{vk}'=\mathrm{vk}$；②$(c',\pi',\sigma')\neq(c,\pi,\sigma)$；③$\mathrm{Verify}_{\mathrm{vk}}(c'\|\pi',\sigma')=1$。

声明 7.1　$\Pr_0[\mathrm{Forge}]$ 是可忽略不计的。

说明：根据数字签名方案的一次强安全性可以得到该声明，细节不叙述了。

Naor 和 Yung 公钥加密方案的安全性讨论如下：

考虑 PPT 算法的敌手 A 可以适应性访问解密预言机。构造的一系列计算不可区分的博弈中，开始的博弈 Game 0 符合对 m_0 的一个真实加密方案，最后的博弈 Game 3 符合对 m_1 的一个真实加密，从博弈 Game 0 直到博弈 Game 3，在每一个博弈中依次证明了敌手 A 输出为“1”的概率的差是可忽略不计的，从而证明了：敌手 A 得到 m_0 加密的密文后输出为“1”的概率与 A 得到 m_1 加密的密文后输出为“1”的概率差也是可忽略不计的，这正好满足 CCA2 安全性的定义。

详细证明过程如下：

博弈 Game 0 见图 7.4。通过模拟 r 和 π，来修改博弈 Game 0 得到博弈 Game 1，如图 7.5 所示。模拟器 Sim_1 产生 r，而模拟器 Sim_2 输出没有任何证据的 π。

Game 1:

Stage 1: $\{(\mathrm{pk}_{i,b},\mathrm{sk}_{i,b})\} \leftarrow \mathrm{Gen}(1^n)$，for $i=1,2,\cdots,n$ and $b=0,1$

$r \leftarrow \mathrm{Sim}_1(1^n)$

$(\mathrm{pk},\mathrm{sk}) = ((\{\mathrm{pk}_{i,b}\},r),\{\mathrm{sk}_{i,b}\})$

$(m_0,m_1) \leftarrow A^{\mathcal{D}'_{\mathrm{sk}}(\cdot)}(\mathrm{pk})$

Stage 2: $(\mathrm{vk},\widehat{\mathrm{sk}}) \leftarrow \mathrm{SigGen}(1^n)$

$c_i \leftarrow \mathcal{E}_{\mathrm{pk}_{i,v_i}}(m_0;w_i)$ for $i=1,2,\cdots,n$

$\pi \leftarrow \mathrm{Sim}_2(c)$

$\sigma \leftarrow \mathrm{Sign}_{\widehat{\mathrm{sk}}}(c\|\pi)$

$b \leftarrow A^{\mathcal{D}'_{\mathrm{sk}}(\cdot)}(\mathrm{pk},\mathrm{vk},c,\pi,\sigma)$

图 7.5　博弈 Game 1：Sim_1 产生 r，Sim_2 输出没有任何证据的 π

声明 7.2　令 $\Pr_i[\cdot]$ 为在博弈 Game i 中，一个给定事件的概率。对于任意 PPT 算法的敌手 A，$|\Pr_0[b=1]-\Pr_1[b=1]|$ 是可忽略不计的。

也就是说，在这两个博弈 Game 0 和 Game 1 中，敌手 A 猜测 $b=1$ 的概率是可忽略不计的。

证明：直觉上，声明 7.2 是有效的。否则，如果这两个概率可以区分，则敌手 A 可以区分一个真实的 NIZK 证明和一个被模拟的证明。因为通过约化方法，把这个问题约化到证明系统的零知识特性，即用 A 构造一个企图区分真实证明和被模拟证明的算法 B。

$B(r)$：// r 可以是一个真实的随机串，也可以是 Sim_1 输出的串

$\{(\mathrm{pk}_{i,b},\mathrm{sk}_{i,b})\} \leftarrow \mathrm{Gen}'(1^n)$，for $i=1,2,\cdots,n$ and $b=0,1$

$\mathrm{pk} = (\{\mathrm{pk}_{i,b}\},r)$

$(m_0,m_1) \leftarrow A(\mathrm{pk})$

$(\mathrm{vk},\widehat{\mathrm{sk}}) \leftarrow \mathrm{SigGen}(1^n)$

$\forall i, c_i \leftarrow \mathcal{E}_{\mathrm{pk}_{i,v_i}}(m_0; w_i)$

输出(c, w)

给定π：// π 可以是一个真实的证明，也可以是一个被模拟的证明。

$\sigma \leftarrow \mathrm{Sign}_{\widehat{\mathrm{sk}}}(c \mid \pi)$

$b \leftarrow A^{\mathcal{D}'_{\mathrm{sk}}(\cdot)}(\mathrm{pk}, \mathrm{vk}, c, \pi, \sigma)$

输出 b

讨论：由于有所需要的所有秘密密钥，B 模拟 A 的解密预言机是没有问题的。

如果(r,π)是真实的串/证据，则是 A 参与在博弈 Game 0 中的情形，因此，输入 B 输出为 1 的概率是在博弈 Game 0 中 A 输出为 1 的概率。另外，如果(r,π)是被模拟的串/证据，则是 A 参与在博弈 Game 1 中的情形，因此，输入 B 输出为 1 的概率是在博弈 Game 1 中 A 输出为 1 的概率。由于 NIZK 证明系统是适应性安全的，则一定有：对于任意 PPT 算法的敌手 A，$\left|\Pr_0[b=1]-\Pr_1[b=1]\right|$ 是可忽略不计的。 □

构造博弈 Game 1′：除了一点不同之外，博弈 Game 1′ 与博弈 Game 1 完全相同。博弈 Game 1′ 与博弈 Game 1 不同之处是：如果 A 使用 vk（vk 是用来构造挑战密文的验证密钥）对解密预言机进行询问，用 $\perp$ 来简单回答这个询问。

声明 7.3 对于任意 PPT 算法的敌手 A，$\left|\Pr_{1'}[b=1]-\Pr_1[b=1]\right|$ 是可忽略不计的。

证明思路：如果 A 能构造一个关于 vk 的新的、有效的签名，博弈 Game 1′ 与博弈 Game 1 才会产生不同。这是由于提交到解密预言机的密文必须与挑战密文不一样，并且仅签名验证正确时，密文才有效。进一步，签名方案的安全性确保了这个事件产生的概率可忽略不计的。

具体可以根据声明 7.1 和声明 7.2 证明。

构造博弈 Game 1″：除了一点不同之外，博弈 Game 1″ 与博弈 Game 1′ 完全相同。博弈 Game 1″ 与博弈 Game 1′ 不同之处就是：不是用 sk_{1,vk'_1} 来解密一个密文$\left(\mathrm{vk}', c', \pi', \sigma'\right)$（也就是对回答解密预言机询问的这个密文）。我们寻找 vk 和 vk′ 第一个不相同的比特位置 i（$\mathrm{vk} \neq \mathrm{vk}'$），并且用密钥 $\mathrm{sk}_{i,\mathrm{vk}'_i}$ 来解密，即解密预言机工作如下：

$$\mathcal{D}''_{\mathrm{sk}}\left(\mathrm{vk}', c', \pi', \sigma'\right)=\begin{cases}\perp, & \mathrm{vk}'=\mathrm{vk} \\ \perp, & \mathrm{Verfy}_{\mathrm{vk}'}\left(c' \| \pi', \sigma'\right)=0 \quad \text{或} \quad \mathcal{V}\left(r, c', \pi'\right)=0 \\ \mathcal{D}_{\mathrm{sk}_{i,\mathrm{vk}'_i}}\left(c'_i\right), & \text{其它（}i\text{为前面所指）}\end{cases}$$

声明 7.4 对于任意 PPT 算法的敌手 A，$\left|\Pr_{1''}[b=1]-\Pr_{1'}[b=1]\right|$ 是可忽略不计的。

证明(简单)：区分博弈 Game 1″ 与博弈 Game 1′ 唯一可能的方法是一个解密询问得到这样的情况，即存在两个不同的索引 i、j，满足 c_i' 的解密不等于 c_j' 的解密，然而证明是有效的，即 $\mathcal{V}\left(r, c', \pi'\right)=1$。

设 Fake 是 A 要求一个解密询问$\left(\mathrm{vk}', c', \pi', \sigma'\right)$满足 π' 是一个有效证据，并且 $\exists i, j$，

满足 $\mathcal{D}_{\mathrm{sk}_{i,\mathrm{vk}_i^j}}(c_i) \neq \mathcal{D}_{\mathrm{sk}_{j,\mathrm{vk}_j'}}(c_j)$ 的一个事件。

由于直到 Fake 发生，博弈 Game 1″ 与博弈 Game 1′ 没有不同，所以 $\Pr_{1''}[\mathrm{Fake}] = \Pr_{1'}[\mathrm{Fake}]$。又由于声明 7.3，有 $\left|\Pr_{1'}[\mathrm{Fake}] - \Pr_1[\mathrm{Fake}]\right|$ 是可忽略不计的。进而有 $\left|\Pr_1[\mathrm{Fake}] - \Pr_0[\mathrm{Fake}]\right|$ 是可忽略不计的，否则可以构建一个知道所有秘密密钥的敌手 B 可以区分真实的和模拟的证明。最后，根据 NIZK 证明系统的适应性完整特性，可得 $\Pr_0[\mathrm{Fake}]$ 是可忽略不计的。因此，可得 $\Pr_{1''}[\mathrm{Fake}]$ 是可忽略不计的。

所以，$\left|\Pr_{1''}[b=1] - \Pr_{1'}[b=1]\right|$ 是可忽略不计的。 □

构造博弈 Game 2：除了一点不同之外，博弈 Game 2 与博弈 Game 1″ 完全相同。博弈 Game 2 与博弈 Game 1″ 不同之处就是：通过加密 m_1 而不是加密 m_0 形成挑战密文，也就是对于所有 i，计算 $c_i \leftarrow \mathcal{E}_{\mathrm{pk}_{i,v_i}}(m_1, w_i)$。

声明 7.5　对于任意 PPT 算法的敌手 A，$\left|\Pr_2[b=1] - \Pr_{1''}[b=1]\right|$ 是可忽略不计的。

证明思路：如果 A 能区分这两个博弈，则构造一个敌手 B 可以攻击其基于的加密方案的语义安全性。

构造敌手 $B\left(\mathrm{pk}_1^*, \cdots, \mathrm{pk}_n^*\right)$ 如下。

$\left(\mathrm{vk}, \widehat{\mathrm{sk}}\right) \leftarrow \mathrm{SigGen}(1^n)$

$\left\{\left(\mathrm{pk}_i', \mathrm{sk}_i'\right)\right\} \leftarrow \mathrm{Gen}'(1^n)$，for $i = 1, 2, \cdots, n$

$r \leftarrow \mathrm{Sim}_1(1^n)$

$\mathrm{pk} = \left(\{\mathrm{pk}_{i,b}\}, r\right)$，其中 $\mathrm{pk}_{i,b} = \begin{cases} \mathrm{pk}_i^*, & b = v_i \\ \mathrm{pk}_i', & \text{其它} \end{cases}$

$(m_0, m_1) \leftarrow A^{\mathcal{D}^*(\cdot)}(\mathrm{pk})$

输出 (m_0, m_1)，得到返回

$\pi \leftarrow \mathrm{Sim}_2(c)$

$\sigma \leftarrow \mathrm{Sign}_{\mathrm{sk}^*}(c \| \pi)$

输出 $A^{\mathcal{D}^*(\cdot)}(\mathrm{vk}, c, \pi, \sigma)$ 所输出的。

注意：B 能模拟解密预言机 $\mathcal{D}^*$，尤其是对于 A 提交的任意密文 $\left(\mathrm{vk}', c', \pi', \sigma'\right)$，如果 $\mathrm{vk}' = \mathrm{vk}$，则根据前面的博弈，$B$ 只返回 ⊥。如果 $\mathrm{vk}' \neq \mathrm{vk}$，则 vk' 和 vk 在 i 处的 1 比特不相同，即 $\mathrm{vk}_i' \neq \mathrm{vk}_i$，并且 B 可以用已知的私钥 $\mathrm{sk}_{i,\mathrm{vk}_i'} = \mathrm{sk}_i'$ 来解密。这是由于构造 B 正好知道私钥的一半，并能用这些已知的私钥来解密。

如果 c 是 m_1 加密的密文，则 A 本来是在博弈 Game 2 中起作用，如果 c 是 m_0 加密的密文，则 A 本来是在博弈 Game 1″ 中起作用。如果能区分博弈 Game 1″ 和博弈 Game 2，则 B 也能区分 m_0 和 m_1 加密的密文，从而破解所基于加密方案的语义安全性。

设博弈 Game 3 是符合对 m_1 的一个真实加密方案。根据前面的声明和证明，有声明 7.6。

声明 7.6　对于任意 PPT 算法的敌手 A，$\left|\Pr_3[b=1] - \Pr_2[b=1]\right|$ 是可忽略不计的。

证明思路：从技术上，该声明的证明需要处理类似于前面讨论过的博弈 Game 1，

Game 1′ 和 Game 1″ 的一系列博弈。特别是，在证明中首先应该用 $sk_{1,0}$ 或者 $sk_{1,1}$ 解密恢复明文，然后即使 $vk' = vk$ 应该能够解密恢复明文，最后，应该返回使用真实的串/证明，而不是使用模拟的串/证明。因为这些博弈和证明采用多个可忽略不计的方法，都不影响 $b=1$ 的概率，所以这些博弈本质上与前面的相同，这里就不再重复证明了。

总之，从声明 7.1～声明 7.6，加上多次应用三角不等式，证明了 $\left|\Pr_0[b=1]-\Pr_3[b=1]\right|$ 是可忽略不计的，这等价于证明了 $(\mathrm{Gen}', \mathcal{E}', \mathcal{D}')$ 是抗适应性选择密文攻击安全的。 □

7.4 基于 DDH 假设构造 CCA2 安全的公钥加密方案

7.4.1 用 NIZK 证明系统构造抗(非)适应性选择密文攻击安全方案的缺陷

在第 6 章中 CCA1 安全的 Naor 和 Yung 加密方案与 CCA2 安全的 Dolev-Dwork-Naor 方案，都使用了通用的适应性安全 NIZK 证明系统，也就是说用 NIZK 证明系统是构造非延展性的加密方案的一种方法。尽管基于 NIZK 证明系统构造的 CCA1 安全的加密方案和 CCA2 安全的加密方案是多项式的，但是 NIZK 证明系统本身的复杂性使得构造的加密方案的效率很低，再加上在实践中难以给出实用的 NIZK 证明系统，所以基于 NIZK 证明系统往往难以构造出一个实用的 CCA1 安全的加密方案或者一个实用的 CCA2 安全的加密方案。

另外一种构造 CCA2 安全的加密方案的方法，就是依赖于 DDH 假设的困难性。与基于 NIZK 证明系统构造的 CCA2 安全的加密方案相比，依赖于 DDH 假设的困难性构造的 CCA2 安全的加密方案往往实用、高效。但是依赖于 DDH 假设的困难性的构造方法是基于特定的密码学假设，使得依赖于 DDH 假设的困难性构造的 CCA2 安全的加密方案不像各种 CPA 安全的加密方案一样高效。

7.4.2 Cramer-Shoup 加密方案

在 6.4 节介绍的“简化的 Cramer-Shoup 加密方案”的基础上，可以进一步扩展定理 6.2 的证明，以便保证敌手即使看到了挑战密文，仍然不能提交“坏的”密文。为此，可以修改“简化的 Cramer-Shoup 加密方案”，修改思路就是增加两个以上的参数，使得未知的数目大于这些已知参数的线性等式的数目，修改后的方案称为 Cramer-Shoup 加密方案。Cramer-Shoup 加密方案也是依赖于 DDH 假设的困难性构造的，但是 Cramer-Shoup 加密方案是一个 CCA2 安全的公钥加密方案，而简化的 Cramer-Shoup 加密方案只是一个 CCA1 安全的公钥加密方案。

构造 7.3　Cramer-Shoup 公钥加密方案。设 H 是一个抗碰撞的 Hash 函数，H 把一个任意长度的串杂凑到 $\mathbb{Z}_q$ 上一个固定长度的 Hash 值。Cramer-Shoup 加密方案 FA7-3 具体如下。

(1) 密钥产生算法 $\mathrm{Gen}(1^n)$：根据 4.2.6 节的 DDH 假设，$(\mathbb{G}, q, g_1, g_2) \leftarrow \mathrm{GroupGen}(1^n)$，随机选择 $x \xleftarrow{\$} \mathbb{Z}_q$，$y \xleftarrow{\$} \mathbb{Z}_q$，$a \xleftarrow{\$} \mathbb{Z}_q$，$b \xleftarrow{\$} \mathbb{Z}_q$，$a' \xleftarrow{\$} \mathbb{Z}_q$，$b' \xleftarrow{\$} \mathbb{Z}_q$。

输出：公钥 $\mathrm{pk}=\left(g_1,g_2,h=g_1^x g_2^y,\eta=g_1^a g_2^b,d=g_1^{a'}g_2^{b'},H\right)$ 和私钥 $sk=\left(x,y,a,b,a',b'\right)$。

(2) 加密算法 $\mathcal{E}_{\mathrm{pk}}(m)$：任意选择 $r\overset{\$}{\leftarrow}\mathbb{Z}_q^*$，则输出密文 $c=\left(g_1^r,g_2^r,h^r\cdot m,\left(\eta d^{\beta}\right)^r\right)$，其中 $\beta=H\left(g_1^r,g_2^r,h^r\cdot m\right)$。

(3) 解密算法 $\mathcal{D}_{\mathrm{sk}}(u,v,w,e)$，其中 $u=g_1^r$， $v=g_2^r$， $w=h^r\cdot m$， $e=\left(\eta d^{\beta}\right)^r$。如果 $u^{a+\beta a'}v^{b+\beta b'}\neq e$ (其中 $\beta=H(u,v,w)$)，则输出 $\perp$；否则输出 $m\leftarrow\dfrac{w}{u^x v^y}$。

(4) 验证 Cramer-Shoup 加密方案的正确性：对于一个诚实者构造的加密方案的密文，有 $u^{a+\beta a'}v^{b+\beta b'}=u^a v^b\left(u^{a'}v^{b'}\right)^{\beta}=\left(g_1^a g_2^b\right)^r\left(g_1^{a'}g_2^{b'}\right)^{r\beta}=\eta^r d^{r\beta}=\left(\eta d^{\beta}\right)^r$。所以，有效性验证 $u^{a+\beta a'}v^{b+\beta b'}=e$ 总是成功。

然后验证解密的输出是正确的消息，即 $\dfrac{w}{u^x v^y}=\dfrac{h^r\cdot m}{\left(g_1^x g_2^y\right)^r}=\dfrac{h^r\cdot m}{h^r}=m$。

定理 7.4　在 DDH 假设下，Cramer-Shoup 加密方案是抗适应性选择密文攻击安全的。

证明： 证明中仍然使用定理 6.2 证明中的符号，所以就不再定义符号了。

给定攻击 Cramer-Shoup 加密方案的一个 PPT 敌手 A，令 A 破解 Cramer-Shoup 加密方案成功的概率为 $\Pr_A[\mathrm{Suc}]$。构造如下一个敌手 B：

$B\left(g_1,g_2,g_3,g_4\right)$：

$x,y,a,b\leftarrow\mathbb{Z}_q$

$\mathrm{pk}=\left(g_1,g_2,h=g_1^x g_2^y,\eta=g_1^a g_2^b,d=g_1^{a'}g_2^{b'},H\right)$

$\left(m_0,m_1\right)\leftarrow A(\mathrm{pk})$

$b\overset{\$}{\leftarrow}\{0,1\}$

$b'\leftarrow A\left(\mathrm{pk},g_3,g_4,g_3^x g_4^y\cdot m_b,g_3^{a+\beta a'}g_4^{b+\beta b'}\right)$

当且仅当 $b'=b$ 时，输出 1。

以下两个声明正好作为前面的证明。

声明 7.7　$\left|\Pr\left[B=1|\mathrm{DH}\right]-\Pr\left[B=1|\mathrm{Rand}\right]\right|$ 是可忽略不计的。

声明 7.8　$\Pr\left[B=1|\mathrm{DH}\right]-\Pr_A[\mathrm{Suc}]$，其中 $\Pr_A[\mathrm{Suc}]$ 是敌手 A 成功的概率。

为了完成这个证明，需要进一步证明声明 7.9。

声明 7.9　$\left|\Pr\left[B=1|\mathrm{Rand}\right]-\dfrac{1}{2}\right|$ 是可忽略不计的。

证明： 这个声明的完整证明需要完成两步：一是要证明即使 A 能计算离散对数(通常情况下，A 是不能计算离散对数的，因为 A 是概率多项式时间敌手)，声明 7.9 也是正确的。二是要进一步用相同的思路来证明 A 不能完成任何没被拒绝的“坏的”解密询问，这依赖于 A 没有被加密消息的信息的事实(因为 A 没有关于 x 和 y 的足够多的信息，所以 A 没有被加密消息的信息)。我们把第一个证明称为证明 1，把第二个证明称为证明 2。

证明 2 的证明思路与证明 1 的思路完全相同，所以这里讨论证明 1，即使 A 能计算离散对数，声明 7.9 也是正确的。以下证明 1 的证明需要先熟悉前面定理 6.2 的证明。

接下来看看在构造的实验过程中，A 可能获得 a,b,a',b' 的什么信息。

从公钥中，A 能得到

$$\log_{g_1}\eta = a + b\cdot\gamma \tag{7.1}$$

$$\log_{g_1} d = a' + b'\cdot\gamma \tag{7.2}$$

其中，令 $\gamma = \log_{g_1} g_2$。令 $g_3 = g_1^r$ 和 $g_4 = g_2^{r'}$；通常，除几乎可以忽略的概率外，得到 $r \neq r'$。

当给予 A 挑战密文时，从该挑战密文 $\left(g_3, g_4, w^* = g_3^x g_4^y \cdot m_b, e^* = g_3^{a+\beta\alpha'} g_4^{b+\beta b'}\right)$ 中，A 额外得到

$$\log_{g_1} e^* = (a + \beta a')r + (b + \beta b')\gamma r' \tag{7.3}$$

在证明 1 中，我们想要证明：除几乎可忽略的概率外，A 做的任何“坏的”解密询问被拒绝。A 做的这个“坏的”解密询问就是询问 (u,v,w,e)，其中 $\log_{g_1} u \neq \log_{g_2} v$。回顾前面，$A$ 没有被允许提交 $(u,v,w,e) = (u^*,v^*,w^*,e^*)$。现在讨论三种情况：

情况 1：如果 $(u,v,w) = (u^*,v^*,w^*)$，但是 $e \neq e^*$，容易证明这个询问总是被拒绝。

情况 2：如果 $(u,v,w) \neq (u^*,v^*,w^*)$，但是 $H(u,v,w) = H(u^*,v^*,w^*)$。这意味着 A 能找到 Hash 函数 H 的一个碰撞，由于 H 是一个抗碰撞的 Hash 函数，并且 A 是一个 PPT 敌手，可以假设这种情况仅以可忽略的概率发生。

情况 3：如果 $H(u,v,w) \neq H(u^*,v^*,w^*)$，则令 $\beta' = H(u,v,w)$，在式(7.3)中的 $\beta = H(u^*,v^*,w^*)$

令 $\log_{g_1} u = \hat{r}$ 和 $\log_{g_2} v = \hat{r}'$，由于要考虑“坏的”解密询问，所以有 $\hat{r} \neq \hat{r}'$。

看看 A 做的第一个“坏的”解密询问，可知仅当

$$\log_{g_1} e = (a + \beta' a')\hat{r} + (b + \beta' b')\gamma\hat{r}' \tag{7.4}$$

时，A 做的第一个“坏的”解密询问不被拒绝。

关键是式(7.4)线性独立于式(7.1)~式(7.3)，(式(7.1)~式(7.4))可以看作关于 4 个未知的 a,b,a',b' 的 4 个等式。式(7.4)线性独立于(7.1)~式(7.3)的事实是可以用穷举法来验证的，通过验证可知，正好当 $r \neq r'$、$\hat{r} \neq \hat{r}'$ 和 $\beta \neq \beta'$ 时，这 4 个式子是线性独立的，这就是要考虑的条件。

在证明 1 中，意味着 A 的第一个“坏的”解密询问被拒绝的概率是除 $1/q$ 以外的概率。继续使用同样的方法，可以看到，除可忽略的概率外，A 的所有“坏的”解密询问被拒绝(PPT 的敌手 A 仅仅有多项式次询问)。

因此，可以得到声明 7.9，进而得到定理 7.4，证毕。 □

7.5　在随机预言机模型下的 CCA2 安全的加密方案

第三种构造 CCA2 安全的加密方案的方法是在一个新的密码模型中来证明加密方案的安全性，这与使用一个新的密码假设来建立一个新的、可证明安全的加密方案的方法不同，一个非常成功的并且被普遍使用的模型就是随机预言机模型。

7.5.1　随机预言机模型

随机预言机模型是假设存在一个公开的预言机 H 可以实现一个真实的随机函数。它满足以下条件：

(1) 随机预言机是公开的，包括所有参与的敌手可以给随机预言机提交一个询问 x，并且可以收到返回 $H(x)$。

对随机预言机的所有询问都是保密的，以便如果一个诚实参与者询问 $H(x)$ 时，一个外部的敌手不能看到 x。

(2) 预言机实现了如下意义上的一个真实的随机函数。H 是 l 比特串到 n 比特串的一个映射。H 将保存满足 $H(x)=y$ 的 (x,y) 对的一个列表 $L=\{(x,y)\}$，该列表初始值设为空。当 H 接收到一个询问 x 时，它在表 L 中搜索 (x,y) 对。

如果找到了这样一个对，则 H 返回 y。否则 H 选择一个随机串 $y\in\{0,1\}^n$，返回 y 值，并在表 L 中存储 (x,y)。

在这个意义上，H 可看作一个真实函数，也就是说，在还没有被询问的点 x 处，$H(x)$ 值是真实函数。

在实际中，预言机模型被一个基于的具体密码 Hash 函数(如 MD5、SHA-1、SHA-3)实例化。

7.5.2　在随机预言机模型下设计加密方案

通常，在随机预言机模型下设计一个加密方案，需要完成两个步骤：

(1) 设计方案并证明该方案在随机预言机模型下是安全的。

(2) 用一个具体的 Hash 函数 H 实例化预言机模型。

如果 H 是一个“好的”Hash 函数，它“扮演”的角色就像一个随机函数，这样在一个真实的世界中，在随机预言机模型下设计的加密方案应该是安全的。事实确实是这样吗？已经有一些否定的结论，例如，有些加密/签名方案在随机预言机模型下被证明是安全的；但是在真实世界中，不考虑随机预言机如何被实例化，这些加密/签名方案是不安全的。更糟糕的是，有些密码任务在随机预言机模型下可以完成，而在真实世界中不能用任何方案来完成这些密码任务。

这些否定的结论使得随机预言机模型有点争议。由于它自身的优点，随机预言机模型仍然值得讨论。

随机预言机模型的特点：①在随机预言机模型下被证明安全的加密方案没有"结构上"的缺陷。事实上，在没有使用随机预言机模型的安全性证明，被称为是**标准模型**。所以，在随机预言机模型下被证明安全的加密方案，在标准模型下的任何攻击，应归于在实例化随机预言机中使用了有缺陷的 Hash 函数，并不能代表该加密方案是有缺陷的，这个问题用"好的" Hash 函数的替代来解决。②使用一个在随机预言机模型下被证明安全的加密方案比使用一个没有任何安全性证明的加密方案更有优越性。③目前在随机预言机模型下设计的加密方案比在标准模型下设计的加密方案更有效，等等。

7.5.3 在随机预言机模型下 CCA2 安全的公钥加密方案

构造 7.4　在随机预言机模型下 CCA2 安全的公钥加密方案。设安全参数为n，H是一个从陷门函数簇的域上的元素到$\mathbb{F}_q^3$上的元素的映射，且$|q|=n$。在随机预言机模型下，设计一个 CCA2 安全的加密方案 FA7-4，该加密方案具体如下。

(1) 密钥产生算法$\mathrm{Gen}(1^n)$：用定义 3.4 的简单陷门单向置换产生f和f^{-1}，令$\mathrm{pk}=f$，$\mathrm{sk}=f^{-1}$。输出公钥 pk 和私钥 sk。

(2) 加密算法$\mathcal{E}_{\mathrm{pk}}(m)$：随机选取$r\overset{\$}{\leftarrow}(0,1)^n$，令$H(r)=(\alpha,\beta,\delta)\in\mathbb{F}_q^3$，计算$c=m+\delta$，$t=\mathrm{MAC}_{\alpha,\beta}(c)$；输出$(f(r),c,t)$。

(3) 解密算法$\mathcal{D}_{\mathrm{sk}}(y,c,t)$：计算$r=f^{-1}(y)$，$(\alpha,\beta,\delta)=H(r)$；如果$\alpha c+\beta=t$，则输出$c+\delta$；否则输出⊥。

不难验证这个方案解密的正确性(略)。

定理 7.5　如果f是从一个陷门置换簇中选取的，在随机预言机模型下，以上加密方案是抗适应性选择密文攻击安全的。

证明：(略)。

习题与思考

7.1　IND-CCA1 安全的公钥加密方案与 IND-CCA2 安全的公钥加密方案中，敌手A的能力有什么相同和不同之处？

7.2　试比较定理 7.3 与定理 6.1 的证明过程，说出它们有什么相同与不同之处。

7.3　试证明声明 7.1 中$\Pr_0[\mathrm{Forge}]$是可忽略不计的。

7.4　试修改 El Gamal 公钥加密方案，得到一个 CCA2 安全的公钥加密方案。

7.5　常用的构造 CCA2 安全的公钥加密方案的方法有哪些，试举例说明？

7.6　试比较声明 7.9 与定理 7.4 的证明过程，说出它们之间的关系。

7.7　试比较随机预言机模型和标准模型的概念和优缺点。

7.8　试举例说明在随机预言机模型下是怎么设计一个加密方案的。

7.9　证明定理 7.5 的正确性。

7.10　验证构造 7.4 的正确性。

参 考 文 献

BELLARE M, ROGAWAY P, 1993. Random oracles are practical: A paradigm for designing efficient protocols. Proceedings of the 1st ACM Conference on Computer and Communications Security: 62-73.

BELLARE M, ROGAWAY P, 1994. Optimal asymmetric encryption—how to encrypt with RSA. Eurocrypt.

CANETTI R, HALEVI S, KATZ J, 2004. Chosen-ciphertext security from identity-based encryption// Advances in Cryptology-Eurocrypt 2004. Heidelberg: Springer-Verlag: 207-222.

CRAMER R, SHOUP V, 1998. A practical public key cryptosystem provably secure against adaptive chosen ciphertext attack//Advances in Cryptology—CRYPTO'98. Heidelberg: Springer-Verlag: 13-25.

LINDELL Y, 2003. A simpler construction of CCA2-secure public-key encryption under general assumptions. Eurocrypt, 2656: 241-254.

NAOR M, YUNG M, 1990. Public-key cryptosystems provably secure against chosen ciphertext attacks. Proceedings of the Twenty-second Annual ACM Symposium on Theory of Computing: 427-437.

SAHAI A, 1999. Non-malleable non-interactive zero knowledge and adaptive chosen-ciphertext security. 40th Annual Symposium on Foundations of Computer Science: 543-553.

附录：第 7 章的加密方案简表

	$\text{Gen}(\cdot)$	$\mathcal{E}_{\text{pk}}(\cdot)$	$\mathcal{D}_{\text{sk}}(\cdot)$	备注
$\varGamma$ 7-1 (加密多比特消息	$I(1^n)$ $\text{Gen}(1^n)=((k,k'),(k,k'))$ 输出：$((k,k'),(k,k'))$	$m\in\mathcal{M}$ $c\leftarrow\mathcal{E}_k(m)=(r,f_k(r)\oplus m)$ $t\leftarrow\mathcal{E}_{k'}(c)=(r,f_{k'}(r)\oplus m)$ 输出：$((r,c),t)$	$((r,c),t)$ 如果 $f_{k'}(r,c)=t$，则输出： $m\leftarrow\mathcal{D}_k(r,c)=f_k(r)\oplus c$； 否则输出：$\perp$	
FA7-2	$r\stackrel{\$}{\leftarrow}\{0,1\}^{\text{poly}(n)}$ for $i=1$ to n for $b=0$ to 1 $(\text{pk}_{i,b},\text{sk}_{i,b})\leftarrow\text{Gen}(1^n)$ 输出：$\text{pk}=\left(\begin{pmatrix}\text{pk}_{1,0},\cdots,\text{pk}_{n,0}\\ \text{pk}_{1,1},\cdots,\text{pk}_{n,1}\end{pmatrix},r\right)$ 和 $\text{sk}=\begin{pmatrix}\text{sk}_{1,0},\ldots,\text{sk}_{n,0}\\ \text{sk}_{1,1},\ldots,\text{sk}_{n,1}\end{pmatrix}$	$(\text{vk},\widehat{\text{sk}})\stackrel{\$}{\leftarrow}\text{SigGen}(1^n)$ for $i=1$ to n $w_i\leftarrow\{0,1\}^*$ $c_i\leftarrow\mathcal{E}_{\text{pk}_{i,v_i}}(m;w_i)$ $\pi\leftarrow\mathcal{P}(r,c,(m,w))$ $\sigma\leftarrow\text{Sign}_{\widehat{\text{sk}}}(c\parallel\pi)$ 输出：(vk,c,π,σ)	如果：$\text{Verify}_{\text{vk}}(c\parallel\pi,\sigma)=0$，则输出 $\perp$；如果 $\mathcal{V}(r,c,\pi)=0$，则输出：$\perp$； 否则输出：$m\leftarrow\mathcal{D}_{\text{sk}_{1,v_i}}(c_1)$	

续表

	$\mathrm{Gen}(\cdot)$	$\mathcal{E}_{\mathrm{pk}}(\cdot)$	$\mathcal{D}_{\mathrm{sk}}(\cdot)$	备注
FA7-3(加密多比特消息)	$(\mathbf{G},q,g_1,g_2)\leftarrow \mathrm{GroupGen}(1^n)$ 随机选择 $x\overset{\$}{\leftarrow}\mathbb{Z}_q$，$y\overset{\$}{\leftarrow}\mathbb{Z}_q$，$a\overset{\$}{\leftarrow}\mathbb{Z}_q$，$b\overset{\$}{\leftarrow}\mathbb{Z}_q$，$a'\overset{\$}{\leftarrow}\mathbb{Z}_q$，$b'\overset{\$}{\leftarrow}\mathbb{Z}_q$ 输出：$pk=\left(g_1,g_2,h=g_1^x g_2^y,\ \eta=g_1^a g_2^b,d=g_1^{a'} g_2^{b'},H\right)$ 和私钥 $\mathrm{sk}=(x,y,a,b,a',b')$	$r\overset{\$}{\leftarrow}\mathbb{Z}_q^*$ 输出密文： $c=\left(g_1^r,g_2^r,h^r\cdot m,\left(\eta d^{\alpha}\right)^{\beta}\right)$，其中 $\beta=H\left(g_1^r,g_2^r,h^r\cdot m\right)$	$u=g_1^r$，$v=g_2^r$， $w=h^r\cdot m$，$e=\left(\eta d^{\beta}\right)^r$， 如果 $u^{a+\beta a'}v^{b+\beta b'}\neq e$，其中 $\beta=H(u,v,w)$，则输出：$\perp$；否则输出：$m\leftarrow\dfrac{w}{u^x v^y}$	依赖于DDH的困难性构造
FA7-4	f,f^{-1} $\mathrm{pk}=f$ $\mathrm{sk}=f^{-1}$ 输出：公钥 pk 和私钥 sk	随机选取 $r\overset{\$}{\leftarrow}(0,1)^n$，令 $H(r)=(\alpha,\beta,\delta)\in\mathbb{F}_q^3$ 计算 $c=m+\delta$， $t=\mathrm{MAC}_{\alpha,\beta}(c)$ 输出：$(f(r),c,t)$	计算 $r=f^{-1}(y)$， $(\alpha,\beta,\delta)=H(r)$ 如果 $\alpha c+\beta=t$，则输出： $c+\delta$；否则输出：$\perp$	

第 8 章　选择性开放攻击安全性

本章主要内容

(1) 选择性开放攻击概述：标准安全性概念没有考虑的情形、选择性开放攻击下加密方案的安全性、发送方二义性的加密方案。

(2) 选择性开放攻击的不安全性：承诺加密方案、CE-方案的 SOA-C 不安全性、加密方案的 SOA-K 不安全性。

(3) 一个 NC-CPA 安全加密方案：可有效取样和可解释的域、NC-CPA 加密方案 NCCPA。

(4) 一个 NC-CCA 安全加密方案：有可解释域的 Hash 证明系统、交叉认证码、一个 NC-CCA 安全加密方案、NC-CCA 加密方案的安全性证明。

8.1　选择性开放攻击概述

8.1.1　标准安全性概念没有考虑的情形

加密方案的传统标准安全性概念，如 IND-CPA 和 IND-CCA 概念得到广泛的应用，其中 IND-CCA 被看作是加密方案较强的安全性概念，但是这些标准的安全性概念忽略了一种非常重要的场景，该场景的设置就是：有许多发送方用一个接收方的公钥加密不同的消息得到密文，分别发送给这个接收方。假设敌手可以腐化某些发送方，并从这些被腐化的发送方中获得密文对应的消息，那么接收方从未腐化的发送方中获得的密文仍然安全吗？选择性开放攻击(Selective-Opening Attack，SOA)安全性的概念填补了这种场景的空白。

例如，在公钥加密系统中，假设一个有公钥 pk 的接收方接收到ω个发送方发送的ω个密文，这些密文组成一个密文向量$\boldsymbol{c}=(c[1],\cdots,c[\omega])$，其中发送者 i 产生的密文$c[i]=\mathcal{E}(\mathrm{pk},m[i];r[i])$是在公钥 pk 和随机硬币$r[i]$ $(1\leqslant i\leqslant\omega)$下，加密消息$m[i]$得到的，$\omega$个发送者的消息$m[1],\cdots,m[\omega]$可能相互有关联，但是他们的随机硬币$r[1],\cdots,r[\omega]$是相互独立的。给定敌手密文$c$，允许敌手腐化$t$个(假设$t=\dfrac{\omega}{2}$)发送方的某些子集，敌手不仅获得它们的消息，而且获得它们的硬币。设任意 t 个发送方组成一个集合 I，即$I\subseteq\{1,\cdots,\omega\}$，所以敌手有所有$i\in I$的$m[i]$和$r[i]$，这就称为腐化发送方的**选择性开放攻击**。SOA 的安全性要求保证未开放信息的私密性，即保密$m[i_1],\cdots,m[i_{\omega-t}]$，其中$\{i_1,\cdots,i_{\omega-t}\}=\{1,\cdots,\omega\}\setminus I$，这意味着敌手除了知道预先给定的开放信息和信息分布的知识，不知道未开放信息的任何东西。

由于敌手能得到这些硬币和可能关联的消息$m[1],\cdots,m[\omega]$的事实，所以在传统标准安全性下建立 SOA 安全性比较困难，构造 SOA 安全的密码方案更难。

8.1.2 选择性开放攻击下加密方案的安全性

目前有两种选择性开放攻击下加密方案安全性的概念：一种是基于不可区分性的选择性开放攻击下加密方案安全性(Indistinguishability-based Security for Encryption under Selective-Opening Attack，IND-SOA)；另一种是基于模拟的选择性开放攻击下加密方案安全性(Simulation-based Security for Encry ption under Selective-Opening Attack，SIM-SOA)，经常把 SIM-SOA 直接写为 SOA。

令任意消息样本空间为$\mathcal{M}$，密文空间为$\mathcal{C}$。用黑体字母表示向量，对于ω个消息的任意向量$\boldsymbol{m}$和$j\in[\omega]$，用$\boldsymbol{m}[j]$表示向量$\boldsymbol{m}$中的第j个消息，显然$\boldsymbol{m}[j]\in\mathcal{M}$。如果在消息样本空间$\mathcal{M}$中任取一个消息(而不是用于向量)，则可用$m\xleftarrow{\$}\mathcal{M}$表示。同理，在密文空间$\mathcal{C}$中任取一个密文(而不是用于向量)，则可用$c\xleftarrow{\$}\mathcal{C}$表示。对于由标记$i_1<i_2<\cdots<i_l$组成的集合$I\subseteq[\omega]$，令$\boldsymbol{m}[I]=(\boldsymbol{m}[i_1],\boldsymbol{m}[i_2],\ldots,\boldsymbol{m}[i_l])$。$|I|$表示集合$I$的大小。$|\boldsymbol{m}|$表示向量$\boldsymbol{m}$的大小。$|\boldsymbol{m}[j]|$表示向量$\boldsymbol{m}$中的第$j$个消息串$\boldsymbol{m}[j]$的大小。

对于任意一个算法A，令$\mathcal{R}_A(x_1,x_2,\cdots)$表示对于输入$x_1,x_2,\cdots$，算法$A$运行时可能的随机集合。

定义 8.1 IND-CPA-SOA 安全性。 令n为安全参数，对于任意公钥加密方案$\Pi=(\text{Gen},\ \mathcal{E},\ \mathcal{D})$，设每个多项式界$\omega=\omega(n)>0$，任意消息样本空间$\mathcal{M}$，任意多项式时间敌手$A=(A_1,A_2)$，定义如图 8.1 所示的 IND-CPA-SOA 安全性实验$\text{Exp}_{A,\Pi,\mathcal{M},\omega,t}^{\text{ind-cpa-soa}}(n)$。

```
Experiment  Exp^{ind-cpa-soa}_{A,Π,M,n,t}(n)
  m_0 ←$ M(1^n) ;  b ←$ {0,1} ;  (pk, sk) ←$ Gen(1^n)
  For  i = 1,…,ω(n)   do
        r[i] ←$ R_E(pk, m_0[i])
        c[i] ← E(pk, m_0[i]; r[i])
      (I, st) ←$ A_1(1^n, pk, c)
  m_1 ←$ M|_{I,m_0[I]}
  b' ←$ A_2(st, r[I], m_b)
  return  (b = b')
```

图 8.1　实验$\text{Exp}_{A,\Pi,\mathcal{M},\omega,t}^{\text{ind-cpa-soa}}(n)$的定义

图 8.1 中，$\boldsymbol{m}_1\xleftarrow{\$}\mathcal{M}|_{I,\boldsymbol{m}_0[I]}$表示从消息空间$\mathcal{M}$中的条件重取样，也就是根据$\mathcal{M}$重取样返回一个随机的$\omega$维向量$\boldsymbol{m}_1$，使得$\boldsymbol{m}_1[I]=\boldsymbol{m}_0[I]$。$\text{Exp}_{A,\Pi,\mathcal{M},\omega,t}^{\text{ind-cpa-soa}}(n)$实验的步骤大致为：给定敌手一个公钥 pk 和用 pk 加密的ω个密文$\boldsymbol{c}$，然后敌手指定$t<\omega$个密文的一个集合

I，并收到产生这些密文的随机硬币 $\boldsymbol{r}[I]$ 和一个消息向量 $\boldsymbol{m}_b$，使得 $\boldsymbol{m}_b[I]$ 是在公钥 pk 下，用 $\boldsymbol{r}[I]$ 加密的真实消息，而 $\boldsymbol{m}_b$ 其余的向量依赖于实验随机选择的比特 b。如果 b=0，则 $\boldsymbol{m}_b$ 其余向量的明文是所给敌手的密文 $\boldsymbol{c}$ 的真实消息；如果 b=1，则 $\boldsymbol{m}_b$ 其余向量的明文用从 $\mathcal{M}$ 重取样的消息 $\boldsymbol{m}_1 \overset{\$}{\leftarrow} \mathcal{M}\big|_{I,\boldsymbol{m}_0[I]}$ 代替，则敌手必须努力猜测比特 b。

设敌手 A 对于 $\mathcal{M}$ 的 IND-CPA-SOA 优势为

$$\mathrm{Adv}_{A,\Pi,\mathcal{M},\omega,t}^{\text{ind-cpa-soa}}(n) = 2\Pr\left[\mathrm{Exp}_{A,\Pi,\mathcal{M},\omega,t}^{\text{ind-cpa-soa}}(n)\right] - 1$$

对于支持有效条件重取样的任意有效的消息样本 $\mathcal{M}$，以及所有有效的敌手 A，如果 $\mathrm{Adv}_{A,\Pi,\mathcal{M},\omega,t}^{\text{ind-cpa-soa}}(n)$ 是可忽略不计的，就称该公钥加密方案 Π 是基于不可区分性的选择性开放攻击下是选择明文攻击 (Indistinguishability-based Chosen-Plaintext Secure for Encryption under Selective-Opening Attack，IND-CPA-SOA) 安全的，如图 8.2 所示。

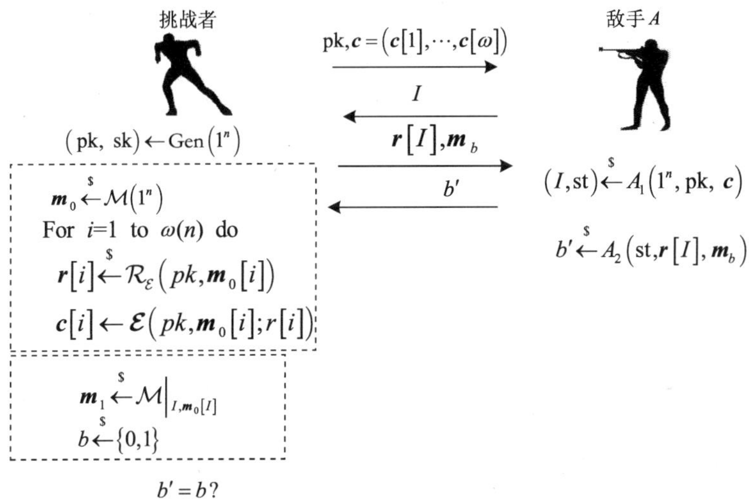

图 8.2　IND-CPA-SOA 安全的公钥加密方案示意图

这里给出其他的一些选择性开放攻击下安全性的概念。

定义 8.2　CPA-SOA,CCA-SOA 安全性。 令 n 为安全参数，一个公钥加密方案 $\Pi = (\mathrm{Gen}, \mathcal{E}, \mathcal{D})$ 在选择性开放攻击下是选择明文安全的 (Chosen-Plaintext Secure under Selective Opening Attack，CPA-SOA)，当且仅当对于所有多项式界 $\omega = \omega(n) > 0$，每个 PPT 函数 R 和每个状态中的 PPT 算法 A (敌手)，存在一个状态中的 PPT 算法 S(模拟器)，使得 $\mathrm{Adv}_{\Pi,A,S,R}^{\text{cpa-soa}}$ 是可忽略不计的，即

$$\mathrm{Adv}_{\Pi,A,S,R}^{\text{cpa-soa}}(n) = \Pr\left[\mathrm{Exp}_{\Pi,A,R}^{\text{cpa-soa-real}}(n) = 1\right] - \Pr\left[\mathrm{Exp}_{S,R}^{\text{soa-ideal}}(n) = 1\right]$$

其中，实验 $\mathrm{Exp}_{\Pi,A,R}^{\text{cpa-soa-real}}(n)$ 和 $\mathrm{Exp}_{S,R}^{\text{soa-ideal}}(n)$ 的定义如图 8.3 所示。

CPA-SOA 安全的公钥加密方案示意图如图 8.4 所示。

如果对于所有 $\omega = \omega(n) > 0$，对于任意 PPT 函数 R 和任意 PPT 算法 A (敌手)，存在 PPT 算法 S(模拟器)，使得如下 $\mathrm{Adv}_{\Pi,A,S,R}^{\text{cca-soa}}(n)$ 是可忽略不计的，即

Experiment $\text{Exp}_{\Pi,A,R}^{\text{cpa-soa-real}}(n)$

$(\text{pk},\text{sk}) \leftarrow \text{Gen}(1^n)$

$\mathcal{M} \leftarrow A(\text{dist, pk})$

For $i=1,\cdots,\omega$ do

　$\boldsymbol{m}[i] \xleftarrow{\$} \mathcal{M}$

　$\boldsymbol{r}[i] \leftarrow \mathcal{R}_{\mathcal{E}}(\text{pk},\boldsymbol{m}[i])$

　$\boldsymbol{c}[i] = \mathcal{E}(\text{pk},\boldsymbol{m}[i];\ \boldsymbol{r}[i])$

$I \leftarrow A(\text{select},\boldsymbol{c})$

$\text{out}_A \leftarrow A\left(\text{output},\ (\boldsymbol{m}[i],\boldsymbol{r}[i])_{i\in I}\right)$

return $R(\mathcal{M},\boldsymbol{m},\text{out}_A)$

Experiment $\text{Exp}_{S,R}^{\text{soa-ideal}}(n)$

$\mathcal{M} \leftarrow S(\text{dist})$

For $i=1,\cdots,\omega$ do

　$\boldsymbol{m}[i] \leftarrow \mathcal{M}$

$I \leftarrow S\left(\text{select},\ \left(1^{|\boldsymbol{m}[i]|}\right)_{i\in[\omega]}\right)$

$\text{out}_S \leftarrow S\left(\text{output},\ (\boldsymbol{m}[i])_{i\in I}\right)$

return $R(\mathcal{M},\boldsymbol{m},\text{out}_S)$

图 8.3　实验 $\text{Exp}_{\Pi,A,R}^{\text{cpa-soa-real}}(n)$ 和 $\text{Exp}_{S,R}^{\text{soa-ideal}}(n)$ 的定义

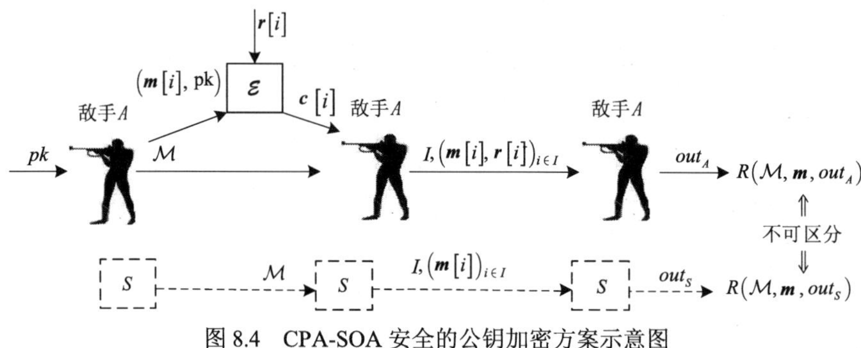

图 8.4　CPA-SOA 安全的公钥加密方案示意图

$$\text{Adv}_{\Pi,A,S,R}^{\text{cca-soa}}(n)=\Pr\left[\text{Exp}_{\Pi,A,R}^{\text{cca-soa-real}}(n)=1\right]-\Pr\left[\text{Exp}_{S,R}^{\text{soa-ideal}}(n)=1\right]$$

则称该公钥加密方案 Π =(Gen, $\mathcal{E}$, $\mathcal{D}$) 在选择性开放攻击下是选择密文 (Chosen Ciphertext Secure under Selective-Opening Attack，CCA-SOA) 安全的。

其中，实验 $\text{Exp}_{\Pi,A,R}^{\text{cca-soa-real}}$ 的定义类似于 $\text{Exp}_{\Pi,A,R}^{\text{cpa-soa-real}}$ 的定义，而实验 $\text{Exp}_{\Pi,A,R}^{\text{cca-soa-real}}$ 保证了敌手 (在所有攻击阶段) 可以访问一个解密预言机 $\mathcal{D}_{\text{sk}}(\cdot)$，但要求敌手 A 从不向该预言机 $\mathcal{D}_{\text{sk}}(\cdot)$ 询问挑战密文 $(c[i])i\in\{1,\cdots,\ \omega\}\setminus I$。 □

定义 8.2 的说明如下：

(1) 假设 A 输出的分布 $\mathcal{M}$ 被编码成为 n 元消息样本的线路，由于 A 是概率多项式时间的敌手，这样加强了 $\mathcal{M}$ 的可有效取样性。可有效取样性是一个标准的需要，但是一个比有效条件重取样性 (Efficient Conditional Re-Samplability，简称 CRS) 相对弱的需要。有效条件重取样性是基于不可区分性选择性开放攻击的安全性 (IND-SOA-CRS，也称为 IND-CCA2-SOA) 定义的需求。由于敌手 A 是适应性选择 $\mathcal{M}$，即 A 依赖于公钥 pk 选择 $\mathcal{M}$，因此这里的 CCA-SOA 安全性定义蕴含着 IND-CCA 的安全性。

(2) 定义 8.2 中要求对于所有多项式界 $\omega=\omega(n)>0$，满足指定的安全特性。在 IND-CCA2-SOA 的定义中，公钥 pk 依赖于 n，所以一旦 pk 被选择，仅仅保证了界定长度的挑战密文的安全性。

(3) 允许被各类发送方所允许传送消息的长度，可依据消息分布 $\mathcal{M}$ 的随机性和发送方的身份标识而变化，并且把消息长度 $|\boldsymbol{m}[1]|,\cdots,|\boldsymbol{m}[\omega]|$ 的信息提供给模拟器。现实中不能阻止敌手总是选择腐化 $\omega/2$ 个发送长度最长消息的发送方。

类似地，SS-SOA 安全性是指在选择性开放攻击下是语义安全的(Semantic Secure under Selective Opening Attack，简称 SS-SOA)。

例 8.1　试比较以下几个安全性概念：

(1) SS-SOA 安全性与 SS-SOA-CRS 安全性。

解：SS-SOA-CRS 安全性是限制在条件重取样性(Conditionally Re-samplable，简称 CRS)分布下的 SS-SOA 安全性。由于可有效取样性是比有效条件重取样性相对弱的需要。所以 SS-SOA-CRS 安全性往往蕴含着 SS-SOA 安全性。

(2) SS-SOA-CRS 安全性与 IND-SOA-CRS 安全性。

解：SS-SOA-CRS 是要求满足条件重取样性的分布中、选择性开放攻击下的语义安全性，IND-SOA-CRS 要求满足条件重取样性的分布中、选择性开放攻击下的不可区分的安全性。SS-SOA-CRS 安全性的要求比较强，SS-SOA-CRS 安全蕴含着 IND-SOA-CRS 安全，但反过来不一定成立。

8.1.3　发送方二义性的加密方案

发送方二义性(Sender Equivocable)的加密方案是一个接收方、多个发送方的情景下，敌手腐化发送方的加密方案。除了只允许敌手腐化发送方而不能腐化接收方外，发送方二义性加密方案类似于非承诺加密(non-committing，NC)方案。另外，因为不像非承诺加密方案的设置，在 SOA 中所有的密文用同一个公钥产生，所以对于发送方二义性的加密方案，要求模拟器只需要知道用来产生被模拟密文的随机硬币，而不需要知道被模拟的公钥。

定义 8.3　NC-CPA, NC-CCA 安全性。　令 n 为安全参数，类似于非承诺加密选择明文攻击安全的一个公钥加密方案 $\Pi=(\text{Gen},\ \mathcal{E},\ \mathcal{D})$ 是发送方二义性选择明文攻击安全的(NC-CPA)，当且仅当存在一个 PPT 算法 S(模拟器)，使得对于每个 PPT 算法 A (敌手)，$\text{Adv}_{\Pi,A}^{\text{nc-cpa}}(n)$ 是可忽略不计的：

$$\text{Adv}_{\Pi,A,S}^{\text{nc-cpa}}(n)=\Pr\left[\text{Exp}_{\Pi,A}^{\text{nc-cpa-real}}(n)=1\right]-\Pr\left[\text{Exp}_{\Pi,A}^{\text{nc-cpa-ideal}}(n)=1\right]$$

其中，实验 $\text{Exp}_{\Pi,A}^{\text{nc-cpa-real}}(n)$ 和 $\text{Exp}_{\Pi,A}^{\text{nc-cpa-ideal}}(n)$ 的定义如图 8.5 所示。

Experiment $\text{Exp}_{\Pi,A}^{\text{nc-cpa-real}}(n)$	Experiment $\text{Exp}_{\Pi,A}^{\text{nc-cpa-ideal}}(n)$
$(\text{pk},\text{sk})\leftarrow\text{Gen}(1^n)$	$(\text{pk},\text{sk})\leftarrow\text{Gen}(1^n)$
$(m,z)\leftarrow A(\text{dist},\ \text{pk})$	$(m,z)\leftarrow A(\text{dist},\ \text{pk})$
$r\leftarrow\mathcal{R}_{\mathcal{E}}(\text{pk},m)$	$c\leftarrow S(\text{sim},\text{pk},1^{\lvert m\rvert})$
$c=\mathcal{E}(\text{pk},m;r)$	$r\leftarrow S(\text{open},m)$
return $A(\text{output},m,c,r,z)$	return $A(\text{output},m,c,r,z)$

图 8.5　实验 $\text{Exp}_{\Pi,A}^{\text{nc-cpa-real}}(n)$ 和 $\text{Exp}_{\Pi,A}^{\text{nc-cpa-ideal}}(n)$ 的定义

NC-CPA 安全性如图 8.6 所示。

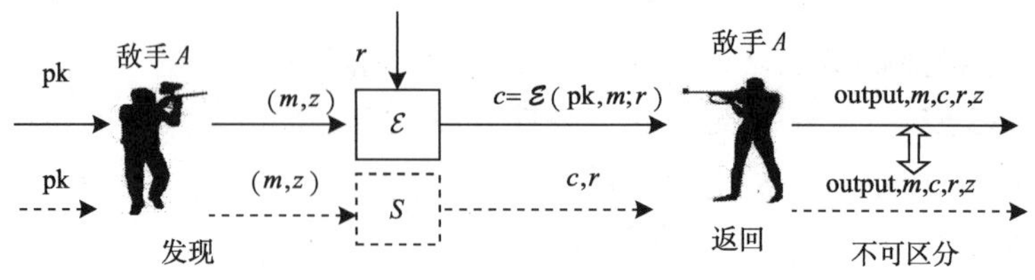

图 8.6　NC-CPA 安全性示意图

定义两个实验 $\mathrm{Exp}_{\Pi,A}^{\text{nc-cca-real}}$ 和 $\mathrm{Exp}_{\Pi,A}^{\text{nc-cca-ideal}}$：除了仅保证敌手(在所有攻击阶段)可以访问一个解密预言机 $\mathcal{D}(\mathrm{sk},\cdot)$ 外，实验 $\mathrm{Exp}_{\Pi,A}^{\text{nc-cca-real}}$ 和实验 $\mathrm{Exp}_{\Pi,A}^{\text{nc-cca-ideal}}$ 的定义分别类似于实验 $\mathrm{Exp}_{\Pi,A}^{\text{nc-cpa-real}}$ 和实验 $\mathrm{Exp}_{\Pi,A}^{\text{nc-cpa-ideal}}$ 的定义，但要求在这两个实验中，敌手 A 从不向该预言机询问挑战密文 c。

对于一个发送方二义性公钥加密方案，如果存在 S(模拟器)，使得对于所有的敌手 A，$\mathrm{Adv}_{\Pi,A,S,R}^{\text{cca-soa}}(n)$ 是可忽略不计的，即

$$\mathrm{Adv}_{\Pi,A,S}^{\text{nc-cca}}(n)=\Pr\left[\mathrm{Exp}_{\Pi,A}^{\text{nc-cca-real}}(n)=1\right]-\Pr\left[\mathrm{Exp}_{\Pi,A}^{\text{nc-cca-ideal}}(n)=1\right]$$

则称该公钥加密方案 $\Pi=(\mathrm{Gen},\ \mathcal{E},\ \mathcal{D})$ 是发送方二义性选择密文攻击安全的(类似于非承诺加密方案选择密文攻击安全的，NC-CCA)。 □

命题 8.1　NC-CPA 安全性蕴含着 CPA-SOA 安全性。假设 $\Pi=(\mathrm{Gen},\ \mathcal{E},\ \mathcal{D})$ 是有模拟器 S 的 NC-CPA 安全的，则对于每个敌手 A 和每个函数 R，存在一个敌手 B 和一个模拟器 S'，使得

$$\left|\mathrm{Adv}_{\Pi,A,S',R}^{\text{cpa-soa}}(n)\right|\leqslant\omega\left|\mathrm{Adv}_{\Pi,B,S}^{\text{nc-cpa}}(n)\right| \tag{8.1}$$

并有时间 $\mathrm{time}_{S'}\approx\mathrm{time}_A+\omega\cdot\mathrm{time}_S+\mathrm{time}_R$。

如果 $\Pi=(\mathrm{Gen},\ \mathcal{E},\ \mathcal{D})$ 是有模拟器 S 的 NC-CCA 安全的，则对于每个敌手 A 和每个函数 R，存在一个敌手 B 和一个模拟器 S'，使得

$$\left|\mathrm{Adv}_{\Pi,A,S',R}^{\text{cca-soa}}(n)\right|\leqslant\omega\left|\mathrm{Adv}_{\Pi,B,S}^{\text{nc-cca}}(n)\right| \tag{8.2}$$

并且有同样的时间关系 $\mathrm{time}_{S'}\approx\mathrm{time}_A+\omega\cdot\mathrm{time}_S+\mathrm{time}_R$。

证明(简单)：CPA-SOA 模拟器 S' 产生 ω 个独立的二义性密文，每个密文对应于每个发送方，并且把前面这些密文给了敌手 A。当 A 请求一个开放集合 I 时，S' 接替这个集合到它自己的实验中，接收到 I 中相应的明文，并且在适宜模拟中，开放这些密文。

首先证明式(8.1)。模拟器 S' 在内部模拟 A 的一个拷贝，具有过程如下：

(1) 输入 dist，运行 $(\mathrm{pk},\mathrm{sk})\leftarrow\mathrm{Gen}(1^n)$ 并输出 $\mathcal{M}\leftarrow A(\mathrm{dist},\mathrm{pk})$。

(2) 输入 $\left(\mathrm{select},\ \left(1^{|\boldsymbol{m}[i]|}\right)_{i\in[\omega]}\right)$，运行 $\boldsymbol{c}=(\boldsymbol{c}[i])_{i\in[\omega]}\leftarrow\left(S\left(\mathrm{sim},\mathrm{pk},1^{|\boldsymbol{m}[i]|}\right)\right)_{i\in[\omega]}$，并输出 $I\leftarrow A(\mathrm{select},\boldsymbol{c})$。

(3) 对于 $i\in I$，输入 $\left(\mathrm{output},\ (\boldsymbol{m}[i])_{i\in I}\right)$，计算 $\boldsymbol{r}[i]\leftarrow S(\mathrm{open},\boldsymbol{m}[i])$，并返回

$\text{out}_A \leftarrow A\left(\text{output},\left(\boldsymbol{m}[i],\boldsymbol{r}[i]\right)_{i\in I}\right)$。

用第 10 章的博弈证明技术进行分析。构造一个博弈链，其中在博弈 Game j $(j=0,1,\cdots,\omega)$ 中，开始的 j 个密文用 $S(\text{sim},\text{pk})$ 产生，并且相应的随机数用 $S\left(\text{open},\text{pk},\boldsymbol{m}[i]\right)$ 产生。最后 $\omega-j$ 个密文用有随机数 $\boldsymbol{r}[i]$ 的加密算法 $\mathcal{E}\left(\text{pk},\boldsymbol{m}[i],\boldsymbol{r}[i]\right)$ 产生。

声明 8.1　博弈 Game j–1 的概率和博弈 Game j 的概率差的绝对值的总和 $(j=0,1,\cdots,\omega)$ 以 $\left(\omega\cdot\text{Adv}_{\Pi,B,S}^{\text{nc-cpa}}(n)\right)$ 为界，其中 B 均匀猜测 $j\in[\omega]$，并且在内部模拟 A 的拷贝过程如下。

(1) 输入 dist 和 pk，计算 $\mathcal{M}\leftarrow A(\text{dist},\text{pk})$ 和 $\boldsymbol{m}=\left(\boldsymbol{m}[i]\right)_{i\in[\omega]}\leftarrow\mathcal{M}$，输出 $(m,z)=\left(m_j,\boldsymbol{m}\right)$。

(2) 输入 (output,m,c,r,z)，计算

$$\boldsymbol{c}[i]=\begin{cases}S\left(\text{sim},\text{pk},1^{|\boldsymbol{m}[i]|}\right), & i<j\\ c, & i=j\\ \mathcal{E}\left(\text{pk},\boldsymbol{m}[i];\boldsymbol{r}[i]\right), & i>j\end{cases}$$

计算 $I\leftarrow A(\text{select},\boldsymbol{c})$，$\text{out}_A\leftarrow A\left(\text{output},\left(\boldsymbol{m}[i];\boldsymbol{r}[i]\right)_{i\in I}\right)$，并输出 $R\left(\mathcal{M},\boldsymbol{m},\text{out}_\text{A}\right)$。

式(8.2)的证明，除了也模拟 $\mathcal{D}(\text{sk},\cdot)$ 之外，模拟器完全与上述相同。因为知道 (pk,sk)，所以可以模拟 $\mathcal{D}(\text{sk},\cdot)$。 □

8.2　选择性开放攻击的不安全性

8.2.1　承诺加密方案

一个承诺方案(Commitment Scheme) $\mathcal{E}$ 是发送方用消息 m 和随机硬币 r(确定性地)产生发送给接收方的承诺 $c\leftarrow\mathcal{E}(m;r)$。之后，发送方通过提供 m 和 r“打开”承诺，并且接收方可以检查承诺 $\mathcal{E}(m;r)=c$。

承诺方案有两个安全性要求：

(1) 隐藏(Hiding)：被形式化为 IND-CPA 安全性，即知道 m_0、m_1 和关于随机 b 与 r 的加密 $\mathcal{E}(m_b;r)$ 的敌手，计算挑战比特 b 的优势可忽略不计。

(2) 绑定(Binding)：要求敌手很难产生 r_0、r_1 和不同的 m_0 与 m_1，使得 $\mathcal{E}(m_0;r_0)=\mathcal{E}(m_1;r_1)=\perp$。

满足这两个安全性的承诺方案称为隐藏和绑定(Hiding and Binding，HB)安全的，HB 安全是标准要求，通常 HB 安全的承诺方案是密码学中的一个基本工具，特别是密码协议设计的基本工具。

声明 8.2　HB 安全的承诺方案意味着 NP 的 PRG、PRF 和 ZK 证明。

声明 8.3　不存在一个 HB 安全的承诺方案是 SOA 安全的。

定义 8.4　承诺加密(Commitment Encryption，CE)-方案。一个承诺加密方案 $\Pi=(\mathcal{P},\text{Gen},\mathcal{E},\mathcal{V})$ 是由四个 PT 算法定义的。

① 参数算法$\mathcal{P}$：通过$\pi\overset{\$}{\leftarrow}\mathcal{P}(1^n)$，参数算法$\mathcal{P}$产生系统参数，如前面的描述。

② 密钥产生算法 Gen：通过$(\text{pk},\text{sk})\overset{\$}{\leftarrow}\text{Gen}(\pi^n)$，密钥产生算法 Gen 产生加密密钥 pk 和解密密钥 sk。

③ 加密算法$\mathcal{E}$：通过$c\leftarrow\mathcal{E}(1^n,\pi,\text{pk},m;r)$，加密算法$\mathcal{E}$确定性地把一个消息 m 和随机硬币$r\leftarrow\{0,1\}^{\rho(n)}$映射到密文$c\in\{0,1\}^*\cup\{\perp\}$，其中$\rho:\mathbb{N}\to\mathbb{N}$是与$\Pi$有关的随机数长度，并且当且仅当$|m|=\ell(n)$时，$c\neq\perp$，这里$\ell:\mathbb{N}\to\mathbb{N}$是与$\Pi$有关的消息长度。

④ 验证算法$\mathcal{V}$：通过$d\leftarrow\mathcal{V}(1^n,\pi,\text{pk},c,m,r)$，确定性验证算法$\mathcal{V}$返回 True 和 False。

对于满足加密算法$\mathcal{E}(1^n,\pi,\text{pk},m;r)\neq\perp$的所有$n\in\mathbb{N}$、所有$\pi\in[\mathcal{P}(1^n)]$、所有$(\text{pk},\text{sk})\in[\text{Gen}(\pi)]$、所有$r\in\{0,1\}^{\rho(n)}$和所有$m\in\{0,1\}^*$，需要$\mathcal{V}(1^n,\pi,\text{pk},\mathcal{E}(1^n,\pi,\text{pk},m;r),m,r)=\text{True}$。如果$\mathcal{V}(1^n,\pi,\text{pk},c,m,r)$返回布尔值$(\mathcal{E}(1^n,\pi,\text{pk},m;r)=c\neq\perp)$，就说验证算法$\mathcal{V}$是规范的。□

图 8.7 的两个博弈定义了 CE-方案$\Pi=(\mathcal{P},\text{Gen},\mathcal{E},\mathcal{V})$的 IND-CPA 隐藏性和绑定安全性。图 8.7(a)的博弈，展示的是标准的 IND-CPA 安全性定义，并且用作 CE-方案的私密性；在 IND_Π 博弈中，敌手只允许 LR 询问，并且消息 m_0 和 m_1 的长度必须相等。图 8.7(b)的博弈展示的是绑定安全性定义。

Game IND_Π：	Game BIND_Π：
INITIALIZE (1^n)	INITIALIZE (1^n)
$b\overset{\$}{\leftarrow}(0,1)$；$\pi\overset{\$}{\leftarrow}\mathcal{P}(1^n)$	$\pi\overset{\$}{\leftarrow}\mathcal{P}(1^n)$
$(\text{pk},\text{sk})\overset{\$}{\leftarrow}\text{Gen}(\pi^n)$	Return (π)
Return (π,pk)	
LR (m_0,m_1)	FINALIZE $(\text{pk},c,m_0,m_1,r_0,r_1)$
$c\overset{\$}{\leftarrow}\mathcal{E}(1^n,\pi,\text{pk},m_b)$	$d_0\leftarrow\mathcal{V}(1^n,\pi,\text{pk},c,m_0,r_0)$
Return c	$d_1\leftarrow\mathcal{V}(1^n,\pi,\text{pk},c,m_1,r_1)$
FINALIZE (b')	Return $(d_0\wedge d_1\wedge(m_0\neq m_1))$
Return $(b'=b)$	
(a)	(b)

图 8.7　Game IND_Π 展示了标准的 IND-CPA 定义和 Game BIND_Π 展示了绑定安全性定义

令 $\text{Adv}_{\Pi,A}^{\text{ind-cpa}}(n)=2\Pr[\text{IND}_\Pi^A(n)]-1$ 和 $\text{Adv}_{\Pi,B}^{\text{bind}}(n)=\Pr[\text{BIND}_\Pi^B(n)]$。显然，对于所有多项式时间(PT)算法 A，如果 $\text{Adv}_{\Pi,A}^{\text{ind-cpa}}(\cdot)$ 可忽略不计，则 CE-方案 Π 是 IND-CPA 安全的。

对于所有多项式时间(PT)算法 B，如果 $\mathrm{Adv}_{\Pi,B}^{\mathrm{bind}}(\cdot)$ 可忽略不计，则 CE-方案 Π 是绑定的。对于所有(不需要 PT)算法 B，如果 $\mathrm{Adv}_{\Pi,B}^{\mathrm{bind}}(\cdot)=0$，则 CE-方案 Π 是完美绑定的。

承诺方案和加密方案分别作为 CE-方案 Π 的特殊情况。可以用 CE-方案恢复得到承诺方案或加密方案。具体方法如下。

(1) 如果 $\mathrm{Gen}(1^n)$ 总是返回 $(\varepsilon,\varepsilon)$，则 CE-方案 Π 就成为承诺方案(Commitment Scheme)。

(2) 如果对于满足 $\mathcal{E}(1^n,\pi,\mathrm{pk},m;r)\neq\perp$ 的所有 $n\in\mathbb{N}$、所有 $\pi\in[\mathcal{P}(1^n)]$、所有 $(\mathrm{pk},\mathrm{sk})\in[\mathrm{Gen}(\pi)]$、所有 $r\in\{0,1\}^{\rho(n)}$ 和所有 $m\in\{0,1\}^*$，有 $\mathcal{D}(1^n,\pi,\mathrm{sk},\mathcal{E}(1^n,\pi,\mathrm{pk},m;r))=m$，则称 $\mathcal{D}$ 为 CE-方案 Π 的解密算法。如果 CE-方案 Π 有多项式时间(PT)解密算法，就说 Π 允许解密(Admits Decryption)。在这种情况下，就说 CE-方案 Π 为加密方案(Encryption Scheme)，当然了，它满足加密方案的标准安全性，即 IND-CPA 安全性。增加某些检验，在验证算法是规范的条件下，一个典型的加密方案可以是完美绑定的。

8.2.2　CE-方案的 SOA-C 不安全性

定义 8.5　SOA-C 安全性(SOA-C Security)。设 $\Pi=(\mathcal{P},\mathrm{Gen},\mathcal{E},\mathcal{V})$ 是一个 CE-方案、R 是一个 PT 关系、$\mathcal{M}$ 是消息取样器、$\mathcal{A}$ 是辅助输入发生器。用图 8.8 的博弈定义 SOA-C 安全性概念。

Game $\mathrm{RSOAC}_{\Pi,\mathcal{M},R,\mathcal{A}}$:	Game $\mathrm{SSOAC}_{\Pi,\mathcal{M},R,\mathcal{A}}$:
INITIALIZE (1^n)	INITIALIZE (1^n)
$\pi\xleftarrow{\$}\mathcal{P}(1^n)$; $a\leftarrow\mathcal{A}(1^n)$; $(\mathrm{pk},\mathrm{sk})\xleftarrow{\$}\mathrm{Gen}(\pi)$	$\pi\xleftarrow{\$}\mathcal{P}(1^n)$; $a\leftarrow\mathcal{A}(1^n)$;
Return (a,π,pk)	Return (a,π)
Enc (α)	MSG (α)
$\boldsymbol{m}\xleftarrow{\$}\mathcal{M}(1^n,\alpha)$	$\boldsymbol{m}\xleftarrow{\$}\mathcal{M}(1^n,\alpha)$
For $i=1,\cdots,\omega(n)$ do	CORRUPT (I)
$\boldsymbol{r}[i]\xleftarrow{\$}\{0,1\}^{\rho(n)}$	Return $\mathbf{m}[I]$
$\boldsymbol{c}[i]\leftarrow\mathcal{E}(1^n,\pi,\mathrm{pk},\boldsymbol{m}[i];\boldsymbol{r}[i])$	FINALIZE (δ)
Return $\boldsymbol{c}$	Return $R(1^n,a,\pi,\boldsymbol{m},\alpha,I,\delta)$
CORRUPT (I)	
Return $\boldsymbol{m}[I],\boldsymbol{r}[I]$	
FINALIZE (δ)	
Return $R(1^n,a,\pi,\boldsymbol{m},\alpha,I,\delta)$	
(a)	(b)

图 8.8　Game $\mathrm{RSOAC}_{\Pi,\mathcal{M},R,\mathcal{A}}$ 展示被敌手 A 设置的真实世界 SOA-C 攻击和 Game $\mathrm{SSOAC}_{\Pi,\mathcal{M},R,\mathbf{A}}$ 展示被模拟器设置的模拟世界 SOA-C 攻击

根据图 8.8(a)是与一个敌手 A 一块执行真实博弈 $\mathrm{RSOAC}_{\Pi,\mathcal{M},R,\mathcal{A}}$。一个 SOA-C 敌手 A 的 $\mathrm{INITIALIZE}(1^n)$ 调用，结果返回一个辅助输入 a、参数 π 和加密方案的密钥 pk，

这里的密钥对应单个接收方模型。敌手 A 需要一个准确的 $\mathrm{Enc}(\alpha)$ 调用，结果产生一个消息向量 $\boldsymbol{m}$，加密该消息向量 $\boldsymbol{c}$ 得到的密文向量返回给敌手。然后，敌手 A 进行一次 $\mathrm{CORRUPT}(I)$ 调用，得到定义在集合 $I \subseteq [w[n]]$ 中相应发送方的消息 $\boldsymbol{m}[I]$ 和硬币 $\boldsymbol{r}[I]$。最后，敌手 A 用它选择的值 δ 调用 $\mathrm{FINALIZE}(\delta)$，如果给定输入值 $(1^n, a, \pi, m, \alpha, I, \mathrm{S})$，关系 R 返回 True，则敌手 A 赢了这次博弈。

根据图 8.8(b)是与一个 SOA-C 模拟器 S 一块执行模拟博弈 $\mathrm{SSOAC}_{\Pi,\mathcal{M},R,\mathcal{A}}$。

从它的 $\mathrm{INITIALIZE}(1^n)$ 调用，仅仅得到一个辅助输入 a 和参数 π，没有加密方案的密钥。然后 S 需要一个 $\mathrm{MSG}(\alpha)$ 调用，结果产生一个消息向量 $\boldsymbol{m}$，但是模拟器 S 没得到与该消息向量相关的任何东西。像敌手 A 一样，模拟器 S 必须做它的 $\mathrm{CORRUPT}(I)$ 调用和 $\mathrm{FINALIZE}(\delta)$ 调用，在与敌手 A 同样的条件下，模拟器 S 才能赢了这次博弈。

关于 CE-方案 Π、消息取样器 $\mathcal{M}$、关系 R、辅助输入发生器 $\mathcal{A}$ 和 SOA-C 模拟器 S 的一个 SOA-C 敌手 A 的 SOA-C 优势定义为

$$\mathrm{Adv}_{\Pi,\mathcal{M},R,\mathcal{A},A,S}^{\text{soa-c}}(n) = \Pr\left[\mathrm{RSOAC}_{\Pi,\mathcal{M},R,\mathcal{A}}^{A}(n)\right] - \Pr\left[\mathrm{SSOAC}_{\Pi,\mathcal{M},R,\mathcal{A}}^{S}(n)\right]$$

如果对于每个多项式时间(PT)关系 R 和每个多项式时间(PT)SOA-C 敌手 A，存在一个多项式时间(PT)SOA-C 模拟器 S，使得 $\mathrm{Adv}_{\Pi,\mathcal{M},R,\mathcal{A},A,S}^{\text{soa-c}}(\cdot)$ 是可忽略不计的，就说 Π 是 $(\mathcal{M},\mathcal{A})$-SOA-C-安全的。如果对于每个 PT 消息取样器 $\mathcal{M}$ 和辅助输入发生器 $\mathcal{A}$，Π 是 $(\mathcal{M},\mathcal{A})$-SOA-C-安全的，就说它是 SOA-C-安全的。 □

定理 8.1　设 $\Pi = (\mathcal{P}, \mathrm{Gen}, \mathcal{E}, \mathcal{V})$ 是一个有消息长度为 $\ell: \mathbb{N} \to \mathbb{N}$ 的绑定的 CE-方案。设 $H = (\mathcal{A}, \mathcal{H})$ 是与输出长度 $\theta: \mathbb{N} \to \mathbb{N}$ 有关的抗碰撞 Hash 函数。设 $\omega(\cdot) = 2\theta(\cdot)$，设 $\mathcal{M}$ 是消息取样器：输入 1^n 和 α（可忽略 α），返回一个 $\omega(n)$-向量，该向量的分向量是 $\{0,1\}^{\ell(n)}$ 上的均匀、独立分布，则存在一个多项式时间(PT)的 SOA-C 敌手 A 和一个 PT 关系 R，使得对于所有 PT 模拟器 S，存在一个可忽略函数 $\dfrac{1}{p(\cdot)}$，满足对于所有 $n \in \mathbb{N}$，有

$$\mathrm{Adv}_{\Pi,\mathcal{M},R,\mathcal{A},A,S}^{\text{soa-c}}(n) \geqslant 1 - \frac{1}{p(n)}$$ □

证明：（略）。

根据定理 8.1，Π 不是 $(\mathcal{M},\mathcal{A})$-SOA-C-安全的，因此不可能是 SOA-C-安全的。进一步，当消息分布是均匀时，这是真的。

定理 8.1 说明在发送方腐化的情况下，不存在绑定的 CE-方案是 SOA-C-安全的。这意味着在发送方腐化的情况下，不存在 HB-安全的承诺方案是 SOA-安全的，也不存在绑定的 IND-CPA 加密方案是 SOA-安全的。

8.2.3 加密方案的 SOA-K 不安全性

现在讨论另外一种情景：有多个接收方和一个发送方，而不是有一个接收方和多个发送方。在图 8.9 设置的一个双系统中，有 ω 个接收方和一个发送方，接收方 i 有加密

的公钥 $\mathrm{pk}[i]$ 和解密的私钥 $\mathrm{sk}[i]$。对于每个接收方 i，发送方随机取硬币 $\boldsymbol{r}[i]$，通过 $\boldsymbol{c}[i] \leftarrow \mathcal{E}(\mathrm{pk}[i], \boldsymbol{m}[i]; \boldsymbol{r}[i])$ 加密消息 $\boldsymbol{m}[i]$，并把密文 $\boldsymbol{c}[i]$ 发送给接收方 i，敌手选择接收方的一个子集 $I \subseteq \{1,\cdots,\omega\}$ 并腐化这个子集，该子集作为 $\boldsymbol{c}$ 的函数。这样敌手不仅获得消息 $\langle \boldsymbol{m}[i]: i \in I \rangle$，还获得解密密钥 $\langle \mathrm{sk}[i]: i \in I \rangle$。通常，如果未公开消息的安全性仍然保持，就说该加密方案 $\mathcal{E}$ 是 SOA-安全的。

SOA-K 安全性讨论的就是有多个接收方和一个发送方的情景。这种情况的腐化泄露的是解密密钥而不是硬币。用如图 8.9 的博弈定义了 SOA-K 安全性概念。

Game $\mathrm{RSOAK}_{\Pi,\mathcal{M},R,\mathcal{A}}$:	Game $\mathrm{SSOAC}_{\Pi,\mathcal{M},R,\mathcal{A}}$:
INITIALIZE (1^n)	INITIALIZE (1^n)
$\pi \xleftarrow{\$} \mathcal{P}(1^n)$； $a \leftarrow \mathcal{A}(1^n)$	$\pi \xleftarrow{\$} \mathcal{P}(1^n)$； $a \leftarrow \mathcal{A}(1^n)$；
For $i = 1,\cdots,\omega(n)$ do	Return (a, π)
$(\mathbf{pk}[i], \mathbf{sk}[i]) \xleftarrow{\$} \mathrm{Gen}(\pi)$	MSG (α)
Return $(a, \pi, \mathbf{pk})$	$\boldsymbol{m} \xleftarrow{\$} \mathcal{M}(1^n, \alpha)$
Enc (α)	CORRUPT (I)
$\boldsymbol{m} \xleftarrow{\$} \mathcal{M}(1^n, \alpha)$	Return $\boldsymbol{m}[I]$
For $i = 1,\cdots,\omega(n)$ do	FINALIZE (δ)
$\boldsymbol{r}[i] \xleftarrow{\$} \{0,1\}^{\rho(n)}$	Return $R(1^n, a, \pi, \boldsymbol{m}, \alpha, I, \delta)$
$\boldsymbol{c}[i] \leftarrow \mathcal{E}(1^n, \pi, \mathbf{pk}[i], \boldsymbol{m}[i]; \boldsymbol{r}[i])$	
Return $\boldsymbol{c}$	
CORRUPT (I)	
Return $\boldsymbol{m}[I], \mathbf{sk}[I]$	
FINALIZE (δ)	
Return $R(1^n, a, \pi, \boldsymbol{m}, \alpha, I, \delta)$	

图 8.9　Game　$\mathrm{RSOAK}_{\Pi,\mathcal{M},R,A}$ 捕获被敌手 A 设置的真实世界 SOA-K 攻击和 Game　$\mathrm{SSOAK}_{\Pi,\mathcal{M},R,A}$ 捕获被模拟器设置的模拟世界 SOA-K 攻击

定义 8.6　SOA-K 安全性(SOA-K Security)　定义一个 SOA-K 敌手 A 关于加密方案 Π、消息取样器 $\mathcal{M}$、关系 R、辅助输入发生器 $\mathcal{A}$ 和 SOA-K 模拟器 S 的 SOA-K 优势为

$$\mathrm{Adv}_{\Pi,\mathcal{M},R,\mathcal{A},A,S}^{\text{soa-k}}(n) = \Pr\left[\mathrm{RSOAK}_{\Pi,\mathcal{M},R,\mathcal{A}}^{A}(n)\right] - \Pr\left[\mathrm{SSOAK}_{\Pi,\mathcal{M},R,\mathcal{A}}^{S}(n)\right]$$

如果对于每个 PT 关系 R 和每个 PT SOA-K 敌手 A，存在一个 PT SOA-K 模拟器 S，使得 $\mathrm{Adv}_{\Pi,\mathcal{M},R,\mathcal{A},A,S}^{\text{soa-k}}(\cdot)$ 是可忽略不计的，就说 Π 是 $(\mathcal{M},\mathcal{A})$-SOA-K-安全的。如果对于每个 PT 消息取样器 $\mathcal{M}$ 和辅助发生器 $\mathcal{A}$，Π 都是 $(\mathcal{M},\mathcal{A})$-SOA-K-安全的，就说 Π 是 SOA-K-安全的。 □

定理 8.2　设 $\Pi = (\mathcal{P}, \mathrm{Gen}, \mathcal{E}, \mathcal{V})$ 是一个具有解密验证器 $\mathcal{W}$ 和消息长度为 $\ell: \mathbb{N} \to \mathbb{N}$ 的解密可验证加密方案。设 $H = (\mathcal{A}, \mathcal{H})$ 是与输出长度 $\theta: \mathbb{N} \to \mathbb{N}$ 有关的抗碰撞 Hash 函数。设 $\omega(\cdot) = 2\theta(\cdot)$，设 $\mathcal{M}$ 是消息取样器；$\mathcal{M}$ 输入 1^n 和 α（可忽略 α），返回一个 $\omega(n)$-向量，

该向量的分向量是$\{0,1\}^{\ell(n)}$上的均匀、独立分布，则存在一个 PT 的 SOA-K 敌手 A 和一个 PT 关系 R，使得对于所有 PT SOA-K 模拟器 S，存在一个可忽略函数$\frac{1}{p(\cdot)}$，满足对于所有$n\in\mathbb{N}$，有

$$\mathrm{Adv}^{\text{soa-k}}_{\Pi,\mathcal{M},R,\mathcal{A},A,S}(n)\geqslant 1-\frac{1}{p(n)}$$ □

证明：（略）。

定理 8.2 说明在接收方腐化的情况下，不存在解密可验证的 IND-CPA 加密方案是 SOA-K 安全的。

8.3 一个 NC-CPA 安全加密方案

我们介绍一个有效的 NC-CPA 安全的加密方案，该方案是一个陷门单向置换的略微扩展版本。就是一个陷门单向置换需要有两个算法：一个是取样域$\mathcal{D}_f$的算法，另一个是解释任意的$x\in\mathcal{D}_f$作为取样$\mathcal{D}_f$的结果的算法。

8.3.1 可有效取样和可解释的域

定义 8.7 可有效取样和可解释域。一个域$\mathbb{D}_f$是可有效取样和可解释的当且仅当存在两个 PPT 算法 Sample 和 Explain，满足以下条件：

(1) 对于$r\leftarrow\mathcal{R}_{\text{Sample}}$，$\text{Sample}(\mathbb{D}_f;r)$是$\mathbb{D}_f$上的均匀分布。

(2) 对于$\forall x\in\mathbb{D}_f$，$\text{Explain}(\mathbb{D}_f,x)$输出的 r 是满足$\text{Sample}(\mathbb{D}_f;r)=x$的均匀分布。□

与可解释性本质上等价的一个特性就是可逆取样。

最普通的陷门单向置换的域满足定义 8.7。例如，对于 RSA 算法，公开的是 RSA 的模 N，域$\mathbb{Z}_N^*$显然满足定义 8.7。

例 8.2 用一个有可有效取样和可解释域的陷门单向置换构造 PRG。

设陷门单向置换簇$\mathcal{F}$，对于每个$f\in\mathcal{F}$，陷门单向置换$f:\mathbb{D}_f\to\mathbb{D}_f$有可有效取样和可解释域$\mathbb{D}_f$，并且 f 有硬核谓词$h_c:\mathbb{D}_f\to\{0,1\}$。

回顾第 2 章中基于特殊单向函数的 PRG 构造——BM 结构：对于$(f,f^{-1})\leftarrow\mathcal{F}$和$\ell=\ell(n)$，有$\text{BM}_{f,\ell}(x)=\left(h_c(x),h_c(f(x)),\cdots,h_c\left(f^{\ell-1}(x)\right)\right)\in\{0,1\}^{\ell}$是伪随机的。即使给定$f^{\ell}(x)$也是伪随机的。

定理 8.3 Blum 和 Micali。设$\mathcal{F}$是一个陷门单向置换簇，陷门单向函数$f:\mathbb{D}_f\to\mathbb{D}_f$有硬核谓词$h_c:\mathbb{D}_f\to\{0,1\}$，则对于每个 PPT 区分器 D 和每个多项式界$\ell=\ell(n)$，区分器 D 区分以下两个分布的优势为

$$\mathrm{Adv}^{\text{prg}}_{\mathcal{F},\ell,D}(n)=\Pr\left[D\left(f^{\ell}(x),\text{BM}_{f,\ell}(x)\right)=1\right]-\Pr\left[D(x,k)=1\right]$$

则$\mathrm{Adv}^{\text{prg}}_{\mathcal{F},\ell,D}(\cdot)$在 n 中是可忽略的，其中$(f,f^{-1})\leftarrow\mathcal{F}$，$x\overset{\$}{\leftarrow}\mathbb{D}_f$且$k\overset{\$}{\leftarrow}\{0,1\}^n$。

8.3.2　NC-CPA 加密方案 NCCPA

构造 8.1　NC-CPA 加密方案 NCCPA。设消息空间为$\{0,1\}$，用定理 8.3 中的$\mathcal{F}$可以构造一个 NC-CPA 加密方案 NCCPA$=(\text{Gen}, \mathcal{E}, \mathcal{D})$，具体如下：

(1) 密钥产生算法$\text{Gen}(1^n)$：取样$(f,f^{-1})\leftarrow\mathcal{F}$，并返回$(\text{pk},\text{sk})=(f,f^{-1})$。

(2) 加密算法$\mathcal{E}_{\text{pk}}(m;r)$：给定$\text{pk}=f$，$m\in\{0,1\}$和$r=(r^x,k_0)\in\mathcal{R}_{\text{Sample}}\times\{0,1\}^n$。

设$x\leftarrow\text{Sample}(\mathbb{D}_f;r^x)$，并返回：

$$c=(y,k)=\begin{cases}(f^n(x),\text{BM}_{f,n}(x)), & m=1\\(x,k_0), & m=0\end{cases}$$

(3) 解密算法$\mathcal{D}_{\text{sk}}(c)$：给定$\text{sk}=f^{-1}$和$c=(y,k)$，返回：

$$m=\begin{cases}1, & \text{BM}_{f,n}(f^{-n}(y))=k\\0, & 其他\end{cases}$$

用f^{-1}和y计算$\text{BM}_{f,n}(f^{-n}(y))$。

注意：1-加密总是正确被解密，而 0-加密以概率2^{-n}被错误地解密为 1。

另外，加密较大的信息时，把加密的各个密文链接，不影响 NNCPA 算法的 NC-CPA 安全性。

定理 8.4　NCCPA 加密方案是 NC-CAP 安全性的。对于每个敌手A和每个函数r，存在一个模拟器S和一个区分器D，使得

$$\left|\text{Adv}_{\text{NCCPA},A,S,r}^{\text{nc-cpa}}(n)\right|\leqslant\omega\left|\text{Adv}_{\mathcal{F},n,D}^{\text{prg}}(n)\right| \tag{8.3}$$

有$\text{time}_S\approx\text{time}_A$和$\text{time}_D\approx\text{time}_A+\text{time}_r$。

定理 8.4 的证明类似于后面定理 8.5 的证明，这里先不证明了。不过简单说一下，证明 NC-CAP 安全性的关键是 1-加密是二义性的。具体地说，NC-CPA 模拟器S的过程如下：

(1) 输入(sim, pk)，其中 pk 是公钥f，给定$(y,k)=(f^n(x),\text{BM}_{f,n}(x))$和随机数$r$，它返回一个随机 1-加密。

(2) 输入(open, m)，其中$m\in\{0,1\}$，如果$m=0$，它返回$(\text{Explain}(\mathbb{D}_f,y),k)$；如果$m=1$，它返回$r$。

BM 伪随机性的直接混合论证证明了，对从A的角度看，这个模拟器实现了真实实验和理想模拟实验的计算不可区分性。

8.4　一个 NC-CCA 安全加密方案

8.4.1　有可解释域的 Hash 证明系统

在第 2 章、第 3 章、第 7 章中都应用到了 Hash 证明系统。这里进一步扩展该 Hash

证明系统。我们将介绍子集成员问题和子集成员问题的扩展的 Hash 证明系统的两个概念，以及三个特性：2-通用性、语言的稀疏性和可解释的密文与密钥。本节介绍的这三个特性满足完美性的定义，但是扩展 Hash 证明系统在满足这三个特性时，允许有可忽略小的错误概率，这个可忽略的错误概率也包括取样算法可能产生几乎均匀的输出。

定义 8.8　子集成员问题(Subset Membership Problem，SMP)。由以下两个 PPT 算法组成一个子集成员问题 SMP=(SysGen, SampleL)：

(1) 系统参数产生算法 $\mathrm{SysGen}(1^n)$：输出系统参数 $\rho \overset{\$}{\leftarrow} \mathrm{SysGen}(1^n)$，$\rho$ 定义了一个密文集 $\mathcal{X}_\rho$ 和一个语言 $\mathcal{L}_\rho \subseteq \mathcal{X}_\rho$。给定 ρ，要求 $\mathcal{X}_\rho$ 是可有效辨认的。

(2) 取样算法 $\mathrm{SampleL}(\mathcal{L}_\rho,\psi)$：用随机数 ψ 从 $\mathcal{L}_\rho$ 中均匀取样 $x \leftarrow \mathcal{L}_\rho$。 □

声明 8.4　当且仅当 $\mathcal{X}_\rho$ 和 $\mathcal{L}_\rho$ 是计算不可区分时，一个子集成员问题是困难的。具体说就是，对于每个 PPT 区分器 D，下列函数是可忽略不计的：

$$\mathrm{Adv}_{\mathrm{EHPS},D}^{\mathrm{sm}}(n)=\Pr\left[D(x)=1 \middle| x \leftarrow \mathcal{X}_\rho \setminus \mathcal{L}_\rho\right]-\Pr\left[D(x)=1 \middle| x \leftarrow \mathcal{L}_\rho\right]$$

这里，$\rho \overset{\$}{\leftarrow} \mathrm{SysGen}(1^n)$，$\mathcal{X}_\rho \setminus \mathcal{L}_\rho$ 表示密文集 $\mathcal{X}_\rho$ 中除去 $\mathcal{L}_\rho$ 之外的元素集合。

定义 8.9　扩展的 Hash 证明系统(Extended Hash Proof System，EHPS)。关于一个子集成员问题的 EHPS，与每个系统参数 $\rho \overset{\$}{\leftarrow} \mathrm{SysGen}(1^n)$ 的一个可有效辨认密钥集 $\mathcal{K}_\rho$ 和一个可有效辨认的标签集 $\mathcal{T}_\rho$ 有关，并且 EHPS 由以下三个 PPT 算法(HashGen、SEval、PEval)组成。

(1) 独立密钥产生(Individual Key Generation)算法 $\mathrm{HashGen}(\rho)$：输出 $(\mathrm{hpk},\mathrm{hsk}) \overset{\$}{\leftarrow} \mathrm{HashGen}(\rho)$，假设公钥 hpk 和私钥 hsk 都包含参数 ρ。

(2) 私钥估值(Secret Evaluation)算法 $\mathrm{SEval}(\mathrm{hsk},x,t)$：计算一个密钥 $k \in \mathcal{K}_\rho$，记作 $k=\mathrm{hsk}(x,t)$。

(3) (有证据的)公钥估值(Public Evaluation (with Witness))算法 $\mathrm{PEval}(\mathrm{hpk},x,\psi,t)$：计算一个密钥 $k \in \mathcal{K}_\rho$。

对于所有 $\rho \overset{\$}{\leftarrow} \mathrm{SysGen}(1^n)$，$(\mathrm{hpk},\mathrm{hsk}) \overset{\$}{\leftarrow} \mathrm{HashGen}(\rho)$，$x \overset{\$}{\leftarrow} \mathrm{SampleL}(\mathcal{L}_\rho;\psi)$ 和所有 $t \in \mathcal{T}_\rho$，要求从 $\mathrm{PEval}(\mathrm{hpk},x,\psi,t)=\mathrm{SEval}(\mathrm{hsk},x,t)$ 的意义上，计算的密钥是正确的。 □

根据定义，在一个 EHPS 中，公钥 hpk 唯一确定关于密文 $x \in \mathcal{L}_\rho$ 的 $\mathrm{SEval}(\mathrm{hsk},x,t)$ 的行为。另一方面，当关于密文 $x \in \mathcal{X}_\rho \setminus \mathcal{L}_\rho$ 的 $\mathrm{SEval}(\mathrm{hsk},x,t)$ 的行为是“非常不确定的”时，一个 EHPS 变得有趣或有用。

定义 8.10　2-通用性(Universal)。子集成员问题的一个扩展 Hash 证明系统是 2-通用的，当且仅当对于所有可能的 $\rho \overset{\$}{\leftarrow} \mathrm{SysGen}(1^n)$，在 $\mathrm{HashGen}(\rho)$ 范围内的所有 hpk 和在 $(\mathcal{X}_\rho \setminus \mathcal{L}_\rho)\times \mathcal{T}$ 中所有不同的 (x_1,t_1) 和 (x_2,t_2)，有

$$\Pr\left[\mathrm{hsk}(x_2,t_2)=k_2 \,\middle|\, \mathrm{hsk}(x_1,t_1)=k_1\right]=\frac{1}{|\mathcal{K}_\rho|}$$

这个概率超过了在 $(\mathrm{hpk},\mathrm{hsk})\overset{\$}{\leftarrow}\mathrm{HashGen}(\rho)$ 中可能的 hsk 的概率。 □

2-通用是一个标准的特性。下面介绍一些非标准的特性。

定义 8.11　语言的稀疏性(Sparseness of the Language)。如果对于 $\rho\overset{\$}{\leftarrow}\mathrm{SysGen}(1^n)$ 和 $x\leftarrow\mathcal{X}_\rho$，$x\in\mathcal{L}_\rho$ 的概率是可忽略不计的，则一个子集成员问题有一个稀疏的语言。 □

定义 8.12　可解释的密文和密钥(Explainable Ciphertexts and Keys)。如果集合 $\mathcal{X}_\rho$ 满足定义 8.7，是可有效取样和可解释的，则子集成员问题有可解释的密文。

类似地，如果集合 $\mathcal{K}_\rho$ 满足定义 8.7，是可有效取样和可解释的，则一个扩展的 Hash 证明系统(EHPS)有可解释的密钥。 □

事实上，不失一般性，能假设可解释的密钥，因为通过合适的平衡函数，$\mathcal{K}_\rho$ 总是能被有效映射到 $\mathcal{K}_\rho'=\{0,1\}^\zeta$ 上，使得在 $\mathcal{K}_\rho$ 中的均匀分布导致在 $\mathcal{K}_\rho'$ 中的(几乎)均匀分布，其中 ζ 在 $\log(|\mathcal{K}_\rho|)$ 中是线性的。另一方面，要求密文是可解释的是关于 SMP 的一个真实限制。然而，一些合适的子集成员问题正好满足这个要求，并且有一个稀疏的语言。

例 8.3　请给出满足定义 8.11 和定义 8.12 特性的子集成员问题(SMP)的例子。

解：合适的 SMP 的例子如下：假设群 $\mathbb{G}$ 满足定义 8.7 是可有效取样和可解释的，从第 6 章和第 7 章 Cramer-Shoup 中基于 DDH 的 SMP 满足定义 8.12 和定义 8.11 的需要。

8.4.2　交叉认证码

编码理论中的交叉认证码已经成为一种新的认证技术，交叉认证码允许计算密钥序列 $k_1,\cdots,k_L$ 的一个认证标签，并且有下列两个特性：①标签 t 能被密钥序列中的任意一个密钥 $k_i\,(1\leqslant i\leqslant L)$ 验证；②没有 k_i 的知识，即使给定一个正确计算得到的标签 t 和所有其他密钥 $k_{\neq i}=(k_j)_{j\neq i}$，也难以伪造一个能被密钥 k_i 验证正确的伪造标签 t'，这是信息论困难问题。正式的概念如下。

定义 8.13　L-交叉认证码(L-Cross-Authentication Code，L-XAC)。对于 $L\in\mathbb{N}$，一个 L-交叉认证码由一个密钥空间 $\mathcal{XK}$、一个标签空间 $\mathcal{XT}$ 以及以下三个算法 XGen、XAuth 和 XVer 所组成：

(1) 密钥产生算法 $\mathrm{XGen}(1^n)$：产生一个均匀随机密钥 $k\in\mathcal{XK}$。

(2) 交叉认证标签产生算法 $\mathrm{XAuth}(k_1,\cdots,k_L)$：输出一个标签 $t\in\mathcal{XT}$。

(3) 交叉认证标签验证算法 $\mathrm{XVer}(k,i,t)$：输出一个判定比特，并且满足如下特性。

① 正确性：对于所有 $i\in[1,L]$，以下概率可忽略不计，

$$\mathrm{fail}_{\mathrm{XAC}}(n)=\Pr\left[\mathrm{XVer}(k_i,i,\mathrm{XAuth}(k_1,\cdots,k_L))\neq 1\right]$$

其中，$k_1\cdots,k_L\overset{\$}{\leftarrow}\mathrm{XGen}(1^n)$。

② 抗扮演攻击和替代攻击的安全性(Security Against Impersonation and Substitution

Attacks)：下面分别定义敌手进行扮演攻击的优势 $\mathrm{Adv}_{\mathrm{XAC}}^{\mathrm{imp}}(n)$ 和替代攻击的优势 $\mathrm{Adv}_{\mathrm{XAC}}^{\mathrm{sub}}(n)$。

$$\mathrm{Adv}_{\mathrm{XAC}}^{\mathrm{imp}}(n)=\max_{i,t'}\Pr\left[\mathrm{XVer}(k,i,t')=1\,\middle|\,k\xleftarrow{\$}\mathrm{XGen}(1^n)\right]$$

这是在所有 $i\in[1,L]$ 和 $t'\in\mathcal{XT}$ 上的概率的最大值。

如果 $\mathrm{Adv}_{\mathrm{XAC}}^{\mathrm{imp}}(\cdot)$ 是可忽略不计的，则该 L–交叉认证码是抗扮演攻击安全的。

$$\mathrm{Adv}_{\mathrm{XAC}}^{\mathrm{sub}}(n)=\max_{i,k_{\neq i},F}\Pr\left[\begin{array}{c}t'\neq t\wedge\\ \mathrm{XVer}(k_i,i,t')=1\end{array}\,\middle|\,\begin{array}{c}k_i\xleftarrow{\$}\mathrm{XGen}(1^n)\\ t=\mathrm{XAuth}(k_1,\cdots,k_L)\\ t'\leftarrow F(t)\end{array}\right]$$

这是在所有 $i\in[1,L]$、所有 $k_{\neq i}=(k_j)_{j\neq i}\in\mathcal{XK}^{L-1}$ 和所有(可能被随机化的)函数 $F:\mathcal{XT}\to\mathcal{XT}$ 上的最大值。 □

如果 $\mathrm{Adv}_{\mathrm{XAC}}^{\mathrm{imp}}(\cdot)$ 是可忽略不计的，则该 L–交叉认证码是抗替代攻击安全的。

注意：通过取 $\mathcal{R}_{\mathrm{XGen}}$ 为密钥空间来替代 $\mathcal{XK}$，不失一般性，假设 $\mathcal{XK}$ 的形式为 $\mathcal{XK}=\{0,1\}^r$ (并且 XGen 简单输出它的随机数)。

例 8.4　请给出一个 L-XAC 的例子。

解：L-XAC 的例子如下，设 $\mathbb{F}$ 是一个大小为 q 的有限域，其中 q 依赖于 n，即 $q=2^n$。设 $\mathcal{XK}=\mathbb{F}^2$，设 $\mathcal{XT}=\mathbb{F}^L\cup\{\perp\}$，并设 XGen 产生一个 $\mathcal{XK}=\mathbb{F}^2$ 上的随机密钥。对于 $k_1=(a_1,b_1),\cdots,k_L=(a_L,b_L)\in\mathcal{XK}$，通过唯一向量 $\boldsymbol{t}=(t_0,\cdots,t_{L-1})\in\mathbb{F}^L$ 给定认证标签 $t=\mathrm{XAuth}(k_1,\cdots,k_L)$，这里唯一向量 $\boldsymbol{t}=(t_0,\cdots,t_{L-1})\in\mathbb{F}^L$ 满足 $p_t(a_i)=b_i\,(\mathrm{i}\in[1,L])$，其中 $p_t(a_i)=t_0+t_1a_i+\cdots+t_{L-1}a_i^{L-1}\in\mathbb{F}[a_i]$。通过解如下线性方程组可以有效计算 t：

$$\begin{cases}t_0+a_1t_1+a_1^2t_2+\cdots+a_1^{L-1}t_{L-1}=b_1\\ t_0+a_2t_1+a_2^2t_2+\cdots+a_2^{L-1}t_{L-1}=b_2\\ \qquad\vdots\\ t_0+a_Lt_1+a_L^2t_2+\cdots+a_L^{L-1}t_{L-1}=b_L\end{cases}$$

设该方程组为 $\boldsymbol{At}=\boldsymbol{B}$，其中 $\boldsymbol{A}\in\mathbb{F}^{L\times L}$ 是第 i 行为 $1,a_i,a_i^2,\cdots,a_i^{L-1}$ 的 Vandermonde 矩阵，$\boldsymbol{B}=(b_1,b_2,\cdots,b_L)^{\mathrm{T}}\in\mathbb{F}^L$ 是列向量。

如果方程组 $\boldsymbol{At}=\boldsymbol{B}$ 有多个解或无解，则 $\boldsymbol{t}$ 被设置用 $\perp$ 代替。

对于任意 $\boldsymbol{t}\in\mathcal{XT}$，$\forall k=(a,b)\in\mathcal{XK}$ 和 $\forall i\in[1,L]$，当且仅当 $\boldsymbol{t}\neq\perp$ 且 $p_t(a)=b$ 时，验证算法 $\mathrm{XVer}(k,i,t)$ 输出 1，这里 $a=(a_1,\cdots,a_L)$，$b=(b_1,\cdots,b_L)$。 □

命题 8.2　以上例 8-4 的 L-XAC 的例子满足：$\mathrm{fail}_{\mathrm{XAC}}(n)\leqslant\dfrac{L(L-1)}{2q}$、$\mathrm{Adv}_{\mathrm{XAC}}^{\mathrm{imp}}(n)\leqslant\dfrac{1}{q}$ 和 $\mathrm{Adv}_{\mathrm{XAC}}^{\mathrm{sub}}(n)\leqslant2\cdot\dfrac{L-1}{q}$。

证明：这三个式子需要分别讨论 L-XAC 的正确性与抗扮演攻击和抗替代攻击的安全性。

(1) 正确性：根据例 8.4 的结构，若 Vandermonde 矩阵 $\boldsymbol{A}$ 不是奇异的(Singular)，则验证算法 $\mathrm{XVer}(k_i,i,\mathrm{XAuth}(k_1,\cdots,k_L))=1$。

除了某些 $i\neq j$ 有 $a_i=a_j$ 之外，已知 Vandermonde 行列式 $\det(\boldsymbol{A})$ 是非零的。而对某些 $i\neq j$，$a_i=a_j$ 发生的概率最多为 $\dfrac{L(L-1)}{2|\mathbb{F}|}$，而 $|\mathbb{F}|=q$，故得证。

(2) 抗扮演攻击的安全性：考虑一个任意但是固定的 $\boldsymbol{t}'\in\mathcal{XT}$。如果 $\boldsymbol{t}'=\perp$，则对于任意选择的 k 和 i，有 $\mathrm{XVer}(k,i,t)=0$；否则如果 $\boldsymbol{t}'\in\mathbb{F}^L$，则 $p_{t'}(a)=b$ 的概率是 $\dfrac{1}{|\mathbb{F}|}$。

(3) 抗替代攻击的安全性：考虑任意 $i\in[1,L]$。不失一般性，假设考虑一个具体的 $i=L$。固定 $k_1=(a_1,b_1),\cdots,k_L=(a_L,b_L)$ 中任意一个值。假设这些 $a_i\,(1\leqslant i\leqslant L)$ 是两两不同的，否则有扮演攻击，对于任意选择的 k_L，$\boldsymbol{t}$ 将为 $\perp$，找到 $\boldsymbol{t}'$ 被 k_L 认可的概率的上界为 $\mathrm{Adv}_{\mathrm{XAC}}^{\mathrm{imp}}(n)$。

先略微修改 $\boldsymbol{t}$ 的计算：一旦 $\det(\boldsymbol{A})=0$，不是立刻设 $\boldsymbol{t}$ 为 $\perp$，而是分两种情况：一种情况是方程组 $\boldsymbol{At}=\boldsymbol{B}$ 无解，另一种情况是方程组 $\boldsymbol{At}=\boldsymbol{B}$ 的 $\boldsymbol{t}$ 有多个解。第一种情况仍然设 $\boldsymbol{t}$ 为 $\perp$；而后一种情况，$\boldsymbol{t}$ 从所有解中均匀选取。这样修改，使得 $\boldsymbol{t}$ 的计算随机化，至少在通常情况下随机化，但是 $\mathrm{Adv}_{\mathrm{XAC}}^{\mathrm{sub}}(n)$ 的定义仍有意义。这样修改，$\mathrm{Adv}_{\mathrm{XAC}}^{\mathrm{sub}}(n)$ 值的变化范围为 $\varepsilon_{\mathrm{multi}}=\Pr\left[\boldsymbol{At}=\boldsymbol{B}\text{有多个解}\right]$，这个概率是超过了选择 k_L 的概率。

下面讨论修改版本的 XAC，概率 $\mathrm{Adv}_{\mathrm{XAC}}^{\mathrm{sub}}(n)$ 的上界为：$\boldsymbol{t}\neq\perp$ 的条件概率加上 $\boldsymbol{t}=\perp$ 的概率。由于 $\boldsymbol{t}=\perp$ 的概率等于 $\varepsilon_{\mathrm{no}}=\Pr[\boldsymbol{At}=\boldsymbol{B}\text{无解}]$，所以以下只关注 $\boldsymbol{t}\neq\perp$ 的条件概率。

到现在为止，记载的“错误”之和为

$$\varepsilon_{\mathrm{multi}}+\varepsilon_{\mathrm{no}}=\Pr[\det(\boldsymbol{A})=0]=\Pr\left[a_L\in\{a_1,\cdots,a_{L-1}\}\right]=\frac{L-1}{|\mathbb{F}|}$$

下面讨论任意的 $\boldsymbol{t}\neq\perp$，并且考虑相应 k_L 的(条件)概率分布。满足 $p_t(a_L)=b_L$ 的 $k_L=(a_L,b_L)$ 是 $\mathbb{F}^2$ 上的均匀分布。这蕴含着 a_L 在它自己上是均匀分布。考虑任选 $\boldsymbol{t}'\in\mathcal{XT}$ (从 $k_1,\cdots,k_{L-1}$ 和 $\boldsymbol{t}$ 计算)，要求 $\boldsymbol{t}'\neq\boldsymbol{t}$，可以假设 $\boldsymbol{t}'\neq\perp$，因为否则能确定 $\mathrm{XVer}(k,L,\boldsymbol{t})=0$。根据线性方程组，如果 $p_{t'-t}(a_L)=0$，则正好 $p_{t'}(a_L)=b_L$。

根据 Schwartz-Zippel 命题，对于均匀随机的 $a_L\in\mathbb{F}$，$p_{t'-t}(a_L)=0$ 成立的概率最多为 $\dfrac{\deg(p_{t'-t}(x))}{|\mathbb{F}|}\leqslant\dfrac{L-1}{|\mathbb{F}|}$。

结合前面考虑的 $\varepsilon_{\mathrm{multi}}$ 和 $\varepsilon_{\mathrm{no}}$，可得 $\mathrm{Adv}_{\mathrm{XAC}}^{\mathrm{sub}}(k)\leqslant2\cdot\dfrac{L-1}{q}$。 □

8.4.3 一个 NC-CCA 安全加密方案

设明文空间为 $\{0,1\}^L$，则一个 NC-CCA 安全加密方案 NCCCA，需要以下组件。

(1)一个有满足定义 8.11 的稀疏语言 $\mathcal{L}_\rho$ 和定义 8.12 的可解释密文的子集成员问题 SMP，并且该 SMP 是困难的。

(2)关于 SMP 的一个 2-通用扩展的 Hash 证明系统 EHPS，该 EHPS 有标签集 $\mathcal{T}_\rho$ 和可解释密钥集 $\mathcal{K}_\rho$。

(3)一个抗碰撞的 Hash 函数 H，该 Hash 函数 H 有域 $(\mathcal{X}_\rho)^L$ 和范围 $\mathcal{T}_\rho$。

(4)一个 L-XAC，该 XAC 有密钥空间 $\mathcal{XK}_\rho = \mathcal{K}_\rho$ 和标签空间 $\mathcal{XT}$。

以上所有组件都是在标准数论假设下存在的，例如，DDH 假设、判定复合剩余假设和二次剩余假设。

构造 8.2　NC-CCA 加密方案 NCCCA。一个 NC-CCA 安全加密方案 NCCCA =(Gen, $\mathcal{E}$, $\mathcal{D}$)定义如下。

(1) 密钥产生算法 $\text{Gen}(1^n)$：运行 $\rho \xleftarrow{\$} \text{SysGen}(1^n)$，$(\text{hpk},\text{hsk}) \xleftarrow{\$} \text{HashGen}(\rho)$ 和 $h \leftarrow H$，返回公钥 $\text{pk} = (\text{hpk}, h)$ 和私钥 $\text{sk} = (\text{hsk}, h)$。

(2)加密算法 $\mathcal{E}_{\text{pk}}(m;r)$：给定公钥 $\text{pk} = (\text{hpk}, h)$，明文消息 $m = \{m_1,\cdots,m_L\} \in \{0,1\}^L$ 和 $r = (\psi_i, r_i^x, r_i^k)_{i\in[1,L]} \in (\mathcal{R}_{\text{SampleL}} \times \mathcal{R}_{\text{Sample}} \times \mathcal{R}_{\text{Sample}})^L$。对于 $i \in [1,L]$，设：

$$x_i = \begin{cases} \text{Sample}(\mathcal{X}_\rho; r_i^x) \in \mathcal{X}_\rho, & m_i = 0 \\ \text{SampleL}(\mathcal{L}_\rho; \psi_i) \in \mathcal{L}_\rho, & m_i = 1 \end{cases}$$

并计算 $h_t = h(x_1,\cdots,x_L)$。然后，对于 $i \in [1,L]$，设密钥：

$$k_i = \begin{cases} \text{Sample}(\mathcal{K}_\rho; r_i^k), & m_i = 0 \\ \text{PEval}(\text{hpk}, x_i, \psi_i, h_t), & m_i = 1 \end{cases}$$

并计算标签：$t = \text{XAuth}(k_1,\cdots,k_L)$。返回密文：$c = (x_1,\cdots,x_L,t)$。

(3) 解密算法 $\mathcal{D}_{\text{sk}}(c)$：给定 $\text{sk} = (\text{hsk}, h)$ 和 $c = (x_1,\cdots,x_L,t) \in \mathcal{X}_\rho^L \times \mathcal{XT}$。设 $h_t = h(x_1,\cdots,x_L)$。对于 $i \in [1,L]$，令 $\overline{k_i} = \text{hsk}(x_i, h_t)$ 和 $m_i = \text{XVer}(\overline{k_i}, i, t)$。

返回明文：$m = (m_1,\cdots,m_L)$。

命题 8.3　NCCCA 方案的正确性。对于 Gen 范围内的任意 pk、任意 m 和任意 $c \leftarrow \mathcal{E}_{\text{pk}}(m)$，以最少 $1 - L\cdot\max\{\text{Adv}_{\text{XAC}}^{\text{imp}}(n), \text{fail}_{\text{XAC}}(n)\}$ 的概率，构造 8.2 的 NCCCA 方案能正确解密 $\mathcal{D}_{\text{sk}}(c) = m$。

证明：如果 $m_i = 1$，则根据 EHPS 的完全性，有

$$\overline{k_i} = \text{hsk}(x_i, h_t) = \text{PEval}(\text{hpk}, x_i, \psi_i, h_t) = k_i$$

所以，根据 XAC 的正确性，以 $1 - \text{fail}_{\text{XAC}}(n)$ 的概率，有 $\text{XVer}(\overline{k_i}, i, t) = 1$。

另外，如果 $m_i = 0$，则 EHPS 的通用性蕴含着即使给定 pk、c 和 m，$\overline{k_i} = \text{hsk}(x^f, h_t)$ 是均匀随机的。因此，$\text{XVer}(\overline{k_i}, i, t) = 1$ 的概率最多为 $\text{Adv}_{\text{XAC}}^{\text{imp}}(k)$。

根据 $i \in [1,L]$ 上的联合界，可得命题成立。 □

二义性密文：与构造 8.1 的 NCCPA 加密方案一样，构造 8.2 的 NCCCA 加密方案有 1-加密是二义性的，可以构造如下一个具体 NC-CCA 模拟器 S。

(1) 输入 $(\text{sim},\text{pk},1^L)$，其中公钥 $\text{pk}=(\text{hpk},h)$。对于均匀选择的 $\psi'\in\mathcal{R}_{\text{SampleL}}$ 和 $t=\text{XAuth}(k_1',\cdots,k_L')$，其中 $k_i'=\text{PEval}(\text{hpk},x_i,\psi_i,h_t)$。它产生如下形式的二义性密文：

$$c=(x_1',\cdots,x_L',t)=\left(\text{SampleL}(\mathcal{L}_\rho;\psi_1'),\cdots,\text{SampleL}(\mathcal{L}_\rho;\psi_L'),t\right) \tag{8.4}$$

(2) 输入 (Open,m)，对于任意的 $m=\{m_1,\cdots,m_L\}\in\{0,1\}^L$，这样 c 可以解释为加密 m 的一个密文。解释的方法如下。

如果 $m_i=1$，发布 $r=(\psi_i,r_i^x,r_i^k)_{i\in[1,L]}$ 与 $\psi_i=\psi_i'$。

如果 $m_i=0$，发布 $(r_i^x,r_i^k)=\left(\text{Explain}(\mathcal{X}_\rho,x_i'),\text{Explain}(\mathcal{K}_\rho,k_i')\right)$。

8.4.4 NC-CCA 加密方案的安全性证明

定理 8.5　NCCCA 方案是 NC-CCA 安全的。存在一个模拟器 S，使得对于每个敌手 A，有一个子集成员区分器 D 和一个攻击 h 的抗碰撞特性的敌手 B，满足：time_D，$\text{time}_B\approx\text{time}_A$，并且有

$$\left|\text{Adv}_{\text{NCCCA},A,S}^{\text{nc-cca}}(n)\right|\leqslant L\cdot\left|\text{Adv}_{\text{EHPS},D}^{\text{sm}}(n)\right|+2L^2q\cdot\text{Adv}_{\text{XAC}}^{\text{xac}}(n)+\text{Adv}_{h,B}^{\text{cr}}(n)+\frac{L(L-1)}{|\mathcal{L}_\rho|} \tag{8.5}$$

其中，$\text{Adv}_{\text{XAC}}^{\text{xac}}(n)=\max\left\{\text{Adv}_{\text{XAC}}^{\text{sub}}(n),\text{Adv}_{\text{XAC}}^{\text{imp}}(n)\right\}$；$q$ 是 A 进行解密询问数目的上界。

证明思路：用一个二义性密文来代替挑战密文，具体方法就是一个接一个地代替挑战密文 c^* 内的每个 x_γ^*。首先，当 $m_\gamma=0$ 时，不是随机选择相应密钥 k_γ^*，而总是计算 HPS 密钥 $k_\gamma^*=\text{hsk}(x_\gamma^*,h_t^*)$。然后，用 $x_\gamma^*\in\mathcal{L}_\rho$ 代替 $x_\gamma^*\notin\mathcal{L}_\rho$，产生一个二义性密文。

这样修改不会(有意义地)更改敌手的观察，主要原因是：A 没有 HPS 的私钥 hsk 的任何信息，只有公钥 hpk。为了保证敌手 A 不知道 hsk 的任何信息，略微作如下修改：把用来回答解密询问的解密过程 $\mathcal{D}$ 修改为 $\mathcal{D}$ 不使用 hsk，当 $x_i\notin\mathcal{L}_\rho$ 时，被解密的消息比特 m_i 直接设置为 0 而不用验证 XAC 标签 t_i。根据 Hash 证明系统的通用性和 XAC 抗扮演攻击的安全性，这样修改解密不会(有意义地)更改敌手的观察。结果敌手 A 攻击该方案的安全性的博弈没有任何效果，但是可证明选择的 k_γ^* 是 HPS 的密钥 k_γ^* 而不是用随机数。由于从 $x_\gamma^*\notin\mathcal{L}_\rho$ 到 $x_\gamma^*\in\mathcal{L}_\rho$ 的转换步骤有公正性问题，因此，在最后转换之前，需要把修改的解密过程 $\mathcal{D}$ 再改为原来的解密 $\mathcal{D}$。根据 Hash 证明系统的通用性和 XAC 的安全性，反过来的这个修改会影响敌手 A 的观察，但是影响非常小，因为如果 $x_i=x_\gamma^*$ 且 $h_t=h_t^*$，则 A 知道一个 XAC 标签 t^*，这个标签用 HPS 的密钥 $k_i=\text{hsk}(x_i,h_t)$ 可验证；如果真的 $h_t=h_t^*$，则 h 的抗碰撞性确保 A 得提交一个另外不同的 XAC 标签。XAC 抗替代攻击的安全性，确保这个标签被拒绝。这样，两个解密过程解密得到同样的消息比特，因此是不可区分的。

证明：用第 10 章的博弈证明技术得到一个博弈链。令博弈 Game i 的输出为 out_i。

(1) 博弈 Game −2：是初始的真实实验 $\text{Exp}_{\text{NCCCA},A}^{\text{nc-cca-real}}$。根据定义：

$$\Pr[\text{out}_{-2}=1]=\text{Exp}_{\text{NCCCA},A}^{\text{nc-cca-real}}(n) \tag{8.6}$$

设敌手 A 选择的消息为 $m^*=(m_1^*,\cdots,m_\ell^*)$，提交给敌手 A 的挑战者密文为 $c^*=(x_1^*,\cdots,x_L^*,t^*)$，$A$ 的第 j 个解密询问 $c^j=(x_1^j,\cdots,x_L^j,t^j)$。

类似地，定义 h_t^* 和 k_i^j。不失一般性，假设 A 总是做 $q=q(n)$ 次解密询问。

(2) 博弈 Game −1：对于某个不相同的 $i,i'\in[1,L]$，一旦 $x_i^*=x_{i'}^*$ 就终止实验(不输出 1)。用计算论证和一个合并界，可以证明：

$$\left|\Pr[\text{out}_{-1}=1]-\Pr[\text{out}_{-2}=1]\right|\leqslant\frac{L(L-1)}{|\mathcal{L}_\rho|} \tag{8.7}$$

(3) 博弈 Game 0：对于某个 L，一旦 A 提交满足 $h_t^j=h(x_1^j,\cdots,x_L^j)=h(x_1^*,\cdots,x_L^*)=h_t^*$ 的解密询问 $c^j=(x_1^j,\cdots,x_L^j,t^j)$，就终止实验(不输出 1)。

一个直接归约证明：对于某个模拟博弈 Game 0 的合适的 B，有

$$\Pr[\text{out}_0=1]=\Pr[\text{out}_{-1}=1]=\text{Adv}_{\mathcal{H},B}^{\text{cr}}(n) \tag{8.8}$$

(4) 从博弈 Game 0 到博弈 Game L，逐步用式(8.4)形式的二义性密文替代挑战密文。具体方法，博弈 Game $\gamma(0\leqslant\gamma\leqslant L)$ 中除了 x_i^* 和 k_i^* $(i\leqslant\gamma)$ 用以下公式计算之外，博弈 Game γ 和博弈 Game 0 一致：

$$x_i^*=\text{SampleL}(\mathcal{L}_\rho;\psi_i^*)\in\mathcal{L}_\rho,\quad k_i^*=\text{PEval}(\text{hpk},x_i^*,\psi_i^*,h_t)$$

不管 m_i^* 是什么值，x_i^* 被开放适合 8.4.3 节中二义性密文解释的 m_i^*。

在最后博弈 Game L 中，c^* 是二义性的，并且博弈 Game L 与前面介绍的关于模拟器 S 的理想实验 $\text{Exp}_{\text{NCCCA},S}^{\text{cca-nc-ideal}}$ 相同。

证明：对于任意 $0\leqslant\gamma\leqslant L-1$，博弈 Game γ 和博弈 Game $\gamma+1$ 是不可区分的。

(1) 博弈 Game $\gamma.1$ 与以上博弈 Game γ 相同。

(2) 博弈 Game $\gamma.2$：在博弈 Game $\gamma.2$ 中略微修改解密预言机。前面的博弈是通过一个解密询问 c 的每个 EHPS 的密文 x_i，计算一个密钥 $\overline{k_i}=\text{hsk}(x_i,h_t)$，并返回 $m_i=\text{XVer}(\overline{k_i},i,t)$。这里修改为：当且仅当 x_i 与 $x_i\notin\mathcal{L}_\rho$ 的意义不一致的情况下，返回 $m_i=0$。

令 $\text{bad}_{\gamma.i.1}$ 表示博弈 Game $\gamma.1$ 中，某个 c^j 中有一个 EHPS 密文 x_i，该 x_i 与 $x_i\notin\mathcal{L}_\rho$ 的意义不一致，但 $\text{XVer}(\overline{k_i},i,t)=1$ 的事件。令 $\text{bad}_{\gamma.2}$ 表示博弈 Game $\gamma.2$ 中相应的事件。通过构造，只要各自的事件 $\text{bad}_{\gamma.1}$ 和 $\text{bad}_{\gamma.2}$ 不发生，并且 $\Pr[\text{bad}_{\gamma.1}]=\Pr[\text{bad}_{\gamma.2}]$，则博弈 Game $\gamma.1$ 和博弈 Game $\gamma.2$ 相同。

命题 8.4　$\Pr[\text{bad}_{\gamma.2}]\leqslant Lq\cdot\text{Adv}_{\text{XAC}}^{\text{imp}}(n)$。

证明：令 $\text{bad}_{\gamma.2.j.i}$ 表示博弈 Game $\gamma.2$ 中，某个 c^j 中 EHPS 密文 x_i 与 $x_i\notin\mathcal{L}_\rho$ 的意义不一致，但 $\text{XVer}(\overline{k}_i^j,i,t^j)=1$ 的事件。这样有

$$\text{bad}_{\gamma.2} = \vee_{(j,i)\in[1,q]\times[1,L]} \text{bad}_{\gamma.2.j.i}$$

固定 $(j,i)\in[1,q]\times[1,L]$，如果 $x_i^j \notin \mathcal{L}_\rho$，EHPS 的通用性蕴含着 $\overline{k}_i^j = \text{hsk}(x_i^j, h_t^j)$ 是均匀随机的，并且独立于 A 的观察(在博弈 Game γ.2 中，A 的观察仅依赖于 hpk)。因此，$\Pr[\text{bad}_{\gamma.2.j.i}] \leqslant \text{Adv}_{\text{XAC}}^{\text{imp}}(n)$。再根据 j 和 i 上的联合界，可以证明：

$$\Pr[\text{bad}_{\gamma.2}] \leqslant Lq \cdot \text{Adv}_{\text{XAC}}^{\text{imp}}(n) \qquad \triangle$$

根据命题 8.4，可得

$$\left|\Pr[\text{out}_{\gamma.2}=1] - \Pr[\text{out}_{\gamma.1}=1]\right| \leqslant \Pr[\text{bad}_{\gamma.2}] \leqslant Lq \cdot \text{Adv}_{\text{XAC}}^{\text{imp}}(n) \tag{8.9}$$

在博弈 Game γ.2 中，敌手的观察能力依赖于 hpk。当实验使用 hsk 来有效地解密一致的 EHPS 密文时，根据 EHPS 的完备性，除了 hpk，不能泄露 hsk 的任何信息。

(3) 博弈 Game γ.3：在 c^* 的解密中，如果 $m_\gamma^* = 0$，博弈 Game γ.3 不是用 Sample 均匀选取 $k_\gamma^* \in \mathcal{K}_\rho$，而是计算 $k_\gamma^* = \text{hsk}(x_\gamma^*, h_t^*)$ 假设为 c^* 的解密。随后，使用硬币 $\text{Explain}(\mathcal{K}_\rho, k_\gamma^*)$ 时，如果 c^* 是开放的，则通过 $\text{Sample}(\mathcal{K}_\rho)$，$k_\gamma^*$ 被解释为是随机的。

由于计算 k_γ^* 时，除了 hpk 之外，只有 hsk 的信息被泄露。EHPS 的通用性保证了 k_γ^* 看起来是均匀的，具体：

$$\Pr[\text{out}_{\gamma.3}=1] = \Pr[\text{out}_{\gamma.2}=1] \tag{8.10}$$

(4) 博弈 Game γ.4：与博弈 Game γ.2 的改变相反，即当且仅当 $x_i \in \mathcal{L}_\rho$ 时，解密不是设 $m_i = 1$，而是计算 $m_i = \text{XVer}(\overline{k_i}, i, T)$。这样修改使得博弈 Game γ.4 又有效了。

令 $\text{bad}_{\gamma.3}$ 表示博弈 Game γ.3 中，某个 c^j 中存在一个 EHPS 密文 x_i 与 $x_i \notin \mathcal{L}_\rho$ 的意义不一致，但 $\text{XVer}(\overline{k_i}, i, t) = 1$ 的事件。令 $\text{bad}_{\gamma.4}$ 表示博弈 Game γ.4 中相应的事件。与前面类似，通过构造，只要各自的事件 $\text{bad}_{\gamma.3}$ 和 $\text{bad}_{\gamma.4}$ 不发生并且 $\Pr[\text{bad}_{\gamma.3}] = \Pr[\text{bad}_{\gamma.4}]$，则博弈 Game γ.3 和博弈 Game γ.4 相同。

命题 8.5　$\Pr[\text{bad}_{\gamma.3}] \leqslant Lq \cdot \max\left\{\text{Adv}_{\text{XAC}}^{\text{sub}}(n), \text{Adv}_{\text{XAC}}^{\text{imp}}(n)\right\}$。

证明： 令 $\text{bad}_{\gamma.3.j.i}$ 表示博弈 Game γ.3 中，某个 c^j 中 EHPS 密文 x_i 与 $x_i \notin \mathcal{L}_\rho$ 的意义不一致，但 $\text{XVer}(\overline{k}_i^j, i, T^j) = 1$ 的事件，这样有 $\text{bad}_{\gamma.3} = \vee_{(j,i)\in[1,q]\times[1,L]} \text{bad}_{\gamma.3.j.i}$。固定 $(j,i)\in[1,q]\times[1,L]$，可以假设 $X_i^j \notin \mathcal{L}_\rho$。

①假设 $(x_i^j, h_t^j) \neq (x_\gamma^*, h_t^*)$，由于在博弈 Game γ.3 中，A 关于 hsk 的信息受 hpk 和 $k_\gamma^* = \text{hsk}(x_\gamma^*, h_t^*)$ 的限制，这样 EHPS 的 2-通用性蕴含着 $\overline{k}_i^j = \text{hsk}(x_i^j, h_t^j)$ 是均匀随机的并且独立于 A 的观察。根据 XAC 抗扮演攻击的安全性，可得

$$\Pr\left[\text{bad}_{\gamma.3.j.i} \,\middle|\, (x_i^j, h_t^j) \neq (x_\gamma^*, h_t^*)\right] \leqslant \text{Adv}_{\text{XAC}}^{\text{imp}}(n)$$

②假设 $(x_i^j, h_t^j) = (x_\gamma^*, h_t^*)$，根据在博弈 Game 0 和博弈 Game 1 的修改，可以假设 $(x_{i'}^j)_{i'\in[1,L]} = (x_{i'}^*)_{i'\in[1,L]}$，为此，需要 $\gamma = i$ 和 $\overline{k}_i^j = k_\gamma^* = \text{hsk}(x_\gamma^*, h_t^*)$。

此外，为了解密询问是有效的，必须 $t^j \neq t^*$ 成立。EHPS 的 2-通用性蕴含着 $k_i^* = \mathrm{hsk}\left(x_i^*, h_t^*\right)$ 是均匀分布的，并且关于 k_i^* 的信息 A 只有 t^*。根据 XAC 抗扮演攻击的安全性，可得

$$\Pr\left[\mathrm{bad}_{\gamma.3.j.i}\middle|\left(x_i^j, h_t^j\right) = \left(x_\gamma^*, h_t^*\right)\right] \leqslant \mathrm{Adv}_{\mathrm{XAC}}^{\mathrm{imp}}(n)$$

合并①和②的结果，再根据 j 和 i 上的联合界，可以证明：

$$\Pr\left[\mathrm{bad}_{\gamma.3}\right] < Lq \cdot \max\left\{\mathrm{Adv}_{\mathrm{XAC}}^{\mathrm{sub}}(n), \mathrm{Adv}_{\mathrm{XAC}}^{\mathrm{imp}}(n)\right\}$$

又由于 $\Pr\left[\mathrm{bad}_{\gamma.3}\right] = \Pr\left[\mathrm{bad}_{\gamma.4}\right]$，可以证明：

$$\Pr\left[\mathrm{bad}_{\gamma.3}\right] = Lq \cdot \max\left\{\mathrm{Adv}_{\mathrm{XAC}}^{\mathrm{sub}}(n), \mathrm{Adv}_{\mathrm{XAC}}^{\mathrm{imp}}(n)\right\}$$

因此，命题 8.5 得证。　△

记 $\mathrm{Adv}_{\mathrm{XAC}}^{\mathrm{xac}}(n) = \max\left\{\mathrm{Adv}_{\mathrm{XAC}}^{\mathrm{sub}}(n), \mathrm{Adv}_{\mathrm{XAC}}^{\mathrm{imp}}(n)\right\}$，根据命题 8.5，可得

$$\left|\Pr\left[\mathrm{out}_{\gamma.4} = 1\right] - \Pr\left[\mathrm{out}_{\gamma.3} = 1\right]\right| \leqslant \Pr\left[\mathrm{bad}_{\gamma.3}\right] \leqslant Lq \cdot \mathrm{Adv}_{\mathrm{XAC}}^{\mathrm{xac}}(n) \tag{8.11}$$

(5) 博弈 Game $\gamma.5$：如果 $m_\gamma^* = 0$，博弈 Game $\gamma.5$ 不随机取样 $x_\gamma^* \leftarrow \mathcal{X}_\rho$，而是用一个均匀的 $x_\gamma^* \in \mathcal{L}_\rho$ 代替。具体地，这个实验总是运行 $x_\gamma^* \leftarrow \mathrm{SampleL}\left(\mathcal{L}_\rho; \psi_\gamma^*\right)$。随后，如果 c^* 是开放的，通过 $\mathrm{Sample}\left(\mathcal{X}_\rho\right)$，使用随机硬币 $\mathrm{Explain}\left(\mathcal{X}_\rho, x_\gamma^*\right)$，$x_\gamma^*$ 被解释为是随机的。由于博弈 Game $\gamma.4$ 又有效了，可以使用子集成员假设得到：对于依赖于它的挑战，均匀地猜测 γ，并且分别模拟 Game $\gamma.4$ 与模拟 Game $\gamma.5$ 的一个合适的 $\mathcal{D}$，式 (8.12) 成立：

$$\frac{1}{L}\sum_{\gamma\in[1,L]}\left(\Pr\left[\mathrm{out}_{\gamma.5} = 1\right] - \Pr\left[\mathrm{out}_{\gamma.4} = 1\right]\right) = \mathrm{Adv}_{\mathrm{EHPS},\mathcal{D}}^{\mathrm{sm}}(n) \tag{8.12}$$

因为在 Game $\gamma.5$ 中，$k_\gamma^* = \mathrm{hsk}\left(x_\gamma^*, h_t^*\right) = \mathrm{PEval}\left(\mathrm{hpk}, c_\gamma^*, \psi_\gamma^*, h_t^*\right)$，Game $\gamma.5$ 只是博弈 Game $\gamma+1$ 的一个具体的新的表达，因此在 $\gamma \in [1, L]$ 上，把式 (8.9)~式 (8.12) 综合起来，得到

$$\left|\Pr\left[\mathrm{out}_L = 1\right] - \Pr\left[\mathrm{out}_0 = 1\right]\right| \leqslant L \cdot \left|\mathrm{Adv}_{\mathrm{EHPS},\mathcal{D}}^{\mathrm{sm}}(n)\right| + 2L^2 q \cdot \mathrm{Adv}_{\mathrm{XAC}}^{\mathrm{xac}}(n) \tag{8.13}$$

通过观察，博弈 Game L 正是前面描述过的 NC-CCA 模拟器 S 的 $\mathrm{Exp}_{\mathrm{NCCCA},S}^{\text{so-ideal}}$ 实验，因此有

$$\Pr\left[\mathrm{Exp}_{\mathrm{NCCCA},S}^{\text{nc-cca-ideal}}(n) = 1\right] = \Pr\left[\mathrm{out}_L = 1\right] \tag{8.14}$$

结合式 (8.6)~式 (8.8)、式 (8.13) 和式 (8.14)，完成定理 8.5 的证明。　△□

习题与思考

8.1　试叙述以下安全性概念，并进行比较。

IND-CPA-SOA、IND-CCA-SOA、CPA-SOA、CCA-SOA、IND-SOA-CRS、IND-CCA2-SOA、SS-SOA、SS-SOA-CRS、IND-SOA-CRS、NC-CPA、NC-CCA

8.2　试证明 NC-CCA 安全性蕴含着 CCA-SOA 安全性。

提示：①参阅命题 8.2 的证明方法；

②敌手在所有攻击阶段可以访问一个解密预言机 $\mathcal{D}_{sk}(\cdot)$ 的证明比较复杂，只证明在一个阶段即可。

8.3　在验证算法是规范的条件下，把素数阶 q 的群 $\mathbb{G}$ 上的 El Gamal 加密方案修改成为一个完美绑定的 CE-方案。

提示：增加验证，把 El Gamal 加密方案改进为重加密方案，然后检验 $\mathbb{G}$ 或 $\mathbb{Z}_q$ 上的数。

8.4　为什么用一个有损陷门单向函数构造的公钥密码方案不可能是绑定的。

提示：参阅第 3 章 Lossy TDF 的定义。因为敌手可能提供一个有损加密密钥，在该密钥加密下，可能发生加密碰撞。

8.5　在图 8.8 的博弈 $\text{SSOAC}_{\Pi,\mathcal{M},R,\mathcal{A}}$ 中，模拟器 S 在 $\text{MSG}(\alpha)$ 调用中没有得到任何返回信息，为什么 S 还要调用 $\text{MSG}(\alpha)$ 呢?

8.6　试比较 SOA-C 和 SOA-K 的概念，并说明为什么不存在绑定的 CE-方案是 SOA-C-安全的，也不存在解密可验证的 IND-CPA 加密方案是 SOA-K-安全的。

8.7　请参阅 NC-CCA 安全性的证明方法证明定理 8.4 中 NCCPA 的 NC-CPA 安全性。

8.8　试说明基于 Paillier 的 SMP 也实现了定义 8.11 和定义 8.12 的需要。

8.9　以构造 8.2 为例，试利用 EHPS 构造新的 NC-CCA 安全的加密方案。

提示：利用 EHPS 时，注意两种形式的取样，如 $\text{SampleL}(\mathcal{L}_\rho;\psi_i)$ 和 $\text{Sample}(\mathcal{X}_\rho;r_i^x)$。

参 考 文 献

BELLARE M, DOWSLEY R, WATERS B, et al, 2012. Standard security does not imply security against selective-opening. Eurocrypt: 645-662.

BELLARE M, HOFHEINZ D, YILEK S, 2009. Possibility and impossibility results for encryption and commitment secure under selective opening//Joux A. Annual International Conference on the Theory and Applications of Cryptographic Techniques. Heidelberg: Springer-Verlag: 1-35.

CRAMER R, SHOUP V, 2002. Universal hash proofs and a paradigm for adaptive chosen ciphertext secure public-key encryption//Knudsen L R. Advances in Cryptology—Eurocrypt 2002. Heidelberg: Springer-Verlag: 45-64.

FEHR S, HOFHEINZ D, KILTZ E, et al, 2010. Encryption schemes secure against chosen-ciphertext selective opening attacks. Eurocrypt, 6110: 381-402.

GOLDREICH O, 2004. Foundations of cryptography: Basic applications, vol. 2. Cambridge: Cambridge University Press.

HEMENWAY B, LIBERT B, OSTROVSKY R, et al, 2009. Lossy encryption: Constructions from general assumptions and efficient selective opening chosen ciphertext security. Cryptology ePrint Archive, Report 2009/088.

附录：第 8 章的加密方案简表

	$\mathrm{Gen}(\cdot)$	$\mathcal{E}_{\mathrm{pk}}(\cdot)$	$\mathcal{D}_{\mathrm{sk}}(\cdot)$	备注
NCCPA (加密单比特消息	1^n $(f,f^{-1})\leftarrow\mathcal{F}$ 返回：$(\mathrm{pk},\mathrm{sk})=(f,f^{-1})$	$\mathrm{pk}=f$ $m\in\{0,1\}$ $r=(r^x,K_0)$ $\in\mathcal{R}_{\mathrm{Sample}}\times\{0,1\}^n$ $x\leftarrow\mathrm{Sample}(\mathbb{D}_f;r^x)$ 返回：$c=(y,K)=\begin{cases}(f^n(x),\mathrm{BM}_{f,n}(x)),m=1\\(x,K_0),\quad m=0\end{cases}$	$\mathrm{sk}=f^{-1}$ $c=(y,K)$ 返回： $m=\begin{cases}1,\ \mathrm{BM}_{f,n}(f^{-n}(y))=k\\0,\ \text{其他}\end{cases}$	基于 BM 构造
NCCCA	$\rho\xleftarrow{\$}\mathrm{SysGen}(1^n)$ $(\mathrm{hpk},\mathrm{hsk})\xleftarrow{\$}\mathrm{HashGen}(\rho)$，$h\xleftarrow{\$}\mathcal{H}$ 返回：公钥 $\mathrm{pk}=(\mathrm{hpk},h)$ 和私钥 $\mathrm{sk}=(\mathrm{hsk},h)$	$\mathrm{pk}=(\mathrm{hpk},h)$ $m=\{m_1,\cdots,m_L\}\in\{0,1\}^L$ $r=(\psi_i,r_i^x,r_i^k)_{i\in[1,L]}\in(\mathcal{R}_{\mathrm{SampleL}}\times\mathcal{R}_{\mathrm{Sample}}\times\mathcal{R}_{\mathrm{Sample}})^L$ 对于 $i\in[1,L]$，设 x_i 如下： 计算：$\begin{cases}\mathrm{Sample}(\mathcal{X}_\rho;r_i^x),m_i=0\\\mathrm{SampleL}(\mathcal{L}_\rho;\psi_i),m_i=1\end{cases}$ $h_t=h(x_1,\cdots,x_L)$。对于 $i\in[1,L]$，设密钥 k_i： $\begin{cases}\mathrm{Sample}(\mathcal{K}_\rho;r_i^k),m_i=0\\\mathrm{PEval}(\mathrm{hpk},x_i,\psi_i,h_t),m_i=1\end{cases}$ $t=\mathrm{XAuth}(k_1,\cdots,k_L)$。 返回：$c=(x_1,\cdots,x_L,t)$	$\mathrm{sk}=(\mathrm{hsk},h)$ $c=(x_1,\cdots,x_L,t)$。设 $h_t=h(x_1,\cdots,x_L)$，对于 $i\in[1,L]$，令 $\overline{k_i}=\mathrm{hsk}(x_i,h_t)$，$m_i=\mathrm{XVer}(\overline{k_i},i,t)$ 返回：$m=(m_1,\cdots,m_L)$	用 EHPS、函数、L-交叉认证码构造

第 9 章　密钥关联消息安全性

本章主要内容

(1) 密钥关联消息安全的私钥加密方案：标准安全性概念没有考虑的情形，密钥关联消息攻击安全的私钥加密方案、一个简单有效的 KDM 安全的私钥加密方案及安全性证明。

(2) 密钥关联消息安全的公钥加密方案的两个概念：标准模型下密钥关联消息的攻击安全的公钥加密方案概念、标准模型下适应性密钥关联消息安全的公钥加密方案。

(3) 构造两个密钥关联消息安全的公钥加密方案：判定复合假设、模算术电路、关于有界次数模算术电路的 KDM 安全的方案、关于有界次数模算术电路的函数的 KDM 安全的方案。

(4) 三模型证明系统：三模型证明系统的描述、三模型证明系统、应用三模型证明系统证明方案的安全性。

9.1　密钥关联消息安全的私钥加密方案

9.1.1　标准安全性概念没有考虑的情形

标准的加密方案的安全性概念，如 IND-CPA 和 IND-CCA 得到广泛的应用，但是还有另外一种情形是这些标准的安全性概念没有考虑到的，就是 Goldwasser 等首先意识到的加密循环存在的安全性问题。以一个 IND-CPA 安全的私钥加密方案 $\mathcal{E}_k(m,r)$ 为例，把 $\mathcal{E}_k(m,r)$ 略微修改成如下加密方案，加密后密文为

$$c \leftarrow \begin{cases} 0\|\mathcal{E}_k(m,r), & m \neq k \\ 1\|k, & m = k \end{cases}$$

该加密方案仍然是一个 IND-CPA 安全的私钥加密方案，但是当敌手提交基于密钥的加密时，该加密方案就不安全了。

加密循环包含关于密钥的某些函数的加密。例如，密钥 k 的补的异或的加密和 $m\|k$ 的加密都是循环，一些循环不造成安全性威胁，但是有些循环却造成安全性威胁。于是，Goldwasser 等首先提出了一种新的被动攻击类型：密钥关联消息 (KDM) 攻击，这是一种允许明文依赖所基于的解密密钥的新的攻击模型，这种攻击模型允许敌手直接访问隐藏的密钥。

非正式地，即便敌手通过密钥 k_i 的加密，从而获得基于秘密密钥向量 $\boldsymbol{k}$ 的函数 $g(\boldsymbol{k})$，这个加密方案仍是安全的，称该加密方案为密钥依赖消息 (Key Dependent Message, KDM) 安全的。通过函数 g 敌手可以直接访问密钥，但是加密后这个信息仅仅是表面的，例如，函数 g 可能需要一个特定的密钥 k_i，或者它可能异或各种密钥。

9.1.2 密钥关联消息攻击安全的私钥加密方案

密钥关联消息的攻击模型有公钥加密方案和私钥加密方案两种情形，下面介绍私钥加密方案的密钥关联消息攻击的安全性。

设 $\Gamma' = (\text{Gen}, \mathcal{E}, \mathcal{D})$ 是一个私钥加密方案(具体见第 1 章定义 1.6)，密钥 $k \in \text{Key}$，并设 Real_k 是输入明文 $\boldsymbol{m}$，返回 $c \overset{\$}{\leftarrow} \mathcal{E}_k(\boldsymbol{m}, \boldsymbol{r})$ 的预言机，而设 Fake_k 是输入明文 $\boldsymbol{m}$，返回 $c \overset{\$}{\leftarrow} \mathcal{E}_k\left(0^{|m|}\right)$ 的预言机，则敌手 A 攻击私钥加密方案 Γ' 的不可区分选择明文攻击的安全性优势(/ND-CPA)可以定义如下：

$$\text{Adv}_{\Gamma'}^{\text{cpa}}(A) \overset{\text{def}}{=} \left|\Pr\left[k \overset{\$}{\leftarrow} \text{Gen} : A^{\text{Real}_k} = 1\right] - \Pr\left[k \overset{\$}{\leftarrow} \text{Gen} : A^{\text{Fake}_k} = 1\right]\right|$$

IND-KDM 的安全性加强了 IND-CPA 安全性。设想有两个实验，这两个实验的开始都是选择一个密钥向量 $\boldsymbol{k} = (k_1, k_2, \cdots)$，其中每个密钥 k_i 由密钥产生算法 Gen 运行产生，并且使用独立的硬币确定，用 $\boldsymbol{k} \overset{\$}{\leftarrow} \text{Gen}$ 表示这个步骤，等价地，也可用如下程序表示：

for $\quad i \in (1, 2, \cdots)$, do $k_i \overset{\$}{\leftarrow} \text{Gen}$。

实验 Real：给定敌手一个预言机 Real_k，该预言机有两个输入，即一个数 $j \in (1, 2, \cdots)$ 和一个函数 g。函数 g 由一个(确定的)RAM 程序描述，并根据一些固定的规则编码。函数 g 把 $\boldsymbol{k} \in \left(\{0,1\}^*\right)^\infty$ 映射到 $g(\boldsymbol{k}) \in \{0,1\}^*$。当预言机 Real_k 被询问 (j, g) 时，它在密钥 $\boldsymbol{k}_j$ 下概率加密 m_1，这里 $m_1 = g(\boldsymbol{k})$。

实验 Fake：给定敌手一个预言机 Fake_k，该预言机有两个类似输入，即一个数 $j \in (1, 2, \cdots)$ 和一个函数 g。函数 g 由一个(确定的)RAM 程序描述，并根据一些固定的规则来编码。函数 g 把 $\boldsymbol{k} \in \left(\{0,1\}^*\right)^\infty$ 映射到 $g(\boldsymbol{k}) \in \{0,1\}^*$。当预言机 Fake_k 被询问 (j, g) 时，它在密钥 $\boldsymbol{k}_j$ 下概率加密 m_0，m_0 为 $|g(\boldsymbol{k})|$ 个 0 比特。

如果确信自己参与在实验 Real 中，敌手就输出一个 1；如果确信自己参与在实验 Fake 中，敌手就输出一个 0。强调一个条件：对于敌手询问的任意的 (j, g)，$|g(\boldsymbol{k})|$ 不能依赖于密钥向量 $\boldsymbol{k}$，这个条件就是说 g 是固定长度，称函数 g 为**明文构造函数**。

定义 9.1　标准模型下 IND-KDM 安全的私钥加密方案。 设 $\Gamma' = (\text{Gen}, \mathcal{E}, \mathcal{D})$ 是一个私钥加密方案，并设 A 是一个敌手。对于 $\boldsymbol{k} \in \left(\{0,1\}^*\right)^\infty$，设 Real_k 是输入 (j, g)，返回 $c \overset{\$}{\leftarrow} \mathcal{E}_{k_j}(g(\boldsymbol{k}))$ 的预言机，而设 Fake_k 是输入 (j, g)，返回 $c \overset{\$}{\leftarrow} \mathcal{E}_{k_j}\left(0^{|g(\boldsymbol{k})|}\right)$ 的预言机。具体见图 9.1。

设安全参数为 n，对于任意的多项式时间敌手 A，A 攻击私钥加密方案 Γ' 的不可区分密钥依赖消息(Indisitinguishability-based Key Dependent Message，IND-KDM)的优势定义为

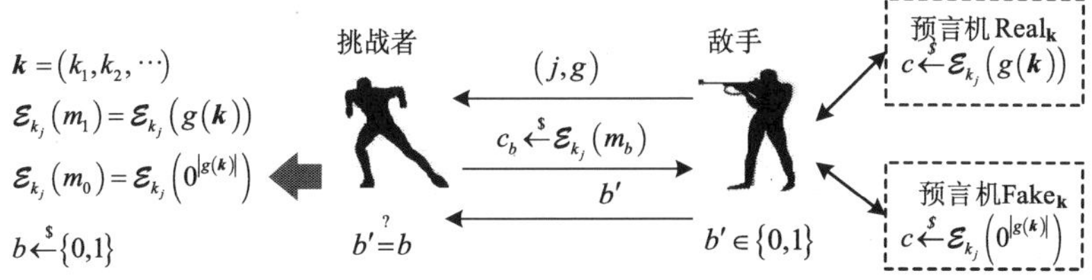

图 9.1　标准模型下 IND-KDM 模型的私钥加密方案

$$\mathrm{Adv}_{\Gamma'}^{\mathrm{kdm}}(A)\stackrel{\mathrm{def}}{=}\left|\Pr\left[\boldsymbol{k}\xleftarrow{\$}\mathrm{Gen}:A^{\mathrm{Real}_k}=1\right]-\Pr\left[\boldsymbol{k}\xleftarrow{\$}\mathrm{Gen}:A^{\mathrm{Fake}_k}=1\right]\right|$$

如果 $\mathrm{Adv}_{\Gamma'}^{\mathrm{kdm}}(A)$ 是可忽略不计的，则称私钥加密方案 Γ 是 IND-KDM 安全的。通常把 IND-KDM 简略写成 KDM。□

标准模型下，IND-KDM 安全性的概念显然比 IND-CPA 安全性的概念强，接下来讨论在随机预言机模型下，私钥加密方案的 IND-KDM 安全性的概念。

已知 $\{0,1\}^*$ 是有限二元串空间，$\{0,1\}^\infty$ 是无限二元串空间，设 Ω 是从 $\{0,1\}^*$ 到 $\{0,1\}^\infty$ 的所有函数的集合。任意输入 $X\in\{0,1\}^*$，集合 Ω 中的每个随机的 H 会以概率方式输出一个均匀随机的无限长度的比特序列。为了定义随机预言机模型，允许给定密钥生成算法 Gen，加密算法 $\mathcal{E}$，解密算法 $\mathcal{D}$，敌手 A 和明文构造函数 g，一个预言机 $H\in\Omega$。虽然，$H(X)$ 定义为无限长度的比特串，本章算法中使用的 H 仅仅需要一个有限长度的前缀。

为了强调算法调用了预言机，在算法的右上角标记预言机，如算法 g 调用了预言机 H，就记为 g^H。如果强调一个算法调用了一个没有确定的预言机，在它的右上角用“？”标记，如用 $g^?$ 表示 g 调用了一个没有确定的预言机。

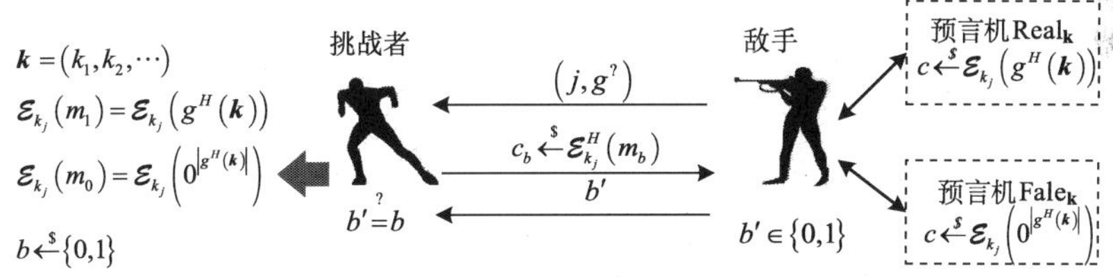

图 9.2　随机预言机模型下 IND-KDM 模型的私钥加密方案密码

对于随机预言机模型，要把函数 g 更新为固定长度：对于敌手 A 询问的任意 (j,g)，$|g^H(\boldsymbol{k})|$ 必须独立于 H 和 $\boldsymbol{k}$，这意味着，对于任意 $H\in\Omega$、任意,$H'\in\Omega$ 和 $\boldsymbol{k}\in\left(\{0,1\}^*\right)^\infty$，$\boldsymbol{k}'\in\left(\{0,1\}^*\right)^\infty$，有 $|g^H(\boldsymbol{k})|=|g^{H'}(\boldsymbol{k}')|$。

定义 9.2　随机预言机模型下 IND-KDM 安全的私钥加密方案。设 $\Gamma'=(\mathrm{Gen}，\mathcal{E}，\mathcal{D})$ 是一个随机预言机模型下的私钥加密方案，并设 A 是一个敌手。对于 $\boldsymbol{k}\in\left(\{0,1\}^*\right)^\infty$，设 Real_k^H 是输入 $(j,g^?)$，返回 $c\xleftarrow{\$}\mathcal{E}_{k_j}^H(g^H(\boldsymbol{k}))$ 的预言机，并设 Fake_k^H 是输入 $(j,g^?)$，返

回$c\overset{\$}{\leftarrow}\mathcal{E}_{k_j}^{H}\left(0^{\left|g^{H}(\boldsymbol{k})\right|}\right)$的预言机。

设安全参数为n，对于任意的多项式时间敌手A，A在随机预言机模型下攻击私钥加密方案Γ'的不可区分密钥依赖消息(Indisitinguishability-based Key Dependent Message，IND-KDM)的优势定义为

$$\mathrm{Adv}_{\Gamma'}^{\mathrm{kdm}}(A)\overset{\mathrm{def}}{=}\left|\Pr\left[\boldsymbol{k}\overset{\$}{\leftarrow}\mathrm{Gen};H\overset{\$}{\leftarrow}\Omega:A^{\mathrm{H,Real}_k^H}=1\right]-\Pr\left[\boldsymbol{k}\overset{\$}{\leftarrow}\mathrm{Gen};H\overset{\$}{\leftarrow}\Omega:A^{H,\mathrm{Fake}_k^H}=1\right]\right|$$

如果$\mathrm{Adv}_{\Gamma'}^{\mathrm{kdm}}(A)$是可忽略不计的，则称在随机预言机模型下私钥加密方案Γ是IND-KDM安全的，简写为KDM安全的。 □

随机预言机模型下KDM安全的概念中，敌手A以两种方式有效访问随机预言机H，一种是直接询问，另一种是非直接询问。在直接询问中，敌手A询问X，并接收$H(X)$；而在非直接询问中，敌手A询问在密钥k_i下$m=g^{H}(\boldsymbol{k})$的加密，其中$g^{H}(\boldsymbol{k})$的计算正是包含了他的调用H的某些数。

“假设明文构造函数g是固定长度”是一个必须满足的条件，没有这个假设，KDM安全的方案不存在。

例如，考虑如下定义的函数$g_{i,j}$：

$$g_{i,j}(\boldsymbol{k})=\begin{cases}1, & k_j\text{的第}i\text{-th比特为}1\\ 00, & k_j\text{的第}i\text{-th比特为}0\end{cases}$$

如果加密函数$\mathcal{E}$泄露了明文的长度，则敌手A以依次按比特询问$g_{i,j}(\boldsymbol{k})$值的方式获得任何密钥。一旦敌手A确定一个密钥k_i，他可以用这个知识来区分实验Real和实验Fake。

最基本的要求：如果已经允许加密是可泄露长度的，则绝不能准许$m=g^{H}(\boldsymbol{k})$的长度充当敌手获取$\boldsymbol{k}$的信息的“隐蔽通道”。

明文构造函数g的角色可以这样比喻：好像g和敌手A是同谋，并且g知道所有密钥。如果只有g得到某些信息并转给他的同伙A，A才会赢。但是，g的输出被迫必须通过一个加密操作才能发送给A。在一个KDM安全的方案中，明文构造函数g没有办法给他的同伙A返回任何有用的信息。

9.1.3 一个简单有效的KDM安全的私钥加密方案及安全性证明

本节给出一个随机预言机模型下，一个简单有效的KDM安全的私钥加密方案。

构造 9.1 KDM 安全的私钥加密方案。对于一个整数$n\geqslant 1$，私钥加密方案FA9-1=(Gen, $\mathcal{E}$, $\mathcal{D}$)具体如下。

(1)密钥产生算法Gen：用长度为$|r|$的随机硬币产生长度为$|k|$的密钥，输出一个随机n-bit的串k。

(2)加密算法$\mathcal{E}$：$\mathcal{E}_k(m,r)=r\|(H(k\|r)\oplus m)$，其中$r\in\{0,1\}^n$，且$|r|=n=|k|$，$r$是用作加密的随机硬币。

(3)解密算法$\mathcal{D}$：

$$\mathcal{D}_k(c)=\begin{cases}*, & |c|<|k|=n\\ H(k\|r)\oplus\overline{c}, & \text{其他}\end{cases}$$

上式中对于 $\mathcal{D}_k(c)=H(k\|r)\oplus\overline{c}$ 的情况，$r=c[1\cdots n]$ 是 c 的前 $n=|k|$ 比特；而 $\overline{c}=c[n+1\cdots]$ 是 c 的其余比特。

定理 9.1　FA9-1 方案是 KDM 安全的。设 $n\geqslant 1$ 是一个整数，并设 A 是攻击 FA9-1 方案的敌手。假设最多预言机询问 q 次(加密询问+直接 RO 询问+非直接 RO 询问)，则 $\mathrm{Adv}^{\mathrm{kdm}}_{\mathrm{FA9\text{-}1(n)}}(A)\leqslant\dfrac{q^2}{2^{n-2}}$。

证明：用博弈证明方法。

对敌手 A 的行为作一些不失一般性的假设。设 $N<q$ 为被敌手 A 参照的不同密钥数。首先，假设敌手 A 参照的密钥为 $j=1,2,\cdots,N$，这个权限的限制不失一般性：一个使用除 $j\in[1..N]$ 以外其他密钥的敌手，通过重新命名密钥为 A 访问的第 j 个新的密钥 j，很容易修改该敌手不使用除 $j\in[1..N]$ 以外的其他密钥。这种重新命名不影响 A 的优势。其次，假设 A 没有长度大于 $2n$ 的直接或间接的 H-询问。长度大于 $2n$ 的这种 H-询问显然与 A 的任务无关，并且任何做这样询问的敌手 A 容易被修改为不做询问的一个敌手。最后，假设 A 从没有重复一个直接 RO 询问 $k\|r$，因为已经知道了答案，所有敌手 A 不需要重复 RO 询问。

为了证明 $\mathrm{Adv}^{\mathrm{kdm}}_{\mathrm{FA9\text{-}1(n)}}(A)$ 很小，呈现给 A 的不是区分 Real 和 Fake 预言机，而是区分图 9.3 的 R 和 F 预言机。这些预言机特指敌手完成的不同的博弈。这些博弈(也就是预言机行为)依赖于参数 n，但从现在开始我们省略 n 的表示。

显然，图 9.3 中 R-标签的代码给敌手 A 提供与 Real 方案预言机相同的观察，而 F-标签的代码给敌手 A 提供与 Fake 预言机相同的观察。

Game R, F:

INITIALIZE:

for $j\leftarrow 1$ to N do $k_j\xleftarrow{\$}\{0,1\}^n$

bad $\leftarrow$ false ; $\chi\leftarrow\phi$

for all $X\in\{0,1\}^{2n}$ do $H(X)\leftarrow$ undefined

ON RO　QUREY $k\|r$

if $k\|r\in\chi$ then bad $\leftarrow$ true

if $k\|r\notin\mathrm{Domain}(H)$ then $H(k\|r)\xleftarrow{\$}\{0,1\}^\infty$

Return $H(k\|r)$

ON ENCRYPTION QUREY $(j,g^?)$

Compute $m\leftarrow g^?(k)$. To do this, run g .

When g makes a RO query of $k\|r$:

　if $k\|r\notin\mathrm{Domain}(H)$ then $H(k\|r)\xleftarrow{\$}\{0,1\}^\infty$

```
    Answer g 's RO query with H(k||r)
r ←$ {0,1}^n
c̄ ←$ {0,1}^|m|
if k_j||r ∈ Domain(H) then bad ← true
c̄ ← H(k_j||r) ⊕ m (用于Game R)
c̄ ← H(k_j||r) ⊕ 0^|m| (用于Game F)
else
H(k_j||r) ← c̄ ⊕ m (用于Game K)
H(k_j||r) ← c̄ ⊕ 0^|m| (用于Game F)
χ ← χ ∪ {k_j||r}
Return r||c̄
```

图 9.3　Game R 和 Game F 的定义(用 Domain(H) 定义满足 $H(X)$ 不等于 undefined 的点 X 的集合)

这里我们忽略了包括变量bad的所有陈述，因为它们不会改变敌手 A 的观察。代码用如下方式模拟一个随机预言机 H：给每个域点 X 分配一个均匀的、独立的范围点 $H(X)$。代码随机选择 c，然后用 c 定义 $H(k_j\|r)$，而不是随机选择 $H(k_j\|r)$，然后用 $H(k_j\|r)$ 定义 c，对于提供给敌手 A 能看到的，这二者显然是相等的。

声明 9.1　$\mathrm{Adv}^{\mathrm{kdm}}_{\mathrm{FA9\text{-}1(n)}}(A)=\left|\Pr\left[A^R=1\right]-\Pr\left[A^F=1\right]\right|$。

```
Game C:
INITIALIZE:
for j ← 1 to N do k_j ←$ {0,1}^n
bad ← false ; χ ← φ
for all X ∈ {0,1}^2n do H(X) ← undefined

ON RO QUREY k||r
if k||r ∈ χ then bad ← true
if k||r ∉ Domain(H) then H(k||r) ←$ {0,1}^∞
Return H(k||r)

ON ENCRYPTION QUREY (j, g^?)
Compute M ← g^?(k) . To do this, run g .
When g makes a RO query of k||r :
    if k||r ∉ Domain(H) then H(k||r) ←$ {0,1}^∞
    Answer g 's RO query with H(k||r)
r ←$ {0,1}^n
c̄ ←$ {0,1}^|m|
if k_j||r ∈ Domain(H) then bad ← true
χ ← χ ∪ {k_j||r}
Return r||c̄
```

图 9.4　Game C(直到敌手能断定(tell)之前，Game C 的行为类似于 Game R 和 Game F)

证明：图 9.4 中给了第三个博弈 Game C。设“ A^R sets bad ”是当 A 与 R 预言机一

块运行时，标志设置为true的事件。类似地，定义“ A^F sets bad ” 是当 A 与 F 预言机一块运行时，标志设置为true的事件，而“ A^C sets bad ” 是当 A 与 C 预言机一块运行时，标志设置为true的事件。

声明 9.2 $\left|\Pr\left[A^R=1\right]-\Pr\left[A^C=1\right]\right|=\Pr\left[A^C \text{ sets bad}\right]$，并且 $\left|\Pr\left[A^F=1\right]-\Pr\left[A^C=1\right]\right|=\Pr\left[A^C \text{ sets bad}\right]$，因此有

$$\left|\Pr\left[A^R=1\right]-\Pr\left[A^F=1\right]\right|\leqslant 2\cdot\Pr\left[A^C \text{ sets bad}\right]$$

证明： 先证明第一个等式。

首先假想从 Game R 中删除 38 行变为新的 Game R'。这个改变不能影响标志 bad 被设置为 true 的概率，即

$$\Pr\left[A^R \text{ sets bad}\right]=\Pr\left[A^{R'} \text{ sets bad}\right]$$

因为当 38 行执行时，bad 已经被设置为 true。既然 Game R' 中 38 行被删除，也删除了 40 行，都不能改变 bad 被设置为 true 的概率，因为由 40 行 $H\left(k_j\|r\right)$ 中存储的值仅仅影响敌手所看到执行 22 行之后的，并且当 40 行分配的陈述正好影响 22 行时，第 41 行做的标记已经引起 bad 在第 20 行任意处被设置为 true。

为什么在博弈 Game R' 中，第 40 行 $H\left(k_j\|r\right)$ 值的分配不能影响在随后执行第 42 行被返回的值？因为在博弈 Game R' 中，第 30~42 行中 $H(\cdots)$ 值的使用仅仅是在定义 $m=g^H(k)$ 中，但是在博弈 Game R' 第 34~42 行中所有使用的 m 是在 $|m|$ (35 行)中，我们已经假设 $\left|g^H(k)\right|$ 独立于 H 和 k，即关于 g 的固定长度的假设。

这样得出结论：

$$\Pr\left[A^R \text{ sets bad}\right]=\Pr\left[A^C \text{ sets bad}\right]$$

同理，有

$$\Pr\left[A^F \text{ sets bad}\right]=\Pr\left[A^C \text{ sets bad}\right]$$

根据三角不等式，可得

$$\left|\Pr\left[A^R=1\right]-\Pr\left[A^F=1\right]\right|\leqslant 2\cdot\Pr\left[A^C \text{ sets bad}\right]$$

声明 9.3 $\Pr\left[A^C \text{ sets bad}\right]\leqslant\dfrac{q^2}{2^{n-1}}$。

证明： 分别考虑博弈 Game C 中，bad 被设置为 true 的两个地方。由于在 36 行，最多 q 次中的每次询问，被执行的值 r 正好是在 34 行从一个大小为 2^n 的集合中随机选择的，然后，我们检测是否 something$\|r$ 在一个大小最多为 q 的集合中，因此在第 36 行 bad 被设置为 true 的概率最多为 $\dfrac{q^2}{2^n}$。

同理，可以声明在第 20 行，bad 被设置为 true 的概率最多为 $\dfrac{qN}{2^n}\leqslant\dfrac{q^2}{2^n}$。如果该敌手仅仅没有被给出第 10 行中选择的 $\left(k_1,\cdots,k_N\right)$ 值的信息的情况下，如果 $k\|$something（k 是

由敌手提供的)是随机的、大小最多为 $\frac{N}{2^n}$ 的秘密集合，最多测试 q 次。事实上，在博弈 Game C 中，提供给敌手 A 的观察是独立于 $(k_1,\cdots,k_N)$ 的。由于 g 是固定长度的假设，每次加密询问返回一个长度独立于 $(k_1,\cdots,k_N)$ 的随机串，而每次 RO 询问返回一个独立于 $(k_1,\cdots,k_N)$ 的随机无限串，这与随机串是否在第 21 行或者第 32 行被选择无关。

根据声明 9.1 声明 9.2 和声明 9.3，可得定理 9.1。 □

9.2 密钥关联消息安全的公钥加密方案的两个概念

9.2.1 标准模型下密钥关联消息攻击安全的公钥加密方案概念

本节讨论公钥加密方案的密钥关联消息攻击的安全性。直观上，公钥加密方案的密钥关联消息攻击的安全性与私钥加密方案的密钥关联消息攻击的安全性相似。

给定前面可以访问预言机的敌手 A，用一个特定的公钥 pk 加密一个指定的函数 g，这个函数 g 可能依赖于私钥 sk 的一个向量。敌手 A 可以计算标准明文信息的加密，但是当它访问 sk 时，仍然需要预言机计算函数 g。与它的预言机交互后，如果确信它的预言机返回一个真实的加密，敌手 A 输出“1”；否则敌手 A 输出“0”。在这个博弈中，如果一个合理的敌手不能做出一个好的工作，则该方案是 KDM 安全的。

设 $(\mathrm{pk},\mathrm{sk})\overset{\$}{\leftarrow}1^n$ 表示：for $i\in\{1,2,\cdots\}$，do $(\mathrm{pk}_i,\mathrm{sk}_i)\overset{\$}{\leftarrow}\mathrm{Gen}(1^n)$。

定义 9.3　标准模型下 IND-KDM 安全的公钥加密方案。 设 $\Pi=(\mathrm{Gen},\mathcal{E},\mathcal{D})$ 是一个公钥加密方案，并设 A 是一个敌手。

根据定义 1.7，对于 $(\mathrm{pk},\mathrm{sk})\in(\mathrm{PublicKey},\mathrm{SecretKey})^{\infty}$，设 $\mathrm{Real}_{\mathrm{sk}}$ 是输入 (i,g)，返回 $c\overset{\$}{\leftarrow}\mathcal{E}_{\mathrm{pk}_i}(g(\mathrm{sk}))$ 的预言机，而设 $\mathrm{Fake}_{\mathrm{sk}}$ 是输入 (i,g)，返回 $c\overset{\$}{\leftarrow}\mathcal{E}_{k_i}\left(0^{|g(\mathrm{sk})|}\right)$ 的预言机，具体见图 9.5。

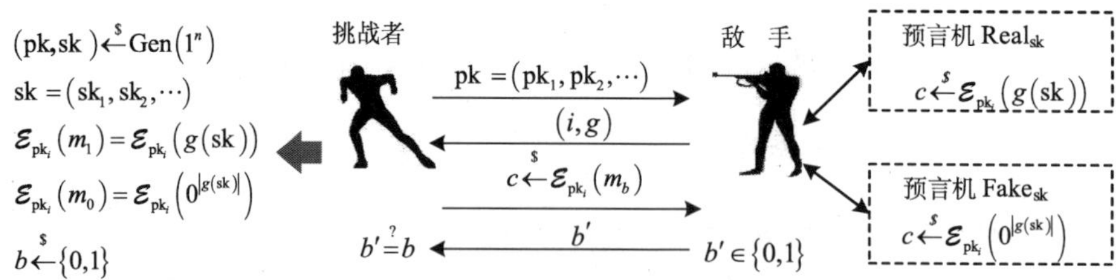

图 9.5　标准模型下 IND-KDM 模型的公钥加密方案密码

设安全参数为 n，对于任意的多项式时间敌手 A，A 攻击公钥加密方案 Π 的 IND-KDM 的优势定义为

$$\mathrm{Adv}_{\Pi}^{\mathrm{kdm}}(A) \stackrel{\mathrm{def}}{=} \left| \Pr\left[(\mathrm{pk},\mathrm{sk}) \stackrel{\$}{\leftarrow} \mathrm{Gen}(1^n) : A^{\mathrm{Real}_{\mathrm{sk}}}(1^n,\mathrm{pk}) = 1 \right] - \Pr\left[(\mathrm{pk},\mathrm{sk}) \stackrel{\$}{\leftarrow} \mathrm{Gen}(1^n) : A^{\mathrm{Fake}_{\mathrm{sk}}}(1^n,\mathrm{pk}) = 1 \right] \right|$$

通常，明文构造函数 g 必须固定长度，$|g(\mathrm{sk})|$ 可能不依赖于 sk 。

如果 $\mathrm{Adv}_{\Pi}^{\mathrm{kdm}}(A)$ 是可忽略不计的，则称公钥加密方案 Π 是 IND-KDM 安全的。 □

随机预言机模型下 IND-KDM 安全的公钥加密方案，类似于随机预言机模型下 IND-KDM 安全的私钥加密方案，用 g^H 表示算法调用了预言机 H ，要使函数 g 为固定长度，对于敌手 A 询问的任意 (j,g) ，$|g^H(\mathrm{sk})|$ 必须独立于 H 和 k。

9.2.2 标准模型下适应性密钥关联消息攻击安全的公钥加密方案概念

本节介绍一个有效的密钥关联消息的攻击安全的公钥加密方案，因为该方案是以分组的方式加密而不是按比特加密的，所以实际应用有效。该方案允许敌手有一个较大的询问集合，并且参数可以调整，例如，在 $g(\mathrm{sk}) = g(\mathrm{sk}_1,\mathrm{sk}_2,\cdots,\mathrm{sk}_t)$ 中的密钥数 t 可调整。该方案对于整数(模 N)环上的多项式和有理函数上是 KDM 安全的。

定义 9.4　标准模型下适应性 KDM 安全的公钥加密方案。设 $\Pi = (\mathrm{Setup}, \mathrm{Gen}, \mathcal{E}, \mathcal{D})$ 是一个公钥加密方案，设 A 是一个多项式时间运算的敌手。Π 有系统参数 ρ 产生运算 Setup，并且所有用户一般使用这个参数作为其它三个算法的输入。设 Π 的私钥空间和消息空间分别为 $\mathrm{Sp}_{\mathrm{sk}}$ 和 $\mathcal{M}$，为了简化，假设 $\mathrm{Sp}_{\mathrm{sk}}$ 和 $\mathcal{M}$ 依赖于系统参数 ρ 。假设每个函数 f 有多项式大小的描述 D，并用 f_D 表示与 D 相关的函数。令

$$\mathcal{F}^{(t)} \subset \left\{ f : \mathrm{Sp}_{\mathrm{sk}}^t \to \mathcal{M} \right\}, \quad \mathcal{F} = \bigcup_{n=1}^{\infty} \mathcal{F}^{(t)}$$

对于一个自然数 t 和一比特 b，考虑如下博弈 Game $\mathrm{KDM}_A^b[\mathcal{F},t]$ ：$\rho \leftarrow \mathrm{Setup}(1^n), b' \leftarrow A^{O_{\mathrm{Gem}}, O_{\mathcal{E}}^{(b)}}\left(\rho, (\mathrm{pk}_j)_{j\in[1,t]}\right)$，输出 b' 。

其中 A 可以允许多项式次数的适应性询问。

(1) 如果 A 对 O_{Gen} 进行第 i 个询问 new，它产生第 i 个密钥对 $(\mathrm{pk}_i,\mathrm{sk}_i) \leftarrow \mathrm{Gen}(\rho)$，并且发送 pk_i 作为应答。

(2) 如果 A 对 $O_{\mathcal{E}}^{(b)}$ 进行第 i 个询问 (i,D)，其中 $i \in [1,t]$ 并且 D 是 $\mathcal{F}^{(t)}$ 的一个函数的描述，该预言机回答如下的 c（其中 o 是 $\mathcal{M}$ 的一些固定元素，t 是由 O_{Gen} 产生的密钥的个数）：

$$c \leftarrow \begin{cases} \mathcal{E}_{\mathrm{pk}_i}\left(f_D(\mathrm{sk}_1,\cdots,\mathrm{sk}_t)\right), & b = 1 \\ \mathcal{E}_{\mathrm{pk}_i}(o), & \text{其他} \end{cases}$$

设安全参数为 n，对于任意的多项式时间敌手 A，A 攻击公钥加密方案 Π 的 IND-KDM 的优势定义为

$$\mathrm{Adv}_{\Pi,A}^{\mathrm{kdm}[\mathcal{F}]}(n) \stackrel{\mathrm{def}}{=} \left|\Pr\left[b'=1|b=1\right]-\Pr\left[b'=1|b=0\right]\right|$$

如果 $\mathrm{Adv}_{\Pi,A}^{\mathrm{kdm}[\mathcal{F}]}(n)$ 是可忽略不计函数，则称公钥加密方案 Π 是**适应性** KDM$[\mathcal{F}]$ 安全的。具体见图 9.6。

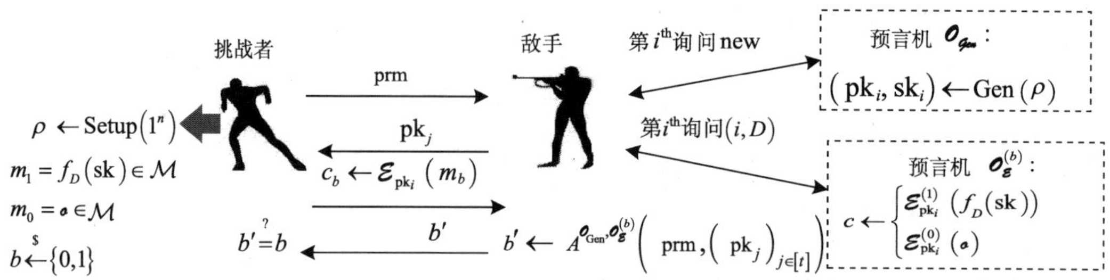

图 9.6　标准模型下 IND-KDM 模型的公钥加密方案密码

定义 9.4 比定义 9.3 要强，因为定义 9.4 允许敌手 A 适应性得到新密钥而前面的定义 9.3 不行。换句话说，密钥的数目变得无界了。有些定义要求在密钥产生之前，密钥的个数 t 的最大值固定，这样，只有 t 小于确定的最大值时，KDM 安全性才能被证明。

通常，明文构造函数 g 必须固定长度，$|g(\mathrm{sk})|$ 可能不依赖于 sk。 □

9.3 构造两个密钥关联消息安全的公钥加密方案

9.3.1 判定复合假设

对于一个自然数 t 和 $m \leqslant t$，令 $[t]$ 和 $[m..t]$ 分别表示集合 $\{1,\cdots,t\}$ 和 $\{m,\cdots,t\}$，对于实数 x，$\lfloor x \rfloor$ 是指不大于 x 的最大的整数。

多项式与其次数：一个多项式 $f(x_1,\cdots,x_t)=\sum_{i_1,\cdots,i_t} a_{i_1,\cdots,i_t} x_1^{i_1}\cdots x_1^{i_t} \bmod K$，$f$ 的次数 $\deg f = \max\left\{\sum_s i_s \,|\, a_{i_1,\cdots,i_t} \neq 0 \bmod K\right\}$。

$\mathbb{Z}_K$ 上的一个有理函数可以用 $\mathbb{Z}_K$ 上的两个多项式 f 和 g 表示为 $\dfrac{f(x_1,\cdots,x_t)}{g(x_1,\cdots,x_t)}$。

Pailler 群：设 N 是两个安全的素数的乘积，并设 $T=1+N$。定义 $\mathbb{Z}_{N^s}$ 的三个子群：二次剩余(Quadratic Residue)集合、平方复合剩余(Square Composite Residuosity)集合和单位根(Root of the Unity)集合分别为

$$\mathrm{QR}\left[N^s\right]=\left\{u^2 \bmod N^s \,|\, u \in \mathbb{Z}_{N^s}\right\}$$

$$\mathrm{SCR}\left[N^s\right]=\left\{r^{2N} \bmod N^s \,|\, r \in \mathrm{QR}\left[N^s\right]\right\}$$

$$\mathrm{RU}\left[N^s\right]=\left\{T^{\mathrm{m}} \bmod N^s \,|\, \mathrm{m} \in \left[0..N^{s-1}\right]\right\}$$

定理 9.2　存在一个多项式时间可计算双射同态 $L:\mathrm{RU}\left[N^s\right] \rightarrow \mathbb{Z}_N$，满足如下特性：

$$\forall \mathrm{m} \in \mathbb{Z}_{N^{s-1}} : L\left(T^{\mathrm{m}}\right) = \mathrm{m} \bmod N^{s-1}$$

进一步，有如下特征：

$$\mathrm{QR}\left[N^s\right] = \mathrm{SCR}\left[N^s\right] \times \mathrm{RU}\left[N^s\right]$$

判定复合剩余(Decision Composite Residuosity，DCR)**假设**：设安全参数为 n，令 $s \geqslant 2$ 是一个整数，存在两个安全素数的乘积 N 的一个生成运算 Gen，使得对于任意 PPT 敌手 A，有下面式子的值是可忽略不计的：

$$\Big|\Pr\left[N \leftarrow \mathrm{Gen}\left(1^n\right), g \leftarrow \mathrm{SCR}\left[N^s\right], b \leftarrow A(s,N,g) : b=1\right] \\ -\Pr\left[N \leftarrow \mathrm{Gen}\left(1^n\right), g \leftarrow \mathrm{QR}\left[N^s\right], b \leftarrow A(s,N,g) : b=1\right]\Big|$$

9.3.2　模算术电路

定义 9.5　模算术电路(Modular Arithmetic Circuit，MAC)。一个模算术电路 D 是一个输入是变量 $x_1,\cdots,x_t$ 和 $\mathbb{Z}_K$ 上的常数的电路，其门是一个环 $\mathbb{Z}_K$ 上的“ + ”、“ − ”或“ · ”。对于一个模算术电路，在 D 中门数称为 D 的大小。

以下方案中每个门的输出端是无界的。并且，模算术电路等价于无限个寄存器的直线程序。显然，被模算术电路计算的一个函数是 $\mathbb{Z}_K$ 上的多项式。

函数类：对于一个函数 f，如果存在一个多项式大小电路 D，其输入是变量 $x_1,\cdots,xt$ 和 $\mathbb{Z}_K$ 上的常数，其门是环 $\mathbb{Z}_K$ 上的“+”、“−” 或 “ · ”，则称函数 f 为模算术电路。

当且仅当一个函数 f 能被从变量和 $\mathbb{Z}_K$ 的常数，用“+”、“−” 和 “ · ” 模 K 多项式次数可计算，就说 f 是 MAC 可计算的。

函数 $\mathrm{MAC}_d\left[K\right]$ 的集合包含所有次数(作为一个多项式)不大于 $d = \mathrm{poly}(n)$，并且在 $\mathbb{Z}_K$ 上是 MAC 可计算的函数。函数 $Q\left(\mathrm{MAC}_d\left[K\right]\right)$ 的集合是能被两个 MAC 可计算函数的比率表示的函数的集合。我们方案的这两个函数集合(对于不同 K)分别是 KDM 安全的。

对于自然数 t、d 和 l，$\mathrm{MAC}_{t,d,l}\left[K\right]$ 是所有能用某个模算术电路 D 计算的、大小小于等于 l，并且 $\deg f_D \leqslant d$ 的有理函数的集合，这里 t 是 D 的输入数目。

9.3.3　关于有界次数模算术电路的 KDM 安全的方案

层叠 Paillier ELGamal：本节介绍一个 d 层迭代 Paillier ELGamal 方案，该方案使用如下方法进行迭代运算：

首先，计算一个消息 m 的 Paillier ELGamal 加密：$\left(e_0, c_0\right) = \left({u_0}^{-1}, T^m v_0\right) \bmod N^s$，其中，$T = 1 + N$，$\left(u_0, v_0\right) \leftarrow \left(g^{r_0}, h^{r_0}\right)$。

其次，用 Paillier ELGamal 加密计算密文的其余部分 e_i。对于 $i = 1,\cdots,d-1$，有

$$\left(e_{i+1}, c_{i+1}\right) = \left({u_{i+1}}^{-1}, e_i v_{i+1}\right) \bmod N^s$$

其中，$\left(u_{i+1}, v_{i+1}\right) \leftarrow \left(g^{r_{i+1}}, h^{r_{i+1}}\right)$。

最后，令 c_{d+1} 为 e_d。

注意：这么多加密不是消息关联的，给定预期的次数界就可以离线完成。

消息 m 的 d 层迭代 Paillier ELGamal 加密方案是一个多元组：

$$c=\left(c_{d+1},c_d,\cdots,c_0\right)=\left(u_d{}^{-1},u_{d-1}{}^{-1}v_d,u_{d-2}{}^{-1}v_{d-1},\cdots,T^m v_0\right)\bmod N^s$$

构造 9.2　关于有界次数模算术电路(MAC)的 KDM 安全的方案。设安全参数为 n，设 $\xi\geqslant 2$、$s\geqslant 2$ 和正整数 d，则关于有界次数 MAC 的 KDM 安全的方案 FA9-2=(Setup, Gen, $\mathcal{E}$, $\mathcal{D}$) 具体如下。

(1) 产生系统参数算法 $\text{Setup}\left(1^n\right)$：产生长度为 $\left\lfloor\frac{n}{2}\right\rfloor$ 比特的两个安全素数的乘积 N，随机选择 $g\xleftarrow{\$}\text{SCR}\left[N^s\right]$，并输出 $\rho\leftarrow(s,N,g)$，令 T 表示 $1+N$。

(2) 产生密钥算法 $\text{Gen}(\rho)$：随机选择 $\text{sk}\leftarrow x\xleftarrow{\$}\left[2^{\xi}\cdot\left\lfloor\frac{N}{4}\right\rfloor\right]$，计算 $\text{pk}\leftarrow h\leftarrow g^x \bmod N^s$，输出 (pk,sk)。

(3) 任意消息 $m\in\mathbb{Z}_{N^{s-1}}$ 的加密算法 $\mathcal{E}_{\text{pk}}(m)$：随机选择 $r_0,\cdots,r_d\xleftarrow{\$}\left[\left\lfloor\frac{N}{4}\right\rfloor\right]$，并输出密文 $c\leftarrow\left(c_{d+1},\cdots,c_0\right)$，其中：

$$c_j\leftarrow\begin{cases}T^m h^{r_0} \quad \bmod N^s, & j=0\\ g^{-r_{j-1}}h^{r_j} \quad \bmod N^s, & j\in\{1,\cdots,d\}\\ g^{-r_d} \quad \bmod N^s, & j=d+1\end{cases}$$

(4) 对密文 c 的解密算法 $\mathcal{D}_{\text{sk}}(c)$：对于密文 $c\leftarrow\left(c_{d+1},\cdots,c_0\right)$，有

$$m\leftarrow\mathcal{D}_{\text{sk}}(c)=L\left(c_0c_1{}^x\cdots c_{d+1}{}^{x^{d+1}} \bmod N^s\right)$$

其中，L 是定理 9.2 中的双射同态函数。

定理 9.3　在 DCR 假设下，方案 FA9-2 关于 $\text{MAC}_{t,d,l}\left[N^{s-1}\right]$ 是 KDM 安全的。

9.3.4　关于有界次数模算术电路的函数的 KDM 安全的方案

本节给出把 $\text{KDM}[\mathcal{F}]$ 安全的方案转化为 $\text{KDM}[\mathcal{Q}(\mathcal{F})]$ 安全的方案的通用方法，其中 $\mathcal{F}$ 是 $\mathbb{Z}_K$ 上的多项式集合，$\mathcal{Q}(\mathcal{F})$ 表示对于 $f,g\in\mathcal{F}$ 的所有有理函数 $\frac{f'(\boldsymbol{x})}{f''(\boldsymbol{x})}$ 的集合，这里 $\boldsymbol{x}$ 表示向量 $(x_1,\cdots,x_t)$。设计 $\text{KDM}[\mathcal{Q}(\mathcal{F})]$ 安全方案的一个小的困难问题是 $\frac{f'(\mathbf{sk})}{f''(\mathbf{sk})}$ 的分母可以为 0，这里 $\mathbf{sk}$ 表示向量 $(\text{sk}_1,\cdots,\text{sk}_t)$。更一般地，就是分母 $f''(\mathbf{sk})$ 可能是不可逆的，当证明方案的安全性时这就成了问题，因为在安全性证明中的模拟器不知道私钥 $\mathbf{sk}$，不知道 $f''(\mathbf{sk})$ 是否是可逆的。因此要设计方案和它的安全性证明必需满足：一个模拟器即使不知道 $f''(\mathbf{sk})$ 是否可逆，也能模拟敌手的观察。

假设模 K 的因式分解是困难的，则不能找到非零的值 $a \in \mathbb{Z}_K$ 是不可逆的；否则，如果能找到这样的值 $a \in \mathbb{Z}_K$ 是不可逆的，可以通过计算 $\gcd(a,K)$ 来因式分解 K。因此，可以假设 $f''(\boldsymbol{x})$ 或者是不可逆的，或者为 0。

可以用 $f''(\boldsymbol{x})=0$ 定义函数值 $f'(\boldsymbol{x})/f''(\boldsymbol{x})$ 如下：

$$f(\boldsymbol{x})=\begin{cases}1/0, & f''(\boldsymbol{x})=0\text{而}f'(\boldsymbol{x})\neq 0\\ 0/0, & f''(\boldsymbol{x})=f'(\boldsymbol{x})=0\end{cases}$$

这里 1/0 和 0/0 是特定符号，也不需要考虑 $f''(\boldsymbol{x})$ 是非零但不可逆的情况。

构造 9.3　关于有界次数模算术电路函数的 KDM 安全的私钥加密方案。 设 $\Pi=(\text{Setup},\text{Gen},\mathcal{E},\mathcal{D})$ 是一个公钥加密方案，它的私钥空间 Sp_{sk} 和消息空间 $\mathcal{M}$ 在 $\mathbb{Z}_K$ 上的集合。由 Π 转换得到的加密方案 $\overline{\Pi}=(\overline{\text{Setup}}，\overline{\text{Gen}},\overline{\mathcal{E}},\overline{\mathcal{D}})$ 如下：

(1) $\overline{\Pi}$ 的消息空间为 $\mathbb{Z}_K\cup\{1/0,0/0\}$，这里 1/0 和 0/0 是特定符号。

(2) $\overline{\text{Setup}}(1^n)$ 与 $\text{Setup}(1^n)$ 一样，$\overline{\text{Gen}}(\rho)$ 与 $\text{Gen}(\rho)$ 一样。

(3) 加密算法 $\overline{\mathcal{E}}_{\text{pk}}(m)$：随机选择 $r\overset{\$}{\leftarrow}\mathbb{Z}_K^*$，并设

$$(m',m'')\leftarrow\begin{cases}(mr,r)\bmod K, & m\neq 1/0,0/0\\ (r,0)\bmod K, & m=1/0\\ (0,0)\bmod K, & m=0/0\end{cases}$$

计算并输出密文：

$$\bar{c}\leftarrow\overline{\mathcal{E}}_{\text{pk}}(m)=(c',c'')=(\mathcal{E}_{\text{pk}}(m'),\mathcal{E}_{\text{pk}}(m''))$$

(4) 解密算法 $\overline{\mathcal{D}}_{\text{pk}}(\bar{c})$：对于密文 $\bar{c}\leftarrow(c',c'')$，计算

$$m'\leftarrow\mathcal{D}_{\text{pk}}(c')；\quad m''\leftarrow\mathcal{D}_{\text{pk}}(c'')$$

$$\text{输出：}\begin{cases}1/0, & m'\neq 0\text{且}m''=0\\ 0/0, & m'=m''=0\\ m\leftarrow m'/m''\bmod K, & \text{其他}\end{cases}$$

定理 9.4　假设 K 的因式分解是困难的。假设满足下列特性：对于任意 $f'(\boldsymbol{x})\in\mathcal{F}$ 和 $r\overset{\$}{\leftarrow}\mathbb{Z}_K$，函数 $r\cdot f(\boldsymbol{x})$ 是 $\mathcal{F}$ 的一个元素，则 Π 的 $\text{KDM}[\mathcal{F}]$ 安全性蕴含着 $\overline{\Pi}$ 的 $\text{KDM}[Q(\mathcal{F})]$ 安全性。

证明（大概）：由 $\overline{\Pi}$ 的 $\text{KDM}[Q(\mathcal{F})]$ 安全性的敌手 A 来构造 Π 的 $\text{KDM}[\mathcal{F}]$ 安全性的敌手 B，具体构造方法如下：B 取一个公开参数 ρ 和公钥的一个多元组 $(pk_j)_{j\in[1,t]}$ 作为输入，并传送给 A。如果 A 做一个询问 $i\in[1,t]$ 和一对 $\text{MAC}(D',D'')$ 的描述，B 随机选择 $s\overset{\$}{\leftarrow}\mathbb{Z}_K^*$，设置 E' 和 E'' 分别是函数 $s\cdot f_{D'}(\boldsymbol{x})$ 和 $s\cdot f_{D''}(\boldsymbol{x})$ 的描述，B 做 (i,E') 和 (i,E'') 的询问，从挑战者中得到回复 c' 和 c''，并把 (c',c'') 返回给 A 作为对询问的回复。如果 A 输出一比特 b'，则 B 输出 b'。

根据 K 的因式分解是困难的，值 $f_{D''}(\mathbf{sk})$ 或者是不可逆的或者为 0，因此，如果 $f_{D''}(\mathbf{sk})\neq 0$，可以考虑 $1/f_{D''}(\mathbf{sk}) \bmod K$。因此有

$$\left(s\cdot f_{D'}(\mathbf{sk}),s\cdot f_{D''}(\mathbf{sk})\right)=\begin{cases}\left(\dfrac{f_{D'}(\mathbf{sk})}{f_{D''}(\mathbf{sk})}\cdot r_0,r_0\right), & f_{D''}(\mathbf{sk})\neq 0\\(r_1,0), & f_{D''}(\mathbf{sk})=0\text{但}f_{D'}(\mathbf{sk})\neq 0\\(0,0) & f_{D''}(\mathbf{sk})=f_{D'}(\mathbf{sk})=0\end{cases}$$

其中，$r_0=s\cdot f_{D''}(\mathbf{sk})$；$r_1=s\cdot f_{D'}(\mathbf{sk})$。

在上面三种情况下，B 应该加密的消息分别是 $f_{D'}(\mathbf{sk})/f_{D''}(\mathbf{sk})$、$1/0$ 和 $0/0$，这意味着 B 模拟的 A 的观察与真实相同。

当 K 因式分解容易时，以上证明不可采用，因为 A 可能询问 (D',D'')，使得 $f_{D''}(\mathbf{sk})$ 不是 0 但不可逆。这意味着对于 $s\geqslant 3$ 时，K 不可能是 N^{s-1}。

9.4 三模型证明系统

9.4.1 三模型证明系统的描述

三模型证明系统是在三个模型证明系统中证明 KDM 安全性的通用的证明系统。直观地看，一个 KDM 安全加密方案允许一个敌手访问一个加密预言机，允许敌手询问函数 $f(sk_1,\cdots,\mathrm{sk}_t)$ 的加密，并且能得到正确的密钥关联的加密或者能得到随机比特的加密，而敌手不能区分这两种情况的加密。

为了证明 KDM 安全性，需要构造一个模拟器，该模拟器可以使用任何可区分这两种情况加密的敌手来破坏所基于的假设。然而，这是有问题的，因为没有私钥，不清楚模拟器如何能计算密钥关联函数的加密；而用私钥的话，这两种情况的加密是可区分的，并且破坏所基于的假设。

三模型证明系统解决了这个问题。使用三模型证明系统，通过三个博弈(或者称为模型)，并且用两个模拟器作为安全性的证明，其中第一个模拟器知道私钥，而第二个模拟器不知道私钥。第一个博弈和最后一个博弈分别与前面的密钥关联加密和随机比特加密相关。主要思想是找到一个中间博弈，其加密独立于私钥，然而即使给了私钥，它与第一个博弈也是不可区分的。

三模型证明系统有三个模型：标准模型、伪造模型和隐藏模型。三个模型分别如下。

(1) 标准模型：与 KDM 安全性的初始博弈相同。

(2) 伪造模型：该模型允许我们用敌手的询问 (i,D) 计算伪造密文，而没有使用私钥计算密文。在一个模拟器知道私钥的条件下，这个伪造密文应该是与标准模型的密文不可区分的。

这个过程的不可区分性能力被证明基于与私钥无关的困难性。相反，我们需要证明它基于加密随机性的安全性。证明这个不可区分性是 KDM 安全性证明至关重要的部分。

(3) 隐藏模型：该模型允许我们既不用敌手的询问 (i,D)，也不用私钥来计算隐藏密文，在假设一个模拟器不知道私钥的前提下，这个隐藏的密文应该与伪造密文是不可区分的。注意到事实上模拟器不需要知道私钥，因为隐藏密文与伪造密文都不用私钥就可以计算。这个不可区分性证明使用了基于私钥安全性的标准密码学论证。既然该隐藏密文不依赖于敌手的询问 D，接下来，KDM 安全性显然成立。

9.4.2　三模型证明系统

对于一个公钥加密方案 $\Pi=(\text{Setup},\text{Gen},\mathcal{E},\mathcal{D})$ 的三模型证明系统是一个伪造模型 $(\text{Gen}_{\text{Fake}},\mathcal{E}_{\text{Fake}})$ 和隐藏模型 $(\text{Gen}_{\text{Hide}},\mathcal{E}_{\text{Hide}})$ 对。算法的输入和输出分别如下。

(1) Gen_{Fake}：输入一个公开参数 ρ 和一个自然数 t，输出 t 个密钥对 $(\text{pk}_1,\text{sk}_1),\ldots,(\text{pk}_t,\text{sk}_t)$ 和 aux。

(2) Gen_{Hide}：与 Gen_{Fake} 有相同的输入，输出 t 个密钥 $\text{pk}_1,\cdots,\text{pk}_t$ 和 aux。

(3) $\mathcal{E}_{\text{Fake}}$：输入一个公开参数 ρ、一个公钥元组 $(\text{pk}_j)_{j\in[1,t]}$、aux、一个自然数 i 和 $\mathcal{F}$ 中某些函数的描述 D，输出密文 c。

(4) $\mathcal{E}_{\text{Hide}}$：除了 D 以外，与 $\mathcal{E}_{\text{Fake}}$ 的输入一样，输出密文 c。

关于一个函数集合 $\mathcal{F}$ 的公钥加密方案 Π 的 KDM 安全性证明过程，是证明敌手 A 在博弈 $\text{GameKDM}_A^1[\mathcal{F},t]$ 中成功的概率 $\Pr\left(\text{GameKDM}_A^1[\mathcal{F},t]=1\right)$ 与敌手 A 在 $\text{GameFake}_A[\mathcal{F},t]$ 和 $\text{GameHide}_A[\mathcal{F},t]$ 两个博弈中成功的概率仅有可忽略不计的差别。

(1) $\text{GameFake}_A[\mathcal{F},t]$：$\rho\leftarrow\text{Setup}(1^n),\left((\text{pk}_j,\text{sk}_j)_{j\in[1,t]},\text{aux}\right)\leftarrow\text{Gen}_{\text{Fake}}(\rho,t)$，$b'\leftarrow A^{\mathcal{O}'_{\text{Gen}},\mathcal{O}'_{\mathcal{E}_{\text{Fake}}}}\left(\rho,(\text{pk}_j)_{j\in[1,t]}\right)$，输出 b'。

(2) $\text{GameHide}_A[\mathcal{F},t]$：$\rho\leftarrow\text{Setup}(1^n),\left((\text{pk}_j)_{j\in[1,t]},\text{aux}\right)\leftarrow\text{Gen}_{\text{Hide}}(\rho,t)$，$b'\leftarrow A^{\mathcal{O}'_{\text{Gen}},\mathcal{O}'_{\mathcal{E}_{\text{Hide}}}}\left(\rho,(\text{pk}_j)_{j\in[1,t]}\right)$，输出 b'。

以上博弈中，敌手 A 允许适应性多项式次数的询问。A 可以发送比特串 new 给 $\mathcal{O}'_{\text{Gen}}$ 作为询问，并且发送元组 (i,D) 给 $\mathcal{O}'_{\mathcal{E}_{\text{Fake}}}$ 和 $\mathcal{O}'_{\mathcal{E}_{\text{Hide}}}$ 作为询问。其中 $i\in[1,t]$ 是一个整数，D 是 $\mathcal{F}$ 中某些函数的描述，从预言机中的得到的回复如下：

(1) $\mathcal{O}'_{\text{Gen}}(\text{new})$：在博弈 $\text{GameFake}_A[\mathcal{F},t]$ 中，返回由 Gen_{Fake} 产生的密钥 pk_i，或者在博弈 $\text{GameHide}_A[\mathcal{F},t]$ 中，返回由 Gen_{Hide} 产生的密钥 pk_i。

(2) $\mathcal{O}'_{\mathcal{E}_{\text{Fake}}}(i,D)$：返回 $\mathcal{E}_{\text{Fake}}\left((\text{pk}_j)_{j\in[1,t]},\text{aux},i,D\right)$。

(3) $\mathcal{O}'_{\mathcal{E}_{\text{Hide}}}(i,D)$：返回 $\mathcal{E}_{\text{Hide}}\left((\text{pk}_j)_{j\in[1,t]},\text{aux},i\right)$。

在最后的博弈 $\text{GameHide}_A[\mathcal{F},t]$ 中，密文与 A 询问的 f 一点关系都没有。

定理 9.5　假设对于任意多项式次数的敌手 A，存在一个可忽略不计的函数 $\text{neg}(n)$，使得对于任意 $t=\text{poly}(n)$，三个概率 $\Pr\left(\text{GameKDM}_A^1[\mathcal{F},t]=1\right)$、$\Pr\left(\text{GameFake}_A[\mathcal{F},t]=1\right)$

和 $\Pr\left(\text{GameHide}_A[\mathcal{F},t]=1\right)$ 之间的差小于 $\text{neg}(n)$，则该方案是 $\text{KDM}[\mathcal{F}]$ 安全的。

9.4.3 应用三模型证明系统证明方案的安全性

1. 交互式向量引理

设 $\text{Gen}(1^n)$ 是一个产生器，其输出两个相同比特长的安全素数的乘积 N。设 A 是多项式次数敌手，b 是一比特，$s\geqslant 2$ 是一个整数。定义博弈 Game 1 和 Game 2 如下。

(1) Game 1：$N\leftarrow \text{Gen}(1^n), g\xleftarrow{\$}\text{SCR}[N^s]$，$b'\leftarrow A^{\mathcal{O}_b}[s,N,g]$，输出 b'。

(2) Game 2：$N\leftarrow \text{Gen}(1^n), g,h\xleftarrow{\$}\text{SCR}[N^s]$，$b'\leftarrow A^{\overline{\mathcal{O}}_b}[s,N,g,h]$，输出 b'。

在以上的两个博弈中，敌手 A 允许多项式次数询问。在博弈 Game 1 中，敌手 A 可以发送 $\mathbb{Z}_{N^{s-1}}$ 的一个元素 δ 作为一个询问，然后 $\mathcal{O}_b(\delta)$ 随机选择 $r\xleftarrow{\$}[\lfloor N/4\rfloor]$，并返回

$$u^*\leftarrow\begin{cases}T^\delta g^r \mod N^s, & b=1\\ g^r \mod N^s, & b=0\end{cases}$$

另外，在博弈 Game 2 中，敌手 A 可以发送 $\mathbb{Z}_{N^{s-1}}{}^2$ 的一个元素 $(\delta,\overline{\delta})$ 作为一个询问，然后 $\overline{\mathcal{O}}_b(\delta,\overline{\delta})$ 随机选择 $r\xleftarrow{\$}[\lfloor N/4\rfloor]$，并返回

$$\left(u^*,\overline{u}^*\right)\leftarrow\begin{cases}\left(T^\delta g^r, T^{\overline{\delta}} g^r\right) \mod N^s, & b=1\\ \left(g^r,h^r\right)\mod N^s, & b=0\end{cases}$$

对于 $z=1,2$，敌手 A 在博弈 Game z 中的优势为

$$\text{Adv}_{\text{Game }z}(A)\overset{\text{def}}{=}\left|\Pr\left[b'=1\middle|b=1\right]-\Pr\left[b'=1\middle|b=0\right]\right|$$

引理 9.1 基于 SCR 的交互式向量引理。在对于 $z=1,2$，DCR 假设下，没有多项式次数的敌手在以上博弈 Game z 中有不可忽略不计的优势 $\text{Adv}_{\text{Game }z}(A)$。

2. 证明构造 9.2 方案的安全性

1) 当密钥数 $t=1$ 时

对于我们的方案的博弈 $\text{GameKDM}_A^1[\text{MAC}]$，一个敌手 A 取 $\rho=(s,N,g)$ 和一个公钥 $\text{pk}_i=h=g^x \mod N$ 作为输入，每当 A 发送 $\mathcal{F}$ 中一个函数的描述，即模算术电路 (MAC) D 的一个询问时，挑战者返回

$$c=(c_{d+1},c_d,\cdots,c_0)=\left(u_d{}^{-1},u_{d-1}{}^{-1}v_d,\cdots,u_0{}^{-1}v_1,T^{f_D(x)}v_0\right)\mod N^s$$

其中，f_D 是与 D 相关的函数。对于 $r_w\leftarrow\lfloor N/4\rfloor$，有 $(u_w,v_w)\leftarrow\left(g^{r_w},h^{r_w}\right)$。由于密钥数 $t=1$，多项式 f_D 可以写作为 $f_D(\text{Y})=\sum ja_i\text{Y}^j$，敌手 A 最后输出一比特 b'。

用 9.4.2 节中的三模型证明系统证明该方案的安全性。在博弈 $\text{GameFake}_A[\text{MAC},1]$

中，算法 $\mathrm{Gen}_{\mathrm{Fake}}$ 和 $\mathrm{Gen}_{\mathrm{Hide}}$ 定义如下：

(1) $\mathrm{Gen}_{\mathrm{Fake}}(\rho)$：除了设置 aux 为空串，算法 $\mathrm{Gen}_{\mathrm{Fake}}$ 与算法 Gen 相同。

(2) $\mathcal{E}_{\mathrm{Fake}}(\rho,\mathrm{pk},\mathrm{aux},D)$：把 ρ 解析为 (s,N,g)，pk 解析为 h。对于 $w\in[1,d]$，取 $r_w \xleftarrow{\$} \lfloor N/4 \rfloor$，并计算 $(u_w,v_w)\leftarrow\left(g^{r_w},h^{r_w}\right)$。设 $f_D(Y)=\sum_{j=0}^{d}\alpha_j Y^j \bmod N^s$，计算并输出一个伪造密文：

$$c_{\mathrm{Fake}}=\left(u_d{}^{-1},T^{a_d}u_{d-1}{}^{-1}v_d,\cdots,T^{a_1}u_0{}^{-1}v_1,T^{a_0}v_0\right) \bmod N^s$$

需要证明 $\left|\Pr\left(\mathrm{GameKDM}_A^1[\mathrm{MAC},t]=1\right)-\Pr\left(\mathrm{GameFake}_A[\mathrm{MAC},t]=1\right)\right|$ 是可忽略不计的。

最后，构造一个 $z=1$ 时，博弈 Game z 的敌手 B。敌手 B 取 $\rho=(s,N,g)$ 作为输入，随机选择 $x\xleftarrow{\$}\lfloor 2^{\xi}\cdot N/4\rfloor$，并给敌手 A 反馈 $\rho=(s,N,g)$ 和 $\mathrm{pk}_i=h=g^x$，如果 A 询问 D，B 计算满足 $f_D(Y)=\sum_{j=0}^{d}\alpha_j Y^j \bmod N^s$ 的 $(a_j)_{j\in[0..d]}$。根据 D，B 可以在多项式时间内计算 $(a_j)_{j\in[0..d]}$。B 设

$$\delta_j=-\sum_{w=j+1}^{d}a_w x^{w-(j+1)}$$

然后询问 $\delta_0,\cdots,\delta_{d-1}$，并得到相应的应答 $u_0^*,\cdots,u_{d-1}^*$（其中 u_j^* 是 $T^{\delta_j}g^{r_j}$ 或者是 g^{r_j}）。B 再选择 $r_d\leftarrow\lfloor N/4\rfloor$，并计算 $u_d^*\leftarrow g^{r_d}$。对于 $j=0,\cdots,d$，B 计算 $u_j^*\leftarrow\left(u_j^*\right)^x$，然后 B 返回给 A：

$$c^*=\left(\left(u_d^*\right)^{-1},\left(u_{d-1}^*\right)^{-1}v_d^*,\cdots,\left(u_0^*\right)^{-1}v_0^*,T^{f_D(x)}v_0^*\right)$$

如果 A 输出一比特 b'，B 输出它并终止。

根据 B 的定义，两个概率 $\Pr\left(\mathrm{GameKDM}_A^1[\mathrm{MAC},t]=1\right)$ 和 $\Pr\left(\mathrm{GameFake}_A[\mathrm{MAC},t]=1\right)$ 的差是可以忽略不计的。

在博弈 $\mathrm{GameHide}_A[\mathrm{MAC},1]$ 中，算法 $\mathrm{Gen}_{\mathrm{Hide}}$ 和 $\mathcal{E}_{\mathrm{Hide}}$ 定义如下：

(1) $\mathrm{Gen}_{\mathrm{Hide}}(\rho)$：取 $\mathrm{pk}_i\leftarrow h\xleftarrow{\$}\mathrm{QR}\left[N^s\right]$，并输出它，设置 aux 为空串。

(2) $\mathcal{E}_{\mathrm{Hide}}(\rho,\mathrm{pk},\mathrm{aux})$：把 ρ 解析为 (s,N,g)，把 pk 解析为 h。对于 $w\in[d]$，取 $r_w\xleftarrow{\$}\lfloor N/4\rfloor$，并计算 $(u_w,v_w)\leftarrow\left(g^{r_w},h^{r_w}\right)$。计算并输出一个隐藏密文：

$$c_{\mathrm{Hide}}=\left(u_d{}^{-1},u_{d-1}{}^{-1}v_d,\cdots,u_0{}^{-1}v_1,v_0\right)$$

即 $\mathcal{E}_{\mathrm{Hide}}(\rho,\mathrm{pk},\mathrm{aux})$ 输出 $\mathcal{E}_{\mathrm{pk}}(0)$。

需要证明 $\left|\Pr\left(\mathrm{GameFake}_A[\mathrm{MAC},t]=1\right)-\Pr\left(\mathrm{GameHide}_A[\mathrm{MAC},t]=1\right)\right|$ 是可忽略不计的。

最后，构造一个 $z=2$ 时对于博弈 Game z 的敌手 B。敌手 B 取 (s,N,g,h) 作为输入，并给敌手 A 返回 $\rho=(s,N,g)$ 和 $\mathrm{pk}=h$。如果 A 询问 D，B 令 $f_D(\mathrm{Y})=\sum \mathrm{jajY^i}$。然后，

B 设

$$\left(\delta_j,\overline{\delta}_j\right)=\left(0,a_j\right)$$

B 询问 $\left(\delta_0,\overline{\delta}_0\right),\cdots,\left(\delta_d,\overline{\delta}_d\right)$，得到相应的应答 $\left(u_1^*,v_1^*\right),\cdots,\left(u_d^*,v_d^*\right)$，并返回给 A 密文:

$$c^*=\left(\left(u_d^*\right)^{-1},\left(u_{d-1}^*\right)^{-1}v_d^*,\cdots,\left(u_0^*\right)^{-1}v_1^*,v_0^*\right)$$

如果 A 输出一比特 b'，B 输出它并终止。

根据 B 的定义，两个概率 $\Pr\left(\text{Game Hide}_A\left[\text{MAC},t\right]=1\right)$ 和 $\Pr\left(\text{GameFake}_A\left[\text{MAC},t\right]=1\right)$ 的差是可以忽略不计的。

根据定理 9.5，该方案是 KDM 安全的。

2) 当密钥数 $t>1$ 时

主要思路：将 Gen_{Fake} 和 $\mathcal{E}_{\text{Fake}}$ 的 t 个私钥 $\left(\text{sk}_j\right)_{j\in[1,t]}$ 归约为一个私钥 μ。

Gen_{Fake} 取 $\rho=(s,N,g)$ 和密钥数 t 作为输入，随机选择 $\mu\leftarrow\left[\lfloor N/4\rfloor\right]$ 和 $\beta_1,\cdots,\beta_t\xleftarrow{\$}\left[2^{\xi}\cdot\leqslant\lfloor N/4\rfloor\right]$，并对于 $j\in[1,t]$，输出:

$$\text{sk}_j\leftarrow x_j\leftarrow\mu+\beta_j,\quad \text{pk}_j\leftarrow h_j\leftarrow g^{x_j}\text{ 和 aux}\leftarrow\left(\beta_j\right)_{j\in[1,t]}$$

也就是说私钥 $\left(\text{sk}_j\right)_{j\in[1,t]}$ 仅仅从一个“私钥” μ 计算可得。因此，在一定意义上，可以归结为密钥数为 1 的情况的证明。

为了与新的 Gen_{Fake} 一致，$\mathcal{E}_{\text{Fake}}$ 的描述也改变了。$\mathcal{E}_{\text{Fake}}$ 取 $\rho=(s,N,g)$，$\left(\text{pk}_j\right)_{j\in[1,t]}=\left(h_j\right)_{j\in[1,t]}$ 和一个敌手的询问 (i,D)，并计算 $\left(a_j\right)_{j\in[0..d]}\leftarrow\text{Cof}_\rho(\text{aux},i,D)$。这里 $\left(a_j\right)_{j\in[0..d]}\leftarrow\text{Cof}_\rho(\text{aux},i,D)$ 是满足下面关于变量 Y 的多项式等式的 $\mathbb{Z}_{N^{s-1}}$ 的多元组:

$$f_D\left(Y+\beta_1,\cdots,Y+\beta_t\right)=\sum_{j=0}^{d}\alpha_j\left(Y+\beta_i\right)^j \bmod N^{s-1}$$

其中，d 是 f_D 的总次数。

然后 $\mathcal{E}_{\text{Fake}}$ 输出“伪造密文”:

$$c_{\text{Fake}}=\left(u_d^{-1},T^{a_d}u_{d-1}^{-1}v_d,\cdots,T^{a_1}u_0^{-1}v_1,T^{a_0}v_0\right)$$

其中，对于 $r_w\xleftarrow{\$}\lfloor N/4\rfloor$，$\left(u_w,v_w\right)\leftarrow\left(g^{r_w},h_i^{r_w}\right)$（说明：用第 i 个公钥 h_i 可以计算 v_w，其中 i 是询问 (i,D) 的一部分。

由于引理 9.2，以上的 $\mathcal{E}_{\text{Fake}}$ 是多项式时间算法。

引理 9.2　给定 $\text{aux}=\left(\beta_j\right)_{j\in[1,t]}$、$i\in[1,t]$ 和一个模算术电路(MAC) D，$\text{Cof}_\rho(\text{aux},i,D)$ 可以在多项式时间内计算。

在博弈 $\text{GameHide}_A[\text{MAC},t]$ 中，类似地可以构造 Gen_{Hide} 和 $\mathcal{E}_{\text{Hide}}$，而博弈 $\text{GameFake}_A[\text{MAC},t]$ 和 $\text{GameHide}_A[\text{MAC},t]$ 的不可区分性也可以类似地用以上方法证明。根据定理 9.5，可以证明该方案是 KDM 安全的。 □

习题与思考

9.1　试比较如下概念：标准模型下 IND-KDM 安全的私钥加密方案、随机预言机模型下 IND-KDM 安全的私钥加密方案、标准模型下 IND-KDM 安全的公钥加密方案、随机预言机模型下 IND-KDM 安全的公钥加密方案。

9.2　试证明标准模型下，IND-KDM 安全性的概念比 IND-CPA 安全性的概念强。

9.3　声明 9.2 的证明中 Game R' 删除了 Game R 的 38 行。为什么仍不改变 had 设置为 true 的概率？为什么 Game G' 与 Game C 中 bad 设置为 true 的概率相同？

9.4　声明 9.3 的证明中，为什么要讨论 20 行和 36 行两种情况？

9.5　试用敌手 A 的攻击模式，分析定义 9.4 与定义 9.3 安全性，并说明定义 9.4 从安全性高于定义 9.3 的安全性。

9.6　试证明定理 9.2。

9.7　试证明构造 9.2 KDM 安全加密方案的正确性。

9.8　试用构造 2 构造一个关于有界次数模算术电路的函数的 KDM 安全的公钥加密方法，并用三模型证明系统证明新构造的安全性。

9.9　用三模型证明系统证明构造 9.2 方案的安全性时为什么要讨论密钥数？

9.10　试用构造 9.3 的方法转换 2~3 个公钥加密方案。

参 考 文 献

BLACK J, ROGAWAY P, SHRIMPTON T, 2002. Encryption-scheme security in the presence of key-dependent messages. Selected Areas in Cryptography, 2595: 62-75.

BONEH D, HALEVI S, HAMBURG M, et al, 2008. Circular-secure encryption from decision diffie-hellman. Lecture notes in Computer Science, 5157: 108-125.

BRAKERSKI Z, GOLDWASSER S, 2010. Circular and leakage resilient public-key encryption under subgroup indistinguishability// Rabin T. Annual Cryptology Conference. Heidelberg: Springer-Verlag: 1-20.

GOLDWASSER S, MICALI S, 1984. Probabilistic encryption. Journal of Computer and System Science, 28: 270-299.

MALKIN T, TERANISHI I, YUNG M, 2011. Efficient circuit-size independent public key encryption with KDM security. Eurocrypt, 6632: 507-526.

附录：第 9 章的加密方案简表

	$\mathrm{Gen}(\cdot)$	$\mathcal{E}_{\mathrm{pk}}(\cdot)$	$\mathcal{D}_{\mathrm{sk}}(\cdot)$	备注
FA9-1（加密多比特消息）	用长度为$\lvert r\rvert$的随机硬币产生长度为$\lvert k\rvert$的密钥 输出：随机 n bit 的串 k	$\mathcal{E}_k(m,r)=r\Vert\left(H(k\Vert r)\oplus m\right)$， 其中 $r\in\{0,1\}^n$，是 $\lvert r\rvert=n=\lvert k\rvert$， r 是用作加密的随机硬币	$\mathcal{D}_k(c)=\begin{cases}* & \lvert c\rvert<\lvert k\rvert=n\\ H(k\Vert r)\oplus\overline{c}, & \text{其他}\end{cases}$	
FA9-2	随机选择 $\mathrm{sk}\leftarrow x\overset{\$}{\leftarrow}\left[2^{\xi}\cdot\left\lfloor\frac{N}{4}\right\rfloor\right]$，计算 $\mathrm{pk}\leftarrow h\leftarrow g^x \bmod N^s$， 输出：$(\mathrm{pk},\mathrm{sk})$	$r_0,\cdots,r_d\overset{\$}{\leftarrow}\left[\left\lfloor\frac{N}{4}\right\rfloor\right]$， 输出：$c\leftarrow(c_{d+1},\cdots,c_0)$ $c_j\leftarrow\begin{cases}T^m h^{r_0}, & j=0\\ g^{-r_{j-1}}h^{r_j}, & j\in\{1,\cdots,d\}\\ g^{-r_d}, & j=d+1\end{cases}$	$c\leftarrow(c_{d+1},\cdots,c_0)$， 输出: $m\leftarrow\mathcal{D}_{\mathrm{sk}}(c)$ $=L\left(c_0c_1^{x}\cdots c_{d+1}^{x^{d+1}}\right)$	
$\overline{\Pi}$	$\overline{\mathrm{Gen}}(\rho)$ 与 $\mathrm{Gen}(\rho)$	$r\overset{\$}{\leftarrow}\mathbb{Z}_K^*$，并设: $(m',m'')\leftarrow$ $\begin{cases}(mr,r), & m\neq 1/0,0/0\\ (r,0), & m=1/0\\ (0,0), & m=0/0\end{cases}$ 计算并输出密文: $\overline{c}\leftarrow\overline{\mathcal{E}}_{\mathrm{pk}}(m)=(c',c'')$ $=\left(\mathcal{E}_{\mathrm{pk}}(m'),\mathcal{E}_{\mathrm{pk}}(m'')\right)$	$\overline{c}\leftarrow(c',c'')$， 计算: $m'\leftarrow\mathcal{D}_{\mathrm{pk}}(\mathrm{sk},c')$；$m''\leftarrow\mathcal{D}_{\mathrm{pk}}(c'')$ 输出: $\begin{cases}1/0, & m'\neq 0\text{且}m''=0\\ 0/0, & m'=m''=0\\ m\leftarrow m'/m'', & \text{其它}\end{cases}$	

第 10 章　博弈证明基础

本章主要内容

(1) 博弈：博弈、运行一个博弈、两个博弈之间的关系。

(2) 博弈证明技术：博弈证明过程、“相同——直到 bad 被设置”的两个博弈、博弈证明理论的基本引理。

(3) 博弈重写：修改 bad 设置为 ture 后面的语句、博弈转换类型及界的确定、博弈转换的基本技术、进一步介绍博弈链的构造。

(4) 博弈重写中的硬币固定技术：使用硬币固定技术需要的充分条件、硬币固定技术。

(5) 博弈重写中的懒散取样：懒散取样概念、懒散取样的条件。

10.1　博　　弈

可证明安全中使用的博弈概念，是把某些敌手与周围环境的交互作为一个博弈形式，希望得到博弈过程中敌手攻击某个密码系统或某个密码结构优势的上界。证明过程就是构造一系列博弈，形成一个有初始博弈和终止博弈的博弈链，终止博弈中敌手成功的概率作为敌手攻击某个密码系统或某个密码结构的优势。

博弈证明过程中使用的这种构造博弈链的方法来源于 1982 年 Goldwasser 等人和 Yao 最早的混合论证。1996 年，Kilian 和 Rogaway 首先使用基于编码的博弈证明方法来讨论并分析密码系统的安全性，从此，这种方法在很多地方得到应用。2004 年，Bellare 把这种基于编码的博弈证明方法系统化，发展成博弈证明理论，使之正式成为密码系统安全性的一种证明体系。

这种基于编码的博弈证明技术，就是写一些伪代码，博弈就是用伪代码或其他非正式的程序语言写成的程序。一个博弈就是由一个初始程序 Initialize、应答敌手预言机询问的许多程序 $P_1,\cdots,P_t$ 和一个末端程序 Finalize 组成的。Initialize 和 Finalize 可以缺少。敌手也可以看作代码或程序，敌手把一些值给了每个预言机进行预言机询问。有安全参数 n 输入的敌手，可以调用博弈程序。敌手的第一个预言机询问必须是 $\text{Initialize}(n)$，最后一个预言机询问必须是 $\text{Finalize}(n)$，而且敌手的每个询问必须正好是询问这样一些预言机中的一个。最后，Finalize 的输出就是该博弈的输出。博弈证明过程就是我们与敌手一块运行博弈的过程。在运行这个博弈的过程中，敌手攻击某个密码系统或密码结构的优势，用该博弈中标志 bad 被设置为 true 的概率来界定。然后，逐步依照句法修改这个博弈，从而形成称为博弈链的许多博弈，最后，博弈链的界作为敌手攻击某个密码系统或密码结构的优势。

这种基于编码的博弈证明在密码学可证明理论中有广泛的应用环境，可以应用在标准模型和 RO 模型中。这种博弈证明理论支持博弈论，是一个强大的工具。与传统的可证明理论中的证明方法相比，博弈证明不仅能够给出更全面的和比较容易的证明系统，还可以对一些密码算法的典型的、已有的结果给出更简单、更有效的证明系统。

10.1.1 博弈

博弈就是用伪代码或者其他非正式的程序语言写成的程序。

定义 10.1 博弈。一个博弈 $G=(\text{Initialize}, P_1, P_2, \cdots, P_t, \text{Finalize})$ 是一个程序序列。程序 P_1，P_2，…，P_t 是该博弈的预言机。 □

特别地，如果省略 Initialize 和 Finalize，这意味着程序什么也没做，也就是计算恒定函数。 如果用给出一个单一未标签的程序描述一个博弈，该程序是 Finalize 程序。对于本书所有博弈，Initialize 和 Finalize 程序的名字不变，但是我们对 $P_1, P_2, \cdots, P_t$ 将选择有启发性的名字，具体见有关章节中的例子。

博弈程序是用某些程序语言 L 所写的语句的有限、有效序列。通常，用程序的剖析树(Parse Tree)来标识一个程序。本书博弈用过的程序语言是简单的伪代码(Pseudocode)，这些伪代码具有一些基本特性和基本协定。

1. 博弈伪代码程序语言的基本特性

(1) 在一个程序中常常会看到变量、分配语句、if 语句、for 语句等结构特性。

(2) 包括“取样——然后指派”操作“$\overset{\$}{\leftarrow}$”。例如，$X\overset{\$}{\leftarrow}\mathcal{X}$ 是指从有限集 $\mathcal{X}$ 中选择一个随机元素(所有元素概率相同)，并指派给变量 X。这是程序中唯一的随机源，其概率取自“取样——然后指派”语句的选择。

(3) 程序中的变量可理解为是静态的、全局的：它们值的调用是在一定范围内游离的(Hang Around)”，并且在一个相关博弈中的所有程序范围内。这个相关博弈在后面定义。

我们不能明确地声明变量，但是每个变量有固定清晰的类型。

博弈中所有变量是全局的，但是敌手对变量是不可见的。

博弈中有一个布尔变量 bad 作为标志，如果开始标志为 false，最多改变一次值。因为一旦一个标志变成 true，再也不会恢复到 false。

(4) 有一个比较丰富的类型的集合：布尔、整数、串、数组(包括用串标注的数组)、有限集、从有限集到有限集的部分函数。

2. 博弈伪代码程序语言的一些基本协定

(1) 开始运行博弈时要给变量初始值。整数被初始化为 0；布尔标量被初始化为 false，使用布尔变量时，未定义的值被认为是 false；串变量被初始化为空串 ε；集合变量被初始化为空集合 $\varnothing$；排列变量在每个点被初始化为 undefined。

其他变量在各处初始化为 undefined。例如，对于所有可能的指针，一个数组是 undefined；再如，在所有的域中，一个函数是 undefined。

(2) 用逗号分开语句。当 S 和 S' 是一个语句时，S, S' 也是一个语句。当空语句 ε 也是一个语句时，默认 S 和“S, ε”是一样的。

(3)用行首空开表示分组。

(4)不管如何运行一个伪代码描述的程序，都不会产生任何歧义，并且是能够终止的程序。

说明：除了伪代码程序外，读者可以自行为特定的博弈定义其他程序语言，这里不再累赘。

10.1.2　运行一个博弈

运行一个博弈就是给它输入 0 个或者更多的串，经过程序、Initialize P_1、P_2、…、P_t 和 Finalize 程序的运行，把 Finalize 产生的 0 个或更多的串作为博弈的输出，如图 10.1 所示。

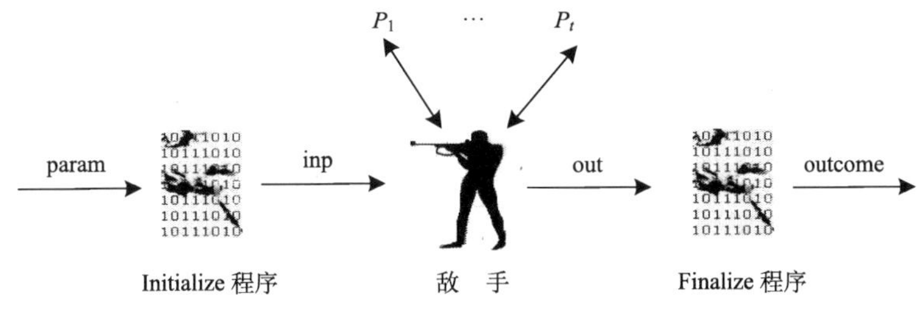

图 10.1　运行一个博弈

图 10.1 中，param 表示 Initialize 的输入，inp 是它的输出。out 表示 Finalize 的输入，outcome 是它的输出。已知敌手 A 是一个概率算法，A 可以询问预言机一些数 $t \geqslant 0$ 。假设用一个程序描述敌手 A，并且敌手 A 已经使用程序语言结构构造了有限集 $\mathcal{X}$ 。规定敌手 A 的程序的随机源是一个“取样——然后指派”语句 $X \overset{\$}{\leftarrow} \mathcal{X}$ 。则有敌手 A 和串参数 param 的一个博弈 G 的**运行过程**如下。

(1)调用 Initialize 程序。有敌手 A 和串参数 param 的博弈 $G =$ (Initialize, $P_1, P_2, \cdots, P_t$, Finalize)从调用 Initialize 程序开始，并给 Initialize 输入 param 。在渐进设置中，param 可以用一个安全参数 n 替代。非渐进例子的 param 往往为“空”。

当描述一个博弈时，经常说博弈从做某事“开始”，就是在描述 Initialize 怎么进行的。

(2)运行敌手 A 。把由 Initialize 程序产生的任意(串)的返回值 inp 传递给 A，当 A 用一个给定的串调用它的第 i 个预言机时，我们把该串传送给程序 P_i，并运行 P_i，然后把 P_i 返回的任何串返回给 A 。通常，可能调用任意数量的预言机，包括 none。对于在博弈中定义了的任何预言机 P，敌手通过 $y \leftarrow P(\cdots)$ 这种形式的语句，进行预言机询问。

不管从周围环境中接收到什么，假设一个敌手最后会终止。即使在其它任意某博弈中运行敌手 A， A 也应该会终止。

当敌手 A 中断时， A 可能有一些输出 out 。

(3)调用 Finalize 程序。调用 Finalize 程序，提供给 Finalize 由 A 产生的任意输出。所以，博弈的输出和敌手的输出经常相同。

(4)博弈的输出 outcome 。博弈的输出 outcome 是 Finalize 程序返回的串值。

一个博弈的输出被认为是一个随机变量，其随机性取自该敌手 A 和博弈 G 的“取样——然后指派”语句。通常一个博弈的输出是 A 的返回值。也就是说，程序 Finalize 除了把它的输入传递过去作为输出，什么也没做。 □

由一个博弈 G 和一个敌手 A 组成的对称为可追捕的博弈(Runnable Game)。把博弈 G 和敌手 A 间的一个可追捕的博弈记为 G_A 或 A^G，如果强调“博弈”在做某事，用 G_A，如果强调“敌手”在做某事，用 A^G。

当运行 G_A 时，把博弈 G 输出为“1”的概率记为 $\Pr[G_A \Rightarrow 1]$。也就是当运行有敌手 A 的博弈 G 时，博弈 G 输出为“1”的概率。同理，当运行有敌手 A 的博弈 G 时，敌手 A 输出是“1”的概率记为 $\Pr\left[A^G \Rightarrow 1\right]$。

博弈运行时间：针对有关它安全性的任何博弈的一个敌手 A，习惯上规定该敌手在博弈中的运行时间为最坏情况的执行时间。

假设博弈和敌手语义上匹配，意味着敌手做的所有预言机调用是博弈指定的预言机，并且在数量和类型上与证明匹配。语义上，预言机是通过数值来调用(Call-by-Value)的，预言机给敌手返回的唯一方法是返回一个陈述(Statement)。

10.1.3　两个博弈之间的关系

设 G、H 是两个博弈，敌手为 A，用 $\mathrm{Adv}\left(A^G, A^H\right) = \Pr\left[A^G \Rightarrow 1\right] - \Pr\left[A^H \Rightarrow 1\right]$ 和 $\mathrm{Adv}\left(G_A, H_A\right) = \Pr[G_A \Rightarrow 1] - \Pr[H_A \Rightarrow 1]$ 表示敌手区分这两个博弈的优势。第一个式子是由敌手输出的，称为敌手的优势；而第二个式子是由博弈输出的，称为博弈的优势。

对于任意的敌手 A，如果 $\mathrm{Adv}\left(A^G, A^H\right) = 0$，就说博弈 G 和 H 是敌手不可区分的。

定义 10.2　等价博弈(Equivalent Games)。如果对于任意敌手 A，满足：

$$\mathrm{Adv}\left(G_A, H_A\right) = 0 \tag{10.1}$$

就说博弈 G 和博弈 H 是等价的。 □

等价博弈是一个技术术语，它的意思是没有敌手能以任何优势，区分两个博弈中的哪一个在进行。

根据 $(x-y)+(y-z)=(x-z)$ 可得

$$\mathrm{Adv}\left(A^G, A^I\right) = \mathrm{Adv}\left(A^G, A^H\right) + \mathrm{Adv}\left(A^H, A^I\right) \tag{10.2}$$

$$\mathrm{Adv}\left(G_A, I_A\right) = \mathrm{Adv}\left(G_A, H_A\right) + \mathrm{Adv}\left(H_A, I_A\right) \tag{10.3}$$

式(10.2)和式(10.3)称为**三角等式**。

经常把 $\mathrm{Adv}\left(A^G, A^H\right)$ 写成 $\mathrm{Adv}_{G,H}^{\mathrm{dist}}(A)$，则有以下结论：

(1) 令 $\mathrm{neg}(\cdot)$ 是一个可忽略不计函数，n 是安全参数，如果对于任意敌手 A 和足够大的 n，有 $\mathrm{Adv}_{G,H}^{\mathrm{dist}}(A) < \mathrm{neg}(n)$ 情形，就说博弈 G 和博弈 H 是**计算敌手不可区分的**(Computationally Adversarially Indistinguishable)。

(2) 如果对于任意敌手 A，有 $\mathrm{Adv}_{G,H}^{\mathrm{dist}}(A) = 0$ 情形，就说博弈 G 和博弈 H 是**(完美)敌手不可区分的**((Perfectly) Adversarially Indistinguishable)。

10.2　博弈证明技术

10.2.1　博弈证明过程

基于编码的博弈证明技术，就是先写好一个称作博弈的伪代码。给伪代码的变量赋初始值，即初始化，习惯上经常省略初始化的代码。然后，开始运行博弈。

博弈证明过程就是我们与敌手一块运行博弈的过程。博弈中有一个称为标志的布尔变量 bad 被初始化为 false，在运行这个博弈的过程中，敌手攻击某个密码系统或密码结构的优势，用该博弈中标志 bad 被设置为 true 的概率来界定。然后，逐步依照句法修改这个伪代码博弈，从而形成称为**博弈链**的许多博弈，最后用博弈链的界决定敌手攻击某个密码系统或密码结构的优势。

博弈证明方法大概就是：假设我们希望得到敌手 A 攻击某个密码系统或密码结构的优势的上界，这个上界是 0 和 1 之间的一个数字。我们通过计算敌手 A 在两个“不同世界”输出“1”的概率差得到这个上界。具体过程如下：

(1) 第一个博弈(博弈 1)，就是写捕获“世界 1”行为的一些伪代码。包括初始化变量，与敌手互动，然后运行该博弈等。

(2) 第二个博弈(博弈 0)，就是写捕获“世界 0”行为的另外一些伪代码片段。除了从标志 bad 设置为 true 以后的语句有差别，“博弈 1”和“博弈 0”是排列句法完全相同的两个程序。也就是“相同——直到 bad 被设置”的两个博弈(见定义 10.3)。

(3) 调用博弈证明理论的一个基本引理。这个基本引理是说：该设置中敌手的优势的上界，是用在博弈 1 和博弈 0 这两个博弈中的任一个的标志 bad 被设置的概率来确定的。

(4) 选择博弈 1 和博弈 0 中的一个，慢慢转换它。以增加或删掉一些伪代码的方式修改它，在修改博弈的过程中，不改变该博弈的 bad 被设置的概率，或者用一个有界限的数来降低该博弈的 bad 被设置的概率。

用这种方法不断修改，给出一些不同的博弈，形成一个博弈链，直到最后，用某个博弈结束该博弈链。以最后一个博弈中 bad 被设置的概率为界。

博弈证明方法核心是把博弈编成伪代码，而不是一些等价的函数的描述。围绕这些核心代码，进行一系列训练有素的代码转换，以最后一个博弈中 bad 被设置的概率作为密码学中所指的该博弈的界。

10.2.2　“相同——直到 bad 被设置”的两个博弈

前面博弈证明方法中需要用到“相同——直到 bad 被设置”的两个博弈。简单来讲，如果两个博弈对应的每个程序都是“相同——直到 bad 被设置”的，那么这两个博弈就是“相同——直到 bad 被设置”的。本书只讨论句法相同，直到一个标志 bad 已经被设置为 true 的程序。

定义 10.3　相同——直到 bad 被设置(Identical until Bad is Set)。设 P、Q 是两个程序，设 bad 是这两个程序中每个程序的一个标志。如果除了下列以外，P 和 Q 的剖析树都相同，就说**程序 P 和 Q 是“相同——直到 bad 被设置”**的：

无论什么情况下，程序 P 在它的剖析树中有一个语句 bad $\leftarrow$ true， S；对于一个可能不同于 S 的 T，程序 Q 在它的剖析树中的相应位置有语句 bad $\leftarrow$ true， T。

如果博弈 $G=$ (Initialize, $P_1, P_2,\cdots,P_n$, Finalize) 和博弈 $H=$ (Initialize′, $Q_1,Q_2,\cdots,Q_n$, Finalize′) 对应的每个程序是“相同——直到 bad 被设置”的，则**博弈 G 和博弈 H 是“相同——直到 bad 被设置”的**。 □

令 $\Pr[G_A$ 设置 bad$]$ 为可追捕博弈 G_A 执行到结尾，当 Finalize 终止时，标志 bad 是 true 的概率。

例 10.1　图 10.2 的博弈 S_0 和图 10.3 的博弈 S_1 是否是“相同——直到 bad 被设置”的？

解：除了一处之外，博弈 S_0 和博弈 S_1 的剖析树都相同。博弈 S_0 的剖析树中的 bad $\leftarrow$ true 之后是空语句，而博弈 S_1 的剖析树中的 bad $\leftarrow$ true 之后有语句 $Y \xleftarrow{\$} \overline{\mathrm{Range}(\pi)}$，这是两个程序博弈中唯一不同的。

```
Game S0
Initialize
    bad ← false
    for X ∈ {0,1}^n do π(X) ← undefined

On query f(X)
    Y ←$ {0,1}^n
    if Y ∈ Range(π) then bad ← true
    return π(X) ← Y
```

图 10.2　运行博弈 S_0

```
Game S1
Initialize
    bad ← false
    for X ∈ {0,1}^n do π(X) ← undefined

On query f(X)
    Y ←$ {0,1}^n
    if Y ∈ Range(π) then bad ← true,  Y ←$ \overline{Range(π)}
    return π(X) ← Y
```

图 10.3　运行博弈 S_1

所以，博弈 S_0 和博弈 S_1 是“相同——直到 bad 被设置”的。 □

下面有两种特定情况的约定。

(1)“ if bad then S ”与“ if bad then bad $\leftarrow$ true, S”这两个语句相同。

(2)空语句 ε 与“ if bad then bad $\leftarrow$ true， ε ”语句相同。

例 10.2　对于两个博弈 G 和博弈 H，如果一个博弈有语句 if bad then S，而另一个博弈 G 有空语句 ε，除此之外，这两个博弈的其它语句都相同。

试问：博弈 G 和博弈 H 是否是“相同——直到 bad 被设置”的？

解：根据上面的约定，假设博弈 H 有语句 if bad then S，可以看作该博弈有语句 if bad then bad $\leftarrow$ true, S。

另一个博弈 G 有空语句 ε，可以看作该博弈有语句：if bad then bad $\leftarrow$ true, ε。

根据“相同——直到 bad 被设置”的定义，这两个博弈是“相同——直到 bad 被设置”的。

容易得到如下命题。

命题 10.1　“相同——直到 bad 被设置”的两个博弈是等价博弈。　□

10.2.3　博弈证明理论的基本引理

博弈的基本引理是证明博弈证明技术正确与否的核心工具。博弈证明理论的基本引理是：如果给定两个“相同——直到 bad 被设置”博弈，则这两个博弈结果的概率差以这两个博弈中的任一个博弈的 bad 被设置的概率为界。

引理 10.1　博弈的基本引理(Fundamental Lemma of Game-Playing)。设 G 和 H 是“相同——直到 bad 被设置”的两个博弈，A 是一个敌手，则

$$\Pr\left[G_A \Rightarrow 1\right]-\Pr\left[H_A \Rightarrow 1\right] \leqslant \Pr[G_A \text{ 设置 bad}]$$

更一般地，对于任意“相同——直到 bad 被设置”的博弈 G、H 和 I，有

$$\Pr\left[G_A \Rightarrow 1\right]-\Pr\left[H_A \Rightarrow 1\right] \leqslant \Pr[I_A \text{ 设置 bad}]$$

证明：假设敌手 A 和所有程序构成一个总会终止的博弈。所以存在一个最小数 b，使得 A、G_A 和 G_B 只是完成不多于 b 个“取样——然后指派”语句，这些“取样——然后指派”语句的每个语句取自大小不超过 b 的集合。

证明：G 和 H 是“相同——直到 bad 被设置”的两个博弈，A 是一个敌手，则有 $\Pr\left[G_A \Rightarrow 1\right]-\Pr\left[H_A \Rightarrow 1\right] \leqslant \Pr[G_A \text{ 设置 bad}]$

设硬币集 $C=\text{Coins}(A,G,H)=[1..b!]^b$ 是一个 b 元数的集合，集合中每个元素都是 1 和 $b!$ 之间的数，称 C 为关于 (A,G,H) 的硬币集。

G_A 的一次随机执行可以用下面的方式确定：

(1)从 C 中提取一个随机样本 $c=(c_1,\cdots,c_b)$。

(2)用 $c=(c_1,\cdots,c_b)$ 确定性地执行 G_A，具体执行过程如下：

对于第 i 个“取样——然后指派”语句， $X_i \overset{\$}{\leftarrow}\{X_0,\cdots,X_{n_i-1}\}$，令 X_i 为 $X_{c_i \bmod n_i}$。

用这个方法完成“取样——然后指派”语句，而不管 A 是否是完成“取样——然后指派”语句中的其中之一，或者 A 是否是博弈 G 中正在完成该“取样——然后指派”语句的程序中的一个。

注意：n_i 整除 $b!$，因此 $X_i \overset{\$}{\leftarrow} \{X_0,\cdots,X_{n_i-1}\}$ 的过程，将从 $\{X_0,\cdots,X_{n_i-1}\}$ 中返回一个均匀的点 X_i。

(3) 每个“取样——然后指派”语句返回的值是独立的，所以我们用硬币集 C 中的一个随机点而不是其他随机源，可以完全模拟 G_A。

同样地，从 C 中的一个随机点 $(c_1,\cdots,c_b)$ 开始，不需要任何更多的硬币集，通过完成前面的第 i 个“取样——然后指派”语句 $X_i \overset{\$}{\leftarrow} \{X_0,\cdots,X_{n_i-1}\}$，可以运行 H_A。

从现在开始的证明中，假设我们从关于 (A,G,H) 的硬币集 C 中取样 $(c_1,\cdots,c_b)$，实现了前面已经描述的 G_A 和 H_A。

设 $G_A(c)$ 和 $H_A(c)$ 分别是博弈 G、H 与敌手 A 之间在被指定硬币 $c \in C$ 的运行。

设 $\mathrm{CG}_{\mathrm{one}} = \{c \in C : G_A(c) \Rightarrow 1\}$ 是博弈 G 、A 和被指定硬币 $c \in C$ 的运行中，G_A 输出为 1 的硬币集；类似地，设 $\mathrm{CH}_{\mathrm{one}} = \{c \in C : H_A(c) \Rightarrow 1\}$ 是博弈 H 、A 和被指定硬币 $c \in C$ 的运行中，H_A 输出为 1 的硬币集。

再根据运行中是否 bad 被设置为 true，把 $\mathrm{CG}_{\mathrm{one}}$ 分成 $\mathrm{CG}_{\mathrm{one}}^{\mathrm{bad}}$ 和 $\mathrm{CG}_{\mathrm{one}}^{\mathrm{good}}$ 两部分，其中 G_A 输出为 1 的硬币集中，bad 被设置为 true 的为 $\mathrm{CG}_{\mathrm{one}}^{\mathrm{bad}}$。同样地，把 $\mathrm{CH}_{\mathrm{one}}$ 分成 $\mathrm{CH}_{\mathrm{one}}^{\mathrm{bad}}$ 和 $\mathrm{CH}_{\mathrm{one}}^{\mathrm{good}}$ 两部分。

定义 $\mathrm{CG}^{\mathrm{bad}} = \{c \in C : G_A(c)\ \text{设置 bad}\}$ 为博弈 G 与 A 和被指定硬币 $c \in C$ 的运行中，bad 被设置为 true 的集合。

因为 G 和 H 是“相同——直到 bad 被设置”的两个博弈，一个元素 $c \in C$ 在 $\mathrm{CG}_{\mathrm{one}}^{\mathrm{good}}$ 中，当且仅当它在 $\mathrm{CH}_{\mathrm{one}}^{\mathrm{good}}$ 中，所以 $|\mathrm{CG}_{\mathrm{one}}^{\mathrm{good}}| = |\mathrm{CH}_{\mathrm{one}}^{\mathrm{good}}|$，这样：

$$\Pr[G_A \Rightarrow 1] - \Pr[H_A \Rightarrow 1] = \frac{|\mathrm{CG}_{\mathrm{one}}| - |\mathrm{CH}_{\mathrm{one}}|}{|C|} = \frac{|\mathrm{CG}_{\mathrm{one}}^{\mathrm{bad}}| + |\mathrm{CG}_{\mathrm{one}}^{\mathrm{good}}| - |\mathrm{CH}_{\mathrm{one}}^{\mathrm{good}}| - |\mathrm{CH}_{\mathrm{one}}^{\mathrm{bad}}|}{|C|}$$

$$= \frac{|\mathrm{CG}_{\mathrm{one}}^{\mathrm{bad}}| - |\mathrm{CH}_{\mathrm{one}}^{\mathrm{bad}}|}{|C|} \leqslant \frac{|\mathrm{CG}_{\mathrm{one}}^{\mathrm{bad}}|}{|C|} \leqslant \frac{|\mathrm{CG}_{\mathrm{one}}|}{|C|} = \Pr[G_A\ \text{设置 bad}]$$

再证明：对于任意“相同——直到 bad 被设置”的博弈 G 、H 和 I ，有

$$\Pr[G_A \Rightarrow 1] - \Pr[H_A \Rightarrow 1] \leqslant \Pr[I_A\ \text{设置 bad}]$$

根据引理 10.1，当 G 、H 和 I 是“相同——直到 bad 被设置”的博弈时，确保了 $\Pr[G_A$ 设置 bad$] = \Pr[H_A$ 设置 bad$] = \Pr[I_A$ 设置 bad$]$，所以 $\Pr[A^G \Rightarrow 1] - \Pr[A^H \Rightarrow 1] \leqslant \Pr[A^I$ 设置 bad$]$。

根据对称性，有 $\Pr[A^H \Rightarrow 1] - \Pr[A^G \Rightarrow 1] \leqslant \Pr[A^I$ 设置 bad$]$。

而 $\Pr[A^G \Rightarrow 1] - \Pr[A^H \Rightarrow 1] \leqslant \Pr[A^I$ 设置 bad$]$ 相当于 $\Pr[G_A \Rightarrow 1] - \Pr[H_A \Rightarrow 1] \leqslant \Pr[I_A$ 设置 bad$]$。 □

10.3　博弈重写

博弈证明技术的能力，主要来自重写一些不同博弈的能力，用增加博弈的方式重写博弈，构造了博弈链，从而完成博弈证明的核心过程。构造博弈链的主要思想：首先对于某个博弈 G_1 和某些敌手 A，用博弈的基本引理，分析想要实现的界定值 $\delta=\Pr[G_1$ 设置 bad$]$，把界 δ 作为敌手 A 需要花费资源的函数。最后，一次一步，修改博弈 G_1，从而构造一个博弈链 $G_1 \to G_2 \to G_3 \to \cdots \to G_n$。$G_1$ 是初始博弈，G_1 是与敌手 A 的博弈；G_n 是终止博弈，G_n 可能是与其他敌手的博弈，虽然它们往往不是这样的。这样，修改博弈 G_1 的过程其实就是重写博弈过程，通过重写博弈技术，使 G_1 转换为 G_2，G_2 转换为 G_3，以此类推，最后转换为 G_n。

根据博弈的基本引理，得到博弈重写最通用的方法，就是修改 bad 设置为 true 后发生的事情，本节证明这一方法的正确性，并介绍博弈转换的类型和基本技术。

10.3.1　修改 bad 设置为 true 后面的语句

重写博弈最通用的方法之一是修改 bad 设置为 true 后发生的事情。因为根据博弈的基本引理，在 bad 被设置后，“相同——直到 bad 被设置”的两个博弈的概率相等。

命题 10.2　**bad 被设置后，都无所谓了**(After Bad is Set, Nothing Matters)。设 G 和 H 是“相同——直到 bad 被设置”的两个博弈，A 是一个敌手，则 $\Pr[G_A$ 设置 bad$]=\Pr[H_A$ 设置 bad$]$。

证明：用前面引理 10.1 的定义。

固定关于 (A,G,H) 的硬币集 $C=\text{Coins}(A,G,\text{H})$，并用这些硬币以引理 10.1 证明中描述的方式，随机执行博弈 G_A 和 H_A。

设 $\text{CG}^{\text{bad}} \in C$ 是执行 G_A 时，使得 bad 设置为 true 的硬币集，同样，令 $\text{CH}^{\text{bad}} \in C$ 是执行 H_A 时，使得 bad 设置为 true 的硬币集。

由于 G 和 H 是“相同——直到 bad 被设置”的两个博弈，每个元素 $c \in C$ 使得 G_A 中 bad 被设置为 true 的充分必要条件是：该元素也使得 H_A 中 bad 被设置为 true。这样，$\text{CG}^{\text{bad}}=\text{CH}^{\text{bad}}$，因此，$|\text{CG}^{\text{bad}}|=|\text{CH}^{\text{bad}}|$，故有

$$\frac{|\text{CG}^{\text{bad}}|}{|C|}=\frac{|\text{CH}^{\text{bad}}|}{|C|}$$

即 $\Pr[G_A$ 设置 bad$]=\Pr[H_A$ 设置 bad$]$。　□

修改 bad 设置为 true 后发生的事情的依据是 bad 的设置是保守的转换。修改 bad 设置为 true 后发生的事情的方法有两种：常用的修改方法为丢弃某些代码；另外，插入选择性的代码也是很好的修改方法。

10.3.2 博弈转换类型及界的确定

重写博弈的过程其实就是博弈转换的过程。考虑一个博弈转换 $G_A \to H_B$，设 $p_G = \Pr[G_A \text{ 设置 bad}]$，$p_H = \Pr[H_B \text{ 设置 bad}]$，想根据 p_H 来定界 p_G，则博弈转换的类型主要有以下几种。

(1) 安全的转换。在证明了 $p_G \leqslant p_H$ 的这种情况下，转换称为**安全的转换**。

特殊情况是：当 $p_G = p_H$ 时，该转换称为**保守的转换**。

(2) 有损耗的转换。当证明了对于某些特定的 $\delta > 0$，$p_G \leqslant p_H + \delta$ 或者对于某些特定的 $\theta > 0$，$p_G \leqslant \theta \cdot p_H$ 时，这二者的任何一个方法，称为**有损耗的转换**。

对于某些特定的 $\delta > 0$，$p_G \leqslant p_H + \delta$ 的情况下，转换称为**加法有损耗转换**，δ 是损耗项。

对于某些特定的 $\theta > 0$，$p_G \leqslant \theta \cdot p_H$ 的情况下，转换称为**乘法有损耗转换**，θ 是膨胀项。

对于一对博弈的转换，本书采用保守的、安全的和有损耗的词，甚至在缺少一个敌手时，也采用这些词。如果对于所有的敌手 A，有 $\Pr[G_A \text{ 设置 bad}] = \Pr[H_A \text{ 设置 bad}]$，则转换 $G \to H$ 是保守的。

用博弈转换形成的一个博弈链中，初始博弈中 bad 预设置的界的确定如下：

(1) 当一个安全的转换和加法有损耗转换的博弈链完成时，初始博弈中 bad 预设置的界，是把所有的损耗项和终端博弈中 bad 预设置的界加起来的总和。

(2) 如果一个博弈链中有乘法有损耗转换，则初始博弈中 bad 预设置的界按照通常方式限定。

10.3.3 博弈转换的基本技术

本节命名、描述了一些常用的博弈转换技术，并证明它们是正确的，其中大多数技术在本书的例子中描述了。这些博弈转换技术是最有趣的或者可广泛使用的某些成功的博弈转换技术。

1) 交换依赖变量和独立变量

不是选择一个随机值 $X \xleftarrow{\$} S$，然后定义 $Y \leftarrow X \oplus C$；而是选择一个随机值 $Y \xleftarrow{\$} S$，然后定义 $X \leftarrow Y \oplus C$，这种方法在自然方法中可以推广。

推论 10.1　交换依赖变量的方法和独立变量的方法总是一个保守的转换。

证明(略)：因为交换依赖变量和独立变量不影响 bad 设置的概率。

2) 编程语言的重取样

设 $\mathcal{S} \subseteq \mathcal{T}$ 是有限、非空集合。博弈中使用的编程语言如下。

在“if $X \notin \mathcal{S}$ then $X \xleftarrow{\$} \mathcal{S}$”语句中，部分代码 $X \xleftarrow{\$} \mathcal{S}$ 能被等价的部分代码 $X \xleftarrow{\$} \mathcal{T}$ 代替。称它为**句法重取样**。

句法重取样后，程序语言变为“if $X \notin \mathcal{S}$ then $X \xleftarrow{\$} \mathcal{T}$”，这是博弈中使用的基本编程

语言。

另外，博弈中的 bad 设置语句“if $X \notin \mathcal{S}$ then bad $\leftarrow$ true， $X \xleftarrow{\$} \mathcal{S}$”，经常也被主旨重取样后，程序语言变为“if $X \notin \mathcal{S}$ then bad $\leftarrow$ true， $X \xleftarrow{\$} \mathcal{T}$”。

推论 10.2　引入重取样或移去重取样，总是一个保守的转换。

3) 代码移动

正如一个最优化编译器可能做的，在博弈中，也经常习惯于移动周围的语句。经常使用代码移动的一个特殊形式，就是延迟直到 Finalize 作出前面已经有的随机选择。

推论 10.3　可允许的代码移动是一个保守的转换。

证明(略)：可允许的代码移动，通常对于一个转换证明是平凡的，因为博弈不需要使用(有失真和副作用)复杂的程序语言结构，只是看是否有代码移动或者有没有可允许的代码移动。

4) 用做标志代替记录

在一个博弈中，假设正用一个变量 π 来记录一个被懒散定义的置换。从用在任何地方未定义的 π 开始，然后设置某个第一个值 $\pi(X_1)$ 给 Y_1，再设置某个第二个值 $\pi(X_2)$ 给 Y_2，以此类推。有时候，代码的一次检查，将显示所有被关注的点中哪些点在 π 的范围和哪些点在 Range 中。这种情况下，不需要记录 Y_i 到 X_i 的联系，不妨把“有记号的” X_i 作为一个正在使用的域点，并且把有记号的 Y_i 作为一个正在使用的 Range 点。用对 Y_i 和 X_i 做标志代替记录 Y_i 到 X_i 的联系。

不再讨论 Y_i 的使用，现在可能允许在代码中的其他改变，如代码移动。

推论 10.4　在博弈中，做标志代替记录的方法是保守的转换。

5) 对一个变量去随机化

假设一个博弈 G 选择一个变量 $X \xleftarrow{\$} \mathcal{X}$，而再没有重新定义它，可以消除定义 X 的“取样——然后指派”语句，而用一个固定常数 X 取代所有 X 的使用，获得一个新的博弈 H^X。

给定一个敌手 A，设 H 是 H^X 取 Pr[H_A^X 设置 bad] 最大值的字典顺序的第一个 X 的 H^X。我们说博弈 H 是通过去随机化变量 X 得到的。

推论 10.5　在博弈中，把一个变量去随机化是一个安全的转换。

证明(简单)：博弈 G 中一个变量 $X \xleftarrow{\$} \mathcal{X}$，通过去随机化变量 X，得到一个新的博弈 H^X，设 H 是取 Pr[H_A^X 设置 bad] 最大值的字典顺序的第一个 X 的 H^X，容易看到 $\Pr[G_A$ 设置 bad$] \leqslant \Pr[H_A$ 设置 bad$]$。

根据定义可得：这是一个安全的转换。 □

把一个变量去随机化的方法很重要，后面介绍一种去随机化的方法——硬币固定技术。

推论 10.6　把一个变量去随机化，除了消除自适应性，什么都不做。

6) 无法演习的博弈

无法演习的博弈(Unplayable Games) 指的是一个好像没有有效实现的博弈。

在博弈链中的一些博弈通常不是有效的。一个博弈链是一个想法的实验，特殊情况下，该实验不能被任何一个用户或敌手完成。

在许多情况下，使用一个无法演习的博弈是完全的、很好的。

10.3.4 进一步介绍博弈链的构造

关于如何构造博弈链，简要地给出一些实用的建议。

(1) 使每个博弈转换简单。

(2) 特别地，要小心使用懒散取样(见 10.5 节)，不能按所希望的那样经常使用。

(3) 一个博弈链中，当博弈尽可能用并行的排列，并且博弈中尽可能少的记录时，这个博弈链是最容易验证的。

(4) 在设置 bad 的 if 语句中，避免使用 else 条款，因为 else 条款只能引起混乱。

(5) 在一个证明链中，至少对于“主要的”博弈，建议编行号，并且把每个博弈放进一个盒子中。

10.4 博弈重写中的硬币固定技术

硬币固定技术是重写博弈的方法之一。具体说，硬币固定技术是博弈转换中把一个变量去随机化的一种重要的方法。硬币固定技术是博弈证明过程中消除敌手的自适应性的主要方法。分析一个博弈中，多次自适应性是分析困难的核心。

考虑一个有预言机 P 的博弈 G 。在这个博弈中，敌手 A 希望运行博弈 G 时，设置 bad 。A 适应性地向 P 询问串 $X_1,\cdots,X_q$ ，得到返回串 $Y_1,\cdots,Y_q$ 。本节讨论的硬币固定技术中，意欲把博弈 G 改为另外一个不同的博弈 H ，在博弈 H 中， $\mathrm{X}_1,\cdots,\mathrm{X}_q$ ， $\mathrm{Y}_1,\cdots,\mathrm{Y}_q$ 都是固定的常数串。如果可以做到，使用硬币固定技术也可以做到。

硬币固定技术把博弈 G 中的 $X_1,\cdots,X_q$ ， $Y_1,\cdots,Y_q$ 变为固定的常数串，这是从典型的复杂性理论证明方法中衍生出来的消除硬币的方法。硬币固定技术不是总可以使用的，需要足够充分的条件才能使用。

10.4.1 使用硬币固定技术需要的充分条件

使用硬币固定技术需要如下两个充分条件：

(1) 描述一个基本设置。

在一个有预言机 P 的博弈 G 中，敌手 A 希望与博弈 G 一起运行时设置 bad 。假设这个可追捕的博弈 G_A 有如下特性：有一个专门的预言机 P 。没有提供给 A 的输入 Param ，并且从 A 没有收到输出 out 。这个博弈包含一个标志 bad 。敌手 A 依次向预言机 P 询问正好 q 个串，这些串被该程序存储在一次写入变量 $X_1,\cdots,X_q$ 中，并且该程序计算一次写入串变量 $Y_1,\cdots,Y_q$ ，然后一个接一个回复给 A 。

不失一般性，本章“有一个专门的预言机”，并且“ X_i 和 Y_i 是一次写入变量中的元素”。

在讨论硬币固定技术的另外一个充分条件之前，先给出一些基本定义。

定义 10.4　询问/应答集(Query/Response set)。设$\mathcal{C}$是一个$(X_1,\cdots,X_q,Y_1,\cdots,Y_q)$-元的集合，如果满足：可追捕的博弈$G_A$的一次执行中，出现的询问$X_1,\cdots,X_q$的每个向量和它们的应答$Y_1,\ldots,Y_q$的每个向量，都在$(X_1,\cdots,X_q,Y_1,\cdots,Y_q)$-元集$\mathcal{C}$中出现，则称$\mathcal{C}$为$G_A$的一个询问/应答集。 □

一个询问/应答集不需要是包括所有可能的询问和它们的应答的最小集合。它只需要包含这个最小集合就可以了。

设$\mathcal{Y}$是博弈G中所有变量$Y \notin (X_1,\cdots,X_q,Y_1,\cdots,Y_q)$的集合，对于该集合，某些$Y_i$取决于$Y$。这里所说的“取决于”，是指在程序语言理论中的信息流意义上的取决于。

定义 10.5　不经意的博弈(Oblivious Game)。正式地，如果变量bad不取决于$\mathcal{Y}$中任何变量，我们说可追捕的博弈G_A是不经意的博弈。

通俗地说，一个不经意的博弈就是为了计算bad，计算过程中不会利用任何关于产生Y_i值的事情：没有变量影响一个Y_i值(排除X_i和Y_i值)，也影响bad。 □

注意：在一个不经意的程序中，X_i和Y_i值它们自己可能影响bad。

当向量$(Y_1,\cdots,Y_q)$是从某些有限集$\mathcal{V}$中随机选择的时，是不经意的博弈的一种特殊情况。

(2) 给定一个不经意的博弈G_A、G_A的一个询问/应答集$\mathcal{C}$和一个点$C=(X_1,\cdots,X_q,Y_1,\cdots,Y_q)\in\mathcal{C}$，可以组成如下描述的一个新的博弈$H^{\mathcal{C}}$：

① 除了没有预言机P外，博弈$H^{\mathcal{C}}$和博弈G一样。

在博弈G中，一个X_i或Y_i的每次(R值)使用，在博弈$H^{\mathcal{C}}$中相应地被常数X_i或Y_i取代；在博弈G中一个变量$Y\in\mathcal{Y}$的每次(R值)使用，在博弈$H^{\mathcal{C}}$中被正确类型的一个任意常数取代。

② 对于博弈$H^{\mathcal{C}}$，Finalize程序的开始，执行一个for-loop，来模拟P询问$X_1,\cdots,X_q$序列的出现，并且在收到每一个询问时做程序P所做的。

10.4.2　硬币固定技术

设H=CoinFix$_A^{\mathcal{C}}(G)$是对于取Pr[$H_A^{\mathcal{C}}$设置bad]最大值的字典顺序的第一个点$C\in\mathcal{C}$的$H^{\mathcal{C}}$。由于H_A不再取决于A，我们忽略不提A，且仍然有一个可追捕的博弈。

引理 10.2　硬币固定技术。设G_A是一个不经意的博弈，设$\mathcal{C}$是G_A的一个询问/应答集，H=CoinFix$_A^{\mathcal{C}}(G)$，则有

$$\Pr[G_A\text{ 设置 bad}] \leqslant \Pr[H\text{ 设置 bad}]$$

证明：使用引理 10.1 的证明技术。

(1) 定义可追捕博弈G_A的如下硬币集。

设C_A是运行敌手A的硬币集，设C_Y是对于变量Y_i和$\mathcal{Y}$中变量的“取样——然后指派”语句的硬币集，设C_B是博弈G使用的任意另外的硬币集。C_A、C_Y和C_B硬币集各自都是一个有限集。通过从这些硬币集中的每个中选取一个随机点，即$c_A \xleftarrow{\$} C_A$，

$c_Y \overset{\$}{\leftarrow} C_Y$，$c_B \overset{\$}{\leftarrow} C_B$，可以确定性地运行 G_A，确定该博弈运行 bad 的一个最终值，记为 $\text{bad}(c_A, c_Y, c_B)$。

硬币 c_B 也确定 H 的一个执行，特别是确定 bad 是否在那里得到设置，如果 bad 得到设置调用那个变量 $\text{bad}(c_B)$ 的最终值。

(2) 由于在一个实数集中，某个数必须至少和平均数一样大，所以一定存在一个 $(c_A, c_Y) \in C_A \times C_Y$，满足：

$$\Pr_{c_A,c_Y,c_B}\left[G_A(c_A,c_Y,c_B)\text{设置bad}\right] \leqslant \Pr_{c_B}\left[G_A(c_A,c_Y,c_B)\text{设置bad}\right] \tag{10.4}$$

设 $C = (X_1', \cdots, X_q', Y_1', \cdots, Y_q')$ 是运行有硬币 c_A, c_Y 的博弈 G_A 产生的询问和应答。G_A 是一个不经意的博弈，依照前面定义的变量的概念和不经意性的概念，保证了：

$$\Pr_{c_B}\left[G_A(c_A,c_Y,c_B)\text{设置bad}\right] = \Pr_{c_B}\left[H^C(c_B)\text{设置bad}\right] \tag{10.5}$$

这是因为硬币集 $C = (X_1', \cdots, X_q', Y_1', \cdots, Y_q')$ 导致预言机询问 $X_1', \cdots, X'$、应答 $Y_1', \cdots, Y_q'$ 和对于变量的未指明附加值，并且 H^C 的执行丝毫不差地进行而不管 $\mathcal{Y}$ 中变量的“不正确值”和这些影响的变量。根据不经意性的概念，确定是否 bad 得到设置时，这些不正确的值与 bad 设置无关。

因为根据定义，$C \in \mathcal{C}$ 必须在询问/应答集合中，所以有

$$\Pr_{c_B}\left[H^C(c_B)\text{设置bad}\right] \leqslant \Pr\left[H\text{ 设置 bad}\right] \tag{10.6}$$

由式(10.4)、式(10.5)和式(10.6)可得

$$\Pr\left[G_A\text{ 设置 bad}\right] \leqslant \Pr\left[H\text{ 设置 bad}\right]$$ □

硬币固定技术是消除具有自适应性敌手的一个基本方法。很多博弈分析，自适应性是分析的核心困难。需要指出的是：在使用硬币固定技术消除自适应性的过程中，永远不能确定对于初始博弈或者其他任何博弈，最好的非自适应性敌手不会比最好的自适应性敌手做得好。在分析中即使用硬币固定技术去除自适应性，也可能是错误的，或者至少表面上不是对的。

10.5　博弈重写中的懒散取样

不用前面的随机选择方法，常用的习惯方法是：重写一个博弈来推迟随机选择，直到确实需要才进行随机选择，称这种“只是——及时”掷币为懒散取样。

10.5.1　懒散取样概念

下面给出一个简单的但经常使用的取样例子：

例 10.3　考虑一个博弈，披露给敌手的是一个 n 比特的随机置换 π。

实现这个博弈的方法是：Initialize 期间，从 $\text{Perm}(n)$ 中选择随机 π，然后，当询问 $X \in \{0,1\}^n$ 时，则回答 $\pi(X)$。

还有另外一个实现 π 的方法——懒散取样(Lazy Sampling)方法：从一个在任何地方未定义的 n 比特到 n 比特的局部置换 π 开始。当不在 π 的定义域内提出询问 X 时，预言

机将从 π 的并联行中随机选择一个值 Y，定义 $\pi(X) \leftarrow Y$，并返回 Y。可以认为这个局部函数 π 为我们选择 $\pi(X)$ 满足 $\pi(X) \notin \text{Range}(\pi)$ 的重要“约束”。我们从有关约束的所有点中随机选择 $\pi(X)$。 □

例 10.3 中给出模拟一个随机置换的两种方法——随机方法和懒散取样方法，显而易见，随机方法和懒散取样方法是等价的。这里指的是博弈等价的概念，也就是没有敌手可以以任何优势区分这两个博弈。

事实上，懒散取样方法更复杂，并且懒散取样的预期方法经常是失败的。

使用懒散取样的方法，需要仔细验证懒散取样的任意一个预期使用。要明白这点，看下面的例子。

例 10.4　博弈提供给敌手的置换 $\pi_1, \pi_2 : \{1,2,3\} \to \{1,2,3\}$ 服从约束：对于所有 $x \in \{1,2,3\}$，$\pi_1(x) \neq \pi_2(x)$。

模拟一对预言机的急切(Eager)取样的方法是：从遵循约束的一对置换中，均匀地、随机选择 π_1, π_2。

一个可能的懒散取样方法：用一个随机点回答一个预言机询问，在没有违反已经定义的点上的任何约束的条件下，该懒散方法可能像这样进行。

在询问 $\pi_1(1)$ 上，将返回 $\{1,2,3\}$ 中的一个随机点，假如是 1。

在询问 $\pi_1(2)$ 上，将返回 $\{2,3\}$ 中的一个随机点，假如是 2。

在询问 $\pi_1(3)$ 上，将被迫返回 3。

在询问 $\pi_2(1)$ 上，将返回 $\{2,3\}$ 中的一个随机点，假如是 2。

在询问 $\pi_2(2)$ 上，将返回 $\{1,3\}$ 中的一个随机点，假如是 1。

但是现在被卡住了，因为在询问 $\pi_2(3)$ 上，没有正确的返回。这里懒散取样，至少在刚才执行的方法中，不能运行。

10.5.2　懒散取样的条件

下面讨论懒散取样条件，并说明例 10.3 中懒散取样成功而例 10.4 中懒散取样失败的原因。

设 $\mathcal{X}$、$\mathcal{Y}$ 分别是有限的、非空集合。一个有位置参数 t 的约束函数 F (Constraint Function with Locality Parameter t) 就是一个对形式为 $i_1, x_1, y_1, \cdots, i_s, x_s, y_s$ ($i_j \in [1,k]$，$x_j \in \mathcal{X}$，$y_j \in \mathcal{Y}$，$s \in [1,t]$) 的任意输入，指派一个布尔函数作为输出的函数。

设 $\mathcal{P} = \text{Rand}(\mathcal{X},\mathcal{Y})$ 是从 $\mathcal{X}$ 到 $\mathcal{Y}$ 的所有局部函数的集合，设 $\mathcal{T} = \text{Rand}(\mathcal{X},\mathcal{Y})$ 是从 $\mathcal{X}$ 到 $\mathcal{Y}$ 的所有全局函数的集合。如果集合 $\mathcal{F}$ 正是满足：$(\forall s \leqslant t, \forall i_1, \cdots, i_s \in [1,k], \forall x_1, \cdots, x_s \in \mathcal{X})$ $\left[F\left(i_1, x_1, \bar{f}_{i_1}(x_1), \cdots, i_s, x_s, \bar{f}_{i_s}(x_s)\right) = 1\right]$ 的所有 $\left\{\bar{f}_1, \ldots, \bar{f}_k\right\} \in \mathcal{T}^k$ 的集合，称 $\mathcal{F}$ **为在全局函数的集合** $\mathcal{T}$ **中，由约束函数** F **刻画的函数的** k **-向量的集合**(A Set $\mathcal{F}$ of k-vectors of Functions in $\mathcal{T}$ is Described by F)。

1. 一个结构

考虑一个结构，该结构提供了有预言机序列$(f_1,\cdots,f_k)$的敌手A，提供给敌手A的预言机序列是从一个由约束函数F刻画的函数的k-向量集合$\mathcal{F}$中随机提取的，即$(f_1,\cdots,f_k)\overset{\$}{\leftarrow}\mathcal{F}$。该框架提供的由约束函数刻画的函数的$k$-向量集合$\mathcal{F}$是一个均匀分布。

把上面给出的两个例子放进这个结构中。对于例 10.3，有$\mathcal{X}=\mathcal{Y}=\{0,1\}^n$，定义有位置参数$t$的约束函数：位置$t=2$，并且当且仅当$(x_1\neq x_2)\Rightarrow(y_1\neq y_2)$时，约束函数$F_1(i,x_1,y_1,i,x_2,y_2)=1$。

对于例 10.4，有$\mathcal{X}=\mathcal{Y}=\{1,2,3\}$，定义有位置参数$t$的约束函数：位置$t=2$，并且$F_3(1,x_1,y_1,2,x_2,y_2)=1$的充分必要条件是同时满足下面两个条件：

(1) $(x_1\neq x_2)\Rightarrow(y_1\neq y_2)$。

(2) 对于所有$i\in\{1,2\}$，约束函数$F_1(i,x,y,i,x',y')=1$。

2. 解释懒散取样的方式并说明例 10.4 中懒散取样失败的原因

设$\mathcal{P}=\text{Rand}(\mathcal{X},\mathcal{Y})$是从$\mathcal{X}$到$\mathcal{Y}$的所有局部函数的集合；$\mathcal{T}=\text{Rand}(\mathcal{X},\mathcal{Y})$是从$\mathcal{X}$到$\mathcal{Y}$的所有全局函数的集合。如果一个全局函数$\bar{f}\in\mathcal{T}$与一个局部函数$f\in\mathcal{P}$，在局部函数定义的所有点上是相等的，就说该全局函数$\bar{f}$**与局部函数**f**是相容的**，记为$\bar{f}\geqslant f$。

对于局部函数$f_1,\cdots,f_k\in\mathcal{P}$，$i\in[1,k]$，$x\in\mathcal{X}$和$y\in\mathcal{Y}$，定义$\text{Ext}_F^{f_1,\cdots,f_k}(i,x,y)=\left\{(\bar{f}_1,\cdots,\bar{f}_k\in\mathcal{F}):\bar{f}_j\geqslant f_j(1\leqslant j\leqslant k)\text{且}\bar{f}_i(x)=y\right\}$是局部函数$f_1,\cdots,f_k$关于$(i,x,y)$的外延集(Set of Extensions)。

大概来讲，局部函数$f_1,\cdots,f_k\in\mathcal{P}$的外延集，就是由约束函数刻画的$k$-向量集合$\mathcal{F}$中，与局部函数$f_j(1\leqslant j\leqslant k)$相容，并且给$\bar{f}_i(x)$赋值$y$的所有函数的集合。局部函数$f_1,\cdots,f_k\in\mathcal{P}$的外延集可以看作赋值给满足约束条件的局部函数$(f_1,\cdots,f_k)$至今仍然未定义点的所有可能方法指派的值的集合，这个约束条件就是：把$f_i(x)$指派给y。

定义 10.6　可能应答集(Set of Possible Answers)。我们称满足局部函数的外延集$\text{Ext}_F^{f_1,\cdots,f_k}(i,x,y)\neq\phi$的所有$y\in\mathcal{Y}$的集合为可能应答集，这是回答询问$f_i(x)$的所有可能的集合，记为$\text{Ans}_F^{f_1,\cdots,f_k}(i,x)$。意味着产生非零的概率的集合。

推论 10.7　设局部函数$f_1,\cdots,f_k\in\mathcal{P}$，约束函数刻画的向量集$\mathcal{F}$，$F\in\mathcal{F}$，假定$\mathcal{F}\neq\phi$，意味着$\text{Ans}_F^{f_1,\cdots,f_k}(i,x)\neq\phi$。

以下分别给出两个博弈，这是两个与$\mathcal{F}$关联的**急切取样** $\text{Eager}_{\mathcal{F}}$ 博弈和**懒散取样** $\text{Lazy}_{\mathcal{F}}$ 博弈，其中$\mathcal{F}$是由约束函数F给定的。

(1) 图 10.4 描述的是急切取样 $\text{Eager}_{\mathcal{F}}$ 博弈。

(2) 图 10.5 描述的是懒散取样 $\text{Lazy}_{\mathcal{F}}$ 博弈。

Game $\text{Eager}_{\mathcal{F}}$:

Initialize

$(f_1,\cdots,f_k)\xleftarrow{\$}\mathcal{F}$

On query $f_i(x)$

return $f_i(x)$

图 10.4 急切取样

Game $\text{Lazy}_{\mathcal{F}}$:

Initialize

对于每个 $i\in[1..k]$，$f_i:X\to Y$ 是在各处未定义

On query $f_i(x)$

if $f_i(x)$ then return $f_i(x)$

return $f_i(x)\xleftarrow{\$}\text{Ans}_F^{f_1,\cdots,f_k}(i,x)$

图 10.5 懒散取样

正如这个博弈的正式描述，例 10.3 的懒散取样方法中，可能应答集正是不违反任何约束的点的集合。例 10.3 中，从 F_1 的描述中，可以得到 $\text{Ans}_F^{\pi}(1,x)$ 正是 $\overline{\text{Range}}(\pi)$。

例 10.4 的懒散取样方法中，考虑对于 $i\in\{1,2,3\}$，$\pi_1(i)=i$ 和 $\pi_2(1)=2$ 的情况，则 $\text{Ans}_F^{\pi_1,\pi_2}(2,2)=\{3\}$，在该例中，我们说取 $\pi_2(2)$ 的候选集合是 $\{1,3\}$。这说明单纯看被定义点的约束来确定可能应答集完全不行，所有执行该例中定义的懒散取样失败了。

3. 懒散取样的条件

设 F 是有位置参数的约束函数。如果对于所有 $f_1,\cdots,f_k\in\mathcal{P}$，所有 $i\in[1,k]$ 和所有 $x\in\mathcal{X}$，有 $\forall y_1,y_2\in\text{Ans}_F^{f_1,\cdots,f_k}(i,x)$ 满足：$\left|\text{Ext}_F^{f_1,\cdots,f_k}(i,x,y_1)\right|=\left|\text{Ext}_F^{f_1,\cdots,f_k}(i,x,y_2)\right|$，就说 F 是**可容许的**(Admissible)。换句话，对于所有 $f_1,\cdots,f_k\in\mathcal{P}$，所有 $i\in[1,k]$ 和所有 $x\in\mathcal{X}$，任意两个 $y_1,y_2\in\mathcal{Y}$，$f_1,\cdots,f_k$ 分别相对于 (i,x,y_1) 和 (i,x,y_2) 的两个外延集都相等，就说 F 是可容许的。

如果 F 是可容许的，只要 y 被允许，$f_1,\cdots,f_k$ 相对于 (i,x,y) 扩展的方法数目，不依赖于 y，或者再直观地说，当回答一个预言机询问时，任何两个被允许的值是等可能的。

声明 10.1 例 10.3 的约束函数 F_1 是可容许的。

证明：假设 π 已经在大约 $m-1$ 个点上被定义，且 $\pi(x)$ 是第 m 个询问。则当设置 $\pi(x)=y$ 时，对于每个 $y\in\overline{\text{Range}}(\pi)$，有 $(N-m)!$ 个可能的方法赋值给未定义的点，这意味着对于每个 $y\in\text{Ans}_F^{\pi}(1,x)$，有 $\left|\text{Ext}_F^{\pi}(1,x,y)\right|=(N-m)!$。 □

声明 10.1 解释了为什么懒散取样在例 10.3 的情况下能运转。

定义 10.7 可容许的集合。设 $\mathcal{F}$ 是全局函数的集合 $\mathcal{T}$ 中，满足 $(\forall s\leqslant t,i_1,\cdots,i_s\in[1,k],x_1,\cdots,x_s\in\mathcal{X})\quad\left[F\left(i_1,x_1,\overline{f}_{i_1}(x_1),\cdots,i_s,x_s,\overline{f}_{i_s}(x_s)\right)=1\right]$ 的所有 $\left\{\overline{f}_1,\cdots,\overline{f}_k\right\}\in\mathcal{T}^k$ 的集合，如果约束函数 F 是可容许的，就说 $\mathcal{F}$ 是可容许的集合。 □

懒散取样有如下引理，根据该引理，满足 $\mathcal{F}$ 是一个可容许的集合，且 $\mathcal{F}\neq\phi$ 时，可以用懒散取样。

引理 10.3 懒散取样原理。设 $\mathcal{F}$ 是一个可容许的集合，且有 $\mathcal{F}\neq\phi$，则博弈 $\text{Eager}_{\mathcal{F}}$ 和博弈 $\text{Lazy}_{\mathcal{F}}$ 是等价的。

证明：假设敌手已经进行了一些数量的预言机询问，结果有了局部函数 $f_1,\cdots,f_k$。

现在敌手进行另外的询问，即 $f_i(x)$ 询问。

考虑一个特定点 $y \in \mathcal{Y}$ 在回答 $f_i(x)$ 时，被返回的概率，并证明在两个博弈 $\text{Eager}_{\mathcal{F}}$ 和 $\text{Lazy}_{\mathcal{F}}$ 中，这个概率是相同的。

若 $y \in \mathcal{Y}$ 不在可能应答集中，则在两个博弈中的任意一个博弈中回答 $f_i(x)$ 时，被返回的概率为 0。也就是说，任意 $y \notin \text{Ans}_F^{f_1,\cdots,f_k}(i,x)$ 在两个博弈中的任意一个博弈中被返回的概率为 0。

假设 $y \in \mathcal{Y}$ 在可能应答集中，即 $y \in \text{Ans}_F^{f_1,\cdots,f_k}(i,x)$。设 $\mathcal{F}(f_1,\cdots,f_k) = \left\{\left(\overline{f}_1,\cdots,\overline{f}_k \in \mathcal{F}\right): \overline{f}_j \geqslant f_j\left(1 \leqslant j \leqslant k\right)\right\}$。假定 $\mathcal{F} \neq \phi$，则意味着 $\text{Ans}_F^{f_1,\cdots,f_k}(i,x) \neq \phi$。

现在分析，博弈 $\text{Eager}_{\mathcal{F}}$ 中，当回答询问 $f_i(x)$ 时，y 被返回的概率是

$$\Pr_{\text{Eager}_{\mathcal{F}}}\left[f_i(x) \leftarrow y\right] = \frac{\left|\text{Ext}_F^{f_1,\cdots,f_k}(i,x,y)\right|}{\left|\mathcal{F}(f_1,\cdots,f_k)\right|} = \frac{\left|\text{Ext}_F^{f_1,\cdots,f_k}(i,x,y)\right|}{\sum_{y' \in \text{Ans}_F^{f_1,\cdots,f_k}(i,x)}\left|\text{Ext}_F^{f_1,\cdots,f_k}(i,x,y')\right|}$$

假定 F 是可容许的，则对于所有 $f_1,\cdots,f_k \in \mathcal{P}$，所有 $i \in [1,k]$ 和所有 $x \in \mathcal{X}$，任意两个 $y_1, y_2 \in \mathcal{Y}$，$f_1,\cdots,f_k$ 分别相对于 (i,x,y_1) 和 (i,x,y_2) 的两个外延集都相等，于是有

$$\sum_{y' \in \text{Ans}_F^{f_1,\cdots,f_k}(i,x)}\left|\text{Ext}_F^{f_1,\cdots,f_k}(i,x,y')\right| = \left|\text{Ans}_F^{f_1,\cdots,f_k}(i,x)\right| \cdot \left|\text{Ext}_F^{f_1,\cdots,f_k}(i,x,y)\right|$$

因此，博弈 $\text{Eager}_{\mathcal{F}}$ 中，当回答询问 $f_i(x)$ 时，y 被返回的概率为

$$\begin{aligned}\Pr_{\text{Eager}_{\mathcal{F}}}\left[f_i(x) \leftarrow y\right] &= \frac{\left|\text{Ext}_F^{f_1,\cdots,f_k}(i,x,y)\right|}{\left|\mathcal{F}(f_1,\cdots,f_k)\right|} = \frac{\left|\text{Ext}_F^{f_1,\cdots,f_k}(i,x,y)\right|}{\sum_{y' \in \text{Ans}_F^{f_1,\cdots,f_k}(i,x)}\left|\text{Ext}_F^{f_1,\cdots,f_k}(i,x,y')\right|} \\ &= \frac{\left|\text{Ext}_F^{f_1,\cdots,f_k}(i,x,y)\right|}{\left|\text{Ans}_F^{f_1,\cdots,f_k}(i,x)\right| \cdot \left|\text{Ext}_F^{f_1,\cdots,f_k}(i,x,y)\right|} = \frac{1}{\left|\text{Ans}_F^{f_1,\cdots,f_k}(i,x)\right|}\end{aligned}$$

根据可能应答集的定义，博弈 $\text{Lazy}_{\mathcal{F}}$ 中，当回答询问 $f_i(x)$ 时，y 被返回的概率是

$$\Pr_{\text{Lazy}_{\mathcal{F}}}\left[f_i(x) \leftarrow y\right] = \frac{1}{\left|\text{Ans}_F^{f_1,\cdots,f_k}(i,x)\right|}$$

根据等价博弈的定义，对于任意敌手 A，有

$$\Pr_{\text{Eager}_{\mathcal{F}}}\left[f_i(x) \leftarrow y\right] = \Pr_{\text{Lazy}_{\mathcal{F}}}\left[f_i(x) \leftarrow y\right]$$

所以 $\text{Eager}_{\mathcal{F}}$ 和博弈 $\text{Lazy}_{\mathcal{F}}$ 是等价的。 □

习题与思考

10.1 解释下列概念：博弈、可追捕的博弈、等价博弈、不可区分的两个博弈、相同——直到 bad 被设置博弈、安全的转换、有损耗的转换。

10.2 试比较三模型证明体系和博弈证明技术。

10.3 举例说明博弈证明技术的基本过程。

10.4 试描述一个博弈 G、一个敌手 A 和串参数 param 的运行过程。

10.5 为什么说引理 10.1 的博弈的基本引理是证明博弈证明技术正确的核心工具。

10.6 一个博弈链中，初始博弈中 bad 预备设置的界是如何确定的？

10.7 在引理 10.1 的证明中，采用了硬币集 $C = \text{Coins}(A, G, H) = [1..b!]^b$，为什么用 C 中的一个随机点而不是其他随机源，可以完全模拟 G_A。

10.8 在引理 10.1 的证明中，G 和 H 是“相同——直到 bad 被设置”的两个博弈，为什么一个元素 $c \in C$ 在 $\text{CG}_{\text{one}}^{\text{good}}$ 中的充分必要条件是该元素在 $\text{CH}_{\text{one}}^{\text{good}}$ 中。

参考文献

BELLARE M, ROGAWAY P, 2006. The security of triple encryption and a framework for code-based game-playing proofs. Vaudenay S. Eurocrypt. Heidelberg: Springer-Verlag, 4004: 3-540.

第 11 章　博弈证明技术的应用

本章主要内容

(1) 博弈证明技术在 PRP/PRF 证明中的应用：PRP/PRF 转换引理的博弈证明。

(2) 公钥加密方案 OAEP：公钥加密方案 OAEP、博弈证明技术在 OAEP 初等证明中的应用。

11.1　博弈证明技术在 PRP/PRF 证明中的应用

本书给出 PRP/PRF 转换引理的两种证明方法：标准证明和博弈证明。第 2 章已经介绍了标准证明技术中的一些精巧技术，本节以 PRP/PRF 转换引理的博弈证明为例，介绍一个在密码学可证明安全中处理条件概率时的一些警告。

回顾引理 2.6(PRP/PRF 转换引理)，设整数 $n \geqslant 1$，设 A 是最多 q 次预言机询问的敌手，则可得第 2 章的式(2.7)：

$$\left|\Pr\left[A^{\pi} \Rightarrow 1\right]-\Pr\left[A^{\rho} \Rightarrow 1\right]\right| \leqslant \frac{q(q-1)}{2^{n+1}}$$

不失一般性，假设敌手 A 没有重复一次预言机询问。

证明：用博弈证明技术，具体参阅第 10 章。

(1) 设想进行图 11. 1 所示的两场博弈中的其中一场来博弈回答 A 的询问：不考虑敌手 A 与一个随机置换预言机 $\pi \leftarrow \mathrm{Perm}(n)$ 的互动而是考虑 A 与 S_1 的互动。同样，不考虑敌手 A 与一个随机函数预言机 $\rho \leftarrow \mathrm{Rand}(n)$ 的互动而是考虑 A 与博弈 S_0 的互动。图 11.1 中除了没有加框的语句 $Y \xleftarrow{\$} \overline{\mathrm{Range}}(\pi)$，博弈 S_0 和博弈 S_1 一模一样。

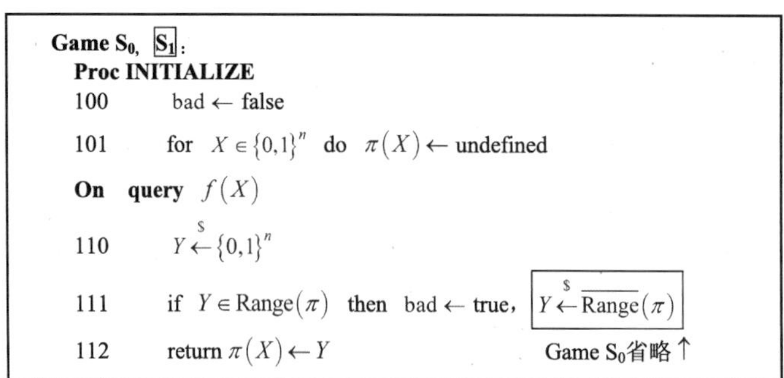

图 11.1　博弈 S_1 和博弈 S_0

具体分析博弈 S_0 和博弈 S_1。

① 在初始化阶段(Proc INITIALIZE)：设置一个标志 bad 为 false；设置一个变量 π 在

每个 n 比特串上的值为 undefined。

② 进行博弈时：用 n 比特串，填充 $\pi(X)$ 的值。在任何时间点，令 $\mathrm{Range}(\pi)$ 是所有 n 比特串 Y 的集合，并满足：对于某个 X，$\pi(X)=Y$。记 $\overline{\mathrm{Range}}(\pi)$ 为集合 $\mathrm{Range}(\pi)$ 相对于 $\{0,1\}^n$ 的补集。

敌手 A 永远看不到标志 bad。标志 bad 在我们的分析中是核心角色，但是在敌手眼里什么也不是。标志 bad 只是作为分析的标记。

a. 当敌手 A 进行博弈 S_0 时，他能看到什么？无论他询问的 X 是什么，博弈 S_0 返回一个随机 n 比特串 Y。所以，博弈 S_0 完美地模拟了一个随机函数 $\rho \overset{\$}{\leftarrow} \mathrm{Rand}(n)$（敌手不允许重复一个询问），即 $\Pr\left[A^{\rho} \Rightarrow 1\right]=\Pr\left[A^{S_0} \Rightarrow 1\right]$。

b. 类似地，博弈 S_1 应答每个询问 X 时，返回给敌手 A 的是一个不可能再重复返给他的随机点 Y（可用第 10 章的懒散取样原理来保证）。一个随机置换预言机的行为也是如此。这时有 $\Pr\left[A^{\pi} \Rightarrow 1\right]=\Pr\left[A^{S_1} \Rightarrow 1\right]$。

因此，$\Pr\left[A^{\pi} \Rightarrow 1\right]-\Pr\left[A^{\rho} \Rightarrow 1\right]=\Pr\left[A^{S_1} \Rightarrow 1\right]-\Pr\left[A^{S_0} \Rightarrow 1\right]$。

(2) 证明 $\left|\Pr\left[A^{S_1} \Rightarrow 1\right]-\Pr\left[A^{S_0} \Rightarrow 1\right]\right| \leqslant \Pr\left[A^{S_0}\ \text{设置 bad}\right]$。

根据第 10 章引理 10.1，这是可能的。博弈的基本引理就是说：除了 bad 设置之后的句法不一样，只要两个被写的博弈句法相同，则两场博弈中敌手 A 输出 1 的概率差的绝对值，以任何一场博弈中设置 bad 的概率为界。所以，$\left|\Pr\left[A^{S_1} \Rightarrow 1\right]-\Pr\left[A^{S_0} \Rightarrow 1\right]\right|$ 仅以 $\Pr\left[A^{S_0}\ \text{设置 bad}\right]$ 为界。

(3) 根据联合界(Union Bound)，Y 在第 111 行 $\mathrm{Range}(\pi)$ 中的概率将永远不大于 $\dfrac{(1+2+\cdots+(q-1))}{2^n}=\dfrac{q(q-1)}{2^{n+1}}$，式(2.7)得证。 □

11.2　公钥加密方案 OAEP

11.2.1　公钥加密方案 OAEP

设安全参数为 n，设一个陷门置换生成器是一个随机化的运算 $\mathcal{F}$，其输入为一个数和安全参数 n，返回 (f,f^{-1}) 对，其中 $f:\{0,1\}^n \to \{0,1\}^n$ 是一个置换（的编码），并且 f^{-1} 是它的逆（的编码）。设 $\mathrm{Adv}_{\mathcal{F}}^{\mathrm{owf}}(A)=\Pr\left[(f,f^{-1})\overset{\$}{\leftarrow}\mathcal{F}(n);x\overset{\$}{\leftarrow}\{0,1\}^n : A(f,f^{-1}(x))=x\right]$ 为求 $\mathcal{F}$ 的逆时，敌手 A 的优势。

设 $\rho<n$ 是一个整数，（基本的、非认证的）公钥加密方案 $\mathrm{OAEP}^{\rho}[\mathcal{F}]$ 包括三个算法 $(\mathcal{F},\mathcal{E},\mathcal{D})$，具体如下。

(1) 密钥生成算法是简单的 $\mathcal{F}$：输入为一个数和安全参数 n，返回 (f,f^{-1}) 对，f 作为公钥，f^{-1} 作为私钥。

(2) 加密算法 $\mathcal{E}_f^{G,H}(m)$： OAEP$^\rho[\mathcal{F}]$ 的加密算法有预言机 $G:\{0,1\}^\rho \to \{0,1\}^{n-\rho}$ 和 $H:\{0,1\}^{n-\rho} \to \{0,1\}^\rho$。

对于任意消息 $m \in \{0,1\}^{n-p}$，$\mathcal{E}_f^{G,H}(m)$ 计算：$r \xleftarrow{\$} \{0,1\}^\rho$，$s = G(r) \oplus m$，$\tau \leftarrow H(s) \oplus r$，最后计算密文 $c \leftarrow f(s \| \tau)$，返回 c。

(3) 解密算法 $\mathcal{D}_{f^{-1}}^{G,H}(c)$： OAEP$^\rho[\mathcal{F}]$ 的解密算法也有预言机 $G:\{0,1\}^\rho \to \{0,1\}^{n-\rho}$ 和 $H:\{0,1\}^{n-\rho} \to \{0,1\}^\rho$。

给定任意的密文 $c \in \{0,1\}^n$，$\mathcal{D}_{f^{-1}}^{G,H}(c)$ 计算：$x \leftarrow f^{-1}(c)$，$s \leftarrow x[1..n-\rho]$，$\tau \leftarrow x[n-\rho+1..n]$，$r = H(s) \oplus \tau$，最后得到明文 $m \leftarrow G(r) \oplus s$，返回 m。

11.2.2 博弈证明技术在 OAEP 初等证明中的应用

本节介绍第 10 章博弈技术在公钥加密方案 OAEP 中的应用。

设一个陷门置换生成器是一个随机化的运算 $\mathcal{F}$，其输入为一个数和安全参数 n，返回 (f, f^{-1}) 对分别作为公钥加密方案 Π 的（公钥、私钥）对，则该公钥加密方案 $\Pi = [\mathcal{F}, \mathcal{E}, \mathcal{D}]$ 的 IND-CPA 安全性可以用下列博弈定义：设安全参数为 n，给一个陷门单向置换输入安全参数 n，通过运行 $\mathcal{F}$ 选择密钥 (f, f^{-1})，其中 $f:\{0,1\}^n \to \{0,1\}^n$。并随机选择 1 比特值 b。给敌手 A 输入 f 和一个左或右预言机 $\mathcal{E}(\cdot,\cdot)$ 后敌手 A 输出 1 比特值 b'。已知左或右预言机 $\mathcal{E}(\cdot,\cdot)$ 的输入是等长的消息对 (m_0, m_1)，预言机计算 $c \xleftarrow{\$} \mathcal{E}_f(m_b)$，并返回 c。敌手 A 攻击公钥加密方案 Π 的安全性的优势定义为 $\mathrm{Adv}_\Pi^{\text{fg-cpa}}(A) = 2\Pr[b = b'] - 1$。

定理 11.1 对于公钥加密方案 OAEP$^\rho[\mathcal{F}] = (\mathcal{F}, \mathcal{E}, \mathcal{D})$，设敌手 A 的运行时间 t_A。A 向 G 预言机最多询问 q_G 次、向 H 预言机最多询问 q_H 次，并且正好向左或右预言机询问 1 次。则有一个运行时间 t_I 的敌手 I，使得

$$\mathrm{Adv}_{\mathcal{F}}^{\text{owf}}(I) \geqslant \frac{1}{2}\mathrm{Adv}_{\text{OAEP}^\rho[\mathcal{F}]}^{\text{fg-cpa}}(A) - \frac{2q_G}{2^\rho} - \frac{q_H}{2^{k-\rho}} \text{ 且 } t_I \leqslant t_A + \tilde{c} q_G q_H t_{\mathcal{F}}$$

其中，$t_{\mathcal{F}}$ 是由 $\mathcal{F}$ 的一个函数输出的一次计算时间，并且 $\tilde{c}$ 是仅依赖于计算模型细节的一个绝对常数。

证明：该定理是基于博弈链 Game R_0～Game R_5 和博弈链 Game A_0～Game A_7 来证明的。

通常，在一个有点长的博弈链的过程中，努力缩小相邻两个博弈之间的步骤变化是一种折中方法，并且可以确信这种折中方法能提高易验证性。

以下用于公钥加密方案 OAEP$^\rho[\mathcal{F}]$ 的安全性分析的博弈链 Game R_0～Game R_5、博弈链 Game A_0～Game A_7 和博弈链 Game B_0～Game B_2 中，每个博弈的 Initialize 程序和 Finalize 程序都是相同的。

Initialize：$(f, f^{-1}) \xleftarrow{\$} \mathcal{F}(n)$，$b \xleftarrow{\$} \{0,1\}$，返回 inp $\leftarrow f$。

Finalize：返回 out $\leftarrow b$ 。

为了便于分析，对于博弈链 Game R_0～Game R_5，设 $p_i = \Pr[\text{out} = b \text{ in } R_i]\ (0 \leqslant i \leqslant 5)$。

(1) Game R_0：Game R_0 完全模仿了定义 OAEP$^\rho[\mathcal{F}]$ 安全性的博弈。因此得到

$$\frac{1}{2}+\frac{1}{2}\mathrm{Adv}_{\mathrm{OAEP}^\rho[F]}^{\text{fg-cpa}}(A) = p_0 = p_1 + (p_0 - p_1) \leqslant p_1 + \Pr[R_0 \text{ 设置 bad}]$$

其中，最后一步 $\Pr[R_0 \text{ 设置 bad}]$ 是根据第 10 章的引理 10.1 得到的。

由于 Game R_0（图 11.2）随机选择了 r^* 和 s^*，故 $\Pr[R_0 \text{ 设置 bad}] \leqslant q_G/2^\rho + q_H/2^{n-\rho}$ 。于是有

$$\frac{1}{2}+\frac{1}{2}\mathrm{Adv}_{\mathrm{OAEP}^\rho[F]}^{\text{fg-cpa}}(A) = p_0 = p_1 + (p_0 - p_1) \leqslant p_1 + \frac{q_G}{2^\rho} + \frac{q_H}{2^{n-\rho}} \tag{11.1}$$

Game R_0:

On query $\mathcal{E}(m_0, m_1)$

000　$r^* \xleftarrow{\$} \{0,1\}^\rho$

001　$\mathrm{Gr}^* \xleftarrow{\$} \{0,1\}^{n-\rho}$

002　if $G[r^*]$ then bad $\leftarrow$ true，$\mathrm{Gr}^* \leftarrow G[r^*]$

003　$s^* \leftarrow Gr^* \oplus m_b$

004　$Hs^* \xleftarrow{\$} \{0,1\}^\rho$

005　if $H[s^*]$ then bad $\leftarrow$ true，$\mathrm{Hs}^* \leftarrow H[s^*]$

006　$\tau^* \leftarrow r^* \oplus \mathrm{Hs}^*$

007　return $c^* \leftarrow f(s^* \| \tau^*)$

On query $G(r)$

010　if $r = r^*$ then return $G[r^*] \leftarrow \mathrm{Gr}^*$

011　return $G[r] \xleftarrow{\$} \{0,1\}^{n-\rho}$

On query $H(s)$

020　if $s = s^*$ then return $H[s^*] \leftarrow \mathrm{Hs}^*$

021　return $H[s] \xleftarrow{\$} \{0,1\}^\rho$

图 11.2　用于 OAEP$^\rho[\mathcal{F}]$ 的安全性分析的博弈 Game R_0

(2) Game $R_0 \to$ Game R_1：Game R_0 转换为 Game R_1 的方法是：取消 002 行和 005 行。这种方法有 $q_G/2^\rho + q_H/2^{n-\rho}$ 的损失，如图 11.3 所示。

(3) Game $R_1 \to$ Game R_2：在 Game R_1 的 110 行引入 bad，就转换成 Game R_2，如图 11.4 所示。Game R_2 与 Game R_1 的不同之处只是增加了 bad 的设置，所以 $p_1 = p_2$，再次利用“博弈的基本引理”，得到

$$p_1 = p_2 = p_3 + (p_2 - p_3) \leqslant p_3 + \Pr[R_3 \text{ 设置 bad}] \tag{11.2}$$

Game R_1:

On query $\mathcal{E}(m_0, m_1)$

100　$r^* \xleftarrow{\$} \{0,1\}^{\rho}$

101　$\mathrm{Gr}^* \xleftarrow{\$} \{0,1\}^{n-\rho}$

102　$s^* \leftarrow \mathrm{Gr}^* \oplus m_b$

103　$\mathrm{Hs}^* \xleftarrow{\$} \{0,1\}^{\rho}$

104　$\tau^* \leftarrow r^* \oplus \mathrm{Hs}^*$

105　return $c^* \leftarrow f\left(s^* \| \tau^*\right)$

On query $G(r)$

110　if $r = r^*$ then return $G\left[r^*\right] \leftarrow \mathrm{Gr}^*$

011　return $G[r] \xleftarrow{\$} \{0,1\}^{n-\rho}$

On query $H(s)$

120　if $s = s^*$ then return $H\left[s^*\right] \leftarrow \mathrm{Hs}^*$

121　return $H[s] \xleftarrow{\$} \{0,1\}^{\rho}$

图 11.3　用于 $\mathrm{OAEP}^{\rho}[\mathcal{F}]$ 的安全性分析的博弈 Game R_1

Game R_2:

On query $\mathcal{E}(m_0, m_1)$

200　$r^* \xleftarrow{\$} \{0,1\}^{\rho}$

201　$\mathrm{Gr}^* \xleftarrow{\$} \{0,1\}^{n-\rho}$

202　$s^* \leftarrow Gr^* \oplus m_b$

203　$\mathrm{Hs}^* \xleftarrow{\$} \{0,1\}^{\rho}$

204　$\tau^* \leftarrow r^* \oplus \mathrm{Hs}^*$

205　return $c^* \leftarrow f\left(s^* \| \tau^*\right)$

On query $G(r)$

210　if $r = r^*$ then bad $\leftarrow$ true return $G\left[r^*\right] \leftarrow \mathrm{Gr}^*$

211　return $G[r] \xleftarrow{\$} \{0,1\}^{n-\rho}$

On query $H(s)$

220　if $s = s^*$ then return $H\left[s^*\right] \leftarrow \mathrm{Hs}^*$

121　return $H[s] \xleftarrow{\$} \{0,1\}^{\rho}$

图 11.4　用于 $\mathrm{OAEP}^{\rho}[\mathcal{F}]$ 的安全性分析的博弈 Game R_2

(4) Game $R_2 \to$ Game R_3：去除 Game R_2 中 *bad* 后的语句得到 Game R_3，如图 11.5 所示。同理得到：

$$p_2 = p_3 + \left(p_2 - p_3\right) \leqslant p_3 + \Pr\left[R_3 \text{ 设置 bad}\right] \tag{11.3}$$

Game R_3:

On query $\mathcal{E}(m_0, m_1)$

300 $r^* \xleftarrow{\$} \{0,1\}^\rho$

301 $\mathrm{Gr}^* \xleftarrow{\$} \{0,1\}^{n-\rho}$

302 $s^* \leftarrow \mathrm{Gr}^* \oplus m_b$

303 $\mathrm{Hs}^* \xleftarrow{\$} \{0,1\}^\rho$

304 $\tau^* \leftarrow r^* \oplus \mathrm{Hs}^*$

305 return $c^* \leftarrow f(s^* \| \tau^*)$

On query $G(r)$

310 if $r = r^*$ then bad $\leftarrow$ true

311 return $G[r] \xleftarrow{\$} \{0,1\}^{n-\rho}$

On query $H(s)$

320 if $s = s^*$ then return $H[s^*] \leftarrow \mathrm{Hs}^*$

321 return $H[s] \xleftarrow{\$} \{0,1\}^\rho$

图 11.5 用于 $\mathrm{OAEP}^\rho[\mathcal{F}]$ 的安全性分析的博弈 Game R_3

(5) Game $R_3 \to$ Game R_4：交换 Game R_3 中 301 行和 302 行的 rand/ind 变量。在 Game R_3 中，串 Gr^* 被选择，但是在应答敌手的任何预言机询问时，Gr^* 没有被提到，所以取消变量 Gr^*，得到 Game R_4，如图 11.6 所示。Game R_4 是 Game R_3 的一个保守转换，故有

$$p_3 = p_4, \quad \Pr[R_3 \text{ 设置 bad}] = \Pr[R_4 \text{ 设置 bad}] \tag{11.4}$$

然而，在 Game R_4 中没有使用比特 b，因此有 $p_4 = 1/2$，结合式(11.4)得到

$$p_3 + \Pr[R_3 \text{ 设置 bad}] = p_4 + \Pr[R_4 \text{ 设置 bad}] = \frac{1}{2} + \Pr[R_4 \text{ 设置 bad}] \tag{11.5}$$

把式(11.1)~式(11.3)和式(11.5)结合起来，得到

$$\frac{1}{2}\mathrm{Adv}^{\text{fg-cpa}}_{\mathrm{OAEP}^\rho[F]}(A) - \frac{q_G}{2^\rho} - \frac{q_H}{2^{n-\rho}} \leqslant \Pr[R_4 \text{ 设置 bad}] \tag{11.6}$$

Game R_4:

On query $\mathcal{E}(m_0, m_1)$

400 $r^* \xleftarrow{\$} \{0,1\}^\rho$

401 $s^* \xleftarrow{\$} \{0,1\}^{n-\rho}$

402 $\mathrm{Hs}^* \xleftarrow{\$} \{0,1\}^\rho$

403 $\tau^* \leftarrow r^* \oplus \mathrm{Hs}^*$

404 return $c^* \leftarrow f(s^* \| \tau^*)$

On query $G(r)$

410 if $r = r^*$ then bad $\leftarrow$ true

411 return $G[r] \xleftarrow{\$} \{0,1\}^{n-\rho}$

On query $H(s)$

420 if $s = s^*$ then return $H[s^*] \leftarrow \mathrm{Hs}^*$

421 return $H[s] \xleftarrow{\$} \{0,1\}^\rho$

图 11.6 用于 $\mathrm{OAEP}^\rho[\mathcal{F}]$ 的安全性分析的博弈 Game R_4

(6) Game $R_4 \to$ Game R_5：把 410 行分成两种情况，重写得到 Game R_5，如图 11.7 所示。

Game R_5:

On query $\mathcal{E}(m_0, m_1)$

500　$r^* \xleftarrow{\$} \{0,1\}^\rho$

501　$s^* \xleftarrow{\$} \{0,1\}^{n-\rho}$

502　$\text{Hs}^* \xleftarrow{\$} \{0,1\}^\rho$

503　$\tau^* \longleftarrow r^* \oplus \text{Hs}^*$

504　return $c^* \leftarrow f(s^* \| \tau^*)$

On query $G(r)$

510　if $H[s^*]$ and $r = r^*$ then bad $\leftarrow$ true

511　if $\neg H[s^*]$ and $r = r^*$ then bad $\leftarrow$ true

512　return $G[r] \xleftarrow{\$} \{0,1\}^{n-\rho}$

On query $H(s)$

520　if $s = s^*$ then return $H[s^*] \leftarrow \text{Hs}^*$

521　return $H[s] \xleftarrow{\$} \{0,1\}^\rho$

图 11.7　用于 OAEP$^\rho[\mathcal{F}]$ 的安全性分析的博弈 Game R_5

接下来，分开讨论分析 Game R_5 中 510 行 bad 的设置和 511 行 bad 的设置，由 510 行 bad 的设置得到 Game A_0，而由 511 行 bad 的设置得到 Game B_0。显然有

$$\Pr[R_4 \text{ 设置 bad}] = \Pr[R_5 \text{ 设置 bad}] \tag{11.7}$$

(7) Game $R_5 \to$ Game A_0：分析 Game R_5 中 510 行 bad 的设置，得到 Game A_0(图 11.8)，且：

$$\Pr[R_5 \text{ 设置 bad}] \leqslant q_G/2^\rho + \Pr[A_0 \text{ 设置 bad}] \tag{11.8}$$

Game A_0:

On query $\mathcal{E}(m_0, m_1)$

000　$r^* \xleftarrow{\$} \{0,1\}^\rho$

001　$s^* \xleftarrow{\$} \{0,1\}^{n-\rho}$

002　$\text{Hs}^* \xleftarrow{\$} \{0,1\}^\rho$

003　$\tau^* \leftarrow r^* \oplus \text{Hs}^*$

004　return $c^* \leftarrow f(s^* \| \tau^*)$

On query $G(r)$

010　if $H[s^*]$ and $r = r^*$ then bad $\leftarrow$ true

011　return $G[r] \xleftarrow{\$} \{0,1\}^{n-\rho}$

On query $H(s)$

020　if $s = s^*$ then return $H[s^*] \leftarrow \text{Hs}^*$

021　return $H[s] \xleftarrow{\$} \{0,1\}^\rho$

图 11.8　用于 OAEP$^\rho[\mathcal{F}]$ 的安全性分析的博弈 Game A_0

(8) Game $A_0 \to$ Game A_1：交换 Game A_0 中 002 行和 003 行的 rand/ind 变量，得到 Game A_1（图 11.9），Game A_1 是 Game A_0 的一个保守转换，则有

$$\Pr[A_0 \text{ 设置 bad}] = \Pr[A_1 \text{ 设置 bad}] \tag{11.9}$$

Game A_1:

On query $\mathcal{E}(m_0, m_1)$

100　$r^* \xleftarrow{\$} \{0,1\}^{\rho}$

101　$s^* \xleftarrow{\$} \{0,1\}^{n-\rho}$

102　$\tau^* \xleftarrow{\$} \{0,1\}^{\rho}$

103　$\mathrm{Hs}^* \leftarrow r^* \oplus \tau^*$

104　return $c^* \leftarrow f(s^* \| \tau^*)$

On query $G(r)$

110　if $H[s^*]$ and $r = r^*$ then bad $\leftarrow$ true

111　return $G[r] \xleftarrow{\$} \{0,1\}^{n-\rho}$

On query $H(s)$

120　if $s = s^*$ then return $H[s^*] \leftarrow \mathrm{Hs}^*$

121　return $H[s] \xleftarrow{\$} \{0,1\}^{\rho}$

图 11.9　用于 OAEP$^{\rho}[\mathcal{F}]$ 的安全性分析的博弈 Game A_1

(9) Game $A_1 \to$ Game A_2：除去 Game A_1 中 120 行 Hs^* 的使用，并取消 103 行对 Hs^* 的定义，得到 Game A_2（图 11.10）。同理有

$$\Pr[A_1 \text{ 设置 bad}] = \Pr[A_2 \text{ 设置 bad}] \tag{11.10}$$

Game A_2:

On query $\mathcal{E}(m_0, m_1)$　**Game A_2**

200　$s^* \xleftarrow{\$} \{0,1\}^{n-\rho}$

201　$\tau^* \xleftarrow{\$} \{0,1\}^{\rho}$

202　$r^* \xleftarrow{\$} \{0,1\}^{\rho}$

203　return $c^* \leftarrow f(s^* \| \tau^*)$

On query $G(r)$

210　if $H[s^*]$ and $r = r^*$ then bad $\leftarrow$ true

211　return $G[r] \xleftarrow{\$} \{0,1\}^{n-\rho}$

On query $H(s)$

220　if $s = s^*$ then return $H[s^*] \leftarrow r^* \oplus \tau^*$

221　return $H[s] \xleftarrow{\$} \{0,1\}^{\rho}$

图 11.10　用于 OAEP$^{\rho}[\mathcal{F}]$ 的安全性分析的博弈 Game A_2

(10) Game $A_2 \to$ Game A_3：推迟 Game A_2 中 r^* 的选择，直到需要时才选择 r^*，得到 Game A_3（图 11.11）。同理有

$$\Pr[A_2 \text{ 设置 bad}] = \Pr[A_3 \text{ 设置 bad}] \tag{11.11}$$

Game A_3:

On query $\mathcal{E}(m_0, m_1)$

300　$s^* \xleftarrow{\$} \{0,1\}^{n-\rho}$

301　$\tau^* \xleftarrow{\$} \{0,1\}^{\rho}$

302　return $c^* \leftarrow f(s^* \| \tau^*)$

On query $G(r)$

310　if $H[s^*]$ and $r = r^*$ then bad $\leftarrow$ true

311　return $G[r] \xleftarrow{\$} \{0,1\}^{n-\rho}$

On query $H(s)$

320　if $s = s^*$ then $r^* \xleftarrow{\$} \{0,1\}^{\rho}$, return $H[s^*] \leftarrow r^* \oplus \tau^*$

321　return $H[s] \xleftarrow{\$} \{0,1\}^{\rho}$

图 11.11　用于 OAEP$^{\rho}[\mathcal{F}]$ 的安全性分析的博弈 Game A_3

(11) Game $A_3 \to$ Game A_4: 对 Game A_3 中 320 行和 321 行，采用急切取样，得到 Game A_4（图 11.12）。同理有

$$\Pr[A_3 \text{ 设置 bad}] = \Pr[A_4 \text{ 设置 bad}] \tag{11.12}$$

Game A_4:

On query $\mathcal{E}(m_0, m_1)$

400　$s^* \xleftarrow{\$} \{0,1\}^{n-\rho}$

401　$\tau^* \xleftarrow{\$} \{0,1\}^{\rho}$

402　return $c^* \leftarrow f(s^* \| \tau^*)$

On query $G(r)$

410　if $H[s^*]$ and $r = r^*$ then bad $\leftarrow$ true

411　return $G[r] \xleftarrow{\$} \{0,1\}^{n-\rho}$

On query $H(s)$

420　$H[s] \xleftarrow{\$} \{0,1\}^{\rho}$

421　if $s = s^*$ then $r^* \leftarrow H[s^*] \oplus \tau^*$

422　return $H[s]$

图 11.12　用于 OAEP$^{\rho}[\mathcal{F}]$ 的安全性分析的博弈 Game A_4

(12) Game $A_4 \to$ Game A_5：用 r^* 的定义取代 Game A_4 中 410 行的 r^*，并且化简，得到 Game A_5（图 11. 13）。同理有

$$\Pr[A_4 \text{ 设置 bad}] = \Pr[A_5 \text{ 设置 bad}] \tag{11.13}$$

(13) Game $A_5 \to$ Game A_6：消除 Game A_5 中 510 行的 s^*，得到 Game A_6(图 11. 14)。则有

$$\Pr[A_5 \text{ 设置 bad}] \leqslant \Pr[A_6 \text{ 设置 bad}] \tag{11.14}$$

Game A_5:

On query $\mathcal{E}(m_0, m_1)$

500　$s^* \xleftarrow{\$} \{0,1\}^{n-\rho}$

501　$\tau^* \xleftarrow{\$} \{0,1\}^{\rho}$

502　return $c^* \leftarrow f(s^* \| \tau^*)$

On query $G(r)$

510　if $r \leftarrow H[s^*] \oplus \tau^*$ then　bad $\leftarrow$ true

511　return $G[r] \xleftarrow{\$} \{0,1\}^{n-\rho}$

On query $H(s)$

520　return $H[s] \xleftarrow{\$} \{0,1\}^{\rho}$

图 11.13　用于 $\text{OAEP}^{\rho}[\mathcal{F}]$ 的安全性分析的博弈 Game A_5

Game A_6:

On query $\mathcal{E}(m_0, m_1)$

600　$s^* \xleftarrow{\$} \{0,1\}^{n-\rho}$

601　$\tau^* \xleftarrow{\$} \{0,1\}^{\rho}$

602　return $c^* \leftarrow f(s^* \| \tau^*)$

On query $G(r)$

610　if $\exists s$ s.t. $f(s \| \tau^*) = c^*$ and $r \leftarrow H[s] \oplus \tau^*$ then　bad $\leftarrow$ true

611　return $G[r] \xleftarrow{\$} \{0,1\}^{n-\rho}$

On query $H(s)$

620　return $H[s] \xleftarrow{\$} \{0,1\}^{\rho}$

图 11.14　用于 $\text{OAEP}^{\rho}[\mathcal{F}]$ 的安全性分析的博弈 Game A_6

(14) Game $A_6 \to$ Game A_7：消除 Game A_6 中 610 行的 τ^*，并且用等价的值替代 600 行~602 行，得到 Game A_7(图 11. 15)。显然，有

$$\Pr[A_6 \text{ 设置 bad}] = \Pr[A_7 \text{ 设置 bad}] \tag{11.15}$$

结合式(11.6)~式(11.15)，可得

$$\frac{1}{2}\text{Adv}^{\text{fg-cpa}}_{\text{OAEP}^{\rho}[F]}(A) - \frac{2q_G}{2^{\rho}} - \frac{q_H}{2^{n-\rho}} \leqslant \Pr[A_7 \text{ 设置 bad}] \tag{11.16}$$

(15) Game $R_5 \to$ Game B_0：分析 Game R_5 中 511 行 bad 的设置，得到 Game B_0，如图 11. 16 所示。

Game A_7:

On query $\mathcal{E}(m_0, m_1)$

700　return $c^* \xleftarrow{\$} \{0,1\}^n$

On query $G(r)$

710　if $\exists s$ s.t. $f(s \| H[s] \oplus r) = c^*$ then bad $\leftarrow$ true

711　return $G[r] \xleftarrow{\$} \{0,1\}^{n-\rho}$

On query $H(s)$

720　return $H[s] \xleftarrow{\$} \{0,1\}^{\rho}$

图 11.15　用于 OAEP$^{\rho}[\mathcal{F}]$ 的安全性分析的博弈 Game A_7

Game B_0:

On query $\mathcal{E}(m_0, m_1)$

000　$r^* \xleftarrow{\$} \{0,1\}^{\rho}$

001　$s^* \xleftarrow{\$} \{0,1\}^{n-\rho}$

002　$\mathrm{Hs}^* \xleftarrow{\$} \{0,1\}^{\rho}$

003　$\tau^* \leftarrow r^* \oplus \mathrm{Hs}^*$

004　return $c^* \leftarrow f(s^* \| \tau^*)$

On query $G(r)$

010　if $\neg H[s^*]$ and $r = r^*$ then bad $\leftarrow$ true

011　return $G[r] \xleftarrow{\$} \{0,1\}^{n-\rho}$

On query $H(s)$

020　if $s = s^*$ then return $H[s^*] \leftarrow Hs^*$

021　return $H[s] \xleftarrow{\$} \{0,1\}^{\rho}$

图 11.16　用于 OAEP$^{\rho}[\mathcal{F}]$ 的安全性分析的博弈 Game B_0

(16) Game $B_0 \to$ Game B_1：删除 Game B_0 中 020 行，因为设置 bad 的硬币没有 $s = s^*$。从而得到 Game B_1，如图 11.17 所示。

Game B_1:

On query $\mathcal{E}(m_0, m_1)$

100　$r^* \xleftarrow{\$} \{0,1\}^{\rho}$

101　$s^* \xleftarrow{\$} \{0,1\}^{n-\rho}$

102　$\mathrm{Hs}^* \xleftarrow{\$} \{0,1\}^{\rho}$

103　$\tau^* \leftarrow r^* \oplus \mathrm{Hs}^*$

104　return $c^* \leftarrow f(s^* \| \tau^*)$

On query $G(r)$

110　if $\neg H[s^*]$ and $r = r^*$ then bad $\leftarrow$ true

111　return $G[r] \xleftarrow{\$} \{0,1\}^{n-\rho}$

On query $H(s)$

120　return $H[s] \xleftarrow{\$} \{0,1\}^{\rho}$

图 11.17　用于 OAEP$^{\rho}[\mathcal{F}]$ 的安全性分析的博弈 Game B_1

(17) Game $B_1 \to$ Game B_2：对 Game B_1 中 110 行采用保守转换，不再讨论第一个条件，得到 Game B_2，如图 11.18 所示。

因此，在 Game B_2 中，bad 设置的概率，最多为 $q_R/2^\rho$ 。

Game B_2:

On query $\mathcal{E}(m_0,m_1)$

200　$r^* \xleftarrow{\$} \{0,1\}^\rho$

201　$s^* \xleftarrow{\$} \{0,1\}^{n-\rho}$

202　$\tau^* \xleftarrow{\$} \{0,1\}^n$

203　return $c^* \leftarrow f\left(s^* \| \tau^*\right)$

On query $G(r)$

210　if $r = r^*$ then bad $\leftarrow$ true

211　return $G[r] \xleftarrow{\$} \{0,1\}^{n-\rho}$

On query $H(s)$

220　return $H[s] \xleftarrow{\$} \{0,1\}^\rho$

图 11.18　用于 $\text{OAEP}^\rho[\mathcal{F}]$ 的安全性分析的博弈 Game B_2

(18) 为了得出证明，我们设计敌手 I，使得敌手 I 求 $\mathcal{F}$ 的逆时的优势为

$$\text{Adv}_F^{\text{owf}}(I) \geqslant \Pr[A_7 \text{ 设置 bad}] \tag{11.17}$$

输入 f, c^*，根据输入的公钥 f，敌手 I 运行 A，回答他的预言机询问如图 11.19 所示。

当 A 停止时，如果这个已经被定义了，敌手 I 返回 $s^* \| \tau^*$ 。通过与图 11.15 的博弈 Game A_7 比较，可得式(11.17)成立。结合式(11.16)和式(11.17)，可得

Inverter I:

On query $\mathcal{E}(m_0,m_1)$

000　return c^*

On query $G(r)$

010　if $\exists s$ s.t. $f\left(s \| H[s] \oplus r\right) = c^*$ then bad $\leftarrow$ true, $s^* \| \tau^* \leftarrow s \| H[s] \oplus r$

011　return $G[r] \xleftarrow{\$} \{0,1\}^{k-\rho}$

On query $H(s)$

720　return $H[s] \xleftarrow{\$} \{0,1\}^\rho$

图 11.19　用于 $\text{OAEP}^\rho[\mathcal{F}]$ 的安全性分析的博弈 Inverter I

$$\text{Adv}_F^{\text{owf}}(I) \geqslant \frac{1}{2}\text{Adv}_{\text{OAEP}^\rho[F]}^{\text{fg-cpa}}(A) - \frac{2q_G}{2^\rho} - \frac{q_H}{2^{n-\rho}}$$

并且有 $t_I \leqslant t_A + \tilde{c} q_G q_H t_{\mathcal{F}}$（具体描述略）。 □

习题与思考

11.1 试比较 PRP/PRF 转换引理的两种证明方法的优缺点。

11.2 试证明定理 11.1 中 $t_I \leqslant t_A + \tilde{c}q_G q_H t_{\mathcal{F}}$ 成立。

11.3 试用博弈技术证明：分组密码 DES 的安全性。

11.4 试用博弈技术证明：公钥加密方案 RSA 的安全性。

参 考 文 献

BELLARE M, ROGAWAY P, 2006. The security of triple encryption and a framework for code-based game-playing proofs. Vaudenay S. Eurocrypt. Heidelberg: Springer-Verlag, 4004: 3-540.